Bernd Tieke

Makromolekulare Chemie

Weitere Lehrbücher von Wiley-VCH

H. F. Bender
Sicherer Umgang mit Gefahrstoffen
Sachkunde für Naturwissenschaftler
3. Auflage
2005, ISBN 3-527-31254-4

E. Dane, F. Wille, H. Laatsch
Kleines chemisches Praktikum
10. Auflage
2004, ISBN 3-527-30751-6

A. Arni
Grundkurs Chemie I
Allgemeine und Anorganische Chemie für Fachunterricht und Selbststudium
4. Auflage
2004, ISBN 3-527-30604-8

A. Arni
Grundkurs Chemie II
Organische Chemie für Fachunterricht und Selbststudium
3. Auflage
2003, ISBN 3-527-30639-0

A. Arni
Verständliche Chemie
für Basisunterricht und Selbststudium
2. Auflage
2003, ISBN 3-527-30605-6

H. G. Zachmann
Mathematik für Chemiker
5. Auflage
2004, ISBN 3-527-31086-X

H. Hart, L. E. Craine, D. J. Hart
Organische Chemie
2. Auflage
2002, ISBN 3-527-30379-0

J. Hoinkis, E. Lindner
Chemie für Ingenieure
12. Auflage
2001, ISBN 3-527-30279-4

Bernd Tieke

Makromolekulare Chemie

Eine Einführung

2., vollständig überarbeitete und erweiterte Auflage

WILEY-VCH Verlag GmbH & Co. KGaA

Autor

Prof. Dr. Bernd Tieke
Inst. f. Physikalische Chemie
der Universität zu Köln
Luxemburger Str. 116
50939 Köln

Bibliografische Information der Deutschen Bibliothek
Die Deutsche Bibliothek verzeichnet diese Publikation in der Deutschen Nationalbibliografie; detaillierte bibliografische Daten sind im Internet über <http://dnb.ddb.de> abrufbar.

Gedruckt auf säurefreiem Papier.

Druck Strauss GmbH, Mörlenbach
Bindung J. Schäffer GmbH, Grünstadt
Umschlaggestaltung Grafik-Design Schulz, Fußgönheim

Printed in the Federal Republic of Germany

ISBN-13: 978-3-527-31379-2
ISBN-10: 3-527-31379-6

Vorwort

Die Geschichte dieses Buches beginnt im Sommer 1992, als ich nach der Berufung an das Institut für Physikalische Chemie der Universität zu Köln vor der Aufgabe stand, eine Einführungsvorlesung über Makromolekulare Chemie vorzubereiten. Die Vorlesung sollte im Wintersemester 1992/93 beginnen und der Vorlesungsstoff innerhalb von zwei Semestern in Portionen von zwei Vorlesungsstunden pro Woche vermittelt werden. Rasch zeigte sich, dass kein geeignetes Lehrbuch im Handel erhältlich war, das den Stoff für eine solche Vorlesung in knapper, verständlicher Form, in deutscher Sprache und zu einem vertretbaren Preis beinhaltet. Also blieb mir nichts anderes übrig, als den Stoff für die Vorlesung aus einer Vielzahl von Büchern – zumeist in englischer Sprache – mühsam zusammenzusuchen. Als gute Vorlagen für die Vorbereitung erwiesen sich insbesondere das klar gegliederte Buch „Introduction to Polymers" von R. J. Young, das bis auf den sehr knappen organisch-chemischen Teil eine gute Einführung in die Polymerwissenschaft liefert, einige Teile des Buches „Polymers: Chemistry & Physics of Modern Materials" von J. M. G. Cowie (und dessen deutsche Übersetzung), die sehr ausführlichen „Makromoleküle" von H. - G. Elias, H. Batzers „Polymere Werkstoffe" und die von F. Rodriguez stammenden „Principles of Polymer Systems", von denen einige auch technische Aspekte der Makromolekularen Chemie ausführlicher behandeln. Der Mangel an geeigneten Lehrbüchern wirkte sich auch auf die Prüfungsvorbereitungen der Studenten aus. Oft wurde ich gefragt, welches Lehrbuch denn am besten geeignet sei. Um die Antwort nicht länger schuldig bleiben zu müssen, entstand im Laufe des Jahres 1993 allmählich ein Skript zur Vorlesung.

Für die zweite Vorlesung im Wintersemester 1994/95 und im nachfolgenden Sommersemester wurde dieses Skript überarbeitet, erweitert und aktualisiert. Die zweite Fassung ist bis auf eine textliche Überarbeitung mit dem vorliegenden Buch identisch. Das Buch soll in das Gebiet der Makromolekularen Chemie einführen und beschränkt sich daher fast ausschließlich auf die Vermittlung von Grundlagenwissen. Es wendet sich primär an Universitätsstudenten der Chemie im Hauptstudium (zwischen Vordiplom und Diplom) und eignet sich zum Beispiel zur Vorbereitung auf die Diplomprüfung in einemWahl(pflicht)fach/Spezialfach Makromolekulare Chemie, kann aber auch für Studenten an der Fachhochschule von Interesse sein. Es richtet sich zudem an Doktoranden, die Makromolekulare Chemie als Nebenfach für eine Doktorprüfung wählen wollen, oder allgemein an Chemiker, die grundlegende Kenntnisse in Makromolekularer Chemie erwerben wollen. Es wird versucht, den Stoff in knapper, aber verständlicher Form und klar gegliedert zu vermitteln, wobei die Teilgebiete Organische Polymerchemie, Physikalische Polymerchemie und Physik der Polymeren gleichermaßen berücksichtigt werden.

Allerdings ist das Gebiet der Makromolekularen Chemie inzwischen so umfangreich, dass nicht alle Teile in einer einführenden Vorlesung gebührend berücksichtigt werden können. Also muss der Stoff reduziert werden. In diesem Buch fehlen zum Beispiel Kapitel über Biopolymere, technische Verarbeitung und Recycling von Polymeren. Ebenso wurden zum Beispiel flüssigkristalline Polymere, leitfähige Polymere und Dendrimere weggelassen, obwohl sie in letzter Zeit in der Forschung großes Interesse gefunden haben. Die heute technisch wichtigen Polymere werden dagegen ausführlich behandelt. Sicher kann die Stoffauswahl Anlass zur Kritik bieten, weil sie recht subjektiv ist. Kritik ist im Übrigen aber willkommen: Für Hinweise auf Fehler bin ich ebenso dankbar wie für Verbesserungsvorschläge.

Das vorliegende Buch ist nur durch intensive Hilfe möglich gewesen. Viel Unterstützung bekam ich von Frau Hannelore Jarke, die das handgeschriebene Skript in eine computergeschriebene Version übertrug, und insbesondere von Frau Burgunde Feist, die alle chemischen Formeln und Zeichnungen mit dem Computer erstellt und den Text nochmals technisch überarbeitet hat. Beiden sei hiermit ganz herzlich gedankt. Mein Dank gebührt auch allen Studentinnen und Studenten, die mich auf Fehler im Skript aufmerksam gemacht und so geholfen haben, die Zahl der Irrtümer zu reduzieren. Mein Dank gilt auch Herrn Prof. Dr. G. Trafara und Frau Dr. M. Holota, Institut für Physikalische Chemie der Universität zu Köln, sowie Herrn Dr. G. Lieser, Max-Planck-Institut für Polymerforschung, Mainz, für die freundliche Überlassung von Material für dieses Buch.

Köln, im April 1997 Bernd Tieke

Vorwort zur zweiten Auflage

Als abzusehen war, dass die erste Auflage des Buches „Makromolekulare Chemie – Eine Einführung" bald verkauft sein würde, hat mich der Verlag Wiley-VCH ermuntert, eine überarbeitete und erweiterte Version des Buches zu erstellen. Nach einigen Anläufen fand ich zu Beginn des Jahres 2005 endlich die hierfür nötige Zeit. Schreibfehler und sonstige Fehler wurden korrigiert, einzelne Kapitel umgeschrieben, erweitert und neue Kapitel ergänzt. Letzteres betrifft insbesondere die Kapitel über lebende kationische und radikalische Polymerisation, elektrisch leitfähige Polymere, flüssigkristalline Polymere, Polyelektrolyte, bioabbaubare Polymere, Polymerverarbeitung und Recycling von Polymeren. Trotz aller Ergänzungen wurde versucht, den bisherigen Charakter des Buches eines erweiterten Vorlesungsskriptes, das sich insbesondere an Studenten im Grund- und Hauptstudium Chemie richtet, beizubehalten. Das Buch soll eine handliche Einführung in die Makromolekulare Chemie bieten, in der wichtige Aspekte des Fachgebiets behandelt werden. Ein Nachschlagewerk der Makromolekularen Chemie ist es sicher nicht und soll es auch nicht sein. Man mag daher verzeihen, dass wichtige Kapitel über Polymerblends, Kompositmaterialien, Dendrimere und Biopolymere auch weiterhin fehlen.

Mein herzlicher Dank gilt zuallererst Frau Burgunde Feist, die aus der Rohfassung des Manuskripts die vorliegende Computerversion angefertigt hat. Vielen Dank auch an zahlreiche Leser, die mich auf Fehler hingewiesen und Verbesserungsvorschläge gemacht haben.

Köln, im Juli 2005 Bernd Tieke

Inhaltsverzeichnis

Verzeichnis häufig verwendeter Formelzeichen

A	Arrheniuskonstante der Initiierungsreaktion (A_i), Wachstumsreaktion (A_p), Abbruchreaktion (A_t), Übertragungsreaktion (A_{tr})
A	Abbaugrad des Ausgangspolymers (A_0) und des Polymers nach der Reaktonszeit t (A_t)
A,B	Konstanten der Doolittle-Gleichung
A_0	ursprüngliche Fläche
$A_{2,3}$	2. bzw. 3. Virialkoeffizient
$A_{a,c}$	Fläche der Streuung der amorphen (A_a) bzw. kristallinen Bereiche (A_c)
Ar	Arylrest
a	Exponent der Mark-Houwink-Gleichung
a_T	Verschiebungsfaktor
C	Kohäsionsenergiedichte
C_l	Wärmekapazität bei konstanter Länge
c	Massenkonzentration der Lösung (zu Beginn der Reaktion: c_0)
$c^g_{1,2}$	universelle Konstanten der WLF-Gleichung ($c_1^g = 17{,}4$ K, $c_2^g = 51{,}6$ K)
DMSO	Dimethylsulfoxid
DS	Substitutionsgrad bei Polysacchariden
DSC	Differenzialkalorimetrie (differential scanning calorimetry)
DTA	Differenzialthermoanalyse
d	Gitterkonstante
dn/dc	Brechungsinkrement der Polymerlösung
E	Aktivierungsenergie der Initiierungsreaktion (E_i), Wachstumsreaktion (E_p), Abbruchreaktion (E_t), Übertragungsreaktion (E_{tr})
E	Elastizitätsmodul bzw. E-Modul, theoretischer (E_{th}), scheinbarer (E_{krist}) und realer E-Modul (E_σ); komplexer E-Modul (E^*), Speichermodul (E_1) und Verlustmodul (E_2)
$\vec{E}$	elektrischer Feldvektor
$E_r(t)$	Spannungsrelaxationsmodul
F	freie Energie
f	Funktionalität der Verzweigungseinheit (f) und des j-ten Monomers (f_j), durchschnittliche Funktionalität aller Monomere (f_{av})
f	Depolarisations-(Cabannes-)Faktor

f	freier Volumenbruch V_f/V (f_g : V_f^*/V)
f	Kraft
G	freie Enthalpie; freie Enthalpie von Lösungsmittel (G_1), Polymer (G_2) und Lösung (G_{12})
G	Schermodul (G-Modul); (Realteil: G_1; Imaginärteil: G_2)
GPC	Gelpermeationschromatografie
ΔG	Änderung der freien Enthalpie (beim Mischen: ΔG_M; bei der Kristallisation bzw. Schmelze pro Einheitsvolumen: ΔG_v; bei der Kristallisation von n Kettenstücken: ΔG_n)
$\Delta\overline{G}_1$	partielle molare freie Enthalpie (Exzess-Enthalpie: $\Delta\overline{G}_1^E$) der Mischung
g	Erdbeschleunigung
g^+, g^-	*gauche*(+)- und *gauche*(–)-Konformation
H	Enthalpie
H	magnetische Feldstärke (H_0), effektive magnetische Feldstärke (H_{eff})
ΔH	Änderung der Enthalpie (beim Mischen: ΔH_M; bei der Kristallisation bzw. Schmelze pro Einheitsvolumen: ΔH_v)
$\Delta\overline{H}$	Änderung der molaren Enthalpie (beim Mischen: $\Delta\overline{H}_M$; beim Verdampfen: $\Delta\overline{H}_v$)
$\Delta\overline{H}_1^E$	partielle molare Exzess-Enthalpie der Mischung
HDPE	Polyethylen hoher Dichte (high density polyethylene)
h	Planck'sches Wirkungsquantum ($6{,}26 \times 10^{-34}$ Js)
h	Abstand Primärstrahl–Streustrahl (bei der Röntgenstreuung)
Δh	Höhendifferenz im Steigrohr zur Messung des osmotischen Druckes
I	Trägheitsmoment
$I(t)$	Kriechnachgiebigkeit
IR	Infrarot
i	Zahl der Monomereinheiten in der Polymerkette
i	Laufzahl der Monomere
i_θ	Streuintensität
K	Konstante bei der Lichtstreuung
K	Konstante der Mark-Houwink-Gleichung (K_θ: bei θ-Bedingungen)
K	Kompressionsmodul
K_D	Gleichgewichtskonstante der Ionendissoziation
K_E	Konstante bei der Molgewichtsbestimmung durch Dampfdruckosmometrie

k, k'	Geschwindigkeitskonstanten einer chemischen Reaktion: Initiierungsreaktion (k_i), Startreaktion (k_s), Wachtumsreaktion (k_p), Wachstumsreaktion des Ionenpaares ($k_{p(+-)}$) und des freien Anions ($k_{p(-)}$), Abbruchreaktion (k_t), Abbruchreaktion durch Rekombination (k_{tc}) und Disproportionierung (k_{td}), Depolymerisation (k_{dp}), Übertragungsreaktion (k_{tr}), Übertragungsreaktion durch Monomer ($k_{tr\mathrm{M}}$), Initiator ($k_{tr\mathrm{I}}$) und Lösungsmittel ($k_{tr\mathrm{S}}$), Hydrolyse (k_H), Kettenspaltung (k_S)
L	Ligand
L_1	Verdampfungswärme des Lösungsmittels pro Gramm
LDPE	Polyethylen niedriger Dichte (low density polyethylene)
l	Bindungslänge
l	Länge der Kapillaren im Viskosimeter
l	Lamellendicke, kritische Lamellendicke (l_0)
l	Länge vor bzw. nach mechanischer Beanspruchung eines Probenkörpers (l_0 bzw. l)
l	Kettenlänge; maximale Kettenlänge (l_{max}), Konturlänge (l_{cont})
Δl	Längenänderung bei der mechanischen Beanspruchung
M	Monomer, Kette aus i Monomereinheiten (M_i); Metall
M	Molekulargewicht; Molekulargewicht des Monomers (M_0) und des Moleküls der Länge i (M_i)
$\overline{M}$	mittleres Molekulargewicht des Polymers: Zahlenmittel ($\overline{M}_n$), Gewichtsmittel ($\overline{M}_w$), Zentrifugenmittel ($\overline{M}_z$), Viskositätsmittel ($\overline{M}_\eta$)
$\overline{M}_c$	Zahlenmittel des Molekulargewichts der Kettenstücke zwischen zwei Netzpunkten
Mt	Metallatom
m	Masse des Polymers; Masse der Polymerschmelze zur Zeit t_0 (m_0) bzw. zur Zeit t (m_L), Masse des einzelnen Sphärolithen (m_s') bzw. des sphärolithischen Materials (m_s)
$m_{a,c}$	Masse des amorphen bzw. kristallinen Polymers
m_0	Gesamtmasse der Polymerschmelze
N	Zahl der Moleküle; ursprüngliche Zahl der Monomermoleküle (N_0), Zahl der Moleküle des j-ten Monomers (N_j), Zahl der Monomermoleküle zur Zeit t (N_t), Zahl der Lösungsmittelmoleküle (N_1), Zahl der Polymermoleküle (N_2), Zahl der Moleküle der Länge i (N_i)

N	Zahl der Nuclei pro Einheitsvolumen und -zeit, Zahl der Nuclei insgesamt (N_{ges})
N	Zahl der Ketten pro Einheitsvolumen
N_A	Avogadro-Konstante
NMP	N-Methylpyrrolidon
NMR	kernmagnetische Resonanz (nuclear magnetic resonance)
n	Molzahl
n	Zahl der Monomereinheiten in der Polymerkette
n	Ordnungszahl des Reflexes (bei der Röntgenstreuung)
n_0	Brechungsindex des Lösungsmittels
$n_{g,t}$	Zahl der *gauche*- bzw. *trans*-Konformationen pro Kette
$P(\theta)$	winkelabhängige Streufunktion
$P_{(i)}$	Wahrscheinlichkeit für die Bildung des Polymermoleküls aus i Monomereinheiten
P	Polymerkette, Polymerkette aus n Monomereinheiten (P_n)
PA 66	Polyamid-66
PE	Polyethylen
PET	Polyethylenterephthalat
PMMA	Poly(methylmethacrylat)
POM	Poly(oxymethylen)
PP	Polypropylen
PS	Polystyrol
PTFE	Polytetrafluorethylen
PVA	Poly(vinylalkohol)
PVC	Polyvinylchlorid
p	Dampfdruck der Lösung (p_1) bzw. des reinen Lösungsmittels (p_1^0)
p	Umsatz
p	Zahl der Kontakte in der Polymerlösung
p	Polarisationsfaktor
p_G	Umsatz, bei dem Gelierung eintritt
Δp	relative Dampfdruckerniedrigung
R_θ	reduzierte Streuintensität
R, R_n	Alkyl- oder Alkylenrest, auch Aryl- oder Arylenrest
r	stöchiometrisches Verhältnis der Ausgangskomponenten bei der Stufenwachstumsreaktion

r	Abstand Probe–Detektor bzw. Probe–Film bei der Röntgenstreuung
r	Kapillardurchmesser beim Viskosimeter
r	Sphärolithradius
$r_{1,2}$	Reaktivitätsverhältnisse bei der Copolymerisation
$\langle r^2 \rangle$	mittleres Quadrat des Kettenabstands (beim ungestörten Knäuel: $\langle r^2 \rangle_0$; bei Annahme fester Bindungswinkel: $\langle r^2 \rangle_{\mathrm{fw}}$)
$\langle r^2 \rangle^{1/2}$	mittlerer Kettenendenabstand (im realen Knäuel: $\langle r^2 \rangle^{1/2}_{\mathrm{real}}$)
S	Entropie
S	Scherspannung
$\mathrm{S_N}$	nucleophile Substitution
ΔS	Änderung der Entropie (beim Mischen: ΔS_M; bei der Kristallisation bzw. Schmelze pro Einheitsvolumen: ΔS_v; der Einzelkette: ΔS_i)
$\Delta \overline{S}_1^E$	partielle molare Exzess-Entropie der Mischung
$\langle s^2 \rangle^{1/2}$	mittlerer Trägheitsradius
T	Temperatur; Glastemperatur (T_g), Glastemperatur bei unendlichem Molekulargewicht (T_g^∞),Gleichgewichtsschmelztemperatur bzw. ideale Schmelztemperatur (T_m^0), Ceiling-Temperatur (T_C), Kristallisationstemperatur (T_c), Lösungstemperatur (T_s)
TMS	Tetramethylsilan
THF	Tetrahydrofuran
ΔT	Unterkühlung (bei der Kristallisation)
ΔT	Temperaturdifferenz bei der Dampfdruckosmometrie (theoretisch: ΔT_{th}; experimentell: ΔT_{exp})
t	Zeit
t	*trans*-Konformation
U	Uneinheitlichkeit
U	innere Energie
ΔU_v	molare innere Verdampfungsenergie
V	Volumen der Lösung
V	Volumen des Polymers; tatsächliches Volumen (V_p), freies Volumen (V_f), eingefrorenes freies Volumen (V_f^*), Volumen des amorphen (V_a) und kristallinen Polymers (V_c)
V	Volumen bei der Kristallisation; Ausgangsvolumen (V_0), Endvolumen (V_∞) und Volumen zur Zeit t
V_e	Elutionsvolumen

$\overline{V}$	Molvolumen; Molvolumen der Gasphase ($\overline{V}_g$) und flüssigen Phase ($\overline{V}_l$)
W	Arbeit
W	Wahrscheinlichkeit
w	isotherm reversible Deformationsarbeit pro Einheitsvolumen
w	Gewichtsbruch (der Moleküle mit der Länge i: w_i; der kristallinen Phase (= Kristallisationsgrad): w_c)
$\overline{X}$	mittlerer Polymerisationsgrad; Zahlenmittel des Polymerisationsgrades ($\overline{X}_n$), Zahlenmittel des Polymerisationsgrades bei Kettenabbau zur Zeit t_0 ($\overline{X}_{n,0}$), Zahlenmittel des Polymerisationsgrades bei Kettenabbau zur Zeit t ($\overline{X}_{n,t}$), Gewichtsmittel des Polymerisationsgrades ($\overline{X}_w$)
x	Molenbruch (der Moleküle mit der Länge i: x_i; der Lösungsmittelmoleküle: x_1; der Polymermoleküle: x_2; des Weichmachers: x_w)
z	Koordinationszahl des Gitters
α	Expansionsfaktor zur Berechnung der realen Knäuelgröße
α	Wahrscheinlichkeit (Abschnitt 2.2.1.8)
α	Verzweigungskoeffizient (kritischer Verzweigungskoeffizient: α_G)
α_f	thermischer Ausdehnungskoeffizient des freien Volumens
χ	Polymer-Lösungsmittel-Wechselwirkungsparameter
Δ	Änderung einer Größe
$\Delta\varepsilon$	Energiedifferenz (zwischen Lösungsmittel und Polymerlösung)
δ	Phasenwinkel
δ	Löslichkeitsparameter des Lösungsmittels (δ_1) und des Gelösten (δ_2)
δ	chemische Verschiebung
ε	dielektrische Konstante
ε	Dehnung
ε	Wechselwirkungsenergie in der Polymerlösung (Lösungsmittel-Lösungsmittel (ε_{11}); Lösungsmittel-Polymer (ε_{12}) und Polymer-Polymer (ε_{22}))
ϕ	Bindungsrotationswinkel
ϕ	universelle Konstante (Flory-Fox-Theorie)
ϕ	Volumenbruch (des Lösungsmittels in der Polymerlösung: ϕ_1; des Polymers in der Polymerlösung: ϕ_2; der kristallinen Phase: ϕ_c)
γ	Scherung
γ	Verhältnis der Zahl der Endgruppen A an Verzweigungsstellen zur Gesamtzahl der vorhandenen Endgruppen A (Abschnitt 2.1.7.2)

γ	Oberflächenenergie; Faltoberflächenenergie (γ_e); laterale Oberflächenenergie (γ_s)
η	Viskosität; Viskosität des Lösungsmittels (η_0); relative Viskosität (η_{rel}); spezifische Viskosität (η_{sp})
$[\eta]$	Grenzviskositätszahl, Staudinger-Index
κ	Enthalpieparameter
λ	Wellenlänge
λ	Dehnverhältnis ($\lambda_{1,2,3}$: in x-, y-, z-Richtung)
$\Delta\lambda$	Wellenlängendifferenz der Streustrahlung (vordere: $\Delta\lambda_{\mathrm{v}}$; hintere: $\Delta\lambda_{\mathrm{h}}$)
Λ	Dämpfung
μ	magnetisches Kernmoment
μ	Poisson-Zahl
ν	Wachstumsrate von Kristallen
ν	Frequenz (des resonanten Radiofrequenzfeldes: ν_0)
$\bar{\nu}$	kinetische Kettenlänge
Π	osmotischer Druck
θ	Winkel: Bindungswinkel, Streuwinkel, Drehwinkel
θ	θ-Temperatur (Temperatur, bei der sich die Lösung pseudoideal verhält)
ρ	Dichte; Dichte der Lösung (ρ_s); Dichte des amorphen (ρ_a) und kristallinen Polymers (ρ_c); Dichte der Polymerschmelze (ρ_L) und des sphärolithisch kristallisierten Polymers (ρ_S)
σ	sterischer Parameter zur Bestimmung von $\langle r^2 \rangle_0$
σ	Abschirmungskonstante (σ von Tetramethylsilan: σ_{TMS})
σ	Zugspannung (nominale Spannung: σ_n)
$\Delta\sigma$	Spannungsinkrement
τ	Zeitdauer der Einwirkung eines Spannungsinkrements
τ_0	Relaxationszeit
Ω	Anzahl der möglichen Kettenkonformationen bzw. Anordnungsmöglichkeiten der Kette
ω	Kreisfrequenz
ψ	Entropieparameter

1 Grundlegende Bemerkungen und Definitionen

1.1 Historisches

Der Umgang mit polymeren Materialien war sehr lange begrenzt auf Holz, Naturfasern, Felle, Horn, Pech, Proteine und Kohlenhydrate. Erstmals erwähnt werden

~ 5000 v. Chr.	Baumwolle (Mexiko),
~ 3000 v. Chr.	Seide (China),
~ 2000 v. Chr.	Bitumen, Schellack (Orient),
~ 1500 n. Chr.	Gummi (Kolumbus),
~ 1800	Guttapercha.

Im 19. Jahrhundert beginnt die Polymerchemie mit der chemischen Modifizierung von Biopolymeren, im 20. Jahrhundert beginnt die synthetische Polymerchemie. Einige historische Daten aus den Bereichen der Polymertechnologie und -wissenschaft sind in Tab. 1 aufgelistet.

1.2 Begriffsdefinitionen

Ein **Polymer** ist das *n*-mere eines Monomers, wobei $n > 1$ ist und die Monomere **kovalent** miteinander verknüpft sind. Ein **Oligomer** ist ein Polymer, bei dem $2 \leq n < \sim 10$ Monomere kovalent verknüpft sind. Ein **Monomer** ist ein Molekül, das eine oder mehrere polymerisationsfähige Gruppen besitzt. Die Zahl der polymerisationsfähigen Gruppen ist durch die Funktionalität des Monomers bestimmt.

Beispiele:

(a) Bifunktionelle Monomere

$$H_2N{-}CH_2CH_2{-}COOH$$

$$CH_2{=}CH{-}C_6H_5$$

(b) Trifunktionelles Monomer

$$HOCH_2-CH(OH)-CH_2OH$$

(c) Tetrafunktionelles Monomer

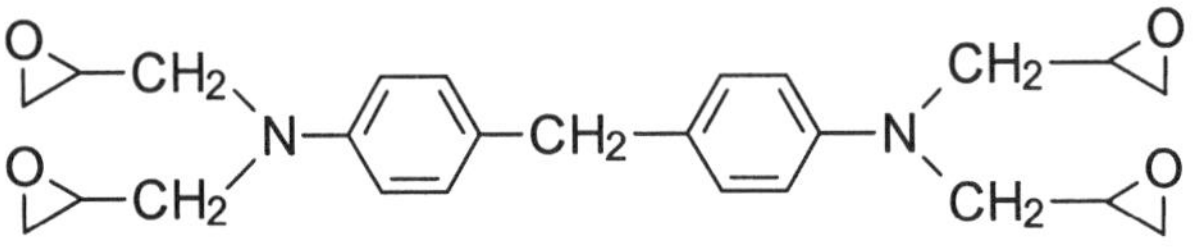

N,*N*,*N'*,*N'*-Tetraglycidyl-4,4'-diaminodiphenylmethan

Tab. 1. Historische Daten der Polymertechnologie und -wissenschaft [1].

	Polymertechnologie		**Polymerwissenschaft**
	1800–1900		
1839	Ch. Goodyear: Vulkanisierung von Gummi	1806	Gough: Experimente über Elastizität von natürlichem Gummi
1843	Hancock: Erstes Patent über vulkanisierten Gummi	1859	Joule: Thermodynamische Prinzipien der Gummielastizität
1844	J. Mercer: Mercerisieren von Baumwolle (Behandlung mit $NaOH/H_2SO_4$) zu glänzenden, festen, anfärbbaren Fasern	1884/ 1919	E. Fischer: Formelaufklärung vieler Zucker und Proteine
1851	N. Goodyear: Hartgummipatent (Ebonit)		
1868	J. W. Hyatt: Celluloid (Cellulosenitrat/Campher)		
1891	Chardonnet: Regenerierung von Cellulose aus Cellulosenitrat		
1893	Cross, Bevan, Beadle, Shearn: Viskose-(Rayon-) Fasern		

Tab. 1. Fortsetzung.

	Polymertechnologie		Polymerwissenschaft
	1900–1950		
1907	L. Baekeland: Phenol-Formaldehyd-Harze	1920ff.	H. Staudinger verbreitet die These von Makromolekülen
1908	Bakelit-Isolatoren	1928	Meyer und Mark messen Kristallitgrößen in Cellulose und Gummi
1909	Erste Rayonfabrik		
1924	Celluloseacetatfasern		
1925	Alkydharze für Lacke, erste Aminoplaste	1929	Carothers synthetisiert und charakterisiert Polykondensate
1930	Polystyrol	1930/34	Kuhn, Guth und Mark entwickeln mathematische Modelle für Polymerkonfigurationen, Theorie der Gummielastizität
1931	Neopren (synthetischer Gummi), PVC		
1934	PMMA	1939/45	Debye: Lichtstreuung von Polymerlösungen; Flory: Viskosität von Polymerlösungen; Harkins: Theorie der Emulsionspolymerisation
1935	Melamin-Formaldehydharz		
1936	Polyvinylacetat, Polyvinylbutyral für Sicherheitsglas		
1937	Styrol-Butadien-Gummi (Buna S) und Acrylnitril-Butadien-Gummis (Buna N)		
1938	Polyamid-66-Fasern		
1939	Hochdruckpolyethylen (LDPE), Polyvinylidenchlorid, Polyamid 6		
1940	Polyurethane		
1942	UP-Harze		

Tab. 1. Fortsetzung

	Polymertechnologie		Polymerwissenschaft
1940/45	Polytetrafluorethylen, Latexfarben		
1946/47	Epoxidharze, Polyethylenterephthalat, Silicone		
1948	ABS-Polymere		
1948/50	Polyacrylfasern		
	1950-jetzt		
1950	Polyesterfasern	1950	Ziegler: Ethylenpolymerisation mit Koordinationskomplexen; Natta: Polypropylen, Taktizität in Polymeren; Swarc: Lebende anionische Polymerisation, Grenzflächenpolykondensation
1954	Polyurethanschäume		
1956	Lineares Polyethylen (HDPE)		
1957	Polypropylen, Polycarbonat		
1959	Chlorierte Polyether; Polyoxymethylen, synthetischer cis-Polyisopren-Gummi	1955	WLF-Gleichung: Zeit-Temperatur-Superposition, mechanische Eigenschaften
1960	Ethylen-Propylen-Gummi, Spandexfasern (segmentierte Polyurethane), Polyphenylenoxid	1956	Keller, Till und Fischer charakterisieren Polyethylen-Einkristalle
1960er	Cyanoacrylate (Kleber), aromatische Polyamide, Polyimide, Silanhaftvermittler	1960er	NMR-Strukturanalyse von Polymeren; Maxwell: Rheometer; Moore: GPC-Analyse zur MW-Verteilung, DSC, Polybenzimidazol

Tab. 1. Fortsetzung

	Polymertechnologie		Polymerwissenschaft
1970er	Isotaktisches Polybuten, Polybutylenterephthalat, Polyphenylensulfid, Polynorbornen (Gummi), thermoplastische Elastomere	1970er	Interpenetrierende Netzwerke, HPLC; de Gennes: Reptationskonzept zur Kettendynamik
1980er	Flüssigkristalline Polymere, Blends, faserverstärkte Polymere, High-Performance-Polymere	1980er	Gruppenübertragungspolymerisation, Polysilane, Polyphosphazene, lebende kationische Polymerisation; Shirakawa, Heeger, MacDiamid: elektrische leitfähige Polymere
seit 1990	Recycling, bioabbaubare Polymere, Metallocen-Katalysatoren, Nanokomposite, polymere Leuchtdioden	seit 1990	Molecular Modeling, supramolekulare Polymerchemie, lebende radikalische Polymerisation, hochverzweigte Polymere

1.3 Klassifizierungen

Polymere können auf verschiedene Weise klassifiziert werden:

(a) nach Herkunft und Herstellung

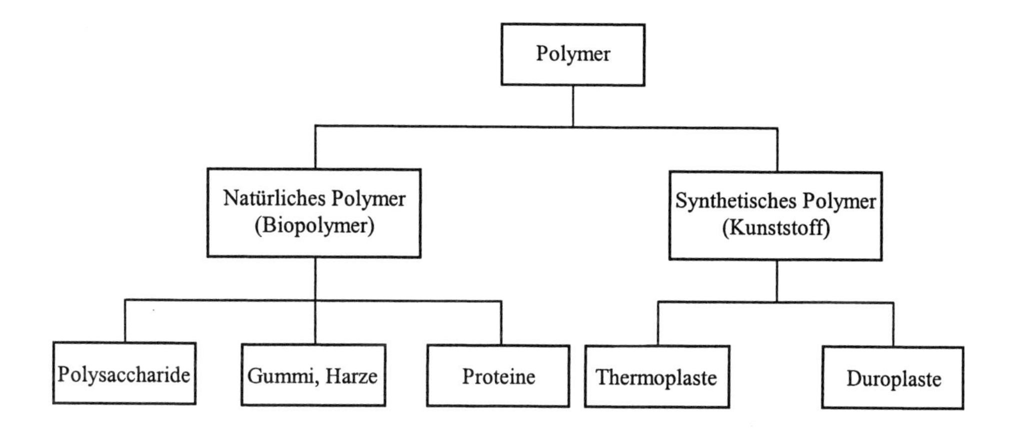

(b) nach Anzahl und Anordnung der Monomerbausteine

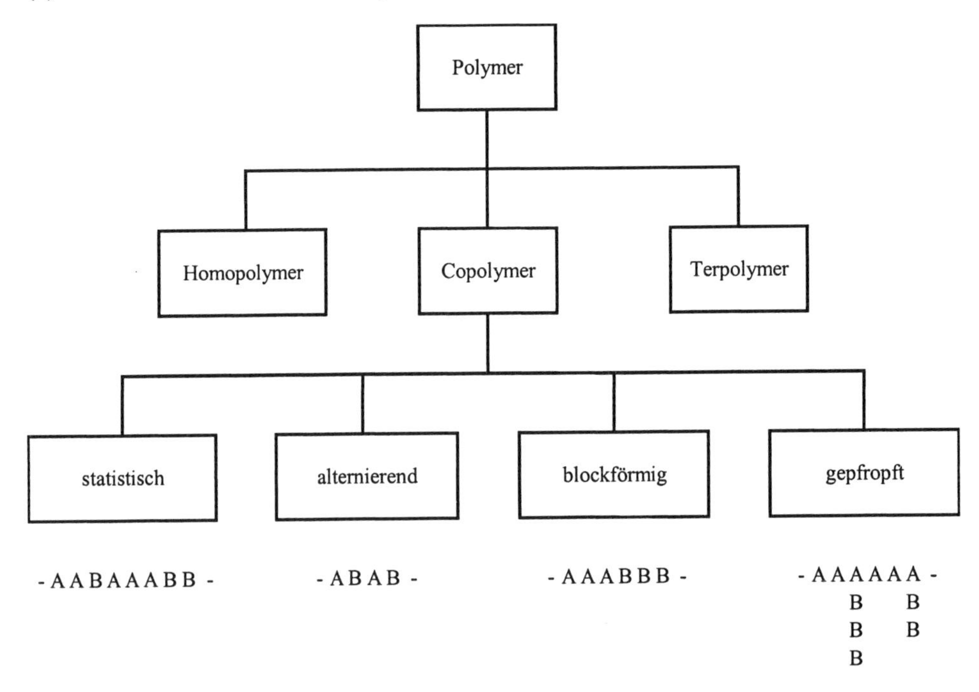

(c) nach der Polymerstruktur

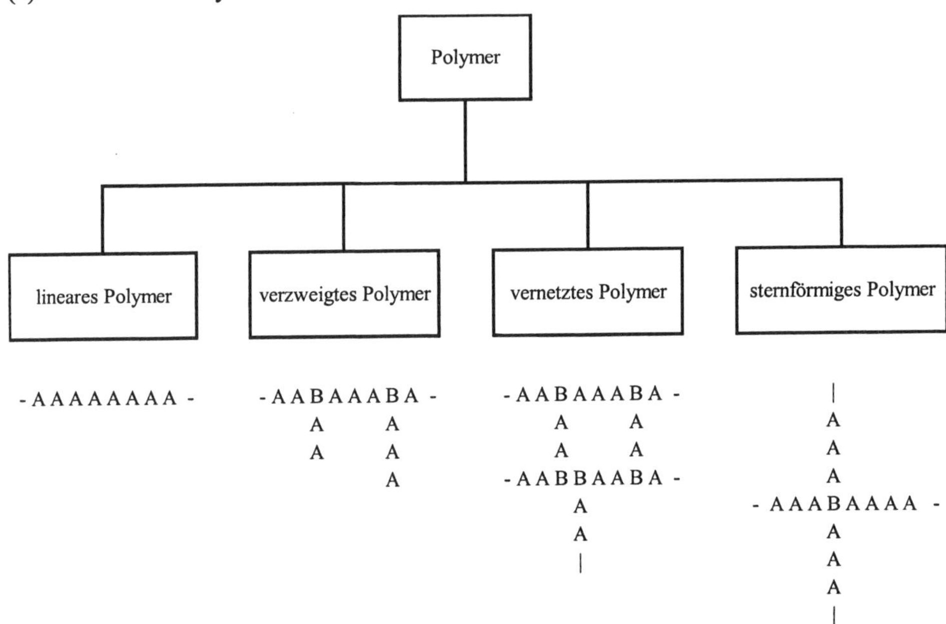

1.4 Nomenklatur

Die Bezeichnung des Polymers erfolgt in der Regel nach dem Ausgangsmonomer, das mit dem Zusatz **Poly-** versehen wird.

Beispiele:

$$n\ CH_2{=}CH_2 \longrightarrow [-CH_2-CH_2-]_n$$

Ethylen — Poly(ethylen)

$$n\ CH_2{=}CH(C_6H_5) \longrightarrow [-CH_2-CH(C_6H_5)-]_n$$

Styrol — Poly(styrol)

$$n\ \text{(cyclo-)}[(CH_2)_3, CH_2, CH_2, N(H)-C(=O)] \longrightarrow [-(CH_2)_5-C(=O)-N(H)-]_n$$

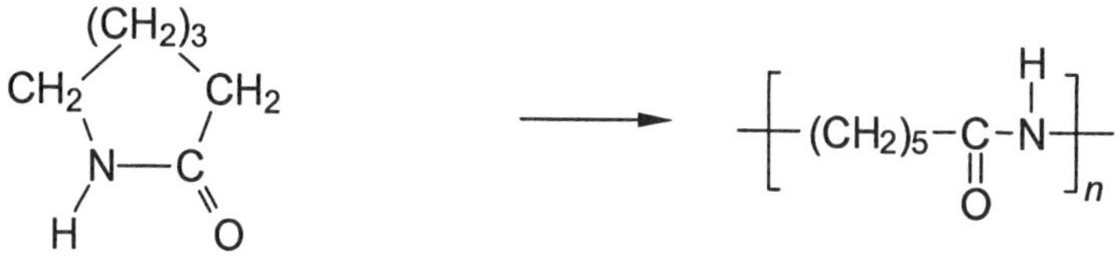

ε-Caprolactam — Poly(ε-caprolactam)

$$n\ H_2N-(CH_2)_5-COOH \longrightarrow [-(CH_2)_5-C(=O)-N(H)-]_n$$

ε-Aminocapronsäure — Poly(ε-aminocapronsäure)

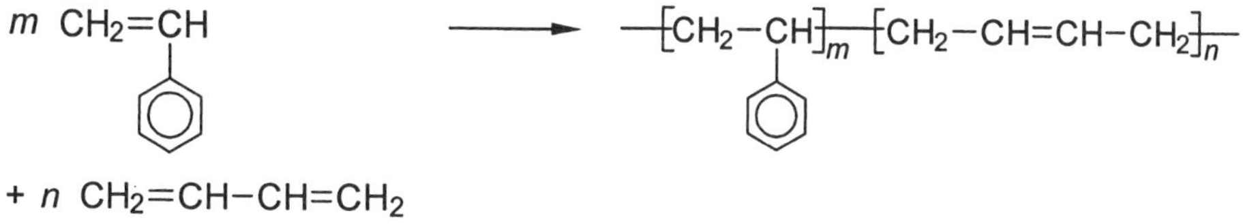

$$m\ CH_2{=}CH(C_6H_5) + n\ CH_2{=}CH-CH{=}CH_2 \longrightarrow -[CH_2-CH(C_6H_5)]_m-[CH_2-CH{=}CH-CH_2]_n-$$

Styrol + Butadien — Poly(styrol-co-butadien)

aber:

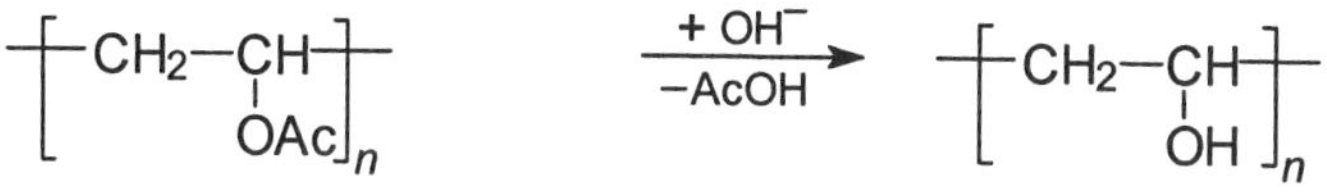

$$[-CH_2-CH(OAc)-]_n \xrightarrow[-AcOH]{+\,OH^-} [-CH_2-CH(OH)-]_n$$

Poly(vinylacetat) — Poly(vinylalkohol)

Polymere, die durch chemische Modifizierung anderer Polymerer hergestellt werden, bezeichnet man nach der neu gebildeten formalen Monomereinheit.

1.5 Molekulargewicht und Polymerisationsgrad

Polymere weisen in der Regel keine exakte Molmasse, sondern eine Molekulargewichtsverteilung auf (Abb. 1). Die Molekulargewichtsverteilung erlaubt verschiedene Mittelwertbildungen, die unter (a) bis (e) näher erläutert werden. Weitere Begriffe, die aus der Molekulargewichtsverteilung resultieren, sind die Polydispersität und Uneinheitlichkeit eines Polymers sowie der mittlere Polymerisationsgrad. Sie werden unter (f) und (g) diskutiert.

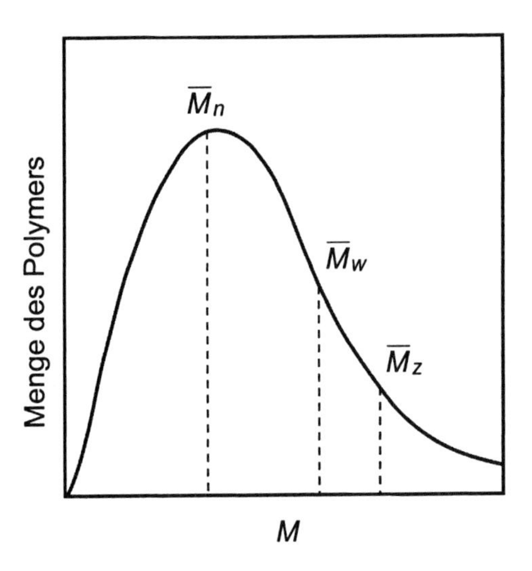

Abb. 1. Typische Molmassenverteilung eines synthetischen Polymers.

(a) Zahlenmittel des Molekulargewichts $\overline{M}_n$

Wir definieren x_i als den Molenbruch der Moleküle mit der Länge i. x_i beschreibt dann das Verhältnis der Zahl der Moleküle N_i der Länge i zu der Gesamtzahl der Moleküle $N = \sum N_i$:

$$x_i = \frac{N_i}{N}.$$

Das Zahlenmittel des Molekulargewichts ist definiert als

$$\overline{M}_n = \sum x_i M_i \,.$$

Mit $x_i = N_i/N$ und $N = \Sigma\, N_i$ folgt

$$\overline{M}_n = \frac{\sum N_i M_i}{\sum N_i}.$$

(b) Gewichtsmittel des Molekulargewichts $\overline{M}_w$

Wir definieren w_i als den Gewichtsbruch der Moleküle der Länge i. w_i beschreibt dann das Verhältnis des Gewichts der Moleküle der Länge i, N_iM_i zu der gesamten Masse der Moleküle $\Sigma\, N_iM_i$:

$$w_i = \frac{N_i\, M_i}{\sum N_i\, M_i}.$$

Für das Gewichtsmittel des Molekulargewichts folgt hieraus mit $\overline{M}_w = \sum w_i M_i$ die Beziehung

$$\overline{M}_w = \frac{\sum N_i M_i^2}{\sum N_i M_i}.$$

(c) Weitere Mittelwerte

Das **Zentrifugenmittel** $\overline{M}_z$ wird durch Messung des Sedimentationsgleichgewichts in der Ultrazentrifuge bestimmt. Es hat keine anschauliche Bedeutung. Es ist definiert als

$$\overline{M}_z = \frac{\sum N_i M_i^{\,3}}{\sum N_i M_i^{\,2}} = \frac{\sum w_i M_i^{\,2}}{\sum w_i M_i}.$$

Das **Viskositätsmittel** $\overline{M}_\eta$ wird durch Messung der Grenzviskositätszahl $[\eta]$ einer Polymerlösung bestimmt. Es hat ebenfalls keine anschauliche Bedeutung. Es ist definiert als

$$\overline{M}_\eta = \left(\frac{\sum w_i M_i^{\,a}}{\sum w_i} \right)^{1/a},$$

wobei a eine Zahl zwischen 0 und 1 ist.

(d) Verhältnis der Mittelwerte zueinander

Es gilt $\overline{M}_n < \overline{M}_\eta < \overline{M}_w < \overline{M}_z$.

(e) Beispiel für die Berechnung von Molekulargewichtsmittelwerten

Das Polymer A besteht aus zehn Molekülen.

Ein Molekül hat das Molekulargewicht	100.000
Fünf Moleküle haben das Molekulargewicht	200.000
Drei Moleküle haben das Molekulargewicht	500.000
Ein Molekül hat das Molekulargewicht	1.000.000

$\overline{M}_n$ und $\overline{M}_w$ lassen sich dann wie folgt berechnen:

$$\overline{M}_n = \frac{(1 \times 10^5) + (5 \times 2 \times 10^5) + (3 \times 5 \times 10^5) + (1 \times 10^6)}{1 + 5 + 3 + 1} = 3{,}6 \times 10^5 \text{ g/mol},$$

$$\overline{M}_w = \frac{\left[1 \times (10^5)^2\right] + \left[5 \times (2 \times 10^5)^2\right] + \left[3 \times (5 \times 10^5)^2\right] + \left[1 \times (10^6)^2\right]}{(1 \times 10^5) + (5 \times 2 \times 10^5) + (1 \times 10^5) + (3 \times 5 \times 10^5) + (1 \times 10^6)} \text{ g/mol}$$

$$\overline{M}_w = 5{,}45 \times 10^5 \text{ g/mol},$$

$$\overline{M}_z = 7{,}22 \times 10^5 \text{ g/mol}.$$

(f) Polydispersität und Uneinheitlichkeit

Die Breite einer Molekulargewichtsverteilung wird häufig durch den Quotienten $\overline{M}_w/\overline{M}_n$, die sogenannte **Polydispersität**, beschrieben. Gelegentlich wird auch die **Uneinheitlichkeit *U*** verwendet:

$$U = \frac{\overline{M}_w}{\overline{M}_n} - 1 .$$

Bei vielen Polymerisationsreaktionen werden Polydispersitäten von circa 2 erhalten. Ist dagegen $\overline{M}_w/\overline{M}_n = 1$, so spricht man von einem monodispersen Polymer.

(g) Polymerisationsgrad

Der mittlere Polymerisationsgrad $\overline{X}$ ist gegeben durch das Verhältnis des mittleren Molekulargewichts $\overline{M}$ des Polymers zu dem des Ausgangsmonomers, M_0:

$$\overline{X} = \frac{\overline{M}}{M_0} .$$

Mit $\overline{M}_n$ und $\overline{M}_w$ lassen sich Zahlen- und Gewichtsmittel des Polymerisationsgrades definieren:

$$\overline{X}_n = \frac{\overline{M}_n}{M_0} ,$$

$$\overline{X}_w = \frac{\overline{M}_w}{M_0} .$$

Am gebräuchlichsten ist das Zahlenmittel des Polymerisationsgrades $\overline{X}_n$.

1.6 Thermisches Verhalten: T_g und T_m

Bei tiefen Temperaturen sind Polymere fest. In fester Phase können sie entweder kristallin oder amorph vorliegen. Meistens treten beide Zustände auf, das heißt, es koexistieren kristalline und amorphe Bereiche. Die Polymere werden dann als „teilkristallin“ bezeichnet.

Langsames Abkühlen fördert die Kristallisation, während rasches Abkühlen („Abschrecken") die Bildung amorpher Bereiche begünstigt. Beim Aufwärmen teilkristalliner Proben treten zwei charakteristische Umwandlungstemperaturen auf:

(a) die Glastemperatur T_g (Umwandlung Glaszustand $\rightleftharpoons$ gummiähnlicher Zustand),

(b) die Schmelztemperatur T_m (Umwandlung kristalline Phase $\rightleftharpoons$ isotrope Schmelze).

T_m tritt in der Regel nicht als scharfer Schmelzpunkt, sondern als mehr oder weniger breiter Schmelzbereich auf, weil das Polymer verschieden große Kristallite enthält, die verschieden rasch aufschmelzen. Auch bewirkt die Teilkristallinität eine Absenkung von T_m. Der Schmelzpunkt T_m eines teilkristallinen Polymers liegt immer niedriger als der ideale Schmelzpunkt eines perfekt kristallinen Polymers, T_m^0. Beim Überschreiten von T_g erweichen glasförmig erstarrte, amorphe Bereiche und gehen in einen Zustand erhöhter Flexibilität („Gummizustand") über. Da T_g stets unter T_m liegt, kann auch Rekristallisation eintreten. T_g und T_m lassen sich zum Beispiel über Änderungen des spezifischen Volumens (Abb. 2) oder mithilfe der Differenzialthermoanalyse (DTA, DSC) bestimmen (Abb. 3).

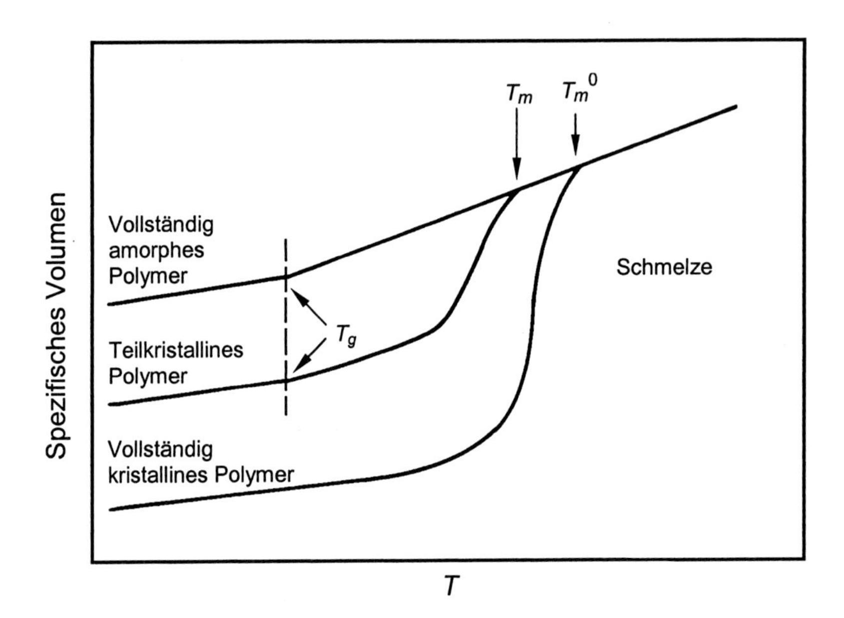

Abb. 2. Schematische Darstellung der Änderung des spezifischen Volumens eines Polymers mit der Temperatur T für eine vollständig amorphe Probe, eine teilkristalline Probe und ein vollständig kristallines Material [1].

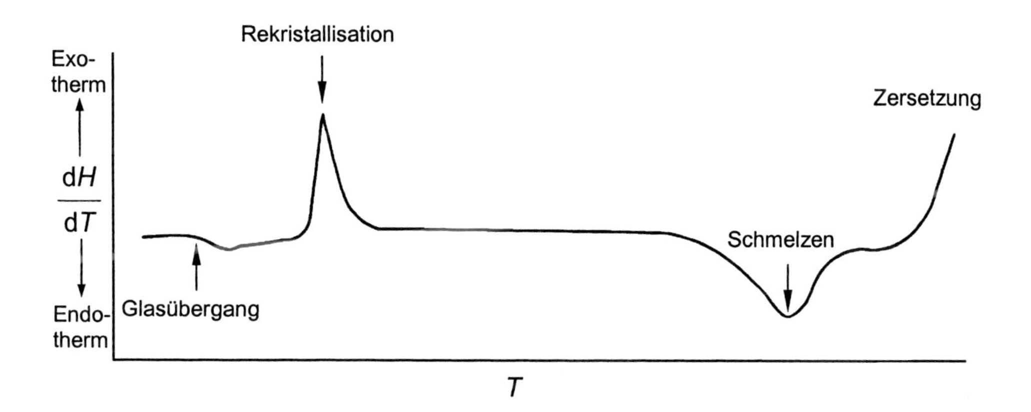

Abb. 3. Schematische DSC-Aufheizkurve eines teilkristallinen Polymers mit Glasübergang, exothermer Rekristallisation, endothermem Schmelzen und exothermer Zersetzung.

1.7 Mechanisches Verhalten

Kunststoffe werden häufig nach ihrem mechanischen Verhalten klassifiziert. Ein einfaches Experiment zur Bestimmung des mechanischen Verhaltens ist der Zugversuch, der die Dehnung ε eines Probenkörpers als Funktion der angelegten Zugspannung σ misst. Die Form des Spannungs-Dehnungs-Diagramms (Abb. 4) erlaubt, zwischen steifen (energieelastischen) Polymeren, plastisch verformbaren (viskoelastischen) Polymeren und vollelastischen, gummiartigen (entropieelastischen) Polymeren zu unterscheiden. Aus der Anfangssteigung lässt sich mithilfe des Hooke'schen Gesetzes

$$\sigma = E\,\varepsilon$$

der E-Modul des Polymers bestimmen. Wie Abb. 4 zeigt, haben entropieelastische Polymere (Elastomere) den niedrigsten E-Modul, während energieelastische Polymere (Hartplastik, Fasern) die höchsten Modulwerte besitzen.

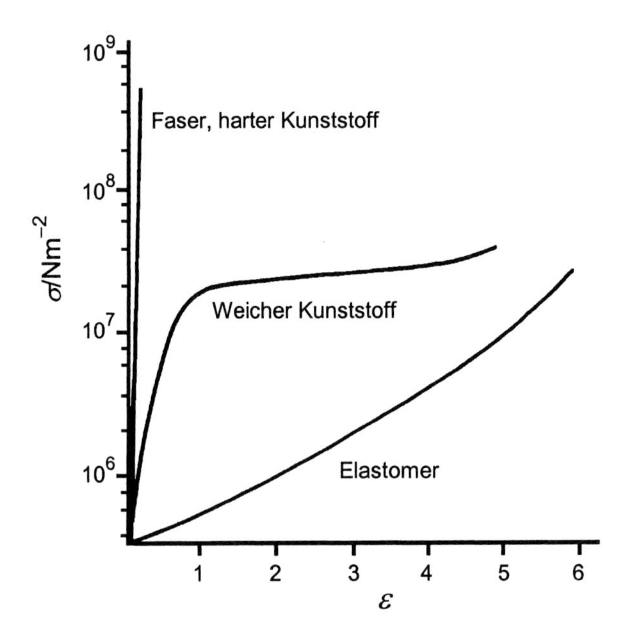

Abb. 4. Typische Spannungs-Dehnungs-Diagramme verschiedener Polymere.

Einige Beispiele für thermoplastische, elastomere und faserbildende Kunststoffe sind in Tab. 2a-c zusammengestellt.

1.8 Verarbeitung

Kunststoffe werden auch nach der Art ihrer Herstellung eingeteilt und bezeichnet.

Thermoplaste sind lineare Polymere, die oberhalb T_g oder T_m fließfähig werden und durch Extrusion und Spritzgießen verarbeitet werden können.

Duroplaste (Thermosets) sind vernetzte Polymere, die durch Gießen der Monomere (oder Oligomere) in eine Form und anschließende (oder simultane) thermische Vernetzung in der Form hergestellt werden. Die Vernetzung kann thermisch oder photochemisch (nach Zugabe geeigneter Initiatoren) erfolgen. Beispiele für Duroplaste sind Epoxidharze, Polyesterharze, Phenolharze und Aminoharze.

Tab. 2. Beispiele für thermoplastische, elastomere und faserbildende Kunststoffe.

(a) Thermoplastische Kunststoffe

Polymer	**Formel**
Poly(ethylen)	$\left[CH_2-CH_2 \right]_n$
Poly(propylen)	$\left[CH_2-CH_2(CH_3) \right]_n$
Poly(4-methylpenten-1)	$\left[CH_2-CH(R) \right]_n$ R = $-CH_2-CH(CH_3)-CH_3$
Poly(vinylchlorid)	$\left[CH_2-CH(Cl) \right]_n$
Poly(methylmethacrylat)	$\left[CH_2-C(CH_3)(COOCH_3) \right]_n$
Poly(styrol)	$\left[CH_2-CH(C_6H_5) \right]_n$
Poly(oxymethylen)	$\left[CH_2O \right]_n$
Poly(ethylenterephthalat)	$\left[C_6H_4-C(=O)OCH_2CH_2OC(=O) \right]_n$
Bisphenol-A-Polycarbonat	$\left[C_6H_4-C(CH_3)_2-C_6H_4-OC(=O)O \right]_n$
Poly(2,6-dimethyl-1,4-phenylenoxid)	$\left[C_6H_2(CH_3)_2-O \right]_n$

(b) Elastomere Kunststoffe

Polymer	Formel
Poly(isopren) (Naturkautschuk)	$\left[CH_2-C(CH_3)=CH-CH_2 \right]_n$
Poly(butadien)	$\left[CH_2-CH=CH-CH_2 \right]_n$
Poly(isobuten)	$\left[CH_2-C(CH_3)_2 \right]_n$
Styrol-Butadien-Elastomer	$\left[(CH_2-CH=CH-CH_2)_m-(CH_2-CH(C_6H_5))_n \right]_p$
ABS-Polymer (Acrylnitril-Butadien-Styrol)	$\left[(CH_2-CH(CN))_m-(CH_2-CH(C_6H_5))_n-(CH_2-CH=CH-CH_2)_p \right]_q$
Poly(chloropren)	$\left[CH_2-C(Cl)=CH-CH_2 \right]_n$
Poly(dimethylsiloxan) (Silicon)	$\left[O-Si(CH_3)_2 \right]_n$
Lineares Polyurethan	$\left[R^1-NH-C(=O)-O-R^2-O-C(=O)-NH \right]_n$ mit R^1, R^2, beispielsweise Alkylen

(c) Faserbildende Kunststoffe

Polymer	**Formel**
Poly(ε-caprolactam) (Polyamid 6)	$\left[-\mathrm{NH}-(\mathrm{CH_2})_5-\mathrm{C(=O)}- \right]_n$
Poly(11-aminoundecansäure) (Polyamid 11)	$\left[-\mathrm{NH}-(\mathrm{CH_2})_{10}-\mathrm{C(=O)}- \right]_n$
Poly(hexamethylenadipamid) (Polyamid 66)	$\left[-\mathrm{NH}-(\mathrm{CH_2})_6-\mathrm{NH}-\mathrm{C(=O)}-(\mathrm{CH_2})_4-\mathrm{C(=O)}- \right]_n$
Poly(*p*-phenylenterephthalamid)	$\left[-\mathrm{NH}-\mathrm{C_6H_4}-\mathrm{NH}-\mathrm{C(=O)}-\mathrm{C_6H_4}-\mathrm{C(=O)}- \right]_n$
Poly(ethylenterephthalat)	$\left[-\mathrm{C(=O)}-\mathrm{C_6H_4}-\mathrm{C(=O)}-\mathrm{O(CH_2)_2O}- \right]_n$
Poly(acrylnitril)	$\left[-\mathrm{CH_2}-\mathrm{CH(CN)}- \right]_n$
Poly(propylen)	$\left[-\mathrm{CH_2}-\mathrm{CH(CH_3)}- \right]_n$
Acrylnitril/Vinylchlorid-Copolymer	$\left[-(\mathrm{CH_2}-\mathrm{CH(CN)})_m-(\mathrm{CH_2}-\mathrm{CH(Cl)})_n- \right]_p$

2 Synthetische makromolekulare Chemie

2.1 Stufenwachstumsreaktion (Polykondensation und Polyaddition)

Es gibt zwei grundsätzlich verschiedene Arten der Polymerisation: die Stufenwachstumsreaktion und die Kettenwachstumsreaktion (Abb. 5). Polykondensation und Polyaddition sind Stufenwachstumsreaktionen. Bei der Polykondensation erfolgen die einzelnen Reaktionsschritte unter Kondensation kleiner Moleküle wie zum Beispiel Wasser. Bei der Polyaddition tritt lediglich eine Addition der Monomermoleküle ein. Die Kettenwachstumsreaktionen werden in Abschnitt 2.2 besprochen.

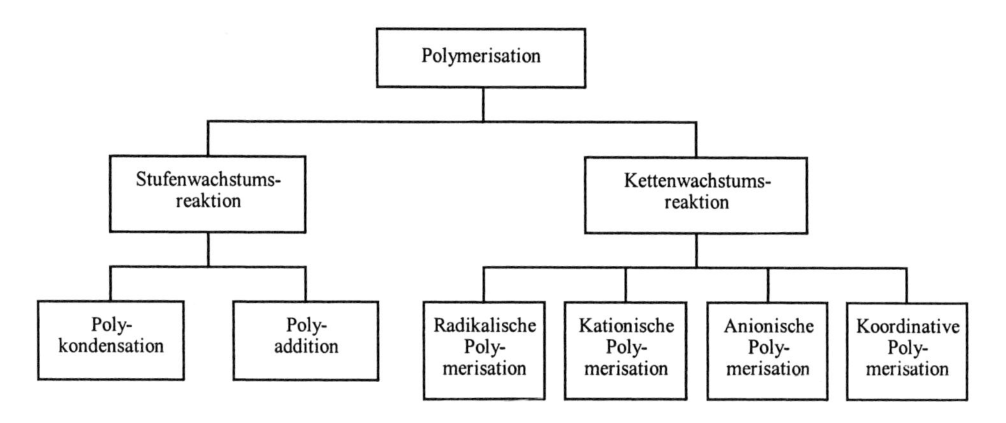

Abb. 5. Schema der verschiedenen Polyreaktionen.

2.1.1 Lineare Stufenwachstumsreaktion

Lineare Stufenwachstumsreaktionen können erfolgen durch die Reaktionen

(a) $n\,\text{A–A} + n\,\text{B–B} \longrightarrow \text{B–B}\left[\text{A–A–B–B}\right]_{n-1}\text{A–A}$

(b) $n\,\text{A–B} \longrightarrow \text{A–B}\left[\text{A–B}\right]_{n-2}\text{A–B}$

Beispiele für (a):

Polyester durch Polykondensation:

$$n\ \mathrm{HOOC{-}C_6H_4{-}COOH} + n\ \mathrm{HO{-}(CH_2)_2{-}OH} \longrightarrow$$

$$\longrightarrow \mathrm{HO}\!\left[\mathrm{\underset{\underset{O}{\|}}{C}{-}C_6H_4{-}\underset{\underset{O}{\|}}{C}O{-}(CH_2)_2{-}O}\right]_n\!\mathrm{H} + (2n-1)\ \mathrm{H_2O}$$

Polyamid durch Polykondensation:

$$n\ \mathrm{HOOC{-}(CH_2)_4{-}COOH} + n\ \mathrm{H_2N{-}(CH_2)_6{-}NH_2} \longrightarrow$$

$$\longrightarrow \mathrm{HO}\!\left[\mathrm{\underset{\underset{O}{\|}}{C}{-}(CH_2)_4{-}\underset{\underset{O}{\|}}{C}\overset{\overset{H}{|}}{N}{-}(CH_2)_6{-}\overset{\overset{H}{|}}{N}}\right]_n\!\mathrm{H} + (2n-1)\ \mathrm{H_2O}$$

Polyurethan durch Polyaddition:

$$(n+1)\mathrm{HO{-}(CH_2)_4{-}OH} + n\ \mathrm{OCN{-}(CH_2)_6{-}NCO} \longrightarrow$$

$$\longrightarrow \mathrm{HO}\!\left[\mathrm{(CH_2)_4{-}O\underset{\underset{O}{\|}}{C}\overset{\overset{H}{|}}{N}{-}(CH_2)_6{-}\overset{\overset{H}{|}}{N}\underset{\underset{O}{\|}}{C}O}\right]_n\!\mathrm{(CH_2)_4{-}OH}$$

Beispiel für (b):

Polyester durch Polykondensation:

$$n\ \mathrm{HO{-}C_6H_4{-}COOH} \longrightarrow n\ \mathrm{HO}\!\left[\mathrm{C_6H_4{-}\underset{\underset{O}{\|}}{C}O}\right]_n\!\mathrm{H} + (n-1)\ \mathrm{H_2O}$$

Der Verlauf der Stufenwachstumspolymerisation ist in Abb. 6 illustriert. Selbst bei einem Umsatz von 75 % sind nur Oligomere und Restmonomere vorhanden. Erst bei sehr hohem Umsatz bilden sich lange Polymerketten.

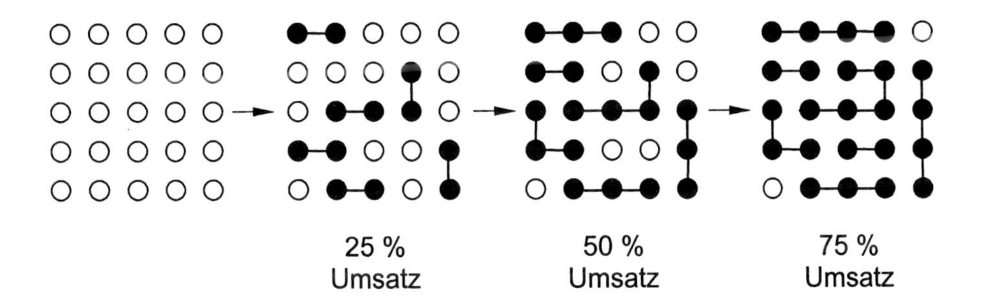

Abb. 6. Schematische Darstellung der Stufenwachstumspolymerisation.

2.1.2 Carothers-Gleichung

Die Carothers-Gleichung liefert eine Beziehung zwischen dem Umsatz p und dem Polymerisationsgrad $\overline{X}_n$.

(a) Wir betrachten ein **A–B-System.** N_0 sei die ursprüngliche Zahl von Monomermolekülen. Sie entspricht der Zahl der Gruppen A oder B. N_t sei die Zahl der Moleküle zur Zeit t. Sie entspricht der Zahl der Gruppen A oder B, die zur Zeit t noch vorhanden sind. Daraus folgt, dass die Differenz $(N_0 - N_t)$ die Zahl der funktionellen Gruppen A oder B, die zur Zeit t reagiert haben, beschreibt. Für den Umsatz p gilt demnach

$$p = \frac{N_0 - N_t}{N_0} \quad \text{und} \quad \frac{N_0}{N_t} = \frac{1}{1-p} .$$

p kann man auch als die Wahrscheinlichkeit definieren, dass eine ursprünglich vorhandene funktionelle Gruppe reagiert hat. p = 0,5 bedeutet dann, dass bei einem Umsatz von 50 % jede ursprünglich vorhandene Gruppe mit einer 50%-Wahrscheinlichkeit reagiert hat.

Der Polymerisationsgrad $\overline{X}_n$ lässt sich beschreiben durch

$$\overline{X}_n = \frac{\text{Zahl der ursprünglich vorhandenen Moleküle}}{\text{Zahl der zur Zeit } t \text{ vorhandenen Moleküle}} = \frac{N_0}{N_t}.$$

Hieraus folgt die Carothers-Gleichung

$$\overline{X}_n = \frac{1}{1-p}.$$

Beispiel:

p	$\overline{X}_n$
0,5	2
0,95	20
0,990	100
0,9990	1000
0,9999	10.000

Der Zusammenhang zwischen p und $\overline{X}_n$ ist in Abb. 7 grafisch dargestellt. Das Beispiel zeigt, dass erst bei sehr hohen Umsätzen hohe Polymerisationsgrade erreicht werden.

(b) Wir betrachten ein **A–A/B–B-System**. Bei exaktem 1:1-Verhältnis gelten die gleichen Überlegungen wie bei einem A–B-System, außer dass von zwei N_0 Anfangsmolekülen ausgegangen werden muss.

Ist das Molverhältnis ungleich, ändert sich die Carothers-Gleichung. In diesem Fall definieren wir ein Verhältnis r der Anzahl der A–A-Moleküle zur Anzahl der B–B-Moleküle:

$$r = \frac{\text{Zahl der Moleküle A–A}}{\text{Zahl der Moleküle B–B}}.$$

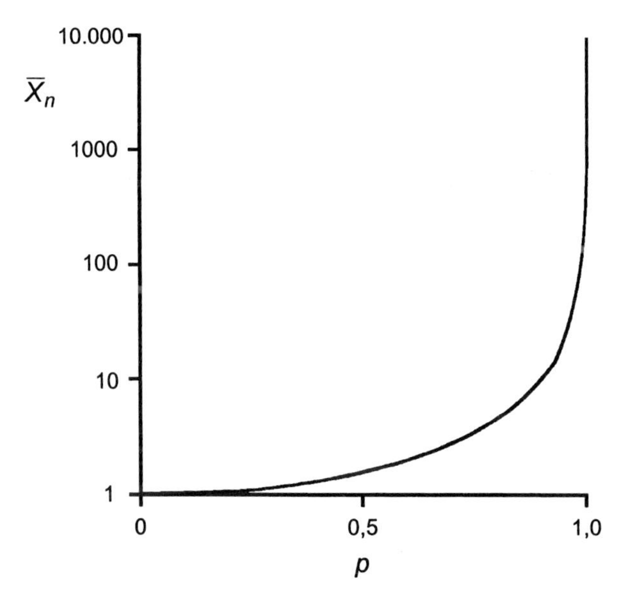

Abb. 7. Zusammenhang zwischen Umsatz p und mittlerem Polymerisationsgrad $\overline{X}_n$ bei der Stufenwachstumsreaktion.

Die Definition erfolgt immer so, dass $r < 1$ ist. Die Carothers-Gleichung wird nun zu

$$\overline{X}_n = \frac{(1+r)}{(1+r-2rp)}.$$

Beispiel:

In einem Reaktionsgemisch sind 5 % mehr Disäure als Diol vorhanden. Hieraus folgt für r:

$$r = \frac{1}{1{,}05} = 0{,}9524.$$

In Tab. 3 sind die mithilfe der Carothers-Gleichung erhaltenen Polymerisationsgrade $\overline{X}_n$ für $r = 0{,}9524$ und $r = 1$ bei 99,99 und 100 % aufgelistet. Das Beispiel zeigt, dass die stöchiometrische Einwaage extrem wichtig ist, um hohe Molgewichte zu erhalten. Sie ist noch viel wichtiger als die Vollständigkeit des Umsatzes.

Tab. 3. Zusammenhang zwischen r beziehungsweise p und $\overline{X}_n$.

r	p	$\overline{X}_n$
0,9524	0,999	39,4
1	0,999	1000,0
0,9524	1	41,0

2.1.3 Kinetik

Wir betrachten die katalysierte Polyesterbildung nach

$$\sim\!\sim COOH + HO\sim\!\sim + Kat. \longrightarrow \sim\!\sim COO\sim\!\sim + H_2O + Kat.$$

Die Verbrauchsgeschwindigkeit der Hydroxylgruppen entspricht der der Carboxylgruppen, das heißt

$$-\frac{\mathrm{d}[\mathrm{COOH}]}{\mathrm{d}t} = -\frac{\mathrm{d}[\mathrm{OH}]}{\mathrm{d}t}.$$

Für die Reaktionsgeschwindigkeit gilt:

$$-\frac{\mathrm{d}[\mathrm{COOH}]}{\mathrm{d}t} = \mathrm{k}\,[\mathrm{COOH}]\,[\mathrm{OH}]\,[\mathrm{Kat.}]$$

mit der Geschwindigkeitskonstanten k der Veresterungsreaktion. Wird kein Katalysator zugesetzt, so wirken die COOH-Gruppen als Katalysator, das heißt, es gilt

$$-\frac{\mathrm{d}[\mathrm{COOH}]}{\mathrm{d}t} = k\,[\mathrm{COOH}]^2\,[\mathrm{OH}].$$

Bei gleicher Anzahl funktioneller Gruppen gilt [COOH] = [OH] = c, das heißt

$$-\frac{\mathrm{d}c}{\mathrm{d}t} = kc^3,$$

$$\int_{c_0}^{c} -\frac{\mathrm{d}c}{c^3} = k\int_0^t \mathrm{d}t,$$

$$\frac{1}{c^2} - \frac{1}{{c_0}^2} = 2\,kt.$$

Mithilfe der Carothers-Gleichung kann c durch c_0 und p ausgedrückt werden:

$$\overline{X}_n = \frac{1}{1-p} = \frac{N_0}{N} = \frac{c_0}{c}$$

und $$c = c_0\,(1-p)\,.$$

Durch Einsetzen folgt

$$\frac{1}{(1-p)^2} = 2kc_0{}^2t + 1\,.$$

Die Auftragung von $1/(1-p)^2$ gegen t liefert eine Gerade mit der Steigung $2\;kc_0{}^2$ (Abb. 8a).

Die unkatalysierte Reaktion ist recht langsam, und $\overline{X}_n$ ist nicht hoch. Deshalb wird meist ein Katalysator zugesetzt, zum Beispiel Toluolsulfonsäure. Da die Katalysatorkonzentration während der Reaktion unverändert bleibt, gilt vereinfacht:

$$-\frac{\mathrm{d}[\mathrm{COOH}]}{\mathrm{d}t} = k'\,[\mathrm{COOH}]\,[\mathrm{OH}] \quad \text{mit } k' = k\,f\,([\mathrm{Kat.}]).$$

Mit $c = [\mathrm{COOH}] = [\mathrm{OH}]$ folgt:

$$-\frac{\mathrm{d}c}{\mathrm{d}t} = k'\,c^2,$$

$$\int_{c_0}^{c} -\frac{dc}{c^2} = k' \int_0^t dt,$$

$$\frac{1}{c} - \frac{1}{c_0} = k't,$$

und

$$\frac{1}{1-p} = k'c_0 t + 1.$$

Die Auftragung von $1/(1-p)$ gegen t liefert eine Gerade mit der Steigung $k'c_0$ (Abb. 8b).

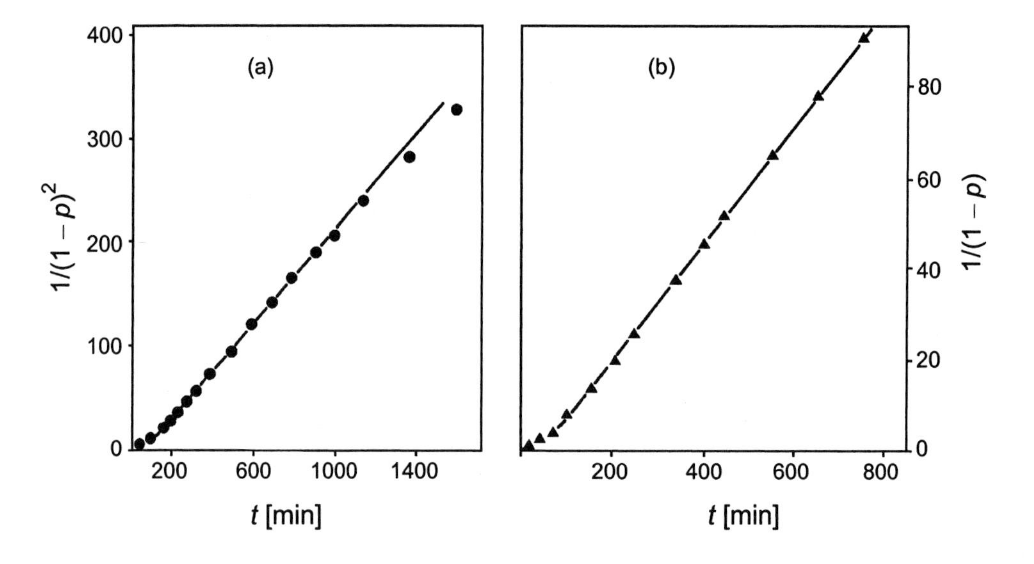

Abb. 8. Polyesterbildung von Adipinsäure mit Ethylenglykol, (a) selbstkatalysiert bei 439 K und (b) katalysiert mit p-Toluolsulfonsäure bei 382 K [2, 3].

2.1.4 Molekulargewichtsverteilung

Das Kettenwachstum ist ein Zufallsprozess und führt zu einer Kettenlängenverteilung. Diese Verteilung kann statistisch berechnet werden. Wir betrachten die Reaktion

$$i\ \text{HO–R–COOH} \longrightarrow \text{H}\!\left[\text{O–R–}\underset{\underset{\text{O}}{\|}}{\text{C}}\right]_{i-1}\!\text{O–R–COOH} + (i-1)\ \text{H}_2\text{O}$$

und fragen nach der Wahrscheinlichkeit $P(i)$, dass nach der Zeit t gerade i Monomere zu einer Kette reagiert haben, das heißt dass eine Kette mit dem Polymerisationsgrad i, bestehend aus i Monomereinheiten mit $(i-1)$ Esterbindungen, entstanden ist.

$P(i)$ ist gleich dem Produkt der Wahrscheinlichkeiten p der Bildung der einzelnen Estergruppen in diesem Molekül. Im Polymermolekül aus i Monomereinheiten (s. o.) und $(i-1)$ Esterbindungen ist diese Wahrscheinlichkeit $p^{(i-1)}$. Das Polymermolekül hat dann aber noch je eine nichtreagierte OH- und COOH-Gruppe an den beiden Enden. Die Wahrscheinlichkeit für eine Gruppe, nicht reagiert zu haben, ist $(1-p)$. Daraus folgt für die Wahrscheinlichkeit der Existenz des oben dargestellten Polymermoleküls mit $(i-1)$ Esterbindungen

$$P(i) = p^{(i-1)}(1-p).$$

Wie groß ist nun die Zahl der Moleküle N_i mit i Einheiten zur Zeit t? Sie lässt sich mithilfe der Gesamtzahl N_t der Moleküle zur Zeit t ausdrücken:

$$N_i = P(i) \cdot N_t = N_t\, p^{(i-1)}(1-p).$$

Mit $N_t = N_0(1-p)$ (Abschnitt 2.1.2) folgt

$$N_i = N_0\, p^{(i-1)}(1-p)^2.$$

Der Gewichtsbruch w_i ist als Quotient aus der Masse der Moleküle der Länge i und der Gesamtmasse aller Moleküle definiert. Für w_i folgt

$$w_i = \frac{N_i \cdot (i\, M_0)}{N_0\, M_0} = \frac{i\, N_i}{N_0}$$

mit dem Molekulargewicht M_0 des Monomers und

$$w_i = i\,p^{(i-1)}\,(1-p)^2.$$

Die Verteilungsfunktionen für den Zahlenbruch N_i/N_t und den Gewichtsbruch w_i sind für verschiedene p-Werte in Abb. 9a und 9b veranschaulicht. Die Abbildungen zeigen, dass zahlenmäßig die kleinen Moleküle stets überwiegen, aber ihr Gewichtsanteil gering ist und mit $p \to 1$ weiter abnimmt. Die Maxima der Kurven in Abb. 9b entsprechen dem jeweiligen Zahlenmittel des Polymerisationsgrades $\overline{X}_n$.

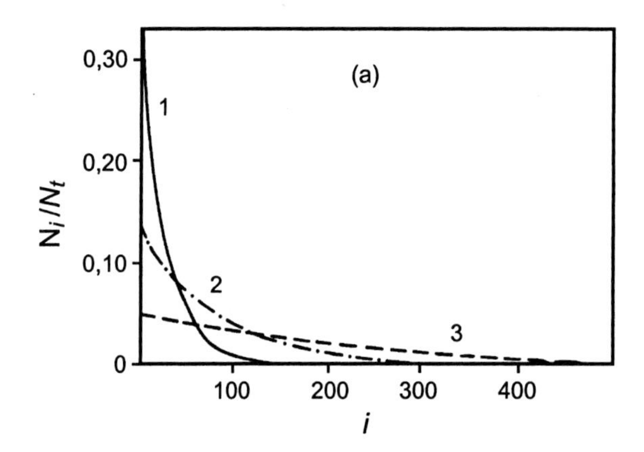

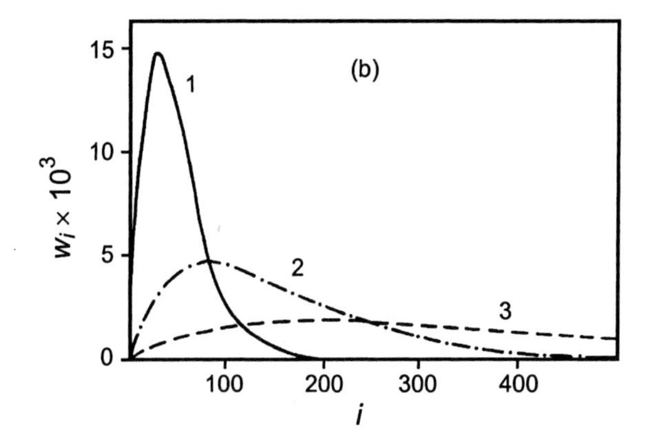

Abb. 9. Zahlenbruchverteilungskurven (a) und Gewichtsbruchverteilungskurven (b) der linearen Stufenwachstumsreaktion. Kurve 1: p = 0,9600, Kurve 2: p = 0,9875, Kurve 3: p = 0,9950 [4].

2.1.5 Molekulargewichtsmittelwerte und Uneinheitlichkeit

Sind N_i und w_i bekannt, so lassen sich $\overline{M}_n$ und $\overline{M}_w$ leicht berechnen. Es gilt:

$$\overline{M}_n = \frac{\sum N_i M_i}{\sum N_i}.$$

Mit $\sum N_i = N$, $M_i = iM_0$ und

$N_i = N_p{}^{(1-p)}$ folgt

$$\overline{M}_n = M_0 (1-p) \sum i p^{(i-1)}.$$

Mit $\sum i p^{(i-1)} = \dfrac{1}{(1-p)^2}$ für $p < 1$

folgt

$$\boxed{\overline{M}_n = \frac{M_0}{1-p}}.$$

$$\overline{M}_w = \sum w_i M_i.$$

Mit $w_i = i p^{(i-1)} (1-p)^2$ und

$M_i = i\, M_0$ folgt

$$\overline{M}_w = M_0 (1-p)^2 \sum i^2 p^{(i-1)}.$$

Mit $\sum i^2 p^{(i-1)} = \dfrac{1+p}{(1-p)^3}$

folgt

$$\boxed{\overline{M}_w = M_0 \frac{(1+p)}{(1-p)}}.$$

Für das Verhältnis von $\overline{M}_w$ zu $\overline{M}_n$ gilt somit

$$\frac{\overline{M}_w}{\overline{M}_n} = 1 + p,$$

das heißt, bei $p \to 1$ (100 % Umsatz) geht $\overline{M}_w / \overline{M}_n$ gegen 2. Die Differenz

$$\frac{\overline{M}_w}{\overline{M}_n} - 1$$

wird auch als **Uneinheitlichkeit** eines Polymers bezeichnet.

2.1.6 Technisch genutzte Polymere

2.1.6.1 Polyethylenterephthalat (PET)

Die Herstellung erfolgt durch Umesterung von Dimethylterephthalat mit Glykol:

$$n\,CH_3O{-}\overset{O}{\overset{\|}{C}}{-}C_6H_4{-}\overset{O}{\overset{\|}{C}}{-}OCH_3 + 2n\,HO{-}CH_2CH_2{-}OH$$

$$\downarrow \text{160 - 230 °C, } N_2\text{, Kat.}$$

$$n\,HO{-}(CH_2)_2{-}O\overset{O}{\overset{\|}{C}}{-}C_6H_4{-}\overset{O}{\overset{\|}{C}}O{-}(CH_2)_2{-}OH + 2n\,CH_3OH\uparrow$$

$$\downarrow \text{260 - 300 °C, Vakuum, Kat.}$$

$$H{-}\left[O{-}(CH_2)_2{-}O\overset{O}{\overset{\|}{C}}{-}C_6H_4{-}\overset{O}{\overset{\|}{C}}\right]_n{-}OCH_2CH_2{-}OH + (n{-}1)\,HO{-}(CH_2)_2{-}OH$$

PET ist teilkristallin (T_m = 265 °C, T_g = 80 °C).

2.1.6.2 Nylon 66 und 610

Die Herstellung erfolgt durch Salzdehydratisierung oder Grenzflächenpolykondensation.

(a) Salzdehydratisierung (AH-Salz-Methode)

Die Probleme mit der stöchiometrisch genauen Einwaage werden umgangen durch Salzbildung nach

$$n\ H_2N{-}(CH_2)_6{-}NH_2 + n\ HOOC{-}(CH_2)_4{-}COOH \longrightarrow$$

$$\longrightarrow n\ (H_3\overset{+}{N}{-}(CH_2)_6{-}\overset{+}{N}H_3/{}^{-}O_2C{-}(CH_2)_4{-}CO_2^{-})$$

AH-Salz

Das AH-Salz wird weiter umgesetzt nach

$$n\ H_3\overset{+}{N}{-}(CH_2)_6{-}\overset{+}{N}H_3/{}^{-}O_2C{-}(CH_2)_4{-}CO_2^{-} \xrightarrow[\text{Druck}]{550\text{ K}}$$

$$\longrightarrow H{\left[\underset{\mid \atop H}{N}{-}(CH_2)_6{-}\underset{\mid \atop H}{N}\overset{O \atop \parallel}{C}{-}(CH_2)_4{-}\overset{O \atop \parallel}{C}\right]_n}OH + (2n\text{-}1)\ H_2O$$

Das erhaltene Polyamid 66 (Nylon) besitzt einen Schmelzpunkt von circa 260 °C. Der Kristallisationsgrad liegt bei 30 – 50 % ($\overline{M}_n = 1{,}5$ bis 5×10^4, $\overline{M}_w/\overline{M}_n = 2$). Es wird hauptsächlich als Textilfaser verwendet.

(b) Grenzflächenpolykondensation (Schotten-Baumann-Reaktion)

$$n\ H_2N{-}(CH_2)_6{-}NH_2 + n\ Cl{-}\overset{O \atop \parallel}{C}{-}(CH_2)_8{-}\overset{O \atop \parallel}{C}{-}Cl \longrightarrow$$

$$\longrightarrow H{\left[\underset{\mid \atop H}{N}{-}(CH_2)_6{-}\underset{\mid \atop H}{N}\overset{O \atop \parallel}{C}{-}(CH_2)_8{-}\overset{O \atop \parallel}{C}\right]_n}Cl + (2n\text{-}1)\ HCl$$

Bei dieser Reaktion ist keine strikte stöchiometrische Kontrolle nötig, da sie ausschließlich an der Grenzfläche abläuft und durch die Nachdiffusion von Monomeren kontrolliert wird. Sie ist schematisch in Abb. 10 dargestellt. Das erhaltene Poly(hexamethylensebacamid) (Polyamid 610) wird als Werkstoff verwendet ($T_m = 215 - 230$ °C).

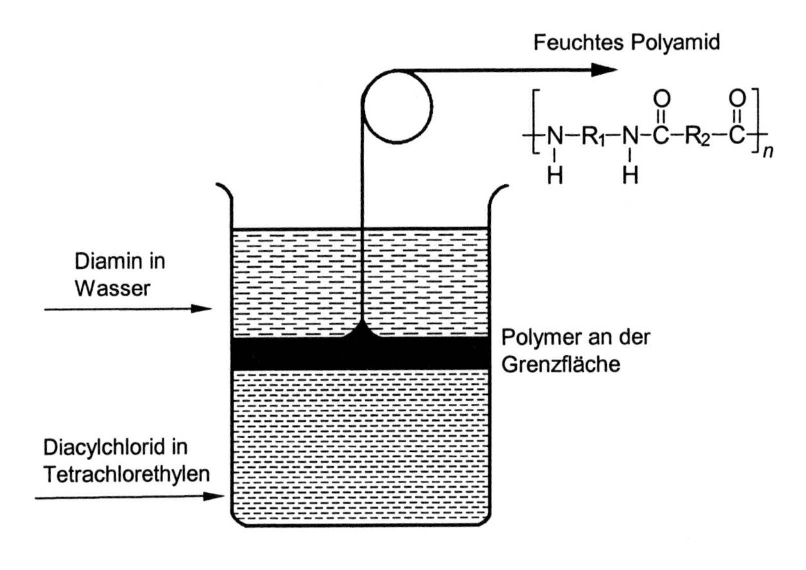

Abb. 10. Schematische Darstellung der Grenzflächenpolykondensation.

2.1.6.3 Polycarbonat

Die Herstellung kann erfolgen durch Umsatz von Bisphenol A mit Diphenylcarbonat:

$$n\,HO-C_6H_4-C(CH_3)_2-C_6H_4-OH + (n-1)\,C_6H_5-O\overset{O}{\overset{\|}{C}}O-C_6H_5 \longrightarrow$$

$$\longrightarrow C_6H_5-O\overset{O}{\overset{\|}{C}}\left[-O-C_6H_4-C(CH_3)_2-C_6H_4-O\overset{O}{\overset{\|}{C}}-\right]_n O-C_6H_5 + 2n\,C_6H_5-OH$$

Die Kondensation erfolgt in zwei Stufen. In der 1. Stufe werden bei 180 – 200 °C und 400 Pa Oligomere erzeugt; in der 2. Stufe entstehen bei 300 °C und 130 Pa Polymere mit $\overline{M}_n$ = 30.000 g/mol. Ein bekannter Handelsname für Polycarbonate ist Makrolon.

In einem anderen Prozess wird das Na-Salz des Bisphenol A mit Phosgen nach Schotten-Baumann durch Grenzflächenpolykondensation zu Polycarbonat umgesetzt. Bei diesem Prozess ist die Entfernung des als Nebenprodukt entstehenden NaCl problematisch. Vorteilhaft ist dagegen, dass ein höheres Molekulargewicht erhalten wird:

$$(n+1)\ NaO{-}C_6H_4{-}C(CH_3)_2{-}C_6H_4{-}ONa\ +\ n\ Cl{-}\overset{O}{\overset{\|}{C}}{-}Cl\ \longrightarrow$$

$$Na{-}\left[O{-}C_6H_4{-}C(CH_3)_2{-}C_6H_4{-}O\underset{\underset{O}{\|}}{C}\right]_n{-}O{-}C_6H_4{-}C(CH_3)_2{-}C_6H_4{-}ONa\ +\ 2n\ NaCl$$

Polycarbonate sind in der Regel teilkristallin mit niedrigem Kristallisationsgrad. Sie erweichen ab 170 °C und werden bei 300 °C zu Formteilen mit Anwendung im Fahrzeug- und Haushaltsbereich verarbeitet.

2.1.6.4 Polyethersulfon

(a) Herstellung durch **nucleophile Substitution** von aromatisch gebundenem Halogen durch Phenoxyionen, zum Beispiel:

$$n\ Cl{-}C_6H_4{-}SO_2{-}C_6H_4{-}ONa\ \longrightarrow$$

$$\longrightarrow\ Cl{-}\left[C_6H_4{-}SO_2{-}C_6H_4{-}O\right]_n{-}Na\ +\ (n-1)\ NaCl$$

Es entsteht das A–B-Polymer. Alternativ kann umgesetzt werden:

$$n\ Cl{-}C_6H_4{-}SO_2{-}C_6H_4{-}Cl\ +\ n\ MO{-}Ar{-}OM\ \longrightarrow$$

$$\longrightarrow\ Cl{-}\left[C_6H_4{-}SO_2{-}C_6H_4{-}O{-}Ar{-}O\right]_n{-}M\ +\ (n-1)\ MCl$$

mit M = Na, K; Ar = Phenyl, Biphenyl etc. Die Kondensation wird in DMSO innerhalb von 5 h bei 135 °C durchgeführt. Das entstehende A–A/B–B-Polymer hat einen mittleren Polymerisationsgrad von 60 bis 100. Das Polymer mit

$$Ar = -C_6H_4-C(CH_3)_2-C_6H_4-$$

wird auch vereinfacht als **Polysulfon** bezeichnet.

Die nucleophile Substitution liefert ganz allgemein Polymere mit reaktiven OH-Endgruppen, die noch mit CH_3Cl zu $-OCH_3$-Gruppen umgesetzt werden müssen, da sonst bei einer Schmelzverarbeitung unerwünschte Nachkondensation auftreten würde.

(b) Herstellung durch **elektrophile Substitution** von aromatischem Wasserstoff durch Sulfonyliumionen:

$$n\ C_6H_5-O-C_6H_4-SO_2Cl \longrightarrow \left[-C_6H_4-O-C_6H_4-SO_2-\right]_n + n\ HCl$$

Es entsteht ausschließlich das *p*-substituierte Polymer (A–B-Polymer).

$$n\ C_6H_5-O-C_6H_5 + n\ ClSO_2-C_6H_4-SO_2Cl \longrightarrow$$

$$\longrightarrow \left[-C_6H_4-O-C_6H_4-SO_2-C_6H_4-SO_2-\right]_n + 2n\ HCl$$

Es entsteht ein *p*/*o*-Gemisch im 4:1-Verhältnis (A–A/B–B-Polymer).

Polyethersulfone sind amorph; ihre Glastemperatur liegt bei 190 – 200 °C. Sie werden als Beschichtungsmaterialien und zur Herstellung von Isolatoren und Membranen verwendet.

2.1.6.5 Polyarylat

(a) Herstellung nach dem Diphenylesterprozess:

$$n\ C_6H_5-OC(=O)-C_6H_4-C(=O)O-C_6H_5 + n\ HO-C_6H_4-C(CH_3)_2-C_6H_4-OH \longrightarrow$$

$$\longrightarrow \left[\mathrm{-C(=O)-C_6H_4-C(=O)O-C_6H_4-C(CH_3)_2-C_6H_4-} \right]_n + 2n\ \mathrm{C_6H_5-OH}$$

(b) Herstellung nach dem Diacetatprozess:

$$n\ \mathrm{AcO-C_6H_4-C(CH_3)_2-C_6H_4-OAc} + n\ \mathrm{HOOC-C_6H_4-COOH} \longrightarrow$$

$$\longrightarrow \left[\mathrm{-O-C_6H_4-C(CH_3)_2-C_6H_4-OC(=O)-C_6H_4-C(=O)-} \right]_n + 2n\ \mathrm{AcOH}$$

Polyarylate sind amorph mit Glastemperaturen um 175 °C. Sie werden zur Herstellung von Sichtscheiben, Reflektoren und in der Haushaltstechnik verwendet.

2.1.6.6 Polyetherketon

(a) Herstellung durch elektrophile Substitution am Aromaten (Friedel-Crafts-Acylierung), zum Beispiel

$$n\ \mathrm{C_6H_5-O-C_6H_4-O-C_6H_5} + n\ \mathrm{ClC(=O)-C_6H_4-C(=O)Cl} \longrightarrow$$

$$\longrightarrow \left[\mathrm{-C_6H_4-O-C_6H_4-O-C_6H_4-C(=O)-C_6H_4-C(=O)-} \right]_n + 2n\ \mathrm{HCl}$$

Dieses Polymer wird als PEEKK (**P**oly**e**ther**e**ther**k**eton**k**eton) bezeichnet.

(b) Herstellung durch nucleophile Substitution am Aromaten, zum Beispiel

$$n\ \mathrm{F-C_6H_4-C(=O)-C_6H_4-C(=O)-C_6H_4-F} + n\ \mathrm{HO-C_6H_4-OH} \longrightarrow$$

$$\longrightarrow \left[\mathrm{-C_6H_4-C(=O)-C_6H_4-C(=O)-C_6H_4-O-C_6H_4-O-} \right]_n + 2n\ \mathrm{HF}$$

Polyetherketone sind teilkristallin mit Glastemperaturen um 150 °C und Schmelzpunkten um 330 °C. T_g und T_m steigen mit dem Ketonanteil an.

2.1.6.7 Aromatische Polyamide (Aramide)

(a) Herstellung von Nomex aus m-Phenylendiamin und Isophthalsäuredichlorid:

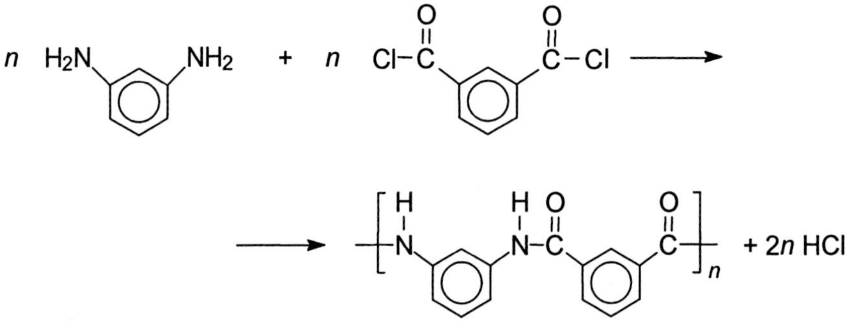

Das Polymer Nomex schmilzt bei 375 °C. Es wird aus Dimethylacetamid/$CaCl_2$-Lösung zu hochtemperaturfesten und schwer entflammbaren Fasern verarbeitet, die als Schutzkleidung und in Flugzeugen Verwendung finden.

(b) Herstellung von Kevlar und Twaron aus *p*-Phenylendiamin und Terephthalsäuredichlorid:

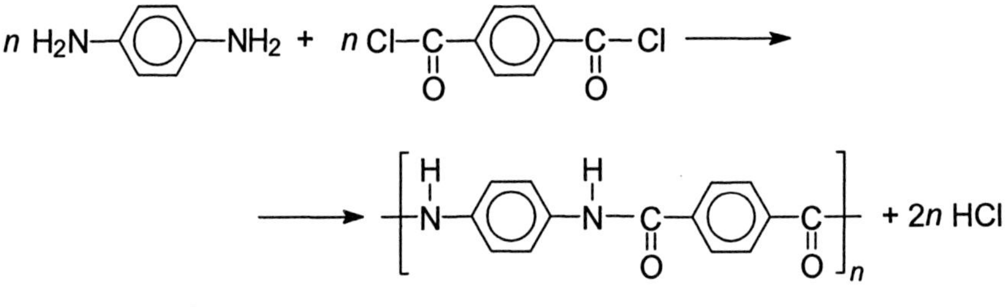

Die Polymere Kevlar und Twaron sind wegen ihrer ausgeprägten Tendenz zur H-Brückenbildung nur in konzentrierter Schwefelsäure löslich, aus der sie zu hochtemperaturfesten Fasern versponnen werden. Ihr Zersetzungspunkt an Luft liegt oberhalb von 550 °C.

2.1.6.8 Polyimid

(a) Herstellung aus Dianhydrid und Diamin über Polyamidsäuren, zum Beispiel

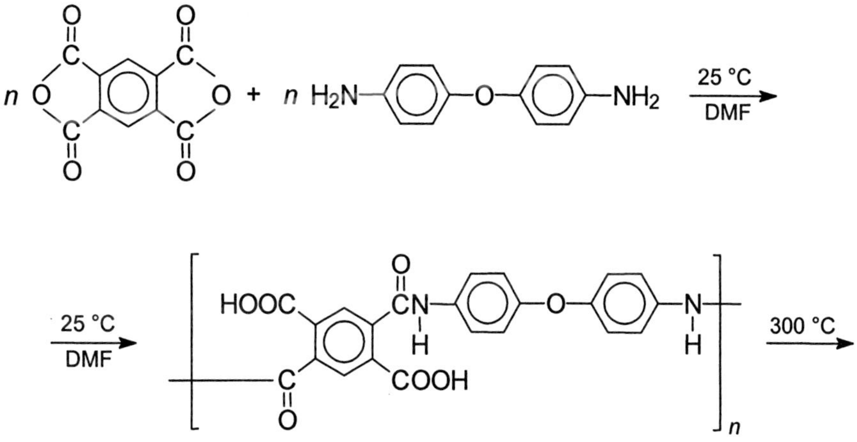

Polyamidsäure

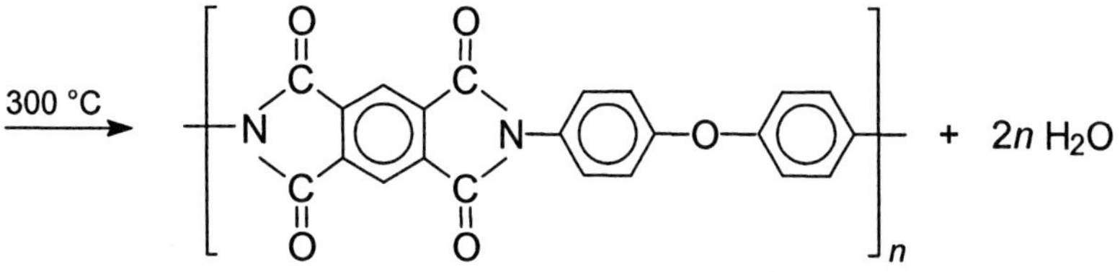

Polyimid (Kapton)

(b) Herstellung aus Dianhydrid und Diisocyanat (X = O, CH_2), zum Beispiel

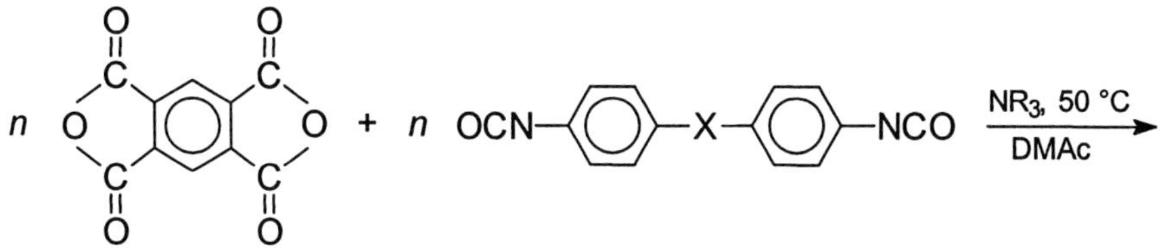

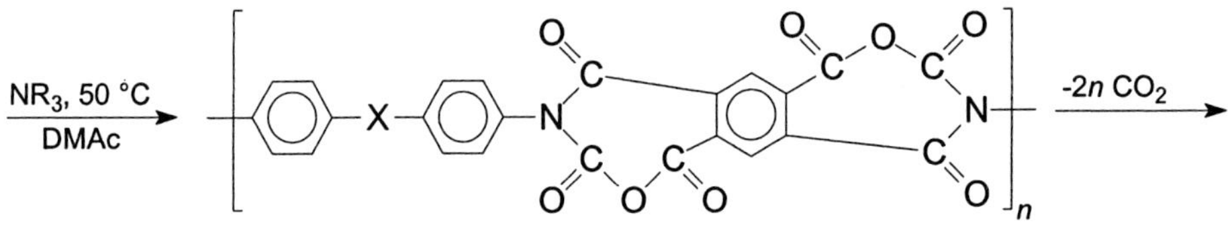

NR$_3$, 50 °C, DMAc → instabile Zwischenstufe → $-2n\ CO_2$

instabile Zwischenstufe

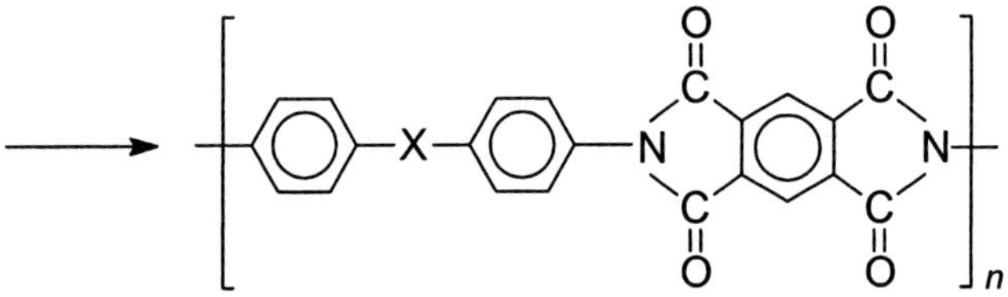

Polyimid

Das Polyimid Kapton mit X = O ist nach der Imidisierung unlöslich und zersetzt sich an der Luft erst bei $T > 420$ °C, im Vakuum sogar erst bei $T > 500$ °C.

2.1.6.9 Polyetherimid

Herstellung zum Beispiel aus Bis(chlor-, fluor-, nitro-)phthalimidoarenen (X = F, Cl, NO_2; Y = O, CH_2) und Bisphenol-A-Dianionen:

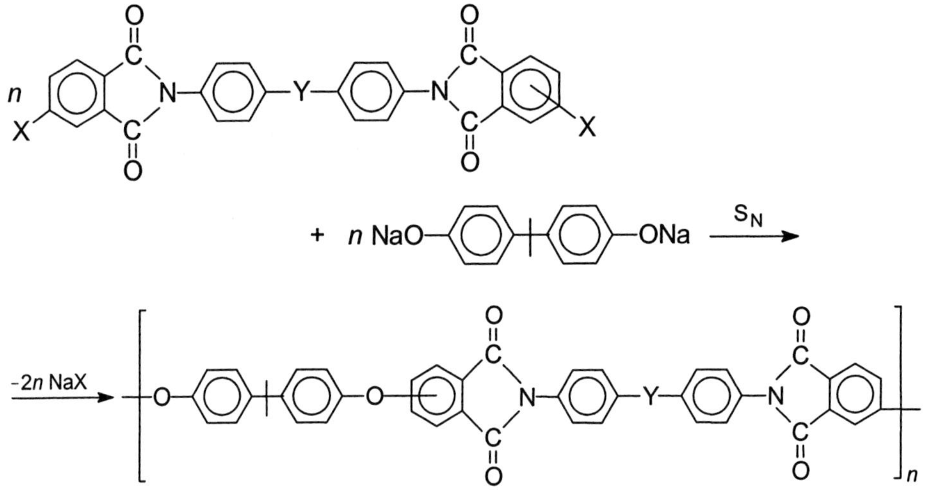

+ n NaO–…–ONa → (S_N), $-2n$ NaX

Polyetherimid (Ultem)

Ultem ist amorph und besitzt eine Glastemperatur von 220 °C. $\overline{M}_n$ beträgt circa 19.000 g/mol.

2.1.6.10 Polybenzimidazol

Herstellung aus Tetraaminobiphenyl und Diphenylisophthalat:

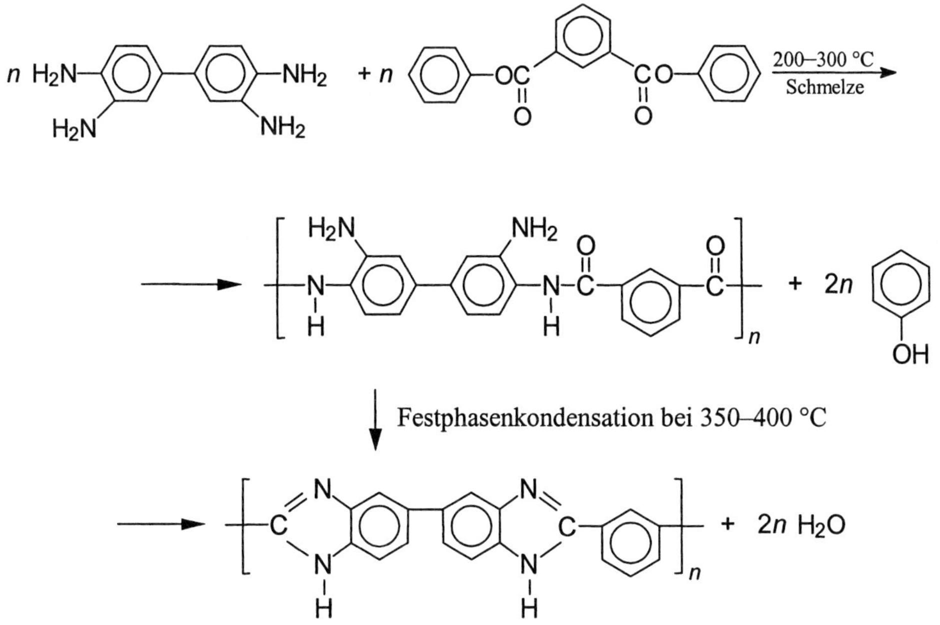
n H2N
H2N
NH2
NH2
+ n
OC
O
CO
O
200–300 °C
Schmelze
H2N
NH2
N
H
N
H
C
O
C
O
n
+ 2n
OH
Festphasenkondensation bei 350–400 °C
C
N
N
H
N
N
H
C
n
+ 2n H2O

Polybenzimidazol

Das kondensierte Polymer hat eine Glastemperatur von 425 °C und ist unlöslich und unbrennbar. Durch Verspinnen des Präpolymers und anschließende thermische Behandlung lassen sich Fasern herstellen, die zu feuerfesten Schutzanzügen, Geweben für Flugzeugsitze und Weltraumanzüge verarbeitet werden können.

2.1.7 Nichtlineare Stufenwachstumsreaktion

Erfolgt die Stufenwachstumsreaktion im Beisein eines Monomers, das mehr als zwei funktionelle Gruppen trägt, so bilden sich bei kleinem Umsatz verzweigte Polymere und später dreidimensionale Netzwerke:

$$2\ \mathrm{HO{-}\underset{\displaystyle OH}{\underset{|}{R_1}}{-}OH} + 3\ \mathrm{HOOC{-}R_2{-}COOH} \longrightarrow$$

$$\longrightarrow \mathrm{HO{-}\underset{\displaystyle OH}{\underset{|}{R_1}}{-}O\overset{\displaystyle O}{\overset{\|}{C}}{-}R_2{-}\underset{\displaystyle O}{\underset{\|}{C}}O{-}\underset{\displaystyle O\underset{\displaystyle O}{\underset{\|}{C}}{-}R_2{-}COOH}{\underset{|}{R_1}}{-}O\overset{\displaystyle O}{\overset{\|}{C}}{-}R_2{-}COOH} + 4\ H_2O$$

Die Netzwerkbildung zeigt sich an einer rapiden Zunahme der Viskosität. Schließlich kommt es zur Gelierung. Der Umsatz p_G, bei dem die Gelierung eintritt, wird Gelpunkt genannt. Für die Kontrolle der Reaktion ist es wichtig, den Gelpunkt voraussagen zu können. Die Voraussage des Gelpunktes ist möglich mit

(a) einer modifizierten Carothers-Gleichung und

(b) einer statistischen Ableitung nach Flory und Stockmayer.

2.1.7.1 Modifizierte Carothers-Gleichung

Man definiert zunächst eine durchschnittliche Funktionalität f_{av} aller Monomermoleküle.

$$f_{av} = \frac{\sum N_j f_j}{\sum N_j}$$

mit N_j = Zahl der Moleküle des Monomers j mit der Funktionalität f_j und ΣN_j = Summe aller Monomermoleküle im System.

Beispiel:

Besteht das System aus 2 Mol Glycerin und 3 Mol Phthalsäure, so gilt:

$$f_{av} = \frac{\sum N_j f_j}{\sum N_j} = \frac{(2 \times 3) + (3 \times 2)}{5} = \frac{12}{5} = 2{,}4.$$

Sind N_0 Ausgangsmoleküle vorhanden, so ist die Zahl der funktionellen Gruppen $N_0 f_{av}$. Nach der Reaktionszeit t sind noch N_t Moleküle vorhanden. Es haben $2(N_0 - N_t)$ Gruppen reagiert, um diese Moleküle zu bilden (zwei deshalb, weil immer zwei funktionelle Gruppen eine Bindung knüpfen). Die Wahrscheinlichkeit dafür, dass eine Gruppe reagiert hat, ist gegeben durch

$$p = \frac{\text{Zahl der Gruppen, die zur Zeit } t \text{ reagiert haben}}{\text{Zahl der ursprünglich vorhandenen Gruppen}},$$

$$p = \frac{2(N_0 - N_t)}{f_{av} N_0}.$$

Mit dem mittleren Polymerisationsgrad $\overline{X}_n = \dfrac{N_0}{N_t}$ folgt

$$\overline{X}_n = \frac{2}{2 - p f_{av}} \text{ bzw. } p = \frac{2}{f_{av}} - \frac{2}{f_{av}\overline{X}_n}.$$

Diese Gleichung stellt eine Beziehung zwischen p, $\overline{X}_n$ und f_{av} her. Wenn Gelierung eintritt, so geht $\overline{X}_n \to \infty$, und folglich geht $\dfrac{2}{f_{av}\overline{X}_n} \to 0$. Hieraus folgt für den Umsatz p_G, bei dem Gelierung eintritt:

$$p_G = \frac{2}{f_{av}}.$$

Diese Beziehung besagt, dass eine Zunahme der durchschnittlichen Funktionalität einen dramatischen Einfluss auf $\overline{X}_n$ hat. In Tab. 4 sind einige $\overline{X}_n$-Werte bei verschiedenem Umsatz p und unterschiedlicher Funktionalität f_{av} aufgelistet:

Tab. 4. $\overline{X}_n$-Werte bei verschiedenen p und f_{av}.

p	0,5	0,7	0,9	0,95	0,99
$f_{av} = 2,0$	2	3,33	10	20	100
$f_{av} = 2,1$	2,10	3,77	18,18	400	∞
$f_{av} = 2,2$	2,22	4,35	100	∞	∞

Die Carothers-Gleichung gilt nur, wenn das System stöchiometrisch zusammengesetzt ist (d. h., wenn gleich viele A- und B-Gruppen vorhanden sind).

2.1.7.2 Statistische Ableitung nach Flory und Stockmayer

Es sei der Fall betrachtet, dass die drei Monomertypen A–A, B–B und 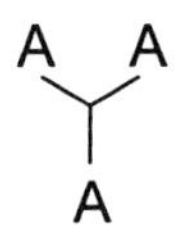

zu Ketten der Struktur

$$\mathrm{A_2{>}\!-\!A\!\left(B\!-\!B\!-\!A\!-\!A\right)_{\!i}B\!-\!B\!-\!A\!-\!{<}A_2}$$

reagieren. Ob die A-Endgruppen mit weiteren B-Gruppen verbunden sind, ist für die folgende Betrachtung nicht wichtig.

Wir definieren jetzt α als den Verzweigungskoeffizienten. α ist identisch mit der Wahrscheinlichkeit, dass eine trifunktionelle Gruppe an einer Kette sitzt, die eine zweite trifunktionelle Gruppe am anderen Ende hat, das heißt, α drückt die Wahrscheinlichkeit für die Existenz des oben abgebildeten Kettenstückes aus. Um α statistisch zu beschreiben, brauchen wir noch einen Term γ:

$$\gamma = \frac{\text{Zahl der A-Gruppen an Verzweigungsstellen}}{\text{Gesamtzahl der vorhandenen A-Gruppen}}\,.$$

Mit γ kann die Wahrscheinlichkeit aller Bindungen im obigen Polymer beschrieben werden. Es gilt für die Wahrscheinlichkeit, dass

- eine Gruppe reagiert hat: p,
- ein A mit einem B verbunden ist: p,
- ein B–B mit A(A)A verbunden ist: $p\gamma$,
- ein B–B mit A–A verbunden ist: $p(1-\gamma)$

Für das gesamte Kettenstück gilt nun die Wahrscheinlichkeit

$$p\left[p(1-\gamma)p\right]^i p\gamma.$$

Der Verzweigungskoeffizient α ist gleich der Wahrscheinlichkeit, dass Verknüpfungen mit allen möglichen i-Werten gebildet werden, das heißt, es wird über alle i summiert:

$$\alpha = p^2 \gamma \sum_{i=0}^{\infty} \left[p^2 (1-\gamma)\right]^i .$$

Mithilfe der mathematischen Beziehung $\sum_{0}^{\infty} x^i = \frac{1}{1-x}$ für $x < 1$ folgt

$$\alpha = \frac{p^2 \gamma}{1 - p^2 (1-\gamma)} .$$

Um die kritischen Bedingungen für die Gelierung zu ermitteln, muss noch zusätzlich die Funktionalität f der Verzweigungseinheit eingeführt werden. (Sie ist nicht identisch mit f_{av}). Wenn $(f-1)$ die Zahl der Ketten ist, die vom Ende aus weiterwachsen können, ist $\alpha\,(f-1)$ die wahrscheinliche Zahl der Ketten, die vom Ende aus tatsächlich weitergehen. Daraus folgt, dass Netzwerke sich nur bilden, wenn $\alpha\,(f-1) > 1$ ist. Dies ist die Bedingung für die Netzwerkbildung.

Der kritische Verzweigungskoeffizient α_G, bei dem Gelierung eintritt, ist dann

$$\alpha_G = \frac{1}{f-1} = \frac{{p_G}^2 \gamma}{1 - {p_G}^2 (1-\gamma)}$$

und der kritische Umsatz p_G für die Gelierung ist

$$p_G = \left[1 + \gamma (f-2)\right]^{-1/2} .$$

Diese Gleichung setzt p_G in Beziehung zur Funktionalität und der Konzentration an Verzweigungseinheiten.

Für $\gamma = 0{,}29$ liefert Carothers ein p_G von 0,95 und Flory ein p_G von 0,88. Experimentell wird dagegen ein p_G von 0,91 gefunden. Die unterschiedlichen Werte haben folgende Ursachen:

(a) Carothers nimmt an, dass $\overline{X}_n$ beim Gelpunkt unendlich ist. Gelierung tritt aber schon früher ein.

(b) Flory geht davon aus, dass alle Verzweigungen auch Netzwerkstellen sind, was nicht stimmt. Es können auch Ringe und Schlaufen entstehen. Daher muss die Polymerisation weiter fortschreiten, um diese nichtvernetzenden Verzweigungen zahlenmäßig auszugleichen.

Die Abhängigkeit von p, $\overline{X}_n$ und der Viskosität η der Polymerlösung von der Reaktionszeit ist schematisch in Abb. 11 dargestellt.

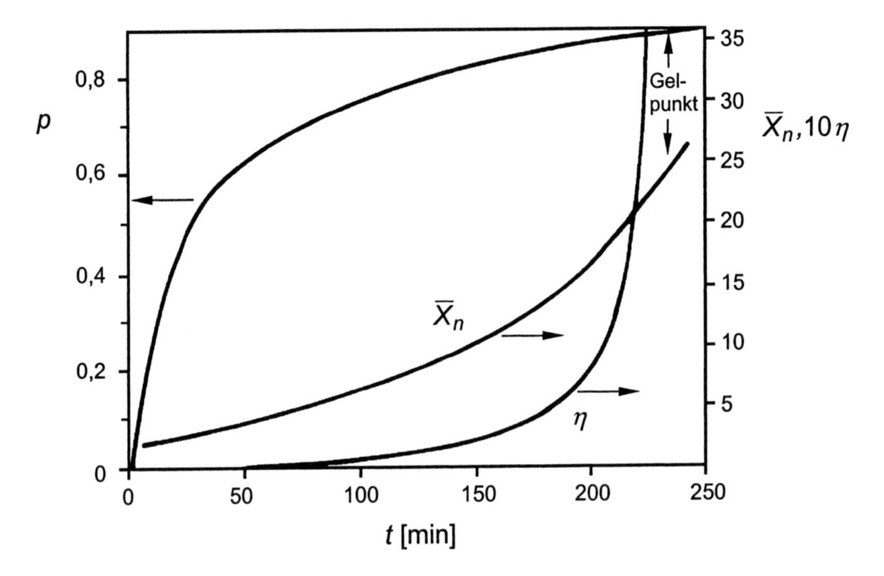

Abb. 11. Abhängigkeit von p, $\overline{X}_n$ und η von der Reaktionszeit bei der Polykondensation von Diethylenglykol mit einem Gemisch aus Bernsteinsäure und Propan-1,2,3-tricarbonsäure [5].

2.1.8 Technisch genutzte Netzwerkpolymere

2.1.8.1 Phenoplaste (Phenol-Formaldehyd-Harze, PF-Harze)

Die erste technische Produktion von PF-Harzen erfolgte 1910 von der Bakelitgesellschaft auf Basis der Patente von L. H. Baekeland. PF-Harze werden in zwei Stufen verarbeitet, der

- **Vorkondensation** von Phenolen und Formaldehyd zu **Novolaken** und **Resolen** und der
- **Härtung** bei erhöhter Temperatur, die bei Novolaken stets unter Zusatz eines Vernetzers erfolgt.

(a) Vorkondensation

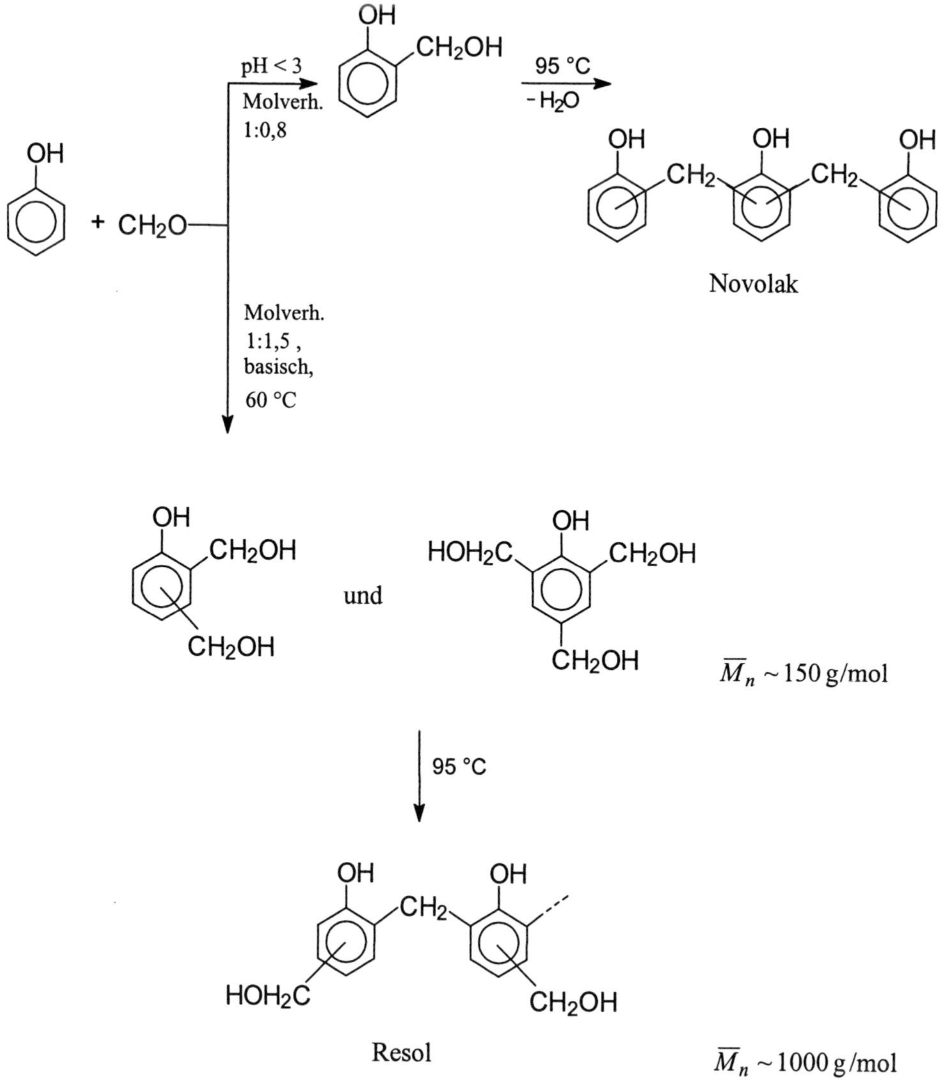

OH + CH_2O

pH < 3, Molverh. 1:0,8 → OH, CH_2OH

95 °C, $- H_2O$ → OH, CH_2, OH, CH_2, OH

Novolak

Molverh. 1:1,5, basisch, 60 °C ↓

OH, CH_2OH, CH_2OH und OH, HOH_2C, CH_2OH, CH_2OH $\overline{M}_n \sim 150\ \text{g/mol}$

95 °C ↓

OH, CH_2, OH, HOH_2C, CH_2OH

Resol $\overline{M}_n \sim 1000\ \text{g/mol}$

Novolake besitzen nur phenolische OH-Gruppen und sind in der Regel fest. **Resole** besitzen phenolische und alkoholische OH-Gruppen, sind flüssig und kommen als ethanolische Lösung in den Handel.

(b) Härtung

Novolake werden in Gegenwart von 8–15 % Hexamethylentetramin thermisch gehärtet. Zunächst hydrolysiert das Hexamethylentetramin unter Bildung von Dimethylolamin (DMA), das als Vernetzer wirkt:

$$\xrightarrow[-CH_2O]{+H_2O} \qquad \xrightarrow{+2\,H_2O} \quad + \quad HOCH_2-NH-CH_2OH \ \text{(DMA)}$$

$$\xrightarrow{+2\,H_2O} HOCH_2-NH-CH_2OH \ \text{(DMA)} + [H_2N-CH_2-NH_2] \xrightarrow{H_2O} 2\,NH_3 + CH_2O$$

DMA reagiert mit den aromatischen Gruppen des Novolaks nach

$$2\ \text{R-C}_6\text{H}_4\text{-OH} + HOCH_2-NH-CH_2OH \longrightarrow \text{R(HO)C}_6\text{H}_3-CH_2-NH-CH_2-\text{C}_6\text{H}_3\text{(OH)R} + 2\,H_2O$$

Durch Abspaltung von H_2 entstehen zum Teil Schiff'sche Basen, die für die gelbe Farbe der ausgehärteten Produkte verantwortlich sind:

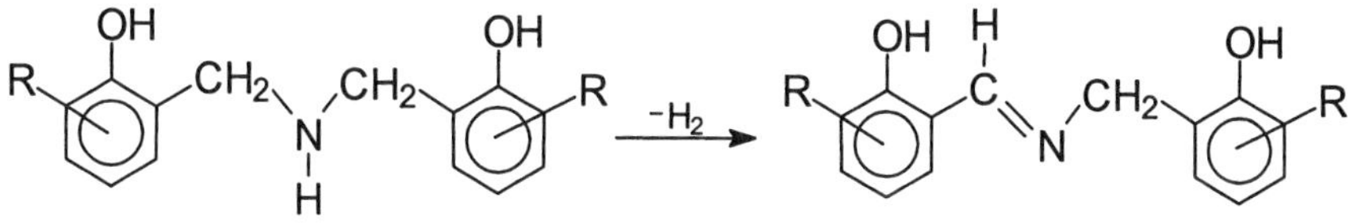

Resole werden in neutralem bis schwach saurem Medium einer sogenannten Hitzehärtung (bei 130–200 °C) unterzogen. Bis 150 °C entstehen überwiegend Benzyletherbrücken, bei höheren Temperaturen Methylenbrücken. Außerdem kommt es zunehmend zur CH_2O-Abspaltung:

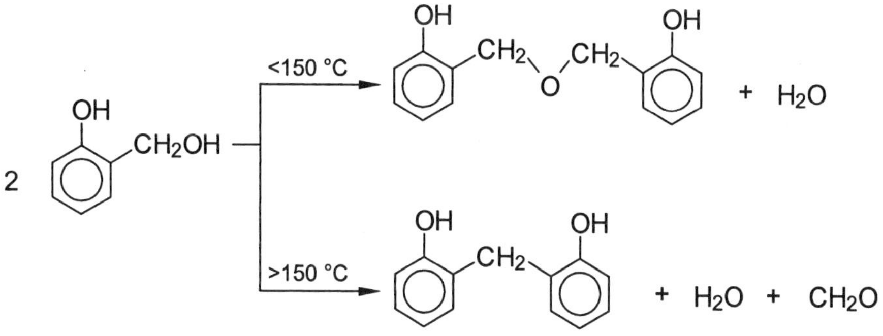

Oberhalb 180 °C treten durch Luftoxidation chinoide Strukturen auf, die für die rötliche Farbe der ausgehärteten Produkte verantwortlich sind:

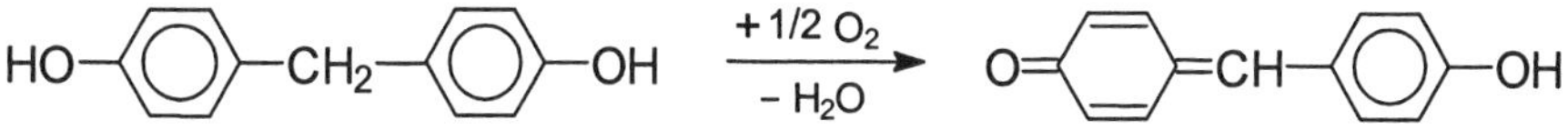

Novolake werden in Kombination mit Füllmaterialien (Quarzmehl, Sägemehl, Glasfasern) zur Herstellung von Formmassen verwendet. Resole dienen zur Herstellung von Holzspanplatten und Dämmplatten. Weitere Anwendungen liegen in den Bereichen Holzleimbau, Lackharze, Schäume und Schichtpressstoffe (mit Papier und Baumwolle als Trägermaterialien).

2.1.8.2 Aminoplaste (Melamin-Formaldehyd-Harze, Harnstoff-Formaldehyd-Harze, MF- und UF-Harze)

Anstelle von Phenol kann auch Melamin oder Harnstoff zur Netzwerkbildung mit Formaldehyd verwendet werden. Melamin (links) besitzt sechs reaktive Wasserstoffatome, Harnstoff (rechts) nur vier:

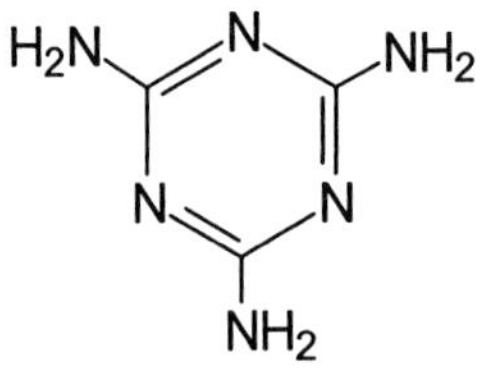

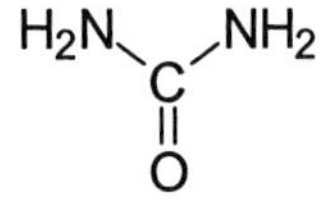

(a) MF-Harze

Melamin reagiert mit Formaldehyd nach

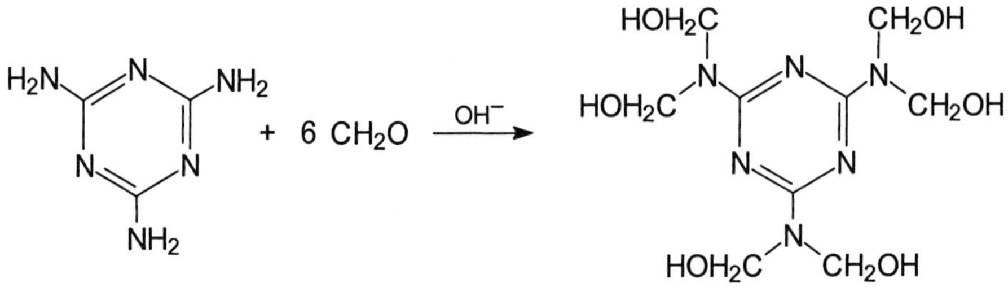

$$+\ 6\ CH_2O \xrightarrow{OH^-}$$

Mono- bis Hexamethylolderivate

Bei thermischer Behandlung kondensieren die farblosen Methylolderivate des Melamins unter Bildung von Netzwerken. Im alkalischen Milieu entstehen Methylenetherbrücken, im sauren Milieu Methylenbrücken unter CH_2O-Abspaltung:

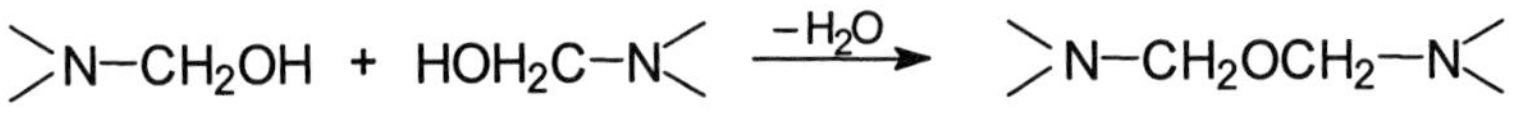

$$>N-CH_2OH + HOH_2C-N< \xrightarrow{-H_2O} >N-CH_2OCH_2-N<$$

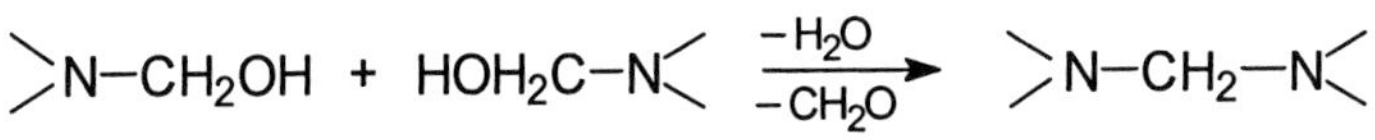

$$>N-CH_2OH + HOH_2C-N< \xrightarrow[-CH_2O]{-H_2O} >N-CH_2-N<$$

(b) UF-Harze

Harnstoff und Formaldehyd reagieren nach

$$O{=}C(NH_2)_2 + CH_2O \xrightarrow{H^+} O{=}C(NH{-}CH_2OH)(NH_2) \xrightarrow{CH_2O}$$

$$\xrightarrow{CH_2O} O{=}C[N(CH_2OH){-}CH_2OH]_2 \xrightarrow{-H_2O} O{=}C\left\langle\begin{matrix} N(CH_2OH){-}CH_2 \\ N(CH_2OH){-}CH_2 \end{matrix}\right\rangle O$$

Bei Härtung im sauren Milieu entstehen Methylenbrücken, im weniger sauren pH-Bereich von 5 – 6 und bei äquimolarem Verhältnis von Formaldehyd und Harnstoff entstehen Methylenetherbrücken:

$$>N{-}CH_2OH \xrightarrow[-H_2O]{H^+} \left[>N{-}\overset{+}{C}H_2 \longleftrightarrow >\overset{+}{N}{=}CH_2 \right]$$

$$+\ H_2N{-}\overset{\displaystyle O}{\overset{\|}{C}}{-}\underset{\displaystyle H}{\underset{|}{N}}{\sim\sim\sim} \qquad\qquad + \ HOH_2C{-}\underset{\displaystyle H}{\underset{|}{N}}{-}\overset{\displaystyle O}{\overset{\|}{C}}{-}\underset{\displaystyle H}{\underset{|}{N}}{\sim\sim\sim}$$

sauer (pH < 4) weniger sauer (pH 5–6)

$$>N{-}CH_2{-}\underset{\displaystyle H}{\underset{|}{N}}{-}\overset{\displaystyle O}{\overset{\|}{C}}{-}\underset{\displaystyle H}{\underset{|}{N}}{\sim\sim\sim} \qquad\qquad >N{-}CH_2OCH_2{-}\underset{\displaystyle H}{\underset{|}{N}}{-}\overset{\displaystyle O}{\overset{\|}{C}}{-}\underset{\displaystyle H}{\underset{|}{N}}{\sim\sim\sim}$$

MF- und UF-Harze finden Anwendung zur Herstellung von Formmassen (zusammen mit Füllern), als Lackharze und Papierhilfsmittel, als Holzleim für Spanplatten sowie zur Herstellung kratzfester Beschichtungen (Resopal). Ihre Witterungsbeständigkeit ist geringer als die der PF-Harze.

2.1.8.3 Epoxidharze

Epoxidverbindungen weisen eine hohe Reaktivität gegenüber Aminen und Säureanhydriden auf. Diese Reaktivität lässt sich zum Aufbau von linearen Polymeren und Netzwerken nutzen. Technische Bedeutung haben vor allem die vernetzten Strukturen.

Eine wichtige Ausgangskomponente zur Herstellung von Epoxidnetzwerken ist der Bisphenol-A-diglycidylether. Diese Harzkomponente stellt je nach Molekulargewicht eine klare, viskose Flüssigkeit (M_n = 370 g/mol; T_m = 9 °C) bis farblose Festsubstanz (M_n = 1420 g/mol; T_m = 112 °C) dar. Bisphenol-A-diglycidylether wird hergestellt aus Bisphenol-A und Epichlorhydrin nach

$$(n+2)\ \underset{\diagdown O \diagup}{CH_2-CH}-CH_2-Cl \ + \ (n+1)\ HO-C_6H_4-C(CH_3)_2-C_6H_4-OH \xrightarrow[-NaCl]{+\text{ wässr. }NaOH}$$

$$\underset{\diagdown O \diagup}{CH_2-CH}-CH_2-\left[O-C_6H_4-C(CH_3)_2-C_6H_4-OCH_2-\underset{OH}{CH}-CH_2\right]_n-O-C_6H_4-C(CH_3)_2-C_6H_4-OCH_2-\underset{\diagdown O \diagup}{CH-CH_2}$$

Der Zahlenwert *n* des Bisphenol-A-diglycidylethers variiert von 0 bis 30. Die Bildung erfolgt nach

$$R-C_6H_4-OH \xrightarrow[(Kat.)]{+OH^-} R-C_6H_4-\bar{\underline{O}}|^{(-)} + H_2O$$

$$R-C_6H_4-\bar{\underline{O}}|^{(-)} + \underset{\diagdown O \diagup}{\triangle}-CH_2Cl \longrightarrow R-C_6H_4-OCH_2-\underset{|\underline{O}|^{(-)}}{CH}-CH_2Cl$$

$$R-C_6H_4-OCH_2-\underset{|\underline{O}|^{(-)}}{CH}-CH_2Cl \xrightarrow[-OH^-]{+H_2O} R-C_6H_4-OCH_2-\underset{OH}{CH}-CH_2Cl$$

$$R-C_6H_4-OCH_2-\underset{OH}{CH}-CH_2Cl \xrightarrow[(stöchiom.)]{+NaOH}$$

$$\xrightarrow[\text{(stöchiom.)}]{+\text{NaOH}} \text{R}-\text{C}_6\text{H}_4-\text{OCH}_2-\underset{\text{O}}{\text{CH}-\text{CH}_2} + \text{NaCl} + \text{H}_2\text{O}$$

Diglycidylether mit $n \geq 1$ entstehen durch Reaktion des gebildeten Epoxids mit Phenolatanionen:

$$\text{R}-\text{C}_6\text{H}_4-\text{OCH}_2-\underset{\text{O}}{\text{CH}-\text{CH}_2} + {}^{(-)}|\overline{\underline{\text{O}}}-\text{C}_6\text{H}_4\sim\sim \longrightarrow$$

$$\longrightarrow \text{R}-\text{C}_6\text{H}_4-\text{OCH}_2-\underset{}{\overset{|\overline{\text{O}}|^{(-)}}{\text{CH}}}-\text{CH}_2\text{O}-\text{C}_6\text{H}_4\sim\sim$$

$$\downarrow \text{H}^+$$

$$\text{R}-\text{C}_6\text{H}_4-\text{OCH}_2-\underset{\text{OH}}{\text{CH}}-\text{CH}_2\text{O}-\text{C}_6\text{H}_4\sim\sim$$

Vernetzungsmechanismen

Di- und polyfunktionelle Epoxide können durch Reaktion mit primären, sekundären und tertiären Aminen, Carbonsäuren und Säureanhydriden Netzwerke aufbauen.

(a) Reaktion mit primären Aminen

$$\text{R-NH}_2 + \underset{\text{O}}{\text{CH}_2-\text{CH}}\text{-R'} \longrightarrow \text{R-}\underset{\text{H}}{\overset{\text{H}\,(+)}{\text{N}}}\text{-CH}_2\text{-}\underset{|\underline{\text{O}}|_{(-)}}{\overset{\text{H}}{\text{C}}}\text{-R'} \longrightarrow \text{R-}\underset{\text{H}}{\text{N}}\text{-CH}_2\text{-}\underset{\text{OH}}{\overset{\text{H}}{\text{C}}}\text{-R'}$$

$$\text{R-}\underset{\text{H}}{\text{N}}\text{-CH}_2\text{-}\underset{\text{OH}}{\overset{\text{H}}{\text{C}}}\text{-R'} + \underset{\text{O}}{\text{CH}_2-\text{CH}}\text{-R''} \longrightarrow \text{R'}-\underset{\text{OH}}{\text{CH}}-\text{CH}_2-\underset{\text{R}}{\text{N}}-\text{CH}_2-\underset{\text{OH}}{\text{CH}}-\text{R''}$$

(b) Reaktion mit sekundären Aminen

$$R_2NH + CH_2\text{–}CH\text{–}R' \text{ (Epoxid, O-Brücke)} \longrightarrow R_2N\text{–}CH_2\text{–}CH(OH)\text{–}R'$$

(c) Reaktion mit tertiären Aminen

Mit katalytischen Mengen an tertiären Aminen kann ebenfalls eine Härtung erfolgen:

$$R_2N\text{–}R + CH_2\text{–}CH\text{–}R' \text{ (Epoxid)} \longrightarrow R_3N^+\text{–}CH_2\text{–}CH(|\overline{O}|^{(-)})\text{–}R' \xrightarrow{HO\sim\sim}$$

$$\xrightarrow{HO\sim\sim} R_3\overset{+}{N}\text{–}CH_2\text{–}CH(OH)\text{–}R' + {}^{(-)}|\overline{O}\sim\sim$$

$$\sim\sim\overline{O}|^{(-)} + CH_2\text{–}CH\text{–}R' \text{ (Epoxid)} \longrightarrow \sim\sim OCH_2\text{–}CH(|\overline{O}|^{(-)})\text{–}R' \xrightarrow{n \text{ Epoxid}\sim\sim}$$

$$\xrightarrow{n \text{ Epoxid}\sim\sim} \sim\sim OCH_2\text{–}CH(R')\text{–}[OCH_2\text{–}CH(\sim\sim)]_n\text{–}\overline{O}|^{(-)}$$

(d) Reaktion mit Carbonsäuren

$$R\text{–}COOH + CH_2\text{–}CH\text{–}R' \text{ (Epoxid)} \longrightarrow R\text{–}CO\text{–}O\text{–}CH_2\text{–}CH(OH)\text{–}R'$$

(e) Reaktion mit Carbonsäureanhydriden

~~~ CH(OH) ~~~ + Anhydrid (O=C–CHR–CHR–C=O, –O–) ⟶ ~~~ CH ~~~ –O–C(=O)–CH(R)–CH(R)–COOH

~~~ CH ~~~ –O–C(=O)–CH(R)–CH(R)–COOH + CH_2–CH–R' (Epoxid, –O–) ⟶

⟶ ~~~ CH ~~~ –O–C(=O)–CH(R)–CH(R)–C(=O)O–CH_2–CH(OH)–R'

Die Reaktion erfolgt ohne Bildung von flüchtigen Produkten bei nur geringer Volumenänderung. Epoxidharze werden daher als Matrixmaterial für faserverstärkte Verbundwerkstoffe und als Einbettungsharze in der Elektronik verwendet. Weitere Anwendungen: Kleber, Pulverlacke.

Technisch eingesetzte **Harzkomponenten** sind

(a) Bisphenol-A-diglycidylether (n = 0 – 30)

CH_2–CH–CH_2 (Epoxid) –[O–C₆H₄–C(CH₃)₂–C₆H₄–OCH_2–CH(OH)–CH_2]$_n$–O–C₆H₄–C(CH₃)₂–C₆H₄–OCH_2–CH–CH_2 (Epoxid, O)

(b) Glycidyl-Novolake, zum Beispiel

Glycidyloxyphenyl–[CH_2–Glycidyloxyphenylen]$_n$–CH_2–Glycidyloxyphenyl

$n = 0 - 2$

(c) Tetrabrombisphenol-A-haltige Diglycidylether

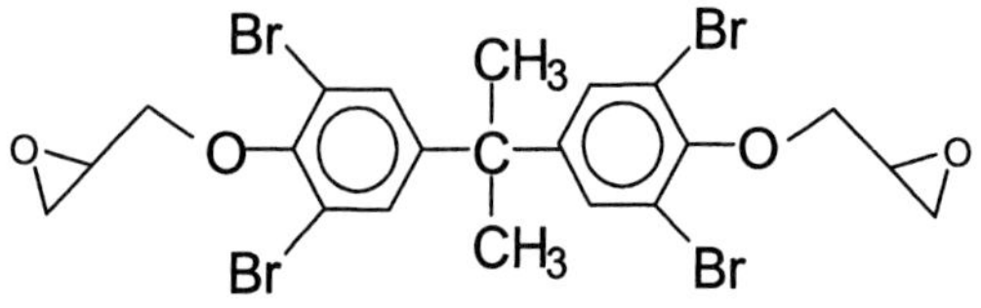

Flüssiges Harz mit 20 Gewichtsprozent Brom, wird für schwer entflammbare EP-Harze verwendet.

(d) Bisphenol-F-Harze

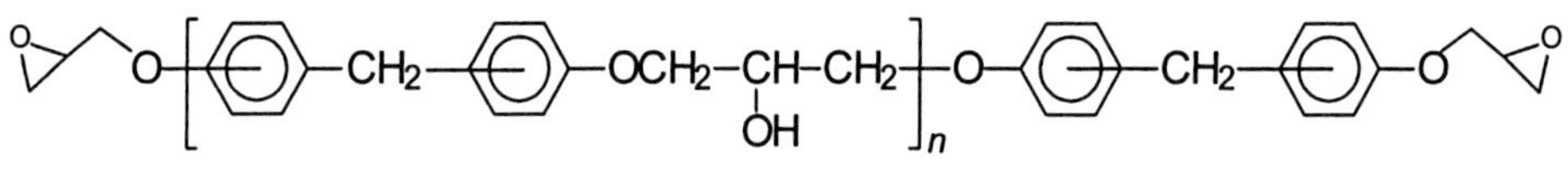

Flüssiges Harz mit niedriger Viskosität, wird meist in Mischung mit Bisphenol-A-diglycidylether eingesetzt.

(e) *N,N,N',N'*-Tetraglycidyl-4,4'-diaminodiphenylmethan

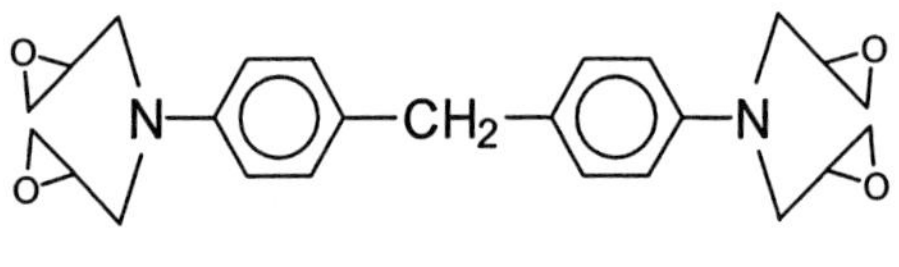

Flüssig, wird oft als Bindemittel in faserverstärkten Verbundwerkstoffen verwendet.

(f) Butandiol-1,4-diglycidylether

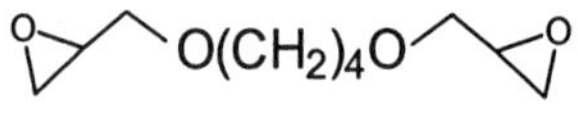

$O(CH_2)_4O$

Flüssig, wird als Reaktivverdünner verwendet.

(g) Sonstige: Cycloaliphatische Epoxidharze, heterocyclische Epoxidharze

Typische **Härter** sind:

(a) Primäre/sekundäre Amine

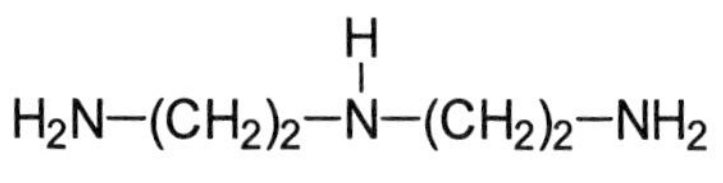

$$H_2N{-}(CH_2)_2{-}NH{-}(CH_2)_2{-}NH_2$$

Diethylentriamin

$$H_2N{-}(CH_2)_2{-}NH{-}(CH_2)_2{-}NH{-}(CH_2)_2{-}NH_2$$

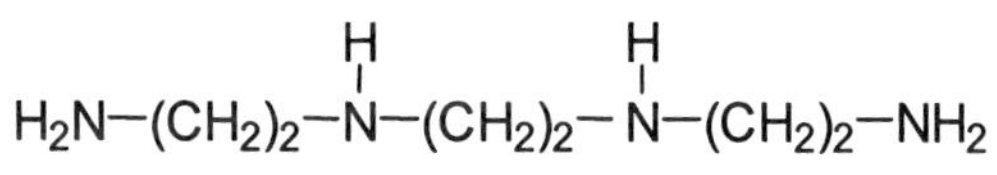

Trimethylentetramin

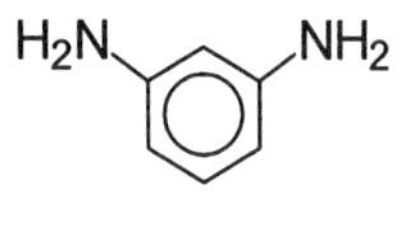

m-Phenylendiamin

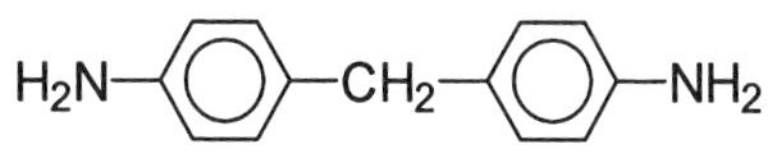

$$H_2N{-}C_6H_4{-}CH_2{-}C_6H_4{-}NH_2$$

4,4'-Diaminodiphenylmethan

(b) Tertiäre Amine

Benzyldimethylamin (BDMA)
2-Dimethylaminomethylphenol (DMP-10)
2,4,6-Tris(dimethylamino)methylphenol (DMP-30)
N-n-Butylimidazol

(c) Säureanhydride

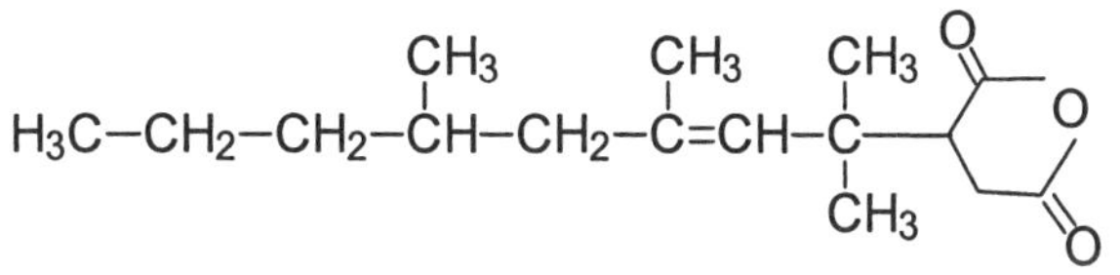

$$H_3C{-}CH_2{-}CH_2{-}CH(CH_3){-}CH_2{-}C(CH_3){=}CH{-}C(CH_3)_2{-}$$

Dodecylbernstein**s**äure**a**nhydrid (DDSA)

Hexahydrophthalsäureanhydrid

Phthalsäureanhydrid

Pyromellithsäureanhydrid

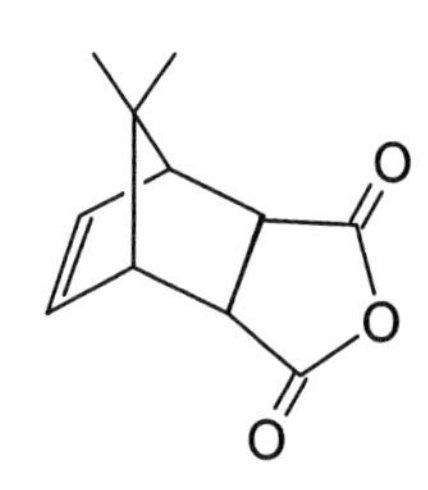

Methylnadicanhydrid

Epoxidharze finden Anwendung als wetterfeste Grundierung bei Industrieanlagen, Tanks, Brückengeländern etc., als Pulverlacke für Stahlblechlackierungen (Kühlschränke, Waschmaschinen), für kataphoretische Tauchlackierungen (Automobilindustrie), als Niederdruck-Pressmassen zum Umpressen elektronischer Bauteile, als Hochspannungsbauteile etc.

2.1.8.4 Netzwerke auf Isocyanatbasis (Polyurethane)

Isocyanate reagieren mit Hydroxygruppen unter Bildung von Urethanen, mit Aminen zu N-substituierten Harnstoffen. Im Folgenden sind die Grundreaktionen von Isocyanaten beschrieben:

$$R{-}N{=}C{=}O + R'OH \longrightarrow R{-}N(H){-}C({=}O){-}OR'$$

Urethanbildung (bei 25 – 50 °C)

$$R{-}N{=}C{=}O + R'NH_2 \longrightarrow R{-}N(H){-}C({=}O){-}N(H){-}R'$$

Dialkylharnstoffbildung (bei 25 °C)

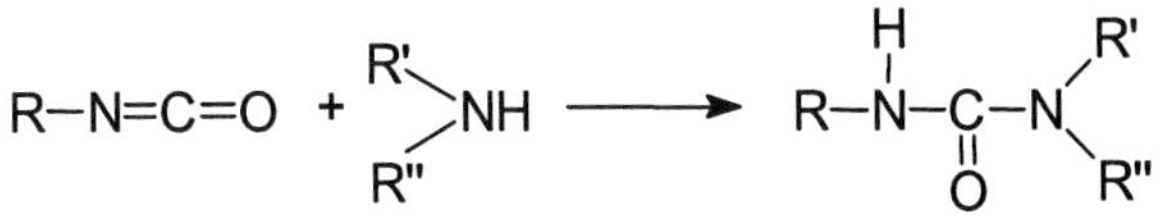

$$R{-}N{=}C{=}O + R'R''NH \longrightarrow R{-}NH{-}C(=O){-}NR'R''$$

Trialkylharnstoffbildung (weniger reaktiv)

$$R{-}N{=}C{=}O + R'{-}COOH \longrightarrow R{-}NH{-}C(=O){-}R' + CO_2$$

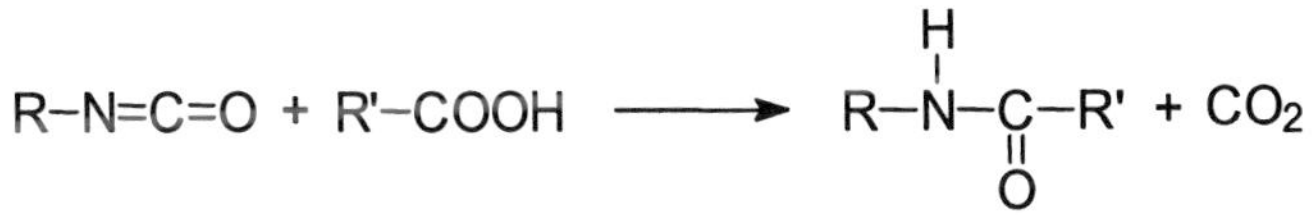

Amidbildung (weniger reaktiv)

$$R{-}N{=}C{=}O + HOH \longrightarrow R{-}NH_2 + CO_2$$

Hydrolyse zu primärem Amin

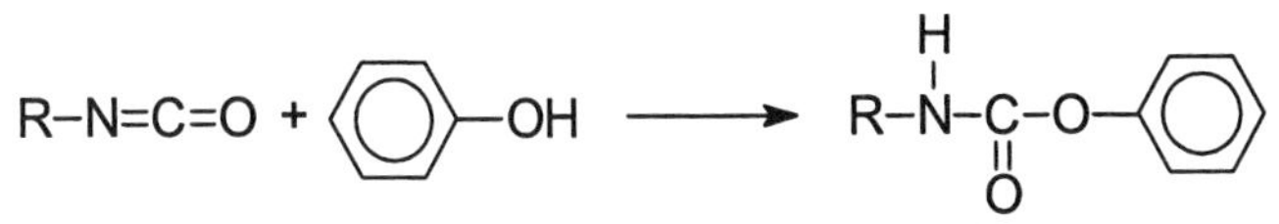

$$R{-}N{=}C{=}O + C_6H_5{-}OH \longrightarrow R{-}NH{-}C(=O){-}O{-}C_6H_5$$

Phenylurethanbildung (ist langsamer als Reaktion mit aliphatischem Alkohol)

Bei den Reaktionen mit Wasser und Carbonsäuren entsteht CO_2, das als Treibmittel zur Herstellung von Schaumstoffen dienen kann. Werden polyfunktionelle Isocyanate mit polyfunktionellen Alkoholen, Aminen usw. umgesetzt, entstehen vernetzte Strukturen. Vernetzungen können auch auftreten, wenn Isocyanate mit den Produkten der Grundreaktionen reagieren:

$$R{-}N{=}C{=}O + R'{-}NH{-}C(=O){-}OR'' \longrightarrow R{-}NH{-}C(=O){-}N(R'){-}C(=O){-}OR''$$

Allophanatbildung (stark erst bei 120 – 140 °C)

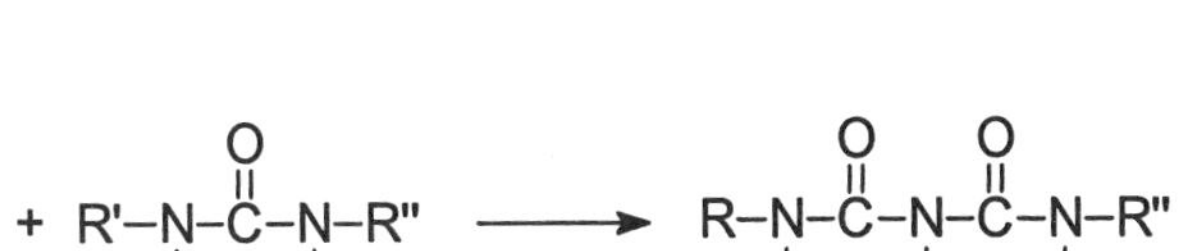

$$+ R'{-}NH{-}C(=O){-}NH{-}R'' \longrightarrow R{-}NH{-}C(=O){-}N(R'){-}C(=O){-}NH{-}R''$$

Biuretbildung (oberhalb 100 °C)

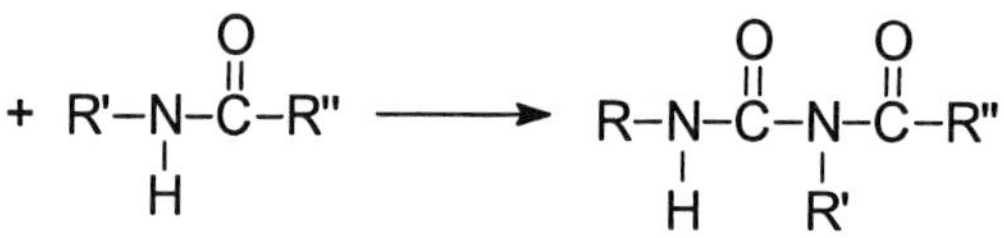

$$+\ R'\text{–}\underset{\displaystyle H}{\underset{|}{N}}\text{–}\overset{\displaystyle O}{\overset{\|}{C}}\text{–}R'' \longrightarrow R\text{–}\underset{\displaystyle H}{\underset{|}{N}}\text{–}\overset{\displaystyle O}{\overset{\|}{C}}\text{–}\underset{\displaystyle R'}{\underset{|}{N}}\text{–}\overset{\displaystyle O}{\overset{\|}{C}}\text{–}R''$$

Acrylharnstoff-bildung

Diese Vernetzungsreaktionen verlaufen allerdings recht langsam, zum Teil auch nur bei erhöhter Temperatur. Vernetzte Strukturen werden technisch nach dem **One-Shot-Verfahren** oder dem **Präpolymerverfahren** hergestellt. Beim One-Shot-Verfahren werden die polyfunktionellen Ausgangskomponenten vermischt und direkt ausgehärtet. Es wird hauptsächlich zur Herstellung von Schäumen verwendet. Beim Präpolymerverfahren wird zunächst ein Polyetherdiol (Molekulargewicht 10^3–10^4 g/mol) mit einem Diisocyanat zu einem linearen NCO-Präpolymer umgesetzt:

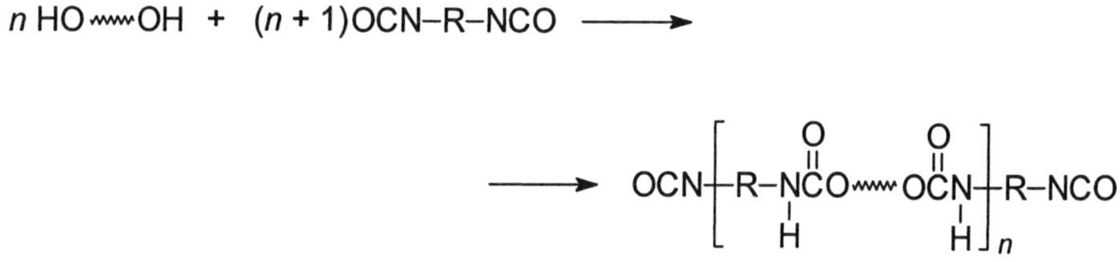

$$n\ HO\sim\sim OH\ +\ (n+1)OCN\text{–}R\text{–}NCO \longrightarrow$$

$$\longrightarrow OCN\left[\text{–}R\text{–}\underset{\displaystyle H}{\underset{|}{N}}\overset{\displaystyle O}{\overset{\|}{C}}O\sim\sim O\overset{\displaystyle O}{\overset{\|}{C}}\underset{\displaystyle H}{\underset{|}{N}}\text{–}\right]_n\text{–}R\text{–}NCO$$

Die Präpolymere lassen sich entweder mit weiteren Komponenten (polyfunktionellen Alkoholen, Aminen) aushärten oder einfach an der Luft durch Feuchtigkeitsaufnahme vernetzen.

Technisch wichtige Ausgangskomponenten bei der Herstellung vernetzter Polyurethane sind:

(a) Isocyanate

Toluoldiisocyanat (TDI)
(2,6- und 2,4-Diisocyanat bzw. Gemische aus beiden)

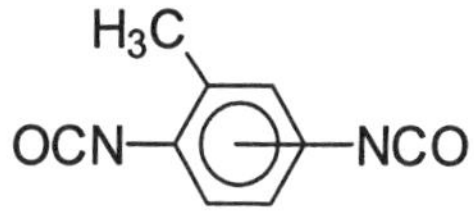

H_3C, OCN, NCO

Naphthalin-1,4-diisocyanat

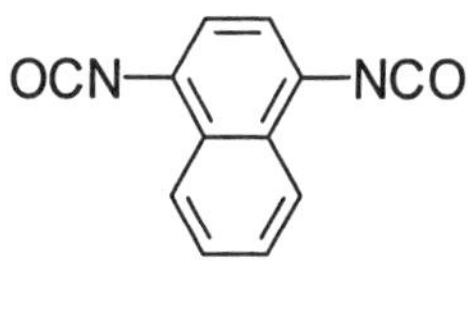

OCN, NCO

Diphenylmethandiisocyanat (MDI) $OCN-C_6H_4-CH_2-C_6H_4-NCO$

Triphenylmethantriisocyanat (TDI) $HC[-C_6H_4-NCO]_3$

Hexamethylendiisocyanat (HDI) $OCN-(CH_2)_6-NCO$

(b) Polyole

Propylenglykole, wie z. B. $HO[-CH(CH_3)-CH_2O-]_m CH_2CH_2[-OCH_2-CH(CH_3)-]_n OH$

Trimethylolpropan $CH_3CH_2-C(CH_2OH)_3$

Ferner werden Polyester aus Polyol und Dicarbonsäure mit OH-Endgruppen eingesetzt. Diese ergeben nach Reaktion mit Isocyanaten sogenannte Polyester-Polyurethane.

Für die Reaktion der Isocyanate werden eine Vielzahl von Katalysatoren und Blockierungsmittel eingesetzt. Die Blockierungsmittel (z. B. Nonylphenol oder Acetessigester) verhindern eine vorzeitige Reaktion der Isocyanatgruppen, indem sie erst beim Erwärmen abspalten und die NCO-Gruppen freisetzen. Ein wichtiger Katalysator ist das **Dia**za**bi**cyclo**o**ctan (Dabco).

2.1.8.5 Siliconharze

Siliconharze entstehen aus Organochlorsilanen, die zunächst zu Silanolen hydrolysieren und dann unter Bildung von Siloxangruppen zu Netzwerken kondensieren:

$$R\text{-}SiCl_3 \xrightarrow[-HCl]{+HOH} R\text{-}Si(OH)_3 \xrightarrow{-H_2O} R\text{-}Si(O\text{-})_2\text{-}O\text{-}Si(O\text{-})_2\text{-}R$$

Wichtige Bausteine zur Regulierung der Netzwerkdichte sind:

(a) monofunktionelle (M)-Bausteine: $(CH_3)_3Si\text{-}Cl$

(b) bifunktionelle (C)-Bausteine: $Cl\text{-}Si(CH_3)_2\text{-}Cl$, $Cl\text{-}Si(C_6H_5)_2\text{-}Cl$, $Cl\text{-}Si(C_6H_5)(CH_3)\text{-}Cl$

(c) trifunktionelle (T)-Bausteine: $CH_3\text{-}SiCl_3$, $C_6H_5\text{-}SiCl_3$

(d) tetrafunktioneller (Q)-Baustein: $SiCl_4$

Die einzelnen Reaktionen der Netzwerkbildung sind im Folgenden aufgelistet:

(a) Hydrolyse/Alkoholyse

$$\equiv Si\text{-}Cl + H_2O \longrightarrow \equiv Si\text{-}OH + HCl$$

$$\equiv Si-Cl + ROH \longrightarrow \equiv Si-OR + HCl$$

$$\equiv Si-OR + H_2O \longrightarrow \equiv Si-OH + ROH$$

(b) Kondensation

$$\equiv Si-OH + HA \longrightarrow \equiv Si-\overset{+}{O}H_2 + A^-$$

$$\equiv Si-OH + \equiv Si-\overset{+}{O}H_2 \longrightarrow \equiv Si-O-Si\equiv + H_3O^+$$

$$\equiv Si-OH + OH^- \rightleftharpoons {}^{(-)}\equiv Si(OH)_2 \rightleftharpoons \equiv Si-\overline{O}|^{(-)} + H_2O$$

$$\equiv Si-\overline{O}|^{(-)} + HO-Si\equiv \rightleftharpoons \equiv Si-O-Si^{(-)}(OH)\equiv \longrightarrow \equiv Si-O-Si\equiv + OH^-$$

(c) Umlagerung

$$\equiv Si-O-Si\equiv + H^+ \rightleftharpoons \equiv Si-\overset{(+)}{O}(H)-Si\equiv$$

$$\equiv {}^1Si-\overset{(+)}{O}(H)-{}^2Si\equiv + \equiv {}^3Si-O-{}^4Si\equiv \rightleftharpoons \equiv {}^1Si-O-{}^3Si\equiv + \equiv {}^2Si-O-{}^4Si\equiv + H^+$$

Häufig führt man die Reaktionen (a) und (b) in verdünnter Lösung zur Vermeidung vorzeitiger Gelbildung durch. Die eigentliche Härtung zu engmaschigen Netzwerken erfolgt dann nachträglich bei erhöhter Temperatur (meist unter Zusatz von Katalysatoren):

$$\equiv Si-OH + HO-Si\equiv \longrightarrow \equiv Si-O-Si\equiv + H_2O$$

$$-\overset{|}{\underset{|}{Si}}-OR + HO-\overset{|}{\underset{|}{Si}}- \longrightarrow -\overset{|}{\underset{|}{Si}}-O-\overset{|}{\underset{|}{Si}}- + ROH$$

$$-\overset{|}{\underset{|}{Si}}-CH=CH_2 + H-\overset{|}{\underset{|}{Si}}- \longrightarrow -\overset{|}{\underset{|}{Si}}-CH_2CH_2-\overset{|}{\underset{|}{Si}}-$$

Die Verknüpfung der Siliconharze mit organischen Harzen (Alkydharzen, Polyesterharzen) kann durch Reaktionen der im Siliconharz vorhandenen freien Silanolgruppen geschehen:

$$-\overset{|}{\underset{|}{Si}}-OR + HO-\overset{|}{\underset{|}{C}}- \longrightarrow -\overset{|}{\underset{|}{Si}}-O-\overset{|}{\underset{|}{C}}- + ROH$$

$$-\overset{|}{\underset{|}{Si}}-OH + HO-\overset{|}{\underset{|}{C}}- \longrightarrow -\overset{|}{\underset{|}{Si}}-O-\overset{|}{\underset{|}{C}}- + H_2O$$

2.1.8.6 Alkydharze

Alkydharze entstehen durch Reaktion von

- polyfunktionellen Alkoholen wie Glycerin, Trimethylolpropan, Pentaerythrit oder Sorbit mit
- bifunktionellen Säuren wie Phthalsäure, Bernsteinsäure, Maleinsäure, Fumarsäure und Adipinsäure oder
- Säureanhydriden (Phthalsäureanhydrid) sowie
- Fettsäuren, die aus Leinöl, Rizinusöl, Sojaöl und/oder Kokosöl gewonnen werden.

Die Umsetzung erfolgt bei 200 – 250 °C, wobei darauf geachtet wird, dass die Produkte noch löslich sind.

Die eigentliche Vernetzung erfolgt erst bei der Anwendung als Lackharz durch Oxidation der ungesättigten C=C-Bindungen mit Luftsauerstoff (Lufttrocknung). Die oxidative Vernetzung wird durch Zusatz von Kobaltsalzen (Sikkativen) gefördert.

Der Fettgehalt bestimmt die Anwendung der Alkydharze:

Fettgehalt in %	Anwendung
> 60	Malerlack, Heimwerkerlack
40–60	lufttrocknende Industrielacke, Rostschutzlacke, Autoreparaturlacke
< 40	Möbellacke, ofentrocknende Industrielacke

2.1.8.7 Ungesättigte Polyesterharze (UP-Harze)

UP-Harze wurden erstmals 1942 in den USA produziert. Sie kommen als 60- bis 70%ige Lösungen von ungesättigten Polyestern mit niedrigen Molekulargewichten (1000 – 5000 g/mol) in einem Vinylmonomer in den Handel. Die Aushärtung erfolgt als vernetzende Copolymerisation des Vinylmonomers mit den ungesättigten Gruppen des Polyesters (Abb. 12).

Grundstoffe für den ungesättigten Polyester sind:

- Dicarbonsäuren und -anhydride mit und ohne polymerisierbare Doppelbindung wie Fumarsäure, Maleinsäureanhydrid, Phthalsäureanhydrid, Isophthalsäure,
- Diole wie 1,2- und 1,3-Propylenglykol, Ethylenglykol, Di- und Triethylenglykol, 1,3- und 1,4-Butandiol, Neopentylglykol,
- Vinylmonomere wie Styrol, Methylmethacrylat und Diallylphthalat.

Die Aushärtung erfolgt mit peroxidischen Initiatoren, die oberhalb 60 °C schnell zerfallen (Warmhärtung). Soll bei Raumtemperatur polymerisiert werden (Kalthärtung), müssen noch Sikkative (Beschleuniger, z. B. Kobaltoktoat oder tertiäre Amine) zugesetzt werden:

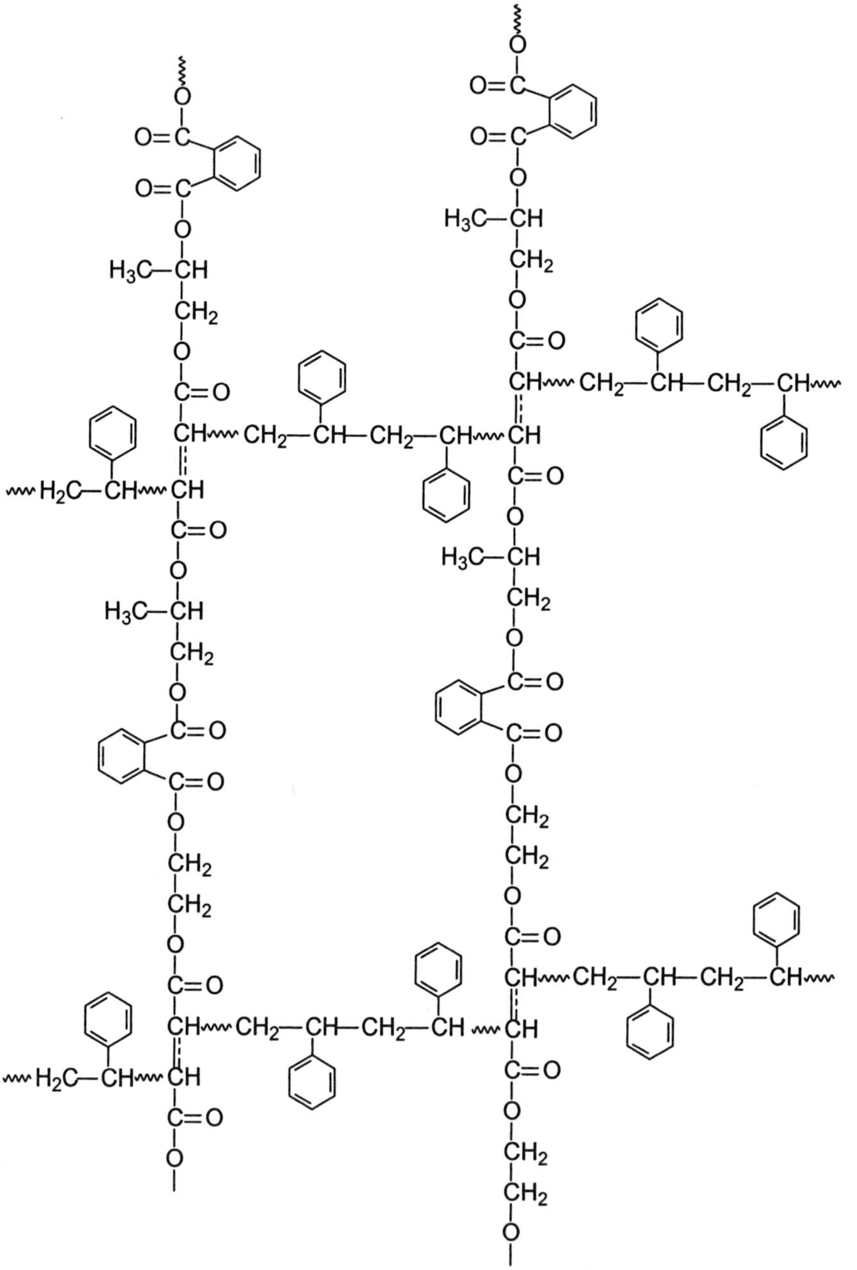

Abb. 12. Molekulares Bauprinzip eines ausgehärteten UP-Standardharzes.

$$ROOH + Co^{2+} \longrightarrow RO^{\bullet} + OH^{-} + Co^{3+}$$

$$ROOH + Co^{3+} \longrightarrow ROO^{\bullet} + H^{+} + Co^{2+}$$

$$2\,ROOH \longrightarrow ROO^{\bullet} + RO^{\bullet} + H_2O$$

$$C_6H_5{-}CO{-}O{-}O{-}CO{-}C_6H_5 + C_6H_5{-}NR_2 \longrightarrow C_6H_5{-}COO^{-} + C_6H_5{-}COO^{\bullet} + C_6H_5{-}\overset{+\bullet}{N}R_2$$

Die Verarbeitung erfolgt zumeist mit Glasfasern oder Glasfasermatten. Flüssiges Harz und Füllstoff werden in die Form gegeben und anschließend ausgehärtet. Die ausgehärteten Formteile finden Anwendung als elektrische Hochspannungsartikel, Karosserieteile, Gehäuse für Maschinen, als Wannen, Boote etc.

2.1 Kettenwachstumsreaktion

Neben der Stufenwachstumsreaktion (Abschnitt 2.1) stellt die Kettenwachstumsreaktion die zweite wichtige Art der Polymerisation dar. Zu den Kettenwachstumsreaktionen gehören die **radikalische**, **kationische**, **anionische** und **koordinative** Polymerisation (siehe auch Abb. 5).

2.2.1 Radikalische Polymerisation

Die radikalische Polymerisation verläuft in den drei Schritten Start, Wachstum und Abbruch. Sie beruht auf der Addition von Monomeren an die wachsende Polymerkette. Zur Polymerisation geeignet sind Monomere der allgemeinen Formel

$$CH_2{=}C(R_1)(R_2)$$

In Tab. 5 sind verschiedene Monomere aufgelistet.

Tab. 5. Typische Monomere für die radikalische Polymerisation und die entsprechende Polymerstruktur.

Monomer	Monomerstruktur	Polymerstruktur
Ethylen	$CH_2{=}CH_2$	$[CH_2{-}CH_2]_n$
Vinylchlorid	$CH_2{=}CH{-}Cl$	$[CH_2{-}CH(Cl)]_n$
Styrol	$CH_2{=}CH{-}C_6H_5$	$[CH_2{-}CH(C_6H_5)]_n$
Acrylnitril	$CH_2{=}CH{-}CN$	$[CH_2{-}CH(CN)]_n$
Methylmethacrylat	$CH_2{=}C(COOCH_3){-}CH_3$	$[CH_2{-}C(CH_3)(COOCH_3)]_n$
Vinylidenfluorid	$CH_2{=}CF_2$	$[CH_2{-}CF_2]_n$

2.2.1.1 Radikalbildung

Dem Kettenstart ist die Radikalbildung vorgelagert. Freie Radikale entstehen durch thermischen Zerfall von Initiatormolekülen, zum Beispiel von Peroxiden oder Azoverbindungen, sowie durch Reduktion von H_2O_2 mit mehrwertigen Metallionen.

Beispiele:

(a) Benzoylperoxid (BPO)

$$C_6H_5-\overset{O}{\overset{\|}{C}}-O-O-\overset{O}{\overset{\|}{C}}-C_6H_5 \xrightarrow{T} 2\, C_6H_5-\overset{O}{\overset{\|}{C}}-O^{\bullet} \xrightarrow[\text{Benzol}]{60\,°C} 2\, C_6H_5^{\bullet} + 2\, CO_2$$

Es entstehen zunächst Benzoyloxyradikale, die unter Abspaltung von CO_2 in Phenylradikale übergehen.

(b) Azoisobutyronitril (AIBN)

$$NC-C(CH_3)_2-N{=}N-C(CH_3)_2-CN \xrightarrow[T]{h\nu} 2\, NC-C^{\bullet}(CH_3)_2 + N_2$$

Cyanopropylradikal

Durch thermische oder photochemische Spaltung entstehen Cyanopropylradikale.

(c) Wasserstoffperoxid und mehrwertige Metallionen

$$Fe^{2+} + H_2O_2 \longrightarrow Fe^{3+} + {}^{\bullet}OH + OH^-$$

Dieser Initiator ist wichtig bei der Tieftemperaturpolymerisation und der Polymerisation in wässrigen Medien (zum Beispiel bei der Emulsionspolymerisation).

Generell gilt, dass nicht alle Initiatorradikale eine Polymerisation starten. Mögliche Nebenreaktionen sind

(a) die **Radikalrekombination (Käfigeffekt)** sowie

(b) andere Reaktionen, wie zum Beispiel

$$C_6H_5^{\bullet} + C_6H_5-\overset{O}{\overset{\|}{C}}O-O\overset{O}{\overset{\|}{C}}-C_6H_5 \longrightarrow C_6H_5-\overset{O}{\overset{\|}{C}}O-C_6H_5 + C_6H_5-\overset{O}{\overset{\|}{C}}O^{\bullet}$$

2.2.1.2 Startreaktion

Als Kettenstart wird die Addition eines Radikals $R^\bullet$ an ein Monomer M angesehen:

$$R^\bullet + M \longrightarrow R{-}M_1^\bullet$$

Für das Vinylmonomer existieren zwei Additionsmöglichkeiten:

$$R^\bullet + CH_2{=}CHX \longrightarrow R{-}CH_2{-}\dot{C}HX \qquad I$$

$$\longrightarrow R{-}CHX{-}\dot{C}H_2 \qquad II$$

Die Bildung von I (Anti-Markovnikov-Addition) ist aus sterischen Gründen und aufgrund geringerer Aktivierungsenergie wahrscheinlicher.

2.2.1.3 Wachstumsreaktion

Als Kettenwachstum wird die Addition weiterer Monomerer an ein $R{-}M_1^\bullet$-Radikal angesehen:

$$R{-}M_1^\bullet + M \longrightarrow R{-}M_2^\bullet, \text{ allgemein } R{-}M_i^\bullet + M \longrightarrow R{-}M_{i+1}^\bullet$$

Die durchschnittliche Wachstumsrate beträgt eine Addition pro Millisekunde. Das Kettenwachstum kann auf zweierlei Weise erfolgen:

$$R{-}CH_2{-}\dot{C}HX + CH_2{=}CHX \longrightarrow R{-}CH_2{-}CHX{-}CH_2{-}\dot{C}HX \qquad I$$

$$\longrightarrow R{-}CH_2{-}CHX{-}CHX{-}\dot{C}H_2 \qquad II$$

I wird als Kopf-Schwanz-Addukt und II als Kopf-Kopf-Addukt bezeichnet. II ist seltener als I.

2.2.1.4 Abbruchreaktion

Kettenabbruch kann durch Rekombination oder Disproportionierung erfolgen.

(a) Rekombination

$$\sim CH_2{-}\dot{C}HX + \dot{C}HX{-}CH_2\sim \longrightarrow \sim CH_2{-}CHX{-}CHX{-}CH_2\sim$$

Die Rekombination erfolgt unter Erhöhung des Molekulargewichts.

(b) Disproportionierung

$$\sim\!\sim CH_2-\dot{C}HX + \dot{C}HX-CH_2\sim\!\sim \longrightarrow \sim\!\sim CH_2-CH_2X + CHX=CH\sim\!\sim$$

Bei der Disproportionierung bleibt das Molekulargewicht erhalten.

2.2.1.5 Kinetik

(a) Initiierung/Start

Die Initiierung verläuft erheblich langsamer als die Startreaktion und ist daher geschwindigkeitsbestimmend:

$$\mathrm{I} \xrightarrow{k_i} 2\,\mathrm{R}^\bullet$$

(mit k_i = Geschwindigkeitskonstante der Initiierungsreaktion).

Für die Reaktionsgeschwindigkeit gilt:

$$-\frac{\mathrm{d[I]}}{\mathrm{d}t} = k_i[\mathrm{I}],$$

das heißt, die Reaktion ist 1. Ordnung bezüglich der Initiatorkonzentration. Man kann die Reaktionsgeschwindigkeit auch beschreiben durch

$$\frac{\mathrm{d}[\mathrm{R}^\bullet]}{\mathrm{d}t} = 2k_i[\mathrm{I}]$$

(2, weil zwei Radikale gebildet werden).

Die Startreaktion

$$\mathrm{R}^\bullet + \mathrm{M} \xrightarrow{k_s} \mathrm{R}-\mathrm{M}_1^\bullet$$

wird voll durch k_i kontrolliert und ist daher für die Kinetik unbedeutend (k_s = Geschwindigkeitskonstante der Startreaktion).

(b) Wachstum

Die Wachstumsreaktion ist

$$M_i^{\bullet} + M \xrightarrow{k_p} R - M_{i+1}^{\bullet},$$

wobei k_p die Geschwindigkeitskonstante der Wachstumsreaktion ist. Für die Polymerisationsgeschwindigkeit gilt

$$-\frac{d[M]}{dt} = k_p [M] \sum [M_i^{\bullet}].$$

(c) Abbruch

Der Abbruch ist ein bimolekularer Prozess, der sowohl unter Rekombination als auch Disproportionierung ablaufen kann:

$$M_i^{\bullet} + M_j^{\bullet} \xrightarrow{k_{tc}} M_{i+j} \quad \text{bei Rekombination,}$$

$$M_i^{\bullet} + M_j^{\bullet} \xrightarrow{k_{td}} M_i + M_j \quad \text{bei Disproportionierung,}$$

wobei k_{tc}, k_{td} die Geschwindigkeitskonstanten der Abbruchreaktionen durch Rekombination und Disproportionierung sind. Für die Abbruchgeschwindigkeiten gilt:

$$-\frac{d[M_i^{\bullet}]}{dt} = 2 k_{tc} \sum [M_i^{\bullet}] \sum [M_j^{\bullet}] \qquad \text{(2, da zwei Radikalstellen verbraucht werden),}$$

$$-\frac{d[M_i^{\bullet}]}{dt} = 2 k_{td} \sum [M_i^{\bullet}] \sum [M_j^{\bullet}]$$

Mit $k_t = k_{tc} + k_{td}$ folgt

$$-\frac{d[M_i^{\bullet}]}{dt} = 2 k_t \left(\sum [M_i^{\bullet}]\right)^2$$

unter der Annahme, dass $M_i^\bullet$ und $M_j^\bullet$ ununterscheidbar sind. Zur Vereinfachung nimmt man an, dass sich während der Reaktion ein **stationärer Zustand (steady state)** einstellt, bei dem so viele Radikale gebildet wie verbraucht werden (wäre das nicht so, würde der Ansatz explodieren oder die Reaktion zum Stillstand kommen):

$$\frac{d[R^\bullet]}{dt} = \frac{d[M_i^\bullet]}{dt},$$

$$2k_i[I] = 2k_t\left(\sum[M_i^\bullet]\right)^2.$$

Für den stationären Zustand gilt also

$$\sum[M_i^\bullet] = \sqrt{\frac{k_i[I]}{k_t}},$$

das heißt, $\sum[M_i^\bullet]$ lässt sich durch k_i, k_t und [I] ausdrücken.

Mit der Beziehung für den stationären Zustand lässt sich die Polymerisationsgeschwindigkeit d[M]/dt ausdrücken durch

$$-\frac{d[M]}{dt} = k_p[M]\sum[M_i^\bullet] = \frac{k_p k_i^{1/2}}{k_t^{1/2}}[M][I]^{1/2}.$$

Diese Gleichung beschreibt die Wachstumsgeschwindigkeit unter der Bedingung des stationären Zustands. Da k_i klein ist, bleibt während der Reaktion nahezu konstant. Mit $k_p k_i^{1/2}/k_t^{1/2} = k_R$ vereinfacht sich die Gleichung zu

$$-\frac{d[M]}{dt} = k_R[M],$$

das heißt, die Polymerisationsgeschwindigkeit ist 1. Ordnung bezüglich [M]!

2.2.1.6 Bestimmung des Polymerisationsgrades

Der Polymerisationsgrad der radikalischen Polymerisation lässt sich aus der kinetischen Kettenlänge $\overline{\nu}$ ermitteln. $\overline{\nu}$ ist definiert als

$$\overline{\nu} = \frac{\text{Geschwindigkeit der Monomeraddition an die wachsende Kette}}{\text{Geschwindigkeit der Bildung der wachsenden Kette}}.$$

Dies entspricht

$$\overline{\nu} = \frac{\text{Wachstumsgeschwindigkeit}}{\text{Initiierungsgeschwindigkeit}} = \frac{-\dfrac{\mathrm{d}[\mathrm{M}]}{\mathrm{d}t}}{\dfrac{\mathrm{d}[\mathrm{R}^\bullet]}{\mathrm{d}t}},$$

das heißt

$$\overline{\nu} = \frac{k_p[\mathrm{M}]\sum[\mathrm{M}_i^\bullet]}{2\,k_i\,[\mathrm{I}]},$$

sowie im stationären Zustand:

$$\overline{\nu} = \frac{k_p\,[\mathrm{M}]}{2\,(k_i\,k_t\,[\mathrm{I}])^{1/2}}.$$

Der Polymerisationsgrad $\overline{X}_n$ ist mit $\overline{\nu}$ über

$$\overline{X}_n = a\,\overline{\nu}$$

verbunden, wobei $a = 1$ (bei Disproportionierung) oder 2 (bei Rekombination) ist.

Daraus folgt

$$\overline{X}_n = \frac{a k_p[\mathrm{M}]}{2\sqrt{k_i k_t[\mathrm{I}]}}.$$

Mit $\overline{M}_n = M_0\,\overline{X}_n$ und $b = \dfrac{\mathrm{M}_0\;a k_p}{2k_i^{\,1/2}\,k_t^{\,1/2}}$ = konstant folgt

$$\overline{M}_n = \frac{b\,[\mathrm{M}]}{[\mathrm{I}]^{1/2}},$$

das heißt, das Zahlenmittel des Molekulargewichts des Polymers ist proportional zu [M] und umgekehrt proportional zu $[\mathrm{I}]^{1/2}$.

2.2.1.7 Bestimmung der Geschwindigkeitskonstanten k_i, k_p und k_t

Die Konstanten k_i, k_p und k_t lassen sich mithilfe der Beziehungen

(1) $$-\frac{\mathrm{d}[\mathrm{M}]}{\mathrm{d}t} = \frac{k_p\, k_i^{1/2}\, [\mathrm{M}][\mathrm{I}]^{1/2}}{k_t^{1/2}}$$ und

(2) $$\overline{X}_n = \frac{a\, k_p\, [\mathrm{M}]}{2\,(k_i k_t)^{1/2}\, [\mathrm{I}]^{1/2}}$$

bei Kenntnis der mittleren Lebensdauer τ der wachsenden Kette bestimmen. τ ist definiert als

$$\tau = \frac{\text{Konzentration an wachsenden Ketten}}{\text{Abbruchgeschwindigkeit}} = \frac{\sum[\mathrm{M}_i^\bullet]}{-\frac{\mathrm{d}[\mathrm{M}_i^\bullet]}{\mathrm{d}t}},$$

das heißt, τ lässt sich ausdrücken durch

(3) $$\tau = \frac{\left(\frac{k_i[\mathrm{I}]}{k_t}\right)^{1/2}}{\frac{2k_t k_i[\mathrm{I}]}{k_t}} = \frac{1}{2(k_i k_t[\mathrm{I}])^{1/2}}.$$

In den Gleichungen (1) bis (3) sind [M], [I], $\overline{X}_n$ und τ messbar, sodass drei Gleichungen mit drei Unbekannten vorliegen und folglich k_i, k_p und k_t bestimmbar werden.

2.2.1.8 Molekulargewichtsverteilung

(a) Bei Abbruch durch Disproportionierung

Zur Beschreibung führen wir einen α-Parameter ein (dieser entspricht dem p-Parameter bei der Polykondensation, Abschnitt 1.2.1). Der α-Parameter beschreibt die Wahrscheinlichkeit, dass während eines Additionsschrittes die Kette weiterwächst und nicht abbricht. α ist daher definiert als

$$\alpha = \frac{\text{Wachstumsrate}}{\text{Wachstumsrate} + \text{Rate aller anderen Reaktionen}} \leq 1.$$

α kann benutzt werden, um die Wahrscheinlichkeit $P_{(i)}$ für die Bildung des Polymermoleküls M_i aus i Monomereinheiten,

$$\begin{array}{c} \text{R}-\text{M}-\text{M}-\text{M}\cdots-\text{M} \\ \uparrow \quad \uparrow \qquad \uparrow \\ 1. \quad 2. \quad (i-1). \quad \text{Additionsreaktion,} \end{array}$$

zu berechnen. Die erste Monomeraddition unter Bildung von R–M ist sehr schnell und muss nicht berücksichtigt werden. M_i wird durch $(i-1)$ Additionsreaktionen gebildet. Die Wahrscheinlichkeit, dass eine dieser Reaktionen stattgefunden hat, ist α. Die Wahrscheinlichkeit, dass $(i-1)$ Additionsschritte erfolgt sind, ist demnach $\alpha^{(i-1)}$. Die Wahrscheinlichkeit, dass die letzte Reaktion eher eine Abbruchreaktion als eine Wachstumsreaktion darstellt, ist $(1-\alpha)$. Daraus folgt für die Wahrscheinlichkeit $P_{(i)}$ zur Bildung des Polymermoleküls aus i Monomereinheiten

$$P_{(i)} = \alpha^{(i-1)}(1-\alpha).$$

Ähnlich wie bei der Stufenwachstumspolymerisation folgt

$$\frac{M_w}{M_n} = (1+\alpha).$$

Da lange Moleküle nur dann entstehen, wenn die Wachstumsrate viel größer ist als alle anderen Raten, gilt in diesem Fall $\alpha \to 1$ und folglich $M_w/M_n \to 2$ (wie bei der Stufenwachstumsreaktion).

b) Bei Abbruch durch Rekombination

In diesem Falle ist die Rechnung komplizierter. Es lässt sich zeigen, dass

$$\frac{M_w}{M_n} = \frac{2+\alpha}{2}$$

ist. Für lange Moleküle mit $\alpha \to 1$ folgt dann $M_w/M_n \to 1{,}5$. In der Realität können beide Abbruchreaktionen nebeneinander auftreten, sodass M_w/M_n stark variieren kann.

2.2.1.9 Selbstbeschleunigung der Polymerisation (Geleffekt)

Bei Polymerisation in Substanz oder in konzentrierter Lösung können im Bereich hoher Umsätze starke Abweichungen von der Steady-State-Kinetik auftreten. Für die Wachstumsrate gilt mit $k_R = k_p\, k_i^{1/2}/k_t^{1/2}$ (Abschnitt 2.2.1.5)

$$-\frac{d[M]}{dt} = k_R[M]\,.$$

Die Integration liefert

$$\ln\left(\frac{[M]_0}{[M]_t}\right) = k_R\, t,$$

das heißt, eine Auftragung des ln $([M]_0/[M]_t)$ gegen t sollte eine Gerade geben. Wie Abb. 13 zeigt, ist dies aber nur bei niedrigen Polymerkonzentrationen der Fall. Die

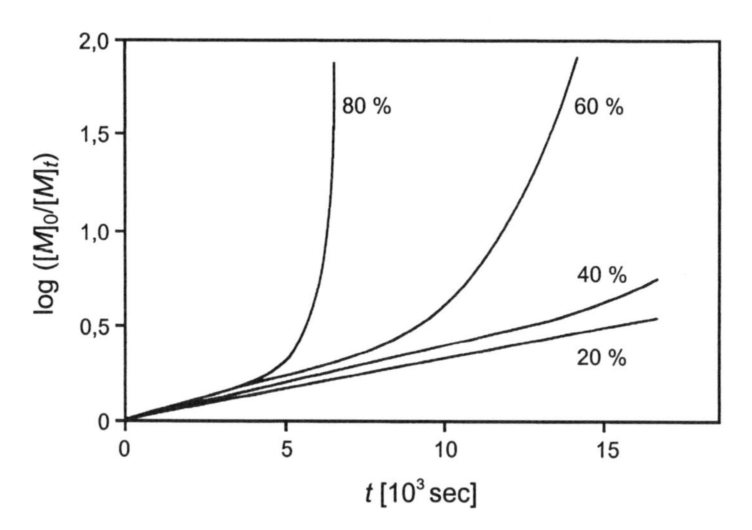

Abb. 13. Änderung des log $([M]_0/[M]_t)$ mit der Polymerisationszeit für Methylmethacrylat in Benzol bei verschiedenen Konzentrationen ($T = 323$ K) [6].

Ursache liegt in der zunehmenden Viskosität der Polymerlösung, die einen Abbruch durch Rekombination oder Disproportionierung wegen der geringen Kettenbeweglichkeit immer unwahrscheinlicher macht. Dies bedeutet, dass die Abbruchrate drastisch sinkt. Der Geleffekt (Trommsdorff-Effekt) lässt sich vermeiden, wenn man in verdünnter Lösung arbeitet oder die Reaktion rechtzeitig abbricht.

2.2.1.10 Kettenübertragung

Während der Polymerisation kann es zu Kettenübertragungsreaktionen kommen:

$$M_i^\bullet + TH \longrightarrow M_iH + T^\bullet$$

$$T^\bullet + M \longrightarrow T{-}M^\bullet$$

Bei der Kettenübertragung bleibt die Wachstumsrate konstant, aber der Polymerisationsgrad sinkt. Typische Kettenüberträger sind:

(a) Monomere

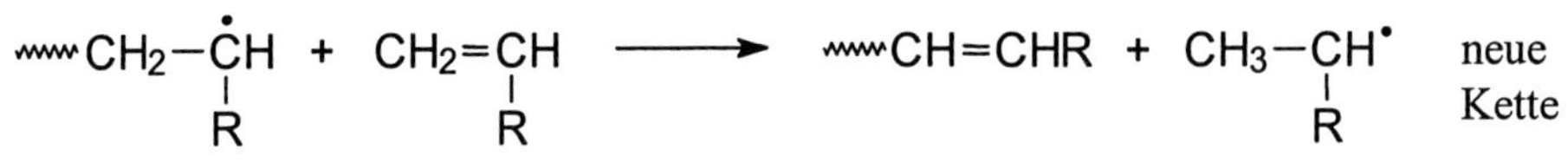

$$\sim\!CH_2{-}\dot{C}H(R) + CH_2{=}CH(R) \longrightarrow \sim\!CH{=}CHR + CH_3{-}CH^\bullet(R)$$

neue Kette

(b) Initiatoren wie *t*-Butylhydroperoxid oder Cumolhydroperoxid

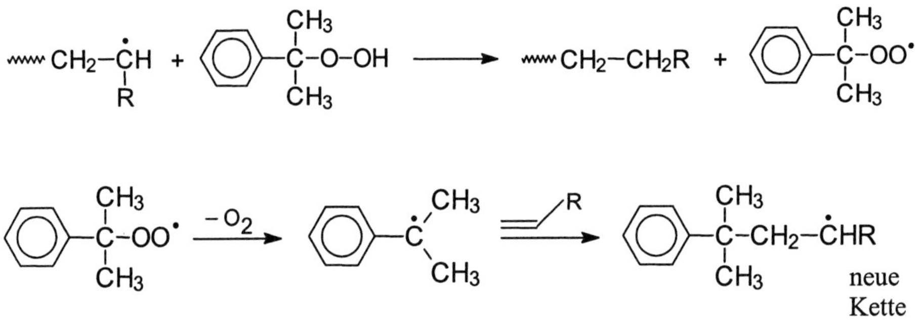

$$\sim\!CH_2{-}\dot{C}H(R) + C_6H_5{-}C(CH_3)_2{-}O{-}OH \longrightarrow \sim\!CH_2{-}CH_2R + C_6H_5{-}C(CH_3)_2{-}OO^\bullet$$

$$C_6H_5{-}C(CH_3)_2{-}OO^\bullet \xrightarrow{-O_2} C_6H_5{-}\dot{C}(CH_3)_2 \xrightarrow{CH_2{=}CHR} C_6H_5{-}C(CH_3)_2{-}CH_2{-}\dot{C}HR$$

neue Kette

(c) Lösungsmittelmoleküle

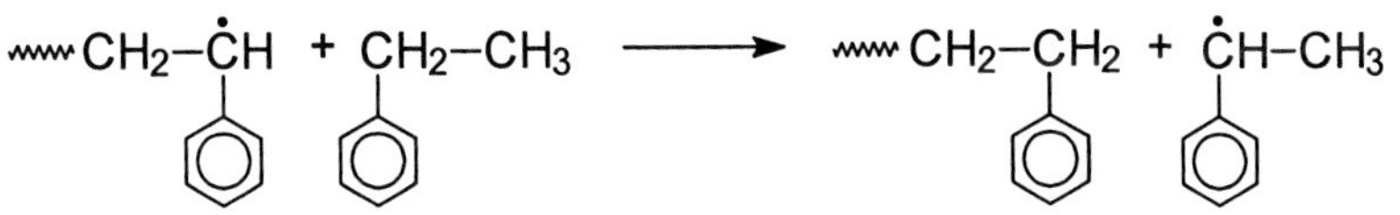

$$\sim CH_2-\dot{C}H(C_6H_5) + CH_2(C_6H_5)-CH_3 \longrightarrow \sim CH_2-CH_2(C_6H_5) + \dot{C}H(C_6H_5)-CH_3$$ neue Kette

(d) Mercaptane

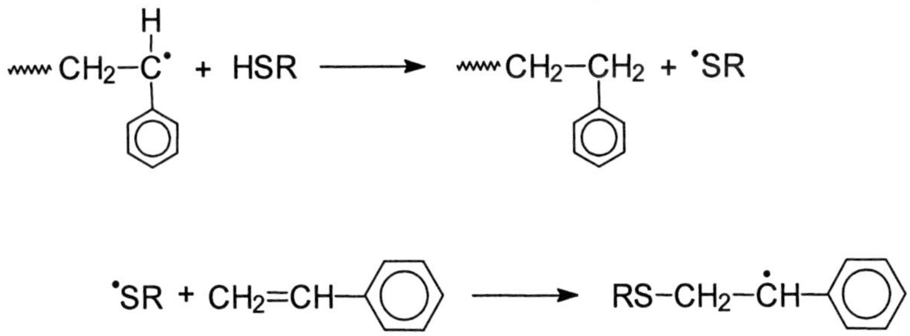

$$\sim CH_2-C^{\bullet}H(C_6H_5) + HSR \longrightarrow \sim CH_2-CH_2(C_6H_5) + {}^{\bullet}SR$$

$${}^{\bullet}SR + CH_2=CH-C_6H_5 \longrightarrow RS-CH_2-\dot{C}H-C_6H_5$$ neue Kette

(e) Das Polymere selbst

$$\sim CH(H)-CH_2-CH_2-CH_2-{}^{\bullet}CH_2 \longrightarrow \sim \dot{C}H-CH_2-CH_2-CH_2-CH_3$$

Es entstehen Verzweigungen.

Die kinetischen Gleichungen sind in den Fällen (a) bis (c) ähnlich:

Monomer $$-\frac{d[M_i^{\bullet}]}{dt} = k_{trM}[M]\sum[M_i^{\bullet}]$$

Initiator $$-\frac{d[M_i^{\bullet}]}{dt} = k_{trI}[I]\sum[M_i^{\bullet}]$$

Lösungsmittel $$-\frac{d[M_i^{\bullet}]}{dt} = k_{trS}[S]\sum[M_i^{\bullet}]$$

mit k_{trM}, k_{trI}, k_{trS} = Geschwindigkeitskonstanten für die Übertragungsreaktionen. Durch die Übertragungsreaktionen ändert sich die kinetische Kettenlänge $\bar{\nu}$, die gegeben ist durch

$$\bar{\nu} = \frac{\text{Wachstumsrate}}{\text{Initiierungsrate}}.$$

Nach der Steady-State-Bedingung ist die Initiierungsrate gleich der Abbruchrate, das heißt, mit den Beziehungen für die Wachstumsrate $-\mathrm{d}[\mathrm{M}]/\mathrm{d}t = k_p[\mathrm{M}]\sum[\mathrm{M}_i^\bullet]$ und die Abbruchrate $-\mathrm{d}[\mathrm{M}_i^\bullet]/\mathrm{d}t = 2k_t(\sum[\mathrm{M}_i^\bullet])^2$ sowie den Beziehungen für die Übertragungsrate (s. o.) folgt

$$\bar{\nu} = \frac{k_p[\mathrm{M}]\sum[\mathrm{M}_i^\bullet]}{2k_t\left(\sum[\mathrm{M}_i^\bullet]\right)^2 + \sum[\mathrm{M}_i^\bullet]\left(k_{trM}[\mathrm{M}] + k_{trI}[\mathrm{I}] + k_{trS}[\mathrm{S}]\right)}.$$

Tritt nur Disproportionierung als Abbruchreaktion auf, so ist $\bar{\nu} = \overline{X}_n$, das heißt,

$$\frac{1}{\overline{X}_n} = \frac{2k_t\sum[\mathrm{M}_i^\bullet]}{k_p[\mathrm{M}]} + C_\mathrm{M} + C_\mathrm{I}\frac{[\mathrm{I}]}{[\mathrm{M}]} + C_\mathrm{S}\frac{[\mathrm{S}]}{[\mathrm{M}]}$$

mit $C_\mathrm{M} = \frac{k_{trM}}{k_p}$, $C_\mathrm{I} = \frac{k_{trI}}{k_p}$ und $C_\mathrm{S} = \frac{k_{trS}}{k_p}$. C_M, C_I und C_S werden als Übertragungskonstanten bezeichnet. In Tab. 6 sind einige Übertragungskonstanten aufgelistet.

Tab. 6. Kettenübertragung bei der Polymerisation von Styrol (bei T = 333K) [7].

Kettenübertrager	Typ	Übertragungskonstante × 10^5
Styrol	Monomer	6,0
Dibenzoylperoxid	Initiator	5000
Benzol	Lösungsmittel	0,23
Toluol	Lösungsmittel	1,25
Chloroform	Lösungsmittel	5,0
Tetrachlorkohlenstoff	Lösungsmittel	900
Polystyrol	Polymer	20

Mit $\sum[M_i^\bullet] = \left(\frac{k_i[I]}{k_t}\right)^{1/2}$ und $\bar{\nu} = \frac{k_p[M]}{2\sqrt{k_i k_t [I]}}$ (Steady-State-Bedingung) folgt

$$\frac{1}{\overline{X}_n} = \frac{1}{\left(\overline{X}_n\right)_0} + C_M + C_I \frac{[I]}{[M]} + C_S \frac{[S]}{[M]}.$$

$(\overline{X}_n)_0$ ist der Polymerisationsgrad, der ohne Kettenübertragung entstehen würde.

2.2.1.11 Inhibierung und Verzögerung

Polyreaktionen lassen sich inhibieren und/oder verzögern. Beide Effekte wirken sich unterschiedlich auf das Zeit-Umsatz-Verhalten aus (Abb. 14). Verzögerer verlangsamen, Inhibitoren stoppen die Polymerisation.

Als Verzögerer wirken Kettenüberträger, die wenig reaktive Radikale bilden (z. B. Nitrobenzol bei der Styrolpolymerisation). Neben der Polymerisationsrate wird hier auch der Polymerisationsgrad gesenkt.

Als Inhibitoren wirken Radikalfänger, die selbst inaktive Radikale bilden.

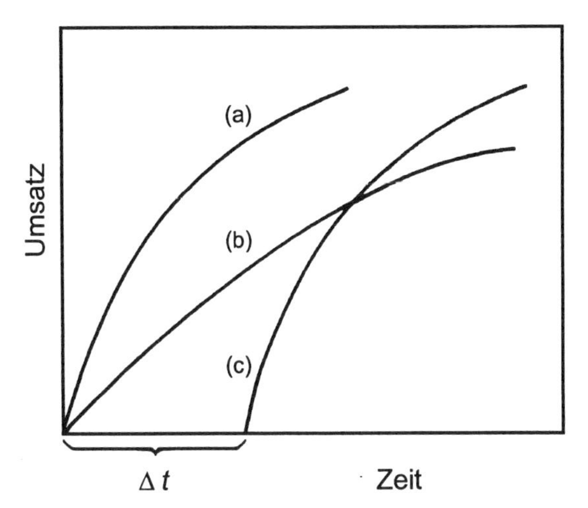

Abb. 14. Einfluss verschiedener Zusätze auf die freie radikalische Polymerisation: (a) kein Zusatz, (b) mit Verzögerer, (c) mit Inhibitor (Δt ist die Induktionsperiode).

Wichtige Inhibitoren sind Diphenylpikrylhydrazyl (DPPH), Chinon, Methylenblau, Benzothiazin, p-Nitrosodimethylanilin (NIDI).

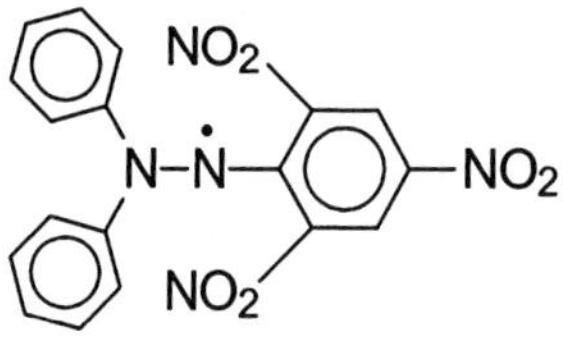

$$(C_6H_5)_2N-\dot{N}-C_6H_2(NO_2)_3 \qquad \text{DPPH}$$

Beispiel:

Wirkung von Chinon als Inhibitor:

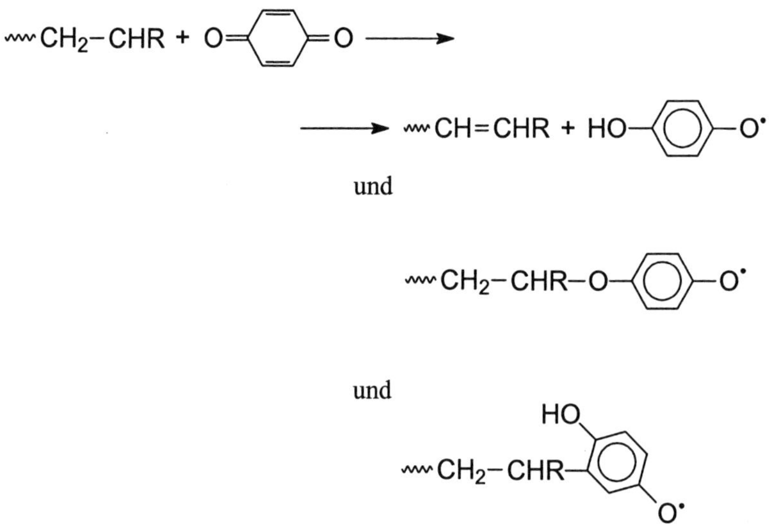

$$\sim CH_2-\dot{C}HR + O{=}C_6H_4{=}O \longrightarrow$$

$$\longrightarrow \sim CH{=}CHR + HO-C_6H_4-O^{\bullet}$$

und

$$\sim CH_2-CHR-O-C_6H_4-O^{\bullet}$$

und

$$\sim CH_2-CHR-C_6H_3(OH)-O^{\bullet}$$

sowie:

$$2\ HO-C_6H_4-O^{\bullet} \longrightarrow HO-C_6H_4-OH + O{=}C_6H_4{=}O$$

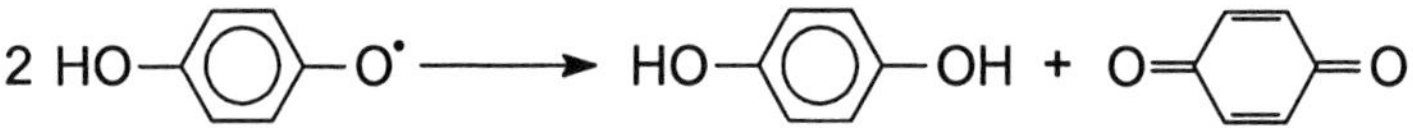

Auch Sauerstoff kann inhibierend wirken:

$$\sim CH_2-\dot{C}HR + {}^{\bullet}O-O^{\bullet} \longrightarrow \sim CH_2-CHR-O-O^{\bullet}$$

(a) $\sim CH_2-CHR-O-O^{\bullet} + {}^{\bullet}CHR-CH_2\sim \longrightarrow$

$$\longrightarrow \sim CH_2-CHR-O-O-CHR-CH_2\sim$$

oder

(b) $\sim\!\sim CH_2{-}CHR{-}O{-}O^{\bullet} + CH_2{=}CHR \longrightarrow \sim\!\sim CH_2{-}CHR{-}O{-}O{-}CH_2{-}\dot{C}HR$

oder

(c) $\sim\!\sim CH_2{-}CHR{-}O{-}O^{\bullet} + {}^{\bullet}O{-}O{-}CHR{-}CH_2\sim\!\sim \longrightarrow$

$$\longrightarrow \sim\!\sim CH_2{-}CHR{-}O{-}O{-}CHR{-}CH_2\sim\!\sim + O_2$$

Die Peroxidgruppen sind „Sollbruchstellen" der Polymere, die bei höherer Temperatur zerfallen und dabei zum Teil heftig verlaufende Reaktionen auslösen.

2.2.1.12 Autoinhibierung

Einige allylische Monomere polymerisieren nur äußerst langsam radikalisch und mit geringem Polymerisationsgrad. Beispiele sind Allylchlorid, Propen, Isobuten, Vinylether. Die Ursache für die geringe Reaktivität liegt in der Bildung eines Allylradikals, das stark resonanzstabilisiert und daher reaktionsträge ist:

$$NC{-}\overset{CH_3}{\underset{CH_3}{C^{\bullet}}} + CH_2{=}\underset{CH_2Cl}{CH} \longrightarrow NC{-}\overset{CH_3}{\underset{CH_3}{C}}{-}CH_2{-}\underset{CH_2Cl}{\dot{C}H} \xrightarrow{CH_2=CH-CH_2Cl}$$

$$\xrightarrow{CH_2=CH-CH_2Cl} NC{-}\overset{CH_3}{\underset{CH_3}{C}}{-}CH_2{-}\overset{Cl}{\underset{CH_2Cl}{C}H} + CH_2{=}CH{-}\dot{C}H_2$$

$$CH_2{=}CH{-}\dot{C}H_2 \longleftrightarrow [CH_2{\overset{\dots}{=}}CH{\overset{\dots}{=}}CH_2]^{\bullet} \longleftrightarrow {}^{\bullet}CH_2{-}CH{=}CH_2$$

Bei einer Polymerisation würde die Resonanzstabilisierung verloren gehen, was energetisch ungünstig wäre und daher ebenfalls die geringe Reaktivität zu erklären vermag:

$$[CH_2{\overset{\dots}{=}}CH{\overset{\dots}{=}}CH_2]^{\bullet} + CH_2{=}\underset{CH_2Cl}{CH} \not\longrightarrow CH_2{=}CH{-}CH_2{-}CH_2{-}\dot{C}H{-}CH_2Cl$$

Weitere Beispiele:

(a) Autoinhibierung der Propenpolymerisation

$$\sim\!\sim CH_2-\dot{C}H(CH_3) + CH_2=CH(CH_3) \longrightarrow$$

$$\longrightarrow \sim\!\sim CH_2-CH_2(CH_3) + \left[CH_2=CH-\dot{C}H_2 \longleftrightarrow \dot{C}H_2-CH=CH_2\right]$$

(b) Autoinhibierung der Isobutenpolymerisation

$$\sim\!\sim CH_2-\dot{C}(CH_3)_2 + CH_2=C(CH_3)_2 \longrightarrow \sim\!\sim CH_2-CH(CH_3)_2 + \left[CH_2=C(CH_3)-\dot{C}H_2 \longleftrightarrow \dot{C}H_2-C(CH_3)=CH_2\right]$$

2.2.1.13 Temperatureffekte

Die Temperaturabhängigkeit der radikalischen Polymerisation lässt sich durch Arrhenius-Beziehungen für die Geschwindigkeitskonstanten k_i, k_p, und k_t beschreiben. A_i, A_p und A_t sind die Arrhenius-Konstanten; E_i, E_p und E_t die Aktivierungsenergien der Start-, Wachstums- und Abbruchreaktion:

$$k_i = A_i\,\mathrm{e}^{\left(-\frac{E_i}{RT}\right)},$$

$$k_p = A_p\,\mathrm{e}^{\left(-\frac{E_p}{RT}\right)},$$

$$k_t = A_t\,\mathrm{e}^{\left(-\frac{E_t}{RT}\right)}.$$

Einige Beispiele für k-, A- und E-Werte enthält Tab. 7.

Tab.7. Geschwindigkeitskonstanten, Arrhenius-Konstanten und Aktivierungsenergien der Wachstums- und Abbruchreaktionen verschiedener Monomere

Monomer	$k_p[10^3 \text{ dm}^3 \text{ mol}^{-1} \text{ s}^{-1}]^*$	$E_p[\text{kJ mol}^{-1}]$	$A_p[10^3 \text{ dm}^3 \text{ mol}^{-1} \text{ s}^{-1}]$
Methylmethacrylat	0,367	19,7	0,09
Styrol	0,176	30	0,45
Vinylchlorid	12,3	15,5	0,33
Monomer	$k_t[10^7 \text{ dm}^3 \text{ mol}^{-1} \text{ s}^{-1}]^*$	$E_t[\text{kJ mol}^{-1}]$	$A_t[10^9 \text{ dm}^3 \text{ mol}^{-1} \text{ s}^{-1}]$
Methylmethacrylat	0,93	5,0	0,11
Styrol	3,6	8,0	0,06
Vinylchlorid	2100^{**}	17,6	6,0

* bei 60 °C ** bei 50 °C

Aus der T-Abhängigkeit von k folgt, dass auch die Polymerisationsgeschwindigkeit, die kinetische Kettenlänge und der Polymerisationsgrad von T abhängig sind.

Für die Polymerisationsgeschwindigkeit gilt (Abschnitt 2.2.1.5):

$$-\frac{\text{d[M]}}{\text{d}t} = \frac{k_p k_i^{1/2}}{k_t^{1/2}}[\text{M}][\text{I}]^{1/2} = \frac{A_p A_i^{1/2}}{A_t^{1/2}} \exp\left(\frac{\frac{E_t}{2} - \frac{E_i}{2} - E_p}{\text{R}T}\right)[\text{M}][\text{I}]^{1/2}.$$

In der Regel ist der Exponentialterm negativ, und die Polymerisationsgeschwindigkeit nimmt mit wachsender Temperatur zu.

Für den Polymerisationsgrad $\overline{X}_n$ gilt aber (Abschnitt 2.2.1.6):

$$\overline{X}_n = \frac{a k_p [\mathrm{M}]}{2(k_i k_t)^{1/2} [\mathrm{I}]^{1/2}} = \frac{a A_p}{2 A_i^{1/2} A_t^{1/2}} \exp\left(\frac{\frac{E_i}{2} + \frac{E_t}{2} - E_p}{\mathrm{R}T}\right) \frac{[\mathrm{M}]}{[\mathrm{I}]^{1/2}}.$$

In diesem Falle ist der Exponentialterm oft positiv, das heißt, $\overline{X}_n$ nimmt mit zunehmender Temperatur ab, obwohl die Reaktionsgeschwindigkeit weiterhin zunimmt.

2.2.1.14 Ceiling-Temperatur und Depolymerisation

Eine chemische Reaktion läuft nur ab, wenn $\Delta G = \Delta H - T\Delta S$ negativ ist. Dies ist der Fall, wenn

(a) $\Delta H < 0$, $\Delta S > 0$ ist,

(b) $\Delta H > 0$ ist, aber durch ein großes $T\Delta S$ (d. h. stark positives ΔS) wieder ausgeglichen wird,

(c) $\Delta H << 0$ ist, sodass selbst ein negatives ΔS wieder ausgeglichen wird.

Fall (c) ist für die Polymerisation typisch, da diese in der Regel unter Entropieverminderung (ΔS negativ) abläuft. Mit wachsender Temperatur wird aber $T\Delta S$ immer größer, sodass eine Temperatur existieren muss, bei der $\Delta H = T\Delta S$ wird, das heißt $\Delta G = 0$ wird. Diese Temperatur wird **Ceiling-Temperatur T_C** genannt. Es gilt:

$$\Delta G = \Delta H - T_C \Delta S = 0.$$

Die Ceiling-Temperatur lässt sich auch aus der Kinetik definieren:

Bei genügend hoher Temperatur tritt neben der Polymerisation

$$\mathrm{M}_i^{\bullet} + \mathrm{M} \xrightarrow{k_p} \mathrm{M}_{i+1}^{\bullet}$$

auch die Depolymerisation auf:

$$\mathrm{M}_{i+1}^{\bullet} \xrightarrow{k_{dp}} \mathrm{M}_i^{\bullet} + \mathrm{M}.$$

Die kinetische Gleichung für die Depolymerisation ist allgemein

$$\frac{\mathrm{d}[\mathrm{M}]}{\mathrm{d}t} = k_{dp}\sum[\mathrm{M}_j^\bullet].$$

Die gesamte Polymerisationsgeschwindigkeit ist demnach

$$-\frac{\mathrm{d}[\mathrm{M}]}{\mathrm{d}t} = k_p[\mathrm{M}]\sum[\mathrm{M}_j^\bullet] - k_{dp}\sum[\mathrm{M}_j^\bullet]$$

im stationären Zustand. Die Polymerisation stoppt, wenn d[M]/dt = 0 wird. In diesem Fall ist

$$k_p\,[\mathrm{M}] = k_{dp}.$$

Die Temperaturabhängigkeit von k_p und k_{dp} ist in Abb. 15 dargestellt. Da k_{dp} schneller mit T zunimmt als k_p, schneiden sich beide Kurven. Der Schnittpunkt entspricht dem Gleichgewicht beider Reaktionen. Er wird bei T_C erreicht. T_C wird durch die Monomerkonzentration beeinflusst und hat den höchsten Wert für das reine Monomer. Die Ceiling-Temperaturen von α-Methylstyrol, Methylmethacrylat und Styrol liegen bei 334, 493 und 583 K.

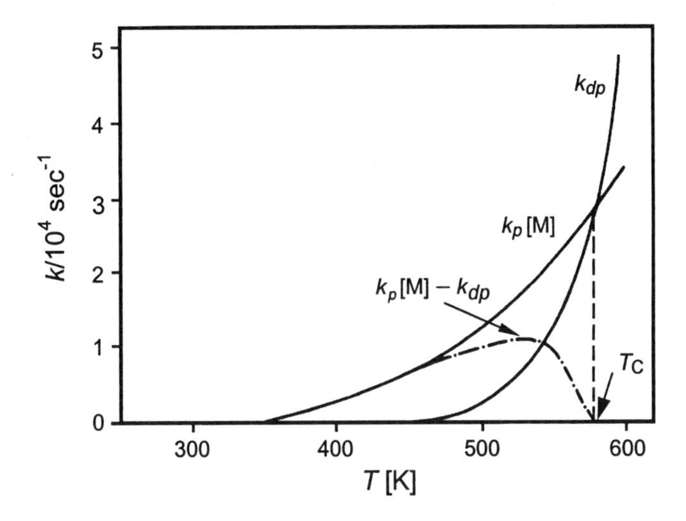

Abb. 15. Die Temperaturabhängigkeit von k_p[M] und k_{dp} für Styrol [8].

2.2.1.15 Polymerisation in heterogener Phase

Die radikalische Polymerisation lässt sich in homogener und heterogener Phase durchführen. Reaktionen in **homogener Phase** sind

(a) die Substanzpolymerisation (fest, flüssig) und

(b) die Lösungspolymerisation.

Reaktionen in **heterogener Phase** sind

(a) die Suspensionspolymerisation und

(b) die Emulsionspolymerisation.

Die Suspensions- und Emulsionspolymerisation weisen folgende Charakteristika auf:

Suspensionspolymerisation
Polymerisation wird durchgeführt in
- wässriger Monomersuspension
- Schutzkolloide nötig (z. B. PVA, $BaSO_4$)
- Teilchengröße 0,01–0,5 cm
- Initiator löslich in Monomertropfen
- Polymerisation erfolgt in den Monomertropfen

Emulsionspolymerisation
Polymerisation wird durchgeführt in
- wässriger Emulsion
- Emulgator nötig (Tensid)
- 0,05–5 µm
- Initiator wasserlöslich
- Polymerisation erfolgt in den Micellen

Vorteile gegenüber der homogenen Reaktion sind:

(a) keine Hitzeentwicklung,

(b) keine Viskositätserhöhung,

(c) kein organisches Lösungsmittel nötig.

2.2.1.16 Emulsionspolymerisation

- Die Emulsionspolymerisation ist ein wichtiger technischer Prozess zur Herstellung von Polyacrylaten, Polyvinylchlorid und Polyvinylacetat.

- Bei der Polymerisation sind zugegen: Monomer, Emulgator, Wasser, wasserlöslicher Initiator.

- Initiator: $S_2O_8^{2-} + Fe^{2+} \rightarrow Fe^{3+} + SO_4^{2-} + SO_4^{\bullet-}$

- Emulgatoren: Quartäre Ammoniumverbindungen, Kaliumlaurat.

Der Emulgator bildet Micellen, die einen Durchmesser von 4 nm besitzen und aus 50–100 Tensidmolekülen bestehen. Die Micellen sind in der Lage, Monomer einzuschließen, wobei der Durchmesser um circa 1 nm zunimmt.

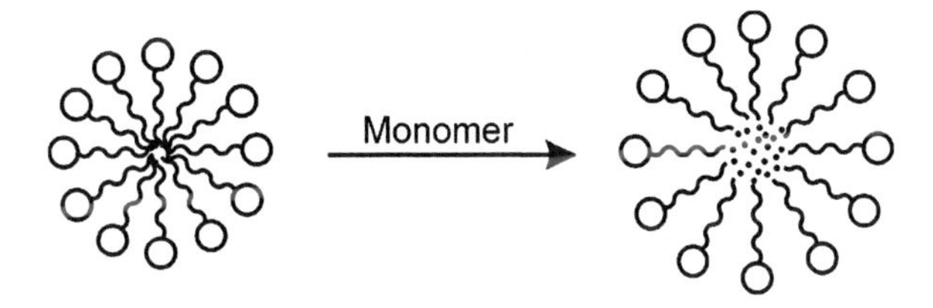

Überschüssiges Monomer ist in Form kleiner Tropfen (Durchmesser ca. 1 μm) in der Emulsion vorhanden. Die ungefähren Größenverhältnisse der Micellen und Monomertropfen zeigt Abb. 16.

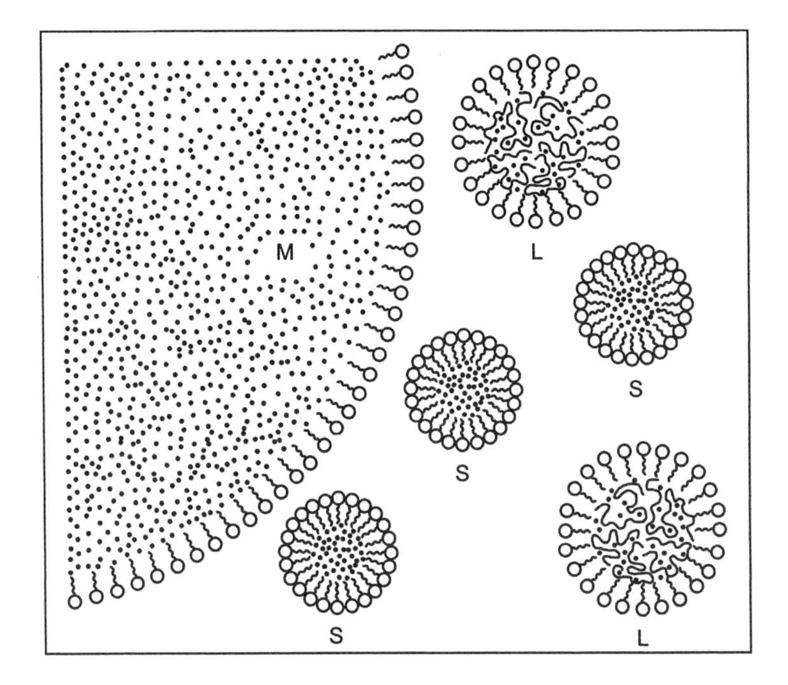

Abb. 16. Schemadarstellung der verschiedenen Partikel bei der Emulsionspolymerisation (S = monomerhaltige Seifenmicelle, L = Latexpartikel, M = Monomertropfen, • = Monomermolekül, O~ Seifenmolekül) [9].

Bei der Polymerisation dringen die Radikale in Micellen und Monomertröpfchen ein und lösen die Polymerisation aus. Da 10^{21} Micellen pro dm^3, aber nur 10^{13}–10^{14} Monomertropfen pro dm^3 in der Emulsion vorhanden sind, findet die Polymerisation fast ausschließlich in den Micellen statt. „Verbrauchtes" (das heißt polymerisiertes) Monomer wird aus den Monomertropfen ergänzt, sodass bei ca. 50–80 % Umsatz alle Monomertropfen verschwunden sind. Das Polymer wird durch den Emulgator stabilisiert; die Polymerpartikel werden **Latexpartikel** genannt. Während der Polymerisation treten drei charakteristische Bereiche unterschiedlicher Reaktionsgeschwindigkeit auf (Abb. 17):

I: Polymerisation des in den Micellen vorhandenen Monomers,

II: Polymerisation des nachgelieferten Monomers in den Micellen,

III: Polymerisation des restlichen Monomers in den Micellen.

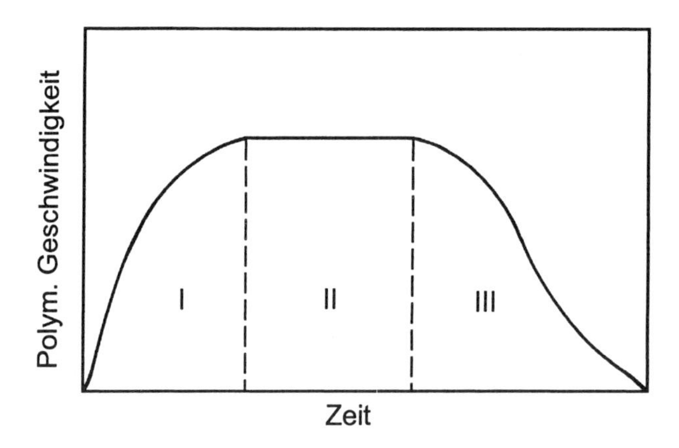

Abb. 17. Schematische Darstellung der zeitlichen Änderung der Reaktionsgeschwindigkeit bei der Emulsionspolymerisation.

2.2.1.17 Kinetik der Emulsionspolymerisation

Für die Wachstumsrate gilt

$$-\frac{d[M]}{dt} = k_p [M] \sum [M_i^\bullet],$$

wobei die Konzentration der wachsenden Kettenenden $[M_i^\bullet]$ durch die Zahl der Micellen bestimmt wird. Nimmt man an, dass jede Micelle nur ein Radikal enthält, so stirbt dieses ab, wenn ein zweites Radikal in die Micelle eintritt. Erst das dritte Radikal startet eine neue Kette. Folglich findet nur in der Hälfte aller Micellen eine Polymerisation statt, sodass $\sum[\mathrm{M}_i^\bullet] = \frac{N}{2}$ ist, wobei N die Gesamtzahl der Micellen pro Einheitsvolumen darstellt. Daraus folgt für die Wachstumsrate

$$-\frac{\mathrm{d}[\mathrm{M}]}{\mathrm{d}t} = k_p[\mathrm{M}]\frac{N}{2},$$

für die kinetische Kettenlänge $\overline{\nu} = \frac{\text{Wachstumsrate}}{\text{Initiierungsrate}}$,

$$\overline{\nu} = \frac{-\mathrm{d}[\mathrm{M}]/\mathrm{d}t}{\mathrm{d}[\mathrm{R}^\bullet]/\mathrm{d}t} = k_p \frac{[\mathrm{M}]N}{4\,k_i[I]}$$

und für den Polymerisationsgrad (bei Abbruch durch Radikaladdition)

$$\overline{X}_n = k_p \frac{[\mathrm{M}]N}{4\,k_i[I]}.$$

Diese Gleichung besagt, dass $\overline{X}_n$ und die hohe Geschwindigkeit unter anderem durch die Emulgatorkonzentration bestimmt werden. Ein hoher Polymerisationsgrad sowie eine hohe Wachstumsgeschwindigkeit lassen sich ohne Temperaturänderung allein durch N steuern. Den Einfluss von N auf die Geschwindigkeit der Isoprenpolymerisation zeigt Abb. 18.

Da die Emulsionspolymerisation in der Regel hohe Molekulargewichte liefert, wird ein Kettenüberträger zur Erniedrigung zugesetzt, zum Beispiel Dodecylmercaptan. Es gilt

$$\log\frac{[\mathrm{RSH}]_t}{[\mathrm{RSH}]_0} = C_s \log\frac{[\mathrm{M}]_t}{[\mathrm{M}]_0}$$

mit der Kettenübertragungskonstanten C_s, das heißt, $[\mathrm{M}]_t$ lässt sich durch [RSH] steuern.

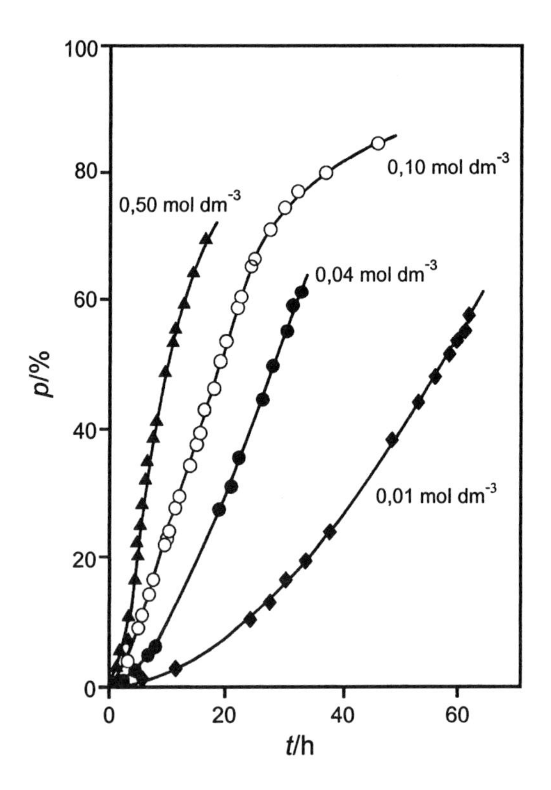

Abb. 18. Einfluss der Emulgatorkonzentration (Kaliumlaurat) auf die Emulsionspolymerisation von Isopren bei 323 K. Der Umsatz p ist als Funktion der Zeit t für vier Emulgatorkonzentrationen aufgetragen [10].

2.2.1.18 Netzwerke durch radikalische Polymerisation

Zu den durch radikalische Polymerisation hergestellten **Netzwerken** gehören insbesondere die Styrol-Divinylbenzol-Harze und die Bismaleinimidharze.

(a) **Styrol-Divinylbenzol-Harze** werden hergestellt nach

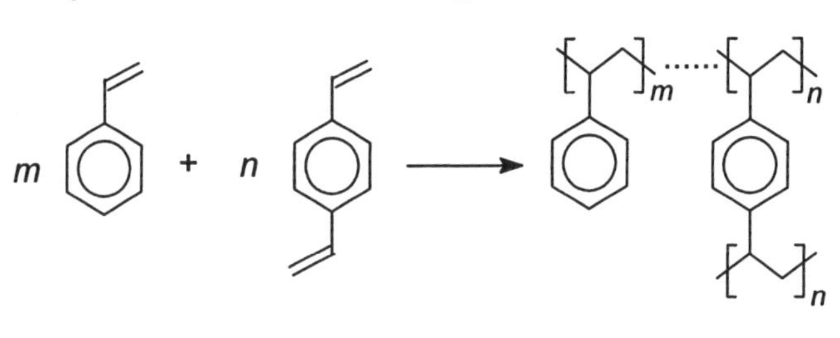

Durch Reaktion der Netzwerke mit Schwefelsäure oder CH_2O/HCl und NR_3 werden Kationen- und Anionenaustauscherharze erzeugt (Abschnitt 2.5.2.2).

(b) **Bismaleinimidharze** werden im einfachsten Falle aus Bismaleinimidodiphenylmethan (BMI) durch radikalische Vernetzung mit Benzoylperoxid hergestellt:

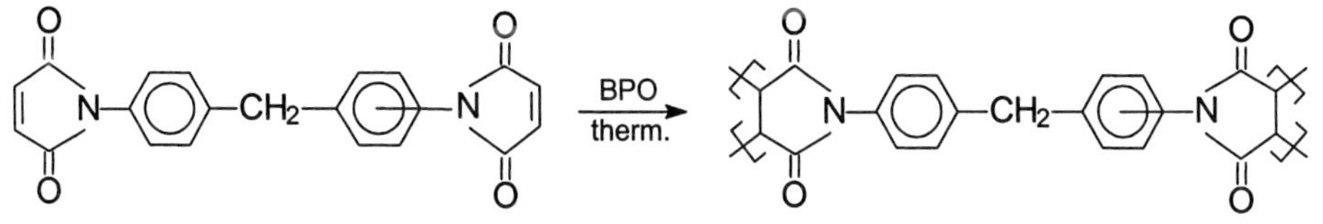

BPO, therm.

Es werden sehr spröde Netzwerke erhalten. Wesentlich flexiblere Netzwerke werden erhalten, wenn Monomergemische eingesetzt werden, wie zum Beispiel bei **Kerimid**:

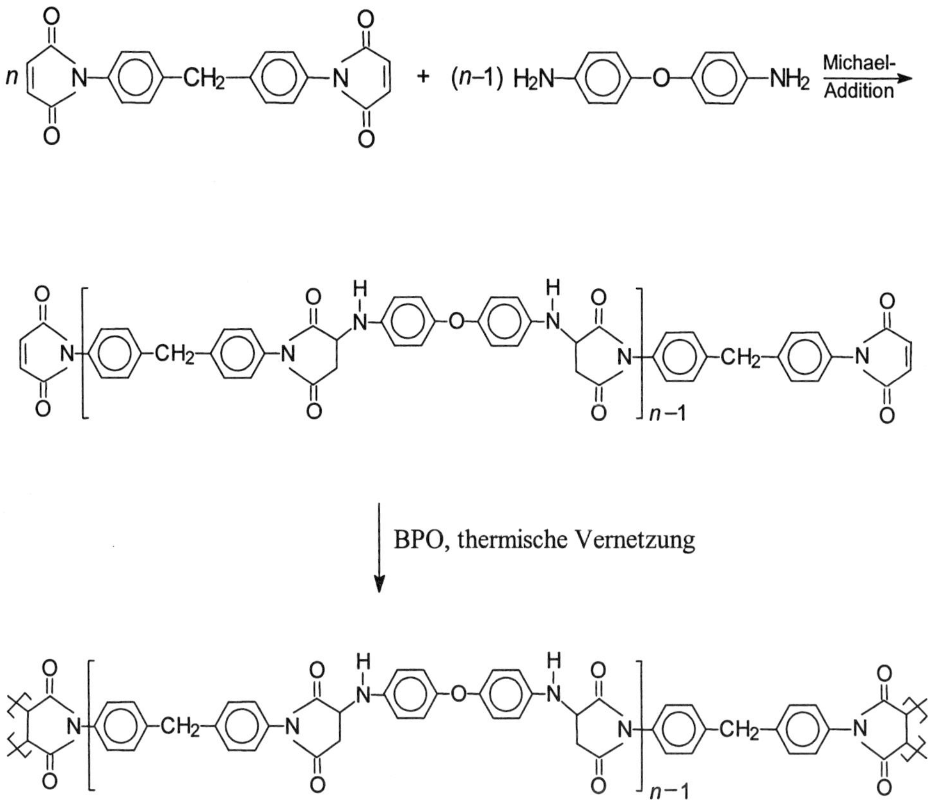

n BMI + (n–1) H_2N–C_6H_4–O–C_6H_4–NH_2 → Michael-Addition

BPO, thermische Vernetzung

Die vernetzten Polymere zeichnen sich durch hohe thermische und mechanische Beständigkeit aus (Dauergebrauchstemperaturen: 200 °C) und finden in der Luft- und Raumfahrtindustrie sowie der Elektronikindustrie Verwendung (high performance thermosetting resins).

Die Verwendung erfolgt nahezu ausschließlich in Verbindung mit Glas-/Kohlefasermatten in Verbundwerkstoffen. Die Verarbeitung ist schematisch in Abb. 19 dargestellt.

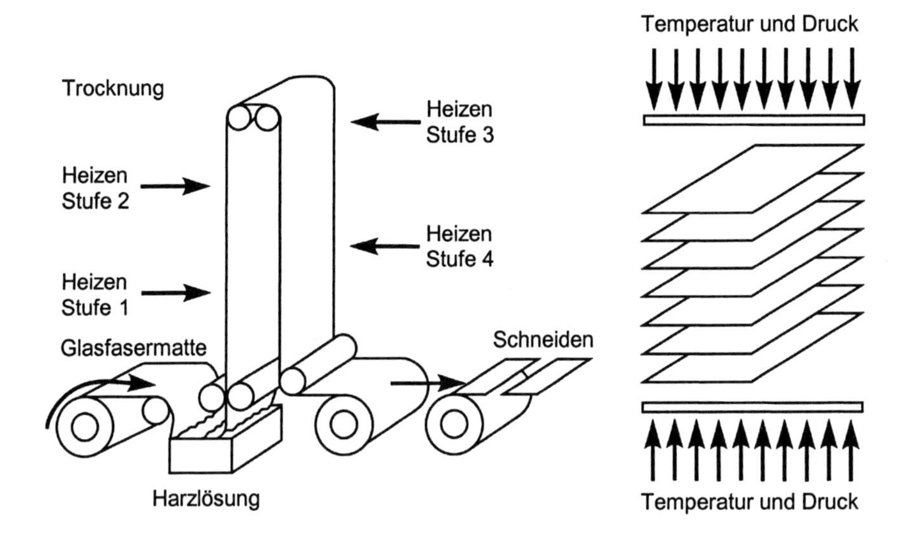

Abb. 19. Herstellung von Prepregs und Laminaten für Verbundwerkstoffe. Links: Glasfasergewebe wird mit Harz imprägniert, getrocknet und geschnitten (→ Prepreg). Rechts: Prepregs werden bei Hitze und Druck unter Vernetzung zu Laminaten verarbeitet [11].

Zunächst werden die Glasfasermatten mit der Monomermischung (zumeist in NMP gelöst) getränkt. Nach dem Trocknen und Schneiden werden sogenannte Prepregs erhalten, die nun in Formen unter hohem Druck und bei hoher Temperatur (ca. 200 bar, 300 °C) zu Laminaten gepresst werden. Bei diesem Prozess findet die radikalische Vernetzung statt.

Neben den reinen Bismaleinimiden werden auch Diels-Alder-Addukte der BMI's eingesetzt, wie zum Beispiel das Addukt mit Cyclopentadien, ein Norbornenderivat („Nadicimid"):

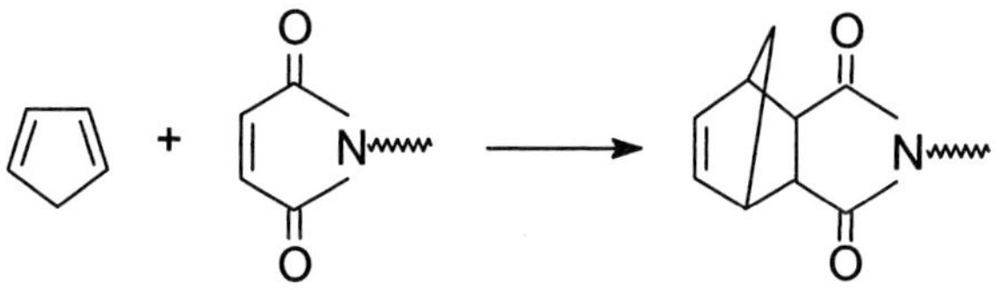

Bei der Verarbeitung unter hohem Druck und hoher Temperatur tritt eine Retro-Diels-Alder-Reaktion ein, an die sich die radikalische Vernetzung anschließt:

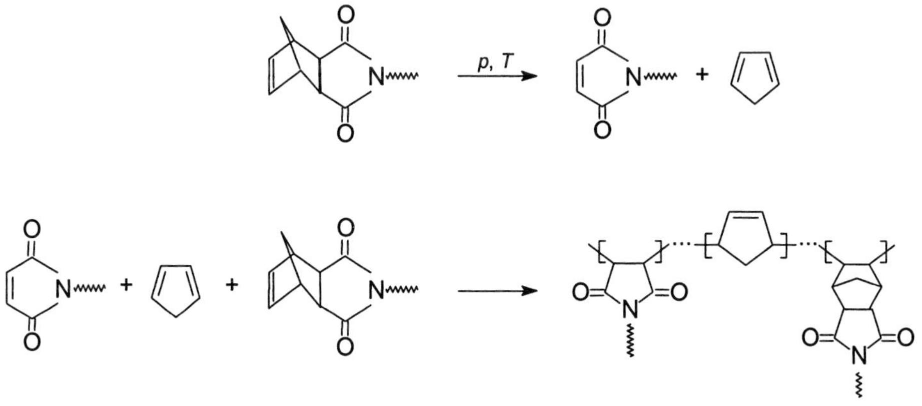

p, T

Ein Beispiel ist das **PMR-15-Harz**, das aus den Monomeren 4,4'-Diaminodiphenylmethan, Benzophenontetracarbonsäure–Dimethylester (BTDE) und Norbornendicarbonsäure–Monomethylester (NE) durch thermische Härtung hergestellt wird:

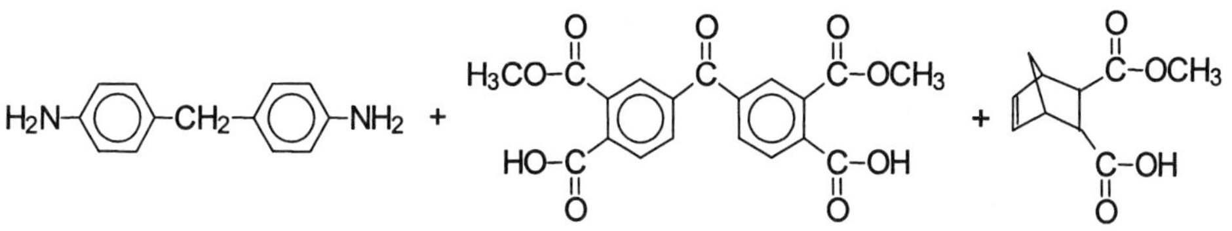

$H_2N-C_6H_4-CH_2-C_6H_4-NH_2$ + BTDE + NE

4,4'-Diaminodiphenylmethan BTDE NE

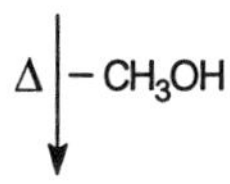

Δ | $-CH_3OH$

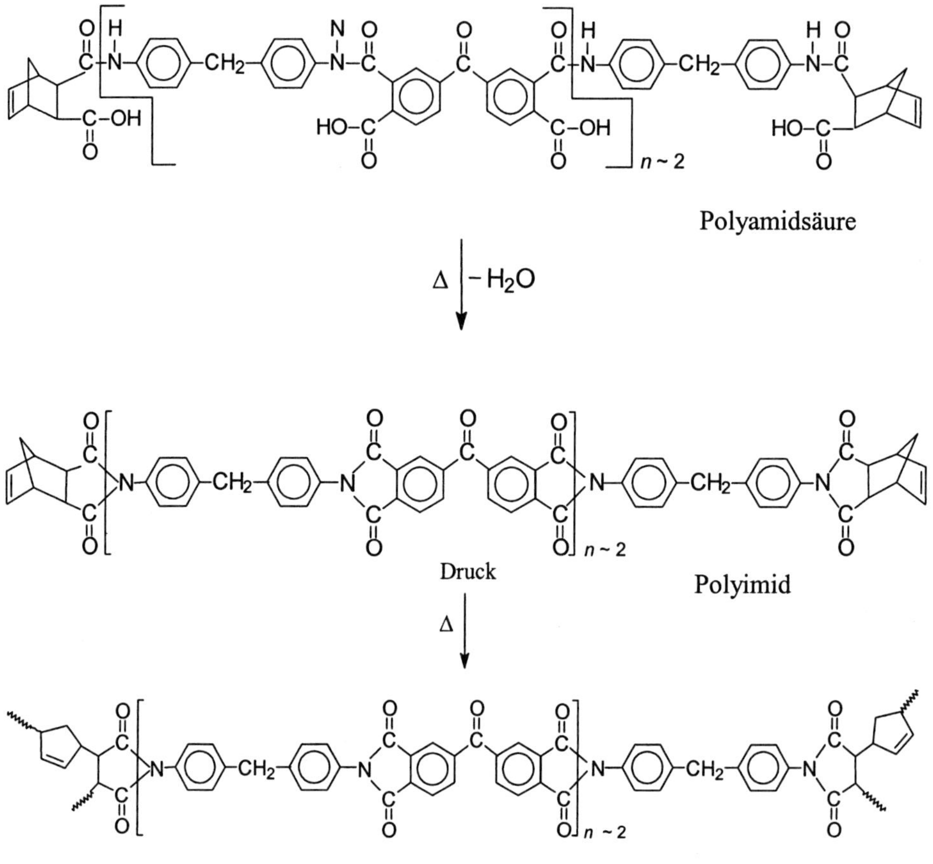

Polyamidsäure

Δ $-H_2O$

Polyimid

Druck Δ

vernetztes Polyimid

2.2.1.19 Technisch genutzte radikalische Polymerisationen

Zu den durch radikalische Polymerisation hergestellten technischen Kunststoffen gehören Polystyrol, Polyethylen (LDPE = low density polyethylene), Polyvinylchlorid, Polyvinylacetat, Polymethylmethacrylat, Polyvinylidenfluorid und Polytetrafluorethylen sowie vernetzte Vinylpolymere.

Polystyrol ist als Standardpolystyrol (PS) und expandierbares Polystyrol (EPS) im Handel. PS wurde 1930 von der BASF kommerzialisiert. Die Polymerisation erfolgt entweder in hochkonzentrierter Lösung von Styrol in 5–25% Ethylbenzol unter thermischer Initiierung oder in Suspension als sogenannte Perlpolymerisation durch Peroxid-Initiierung in Gegenwart von Polyvinylalkohol, Pektinen oder Methylcellulose als

Schutzkolloid. In beiden Fällen wird ein Granulat gewonnen, das nach dem Aufschmelzen weiterverarbeitet wird ($\overline{M}_w$ = 10.000–40.000 g/mol, Polydispersität 1,8 bis 2,5).

EPS wurde 1954 von der BASF eingeführt. Beim EPS erfolgt die Suspensionspolymerisation in Gegenwart von Treibmitteln (z. B. n-Pentan/i-Pentan im Verhältnis 3:1, Massenanteil 5–7 %). Beim späteren Erwärmen der Polymerkugeln über den Siedepunkt des Pentans blähen sich die Kugeln auf und es entsteht Polystyrol sehr niedriger Dichte (Styropor).

Polyethylen (Hochdruckpolyethylen, LDPE) wurde 1939 durch ICI kommerzialisiert. Die Herstellung erfolgt durch radikalische Polymerisation in Substanz bei 1400–3500 bar und 130–330 °C. Die Initiierung erfolgt durch Sauerstoff oder organische Peroxide. Charakteristisch für LDPE sind kurzkettige Verzweigungen (Butyl- und Ethylreste), die durch Kettenübertragung an der wachsenden Polymerkette entstehen:

$$R{-}CH_2{-}CH_2{-}CH(H){-}CH_2{-}CH_2{-}CH_2{-}\dot{C}H_2 \longrightarrow R{-}CH_2{-}CH_2{-}\dot{C}H{-}CH_2{-}CH_2{-}CH_2{-}CH_3$$

$\downarrow$ $CH_2{=}CH_2$

Kette mit Butylrest

$$R{-}CH_2{-}CH_2{-}\dot{C}H{-}CH_2{-}CH_2{-}CH_2{-}CH_3 \xrightarrow{CH_2=CH_2} R{-}CH_2{-}CH_2{-}CH(CH_2{-}\dot{C}H_2){-}CH_2{-}CH(H){-}CH_2{-}CH_2{-}CH_3$$

$\downarrow$

$$\text{Kette mit zwei nachbarständigen Ethylresten} \xleftarrow{CH_2=CH_2} R{-}CH_2{-}CH_2{-}CH(CH_2{-}CH_3){-}CH_2{-}\dot{C}H{-}CH_2{-}CH_2{-}CH_3$$

Polyvinylchlorid (PVC) wurde 1931 durch die IG-Farben kommerzialisiert. Die Polymerisation erfolgt radikalisch nach dem

- Suspensionsverfahren (70 %)
- Emulsionsverfahren (15 %)
- Masseverfahren (10 %).

Alle Verfahren liefern ataktische Polymere mit kurzen syndiotaktischen Sequenzen. Die syndiotaktischen Anteile rufen 3–10 % Kristallinität hervor. Die Polymerisation wird in der Regel bei 75 % Umsatz abgebrochen. Das Restmonomer wird abdestilliert oder ausgewaschen.

Das Monomer besitzt eine hohe Neigung zur Kettenübertragung:

$$\sim\sim -CH_2-\dot{C}HCl + CH_2{=}CHCl \longrightarrow -CH_2-CHCl_2 + CH_2{=}\dot{C}H$$

Daher wird bei relativ niedriger Temperatur polymerisiert. Die Suspensionspolymerisation liefert zunächst Primärteilchen mit 0,5–1 μm Durchmesser, die zu Partikeln von 10–200 μm Größe aggregieren. $\overline{M}_w$ liegt bei 30.000–130.000 g/mol, die Polydispersität bei 2.

PVC ist hauptsächlich im Handel als

(a) **Hart-PVC**, das einen Schmelzpunkt von 150–200 °C besitzt. Selbst oberhalb T_m ist das Polymer noch außerordentlich fest. Erst bei 220 °C wird das Material verarbeitbar, weil die Primärpartikel beginnen, aneinander abzugleiten. Die Verarbeitung erfolgt unter Zusatz von Gleitmitteln (z. B. 0,5 % Irgawax®). Da bei der hohen Verarbeitungstemperatur Dehydrochlorierung auftreten kann, muss das Polymer stabilisiert werden (z. B. mit Irgastab®, einer Butylzinn-Schwefel-Verbindung).

(b) **Weich-PVC**, das nach Zusatz von bis zu 50 % Weichmacher (z. B. Diisooctylphthalat) bei 160–200° C verarbeitet wird. Die poröse Kornstruktur des PVC erlaubt problemlos die Aufnahme großer Mengen an Weichmacher, wobei sogenannte PVC-Pasten entstehen.

Hart- und Weich-PVC werden für Folien, Bodenbeläge, Kabelummantelungen und Spritzgussteile verwendet.

(c) **PVC mit leichter Verarbeitbarkeit**, das ein statistisches Copolymer mit 2–20 % Vinylacetat darstellt. Es ist besser fließfähig und daher schneller zu verarbeiten. Es wird für Bodenbeläge und Lacke verwendet.

(d) **PVC mit erhöhter Wärmeformbeständigkeit**, ein nachchloriertes PVC mit 65 % Cl-Gehalt gegenüber sonst 57 %. Es wird für Heißwasserrohre und Lebensmittelverpackungen verwendet.

(e) **PVC mit besserer Schlagzähigkeit**, das durch Zumischung von Polymeren mit niedriger Glastemperatur erhalten wird, zum Beispiel von chloriertem Polyethylen und Vinylchlorid-Vinylacetat-Copolymeren.

Polymethylmethacrylat (PMMA) wird durch radikalische Polymerisation von Methylmethacrylat zumeist in Substanz hergestellt. Zur Herstellung von Formteilen wird zunächst in einer Vorpolymerisation bis zum Umsatz von 10–30 % ein „Sirup" hergestellt, der in Formen gegossen und dort auspolymerisiert wird. Wegen der relativ großen Schrumpfung von 20 % bei der Polymerisation wird langsam, das heißt bei niedrigen Temperaturen, polymerisiert. $\overline{M}_w$ beträgt 50.000–1.500.000 g/mol; die Polydispersität liegt bei 1,5 bis 2,0. Das Polymer ist glasklar (Plexiglas).

Polytetrafluorethylen (PTFE) wurde 1940 von DuPont kommerzialisiert. Es wird durch Emulsions- oder Suspensionspolymerisation in wässrigem Medium hergestellt. Als Initiator dient ein Ammoniumpersulfat-$NaHSO_3$-Cu^{2+}-Gemisch. Bei der Emulsionspolymerisation werden die PTFE-Teilchen durch Perfluorooctansäure in der Schwebe gehalten. Es werden bläuliche Dispersionen mit Partikeln von 0,1–0,3 μm Durchmesser und einem Feststoffgehalt von 20–40 % hergestellt. Bei der Suspensionspolymerisation werden 2–4 mm große Partikel erhalten (M_w = 500.000 bis 9 Millionen).

Die Verarbeitung erfolgt durch eine Press-Sintertechnik oder direkt durch Beschichtung mit der wässrigen Emulsion, da das Material selbst oberhalb des Schmelzpunktes von 320–345 °C noch extrem hochviskos ist. Der Kristallinitätsgrad beträgt 50–70 %.

2.2.2 Kationische Polymerisation

Kationische Polymerisationen sind **Kettenreaktionen**. Die Polymerisation erfolgt in den drei Schritten Initiierung, Wachstum und Abbruch. Die Reaktion kann als **kationische Vinylpolymerisation** oder **kationische ringöffnende** Polymerisation erfolgen.

2.2.2.1 Kationische Vinylpolymerisation

(a) Initiierung

Initiierung kann erfolgen durch

- Protonensäuren (Brønsted-Säuren), wie zum Beispiel $HClO_4$ oder CCl_3COOH analog

$$HX + CH_2{=}CHR \longrightarrow CH_3{-}\overset{+}{C}HR(X^-).$$

- Lewis-Säuren (Metallhalide), wie zum Beispiel $AlCl_3$, BF_3, $FeCl_3$, $SnBr_4$. In einigen Fällen sind Cokatalysatoren nötig (z. B. H_2O, ROH, RX, ROR). Beispiele:

$$BF_3 + H_2O \longrightarrow H^+[BF_3OH]^-$$

$$BF_3 + (C_2H_5)_2O \longrightarrow C_2H_5^+[BF_3OC_2H_5]^-$$

$$R_2AlCl + C_2H_5Cl \longrightarrow C_2H_5^+[R_2AlCl_2]^-,$$

während $AlCl_3$ und $RAlCl_2$ kationische Starter bilden nach

$$2\ AlCl_3 \longrightarrow AlCl_2^+ + AlCl_4^- \quad \text{bzw.} \quad 2\ RAlCl_2 \longrightarrow RAlCl^+ + RAlCl_3^-$$

Die eigentliche Initiierung erfolgt zum Beispiel nach

$$H^+[BF_3OH]^- + CH_2{=}CHR \longrightarrow CH_3{-}\overset{+}{C}HR\,[BF_3OH]^-$$

- Carbeniumsalze und „Onium"salze, wie zum Beispiel

$$\phi_3C^+Cl^-, R_3S^+X^-, ArN_2^+X^- \qquad (\phi = \text{Phenyl})$$

Die eigentliche Initiierung erfolgt nach

$$\phi_3\,C^+\,Cl^- + CH_2{=}CHR \longrightarrow \phi_3\,C{-}CH_2{-}\overset{+}{C}HR\,(Cl^-)$$

(b) Wachstum

Kettenwachstum erfolgt nach

$$\sim\!\sim CH_2-\overset{+}{C}HR\,(X^-) + CH_2{=}CHR \longrightarrow \sim\!\sim CH_2-CHR-CH_2-\overset{+}{C}HR\,(X^-)$$

Reaktionsgeschwindigkeit und -mechanismus hängen von der Polarität des Lösungsmittels und der Natur des Gegenions ab. In polaren Lösungsmitteln liegt der Initiator in dissoziierter Form als freie Ionen, in unpolaren Lösungsmitteln undissoziiert, das heißt kovalent vor:

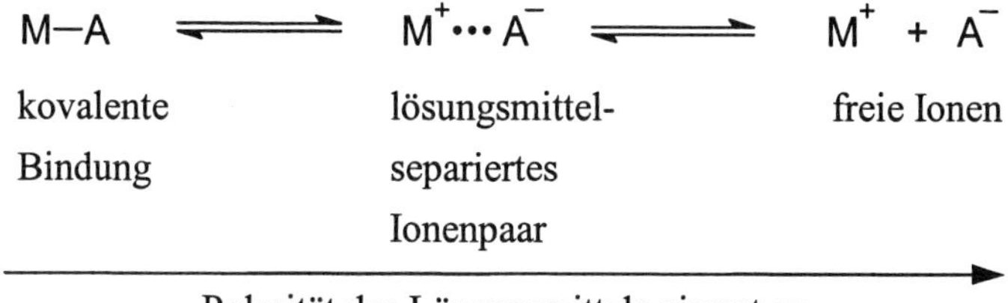

Mit der Polarität des Lösungsmittels nimmt auch die Reaktionsgeschwindigkeit zu (Tab. 8).

Tab. 8. Geschwindigkeitskonstante k_p der Wachstumsreaktion bei der kationischen Polymerisation von Styrol mit $HClO_4$ in Lösungsmitteln mit verschiedenen ε-Werten.

Lösungsmittel	Dielektrische Konstante ε	k_p (Styrol/$HClO_4$)
CCl_4	2,3	0,0012 l/mol sec
$ClCH_2CH_2Cl$	9,7	17,0 l/mol sec

Generell erfolgt bei der kationischen Polymerisation die Monomeraddition langsamer als bei der radikalischen. Es sind aber mehr wachsende Ketten zugegen (kationisch: 10^{-3} bis 10^{-4} mol/l; radikalisch: 10^{-8} mol/l), sodass die Reaktion insgesamt schneller erfolgt.

(c) Abbruch

Kettenabbruch kann erfolgen durch

- spontane Zersetzung des Carbeniumions:

$$\sim\sim CH_2-\overset{+}{C}HR\,(X^-) \longrightarrow \sim\sim CH=CHR + H^+\,(X^-)$$

oder

$$\sim\sim CH_2-\overset{+}{C}HR\,[BF_3OH]^- \longrightarrow \sim\sim CH_2-\underset{}{\overset{OH}{\overset{|}{C}}}HR + BF_3$$

oder

$$\sim\sim CH_2-\overset{+}{C}HR\,[Cl_3C-COO]^- \longrightarrow \sim\sim CH_2-CHR(-O-C(=O)-CCl_3)$$

- Kettenübertragungsreaktionen:

$$\sim\sim CH_2-\overset{+}{C}HR(X^-) + CH_2=CHR \longrightarrow \sim\sim CH=CHR + CH_3-\overset{+}{C}HR(X^-)$$

oder

$$\sim\sim CH_2-\overset{+}{C}HR[AlCl_4]^- + CH_3Cl \longrightarrow \sim\sim CH_2-CHClR + CH_3^+[AlCl_4]^-$$

oder

$$\sim\sim CH_2-\overset{+}{C}HR + \sim\sim CH_2-CHR-CH_2\sim\sim \longrightarrow$$

$$\longrightarrow \sim\sim CH_2-CH_2R + \sim\sim CH_2-\overset{+}{C}R-CH_2\sim\sim$$

(Hydridübertragung)

(d) Monomere

Die Bereitschaft zur Polymerisation hängt ab von der

- Nucleophilie der C=C-Bindung (d. h. der Fähigkeit, R_3C^+ oder H^+ anzulagern) und der
- Stabilität des gebildeten Carbeniumions.

Beides wird durch die Gegenwart von Substituenten mit +I/+M-Effekten begünstigt. Zur kationischen Polymerisation sind daher in abnehmender Reihenfolge geeignet:

$$CH_2{=}C(H)(OR) > CH_2{=}C(CH_3)(CH_3) > CH_2{=}C(CH_3)(CH{=}CH_2) > CH_2{=}C(CH_3)(C_6H_5) >$$

$$> CH_2{=}C(H)(CH{=}CH_2) > CH_2{=}C(H)(C_6H_5) > CH_2{=}C(H)(CH_3)$$

2.2.2.2 Kationische ringöffnende Polymerisation

Als Beispiele seien die H^+-katalysierte Polymerisation von Trioxan und Tetrahydrofuran beschrieben.

(a) Trioxan-Polymerisation

$$H^+ + \text{Trioxan} \longrightarrow H\overset{+}{O}\text{(Trioxan)} \rightleftharpoons HOCH_2{-}OCH_2{-}O\overset{+}{C}H_2 \qquad \text{Start}$$

$$HOCH_2{-}OCH_2{-}O\overset{+}{C}H_2 + \text{Trioxan} \longrightarrow HOCH_2{-}OCH_2{-}OCH_2{-}\overset{+}{O}\text{(Trioxan)}$$

Wachstum

(b) Tetrahydrofuran-Polymerisation

$$H^+ + \text{THF} \longrightarrow H\overset{+}{O}\text{(THF)} \qquad \text{Start}$$

usw. Wachstum

Der Startschritt ist beim Tetrahydrofuran stark behindert. Daher setzt man **Beschleuniger** wie zum Beispiel Ethylenoxid zu, die leichter Oxoniumionen bilden:

$$CH_2{-}CH_2 \text{ (Ethylenoxid)} \xrightarrow{H^+} CH_2{-}CH_2 \text{ (}O^+H\text{)} \xrightarrow{\text{THF}} HOCH_2{-}CH_2{-}O^+\text{(THF-Ring)}$$

Start

Abbruch erfolgt in der Regel nur durch Kettenübertragung, zum Beispiel durch Reaktion des Carbeniumions mit Wasser:

$$\sim CH_2O\overset{+}{C}H_2 + HOH \longrightarrow \sim CH_2OCH_2OH + H^+$$

Beim Poly(oxymethylen) können die Ketten depolymerisieren:

$$P_n\sim CH_2OCH_2OH \longrightarrow P_n\sim CH_2OH + CH_2O \text{ etc.}$$

Um dies zu vermeiden, werden die OH-Endgruppen blockiert:

$$\sim CH_2OCH_2OH + (CH_3CO)_2O \longrightarrow$$

$$\longrightarrow \sim CH_2OCH_2{-}OC(=O)CH_3 + CH_3COOH$$

2.2.2.3 Kinetik

Die kationische Polymerisation verläuft oft sehr schnell und heterogen. Dies erschwert eine genaue Beschreibung.

(a) Initiierung

Die Initiierungsreaktion besteht aus der Ionenpaarbildung des Initiators analog

$$HX \rightleftharpoons H^+X^-$$

und der Addition des Ionenpaares an das Monomer gemäß

$$H^+X^- + M \xrightarrow{k_i} M^+X^-$$

die in der Regel geschwindigkeitsbestimmend ist. Für die Initiierungsrate gilt

$$\frac{d[M^+]}{dt} = k_i[HX][M]$$ mit der Initiatorkonzentration [HX].

(b) Wachstum

Die Wachstumsreaktion ist

$$M_i^+ X^- + M \xrightarrow{k_p} M_{i+1}^+ X^-$$

Für die Wachstumsrate gilt

$$-\frac{d[M]}{dt} = k_p[M]\sum[M_i^+]$$ mit der Konzentration aller aktiver Zentren $\sum[M_i^+]$

(c) Abbruch

Abbruch kann durch spontanen Zerfall erfolgen analog

$$M_iH^+X^- \xrightarrow{k_t} M_i + H^+X^-$$

Für die Abbruchrate gilt in diesem Fall

$$-\frac{d[M_i^+]}{dt} = k_t\sum[M_i^+]$$

Ist die Reaktion nicht zu schnell, so entsteht ein stationärer Zustand, bei dem Initiierungs- und Abbruchrate gleich sind:

$$\frac{d[M^+]}{dt} = -\frac{d[M_i^+]}{dt},$$

$$k_t \sum[\mathrm{M}_i^+] = k_i[\mathrm{HX}][\mathrm{M}].$$

Für die Wachstumsrate folgt

$$-\frac{\mathrm{d}[\mathrm{M}]}{\mathrm{d}t} = \frac{k_i\, k_p}{k_t}[\mathrm{HX}][\mathrm{M}]^2,$$

das heißt, die Reaktion ist **2. Ordnung** bezüglich der Monomerkonzentration in Abweichung von der radikalischen Additionspolymerisation.

Abbruch kann auch durch Kettenübertragung erfolgen. Bei analoger Formulierung folgt für die Wachstumsrate

$$-\frac{\mathrm{d}[\mathrm{M}]}{\mathrm{d}t} = \frac{k_i\, k_p}{k_{tr}}[\mathrm{HX}][\mathrm{M}],$$

wobei k_{tr} die Übertragungskonstante ist.

2.2.2.4 Polymerisationsgrad

Da die Rekombination bei der kationischen Polymerisation nicht möglich ist, ist der Polymerisationsgrad $\overline{X}_n$ immer gleich der kinetischen Kettenlänge $\overline{\nu}$. $\overline{X}_n$ ist dann einfach der Quotient aus Wachstumsrate und Abbruchrate (bei Gültigkeit des stationären Zustands)

$$\overline{X}_n = \frac{k_p\,[\mathrm{M}] \sum[\mathrm{M}_i^+]}{k_t \sum[\mathrm{M}_i^+]} = \frac{k_p}{k_t}[\mathrm{M}].$$

Erfolgt Abbruch durch Kettenübertragung, so gilt

$$\overline{X}_n = \frac{k_p\,[\mathrm{M}] \sum[\mathrm{M}_i^+]}{k_{tr}\,[\mathrm{M}] \sum[\mathrm{M}_i^+]} = \frac{k_p}{k_t}.$$

In beiden Fällen ist $\overline{X}_n$ unabhängig von der Initiatorkonzentration; bei Kettenübertragung ist $\overline{X}_n$ sogar unabhängig von allen Konzentrationen.

2.2.2.5 Temperatureinflüsse auf die Reaktionsgeschwindigkeit

Die Geschwindigkeitskonstanten der Initiierungs-, Wachstums- und Abbruchreaktion sind von der Temperatur abhängig. Die Temperaturabhängigkeit lässt sich durch Arrhenius-Beziehungen beschreibe

$$\begin{aligned} k_i &= A_i \exp(-E_i/RT), \\ k_p &= A_p \exp(-E_p/RT), \\ k_t &= A_t \exp(-E_t/RT). \end{aligned}$$

Daraus folgt für die Gesamtgeschwindigkeitskonstante k_R bei Abbruch durch spontane Zersetzung

$$k_R = \frac{A_i A_p}{A_t} \exp\left(\frac{E_t - E_t - E_p}{RT}\right)$$

und bei Abbruch durch Kettenübertragung

$$k_{R(tr)} = \frac{A_i A_p}{A_{tr}} \exp\left(\frac{E_{tr} - E_i - E_p}{RT}\right).$$

Da $E_p << E_i$, E_t, E_{tr} ist, kann die Gesamtaktivierungsenergie positiv werden. In diesem Fall nimmt k_R bei zunehmender Temperatur ab.

$\overline{X}_n$ ist wie bei der radikalischen Polymerisation durch die Exponentialterme kontrolliert. Je nach Abbruchmechanismus ist $\overline{X}_n$ abhängig von

$$\exp\left(\frac{(E_t - E_p)}{RT}\right) \text{ bzw. } \exp\left(\frac{(E_{tr} - E_p)}{RT}\right).$$

Da E_t, $E_{tr} >> E_p$ sind, nimmt der Polymerisationsgrad mit zunehmender Reaktionstemperatur ab (wie bei der radikalischen Polymerisation).

2.2.2.6 Technische Anwendung

Die kationische Polymerisation findet nur in vergleichsweise geringem Maße technische Anwendung, zum Beispiel bei der Polymerisation von Isobuten mit $AlCl_3$. Ihre großen

Vorteile liegen in der Steuerbarkeit der Reaktivität über das Lösungsmittel und der guten Stereoregularität der Produkte. Ihre **Nachteile** liegen in der Empfindlichkeit gegenüber Wasserspuren und anderen Verunreinigungen, die die Anwendung von Vakuum und Inertgas nötig machen. Außerdem sind tiefe Temperaturen zum Erhalt hoher Molekulargewichte nötig. All dies verteuert die kationische Polymerisation. Einige Beispiele sind in Tab. 9 aufgelistet.

Tab. 9. Monomere und Initiatoren für die kationische Polymerisation und technische Verwendung der entsprechenden Polymere.

Monomer	Initiator	Verwendung des Polymers
Isobutylen	BF_3/H_2O	Elastomer, Klebstoff
Vinylether	BF_3/H_2O	Klebstoff, Weichmacher
Trioxan	BF_3	Konstruktionswerkstoff
Ethylenimin	Protonsäure	Papierhilfsmittel
THF	Protonsäure	Weichsegment für Polyurethane und Polyether/ester-Elastomere

Poly(oxymethylen)-Copolymere (POM-Copolymere) werden technisch durch kationische Polymerisation von Trioxan mit geringen Anteilen cyclischer Ether oder Acetale hergestellt, wie zum Beispiel mit 2–4 % Ethylenoxid (links), Dioxolan (Mitte) oder Butandiolformal (rechts).

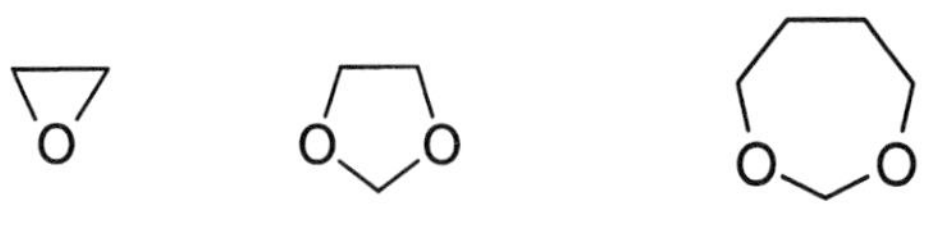

Die Reinheitsanforderungen an die Monomere sind sehr hoch. Die Polymerisation wird mit BF_3 initiiert und erfolgt bei 70–90 °C in Substanz.

Die thermische Nachbehandlung erfolgt unter Zusatz von NH_3 als heterogene Hydrolyse bei 100 °C oder homogene Schmelzhydrolyse bei 170–220 °C:

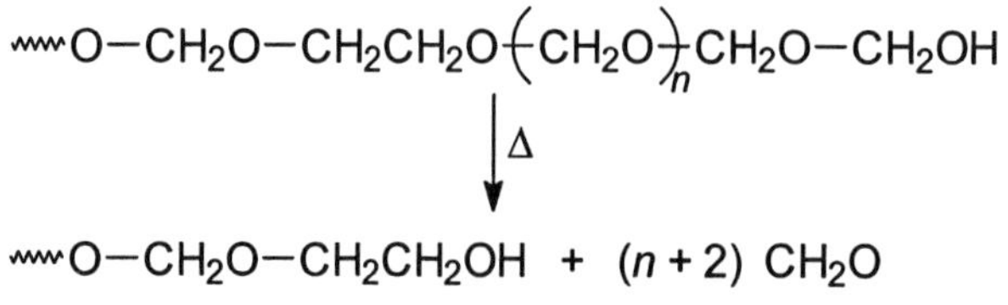

$$\sim\!\sim O-CH_2O-CH_2CH_2O\left(CH_2O\right)_n CH_2O-CH_2OH \xrightarrow{\Delta} \sim\!\sim O-CH_2O-CH_2CH_2OH + (n+2)\ CH_2O$$

Das Polymer besitzt ein Molekulargewicht von 20.000–90.000 g/mol, die Polydispersität ist 2. POM besitzt eine hohe Härte und Wärmeformbeständigkeit sowie gute dielektrische Eigenschaften. Die Kristallinität ist mit 75 % recht hoch; der Schmelzpunkt liegt bei circa 165 °C. POM ist nur in perfluorierten Alkanen und Ketonen löslich. Es ist unbeständig gegenüber Säuren.

2.2.3 Anionische Polymerisation

Anionische Polymerisationen sind Kettenreaktionen. Sie werden durch Basen und Lewis-Basen initiiert, wie zum Beispiel

- Alkalialkyle und -aryle (Fluorenyllithium, Benzyllithium, Butyllithium),
- Alkaliamide (Natrium- und Kaliumamid),
- Alkalialkoxide (Natriummethylat) und
- Grignard-Verbindungen (Ethylmagnesiumbromid).

Als **Monomere** sind insbesondere Vinylverbindungen

$$CH_2{=}CHX$$

geeignet, die elektronenziehende Gruppen in X enthalten (Abschnitt 2.2.3.1). Diese sind in der Lage, das bei der Addition der Base entstehende Carbanion zu stabilisieren. Die Reaktivität der Monomere sinkt daher mit abnehmendem -I/-M-Effekt des Substituenten X ab:

$$-NO_2 > -C(=O)-R > -CN \geq -COOR > -C_6H_5 > -CH{=}CH_2 \gg -CH_3$$

Ferner können cyclische Amide, Ester und Ether (ε-Caprolactam, ε-Caprolacton, Glykolid, Ethylenoxid) und Leuchs-Anhydride wie zum Beispiel Alanin-N-carboxyanhydrid anionisch unter Ringöffnung polymerisiert werden (Abschnitt 2.2.3.3).

2.2.3.1 Anionische Vinylpolymerisation

Die **Initiierung** kann durch Addition einer Base an die C=C-Bindung oder durch Elektronentransfer auf die C=C-Bindung erfolgen.

(a) Basenaddition

Die Base kann je nach Lösungsmittel dissoziiert oder undissoziiert vorliegen:

$$M^+ B^- \rightleftharpoons M^+ \cdots B^- \rightleftharpoons M^+ + B^-$$

undissoziiert (in unpolarem Lösungsmittel) — solvatgetrenntes Ionenpaar — vollständig dissoziierte Ionen (in polarem Lösungsmittel)

Im Initiierungsschritt wird die Base (dissoziiert oder undissoziiert) an ein Monomermolekül addiert:

$$M^+ B^- + CH_2{=}CHX \longrightarrow B{-}CH_2{-}CHX^{(-)} M^+$$

Die benötigte Basizität des Initiators hängt von der Elektronegativität von X ab. Je stärker die elektronenziehende Wirkung von X ist, desto schwächere Basen sind in der Lage, eine Polymerisation zu initiieren.

(b) Elektronentransfer

Als Elektronendonoren dienen starke Reduktionsmittel in dipolar aprotischen Lösungsmitteln, wie zum Beispiel Naphthalin-Natrium in THF:

$$Na + C_{10}H_8 \longrightarrow Na^+ [C_{10}H_8]^{\bullet -}$$

Im Initiierungsschritt erfolgt ein Elektronentransfer vom Naphthalin-Radikalanion $Np^{\bullet -}$ auf das Monomer. Damit ein Elektronentransfer eintritt, muss das Monomer eine hohe Elektronenaffinität besitzen, wie dies zum Beispiel beim Styrol der Fall ist:

$$Na^+ Np^{\bullet -} + CH_2{=}CHX \longrightarrow Np + [{}^{\bullet}CH_2{-}\bar{C}HX]^- Na^+$$

Die Radikalanionen dimerisieren sofort, und es entsteht ein Dianion (Abschnitt 2.2.3.3).

Das **Kettenwachstum** erfolgt bei (a) und (b) durch Monomerinsertion in die Bindung zwischen Carbanion und Metallkation am jeweiligen Kettenende:

$$\sim\!\sim CH_2{-}\underset{\substack{|\\X}}{\bar{C}H}{}^{(-)}M^+ + CH_2{=}\underset{\substack{|\\X}}{CH} \longrightarrow \sim\!\sim CH_2{-}\underset{\substack{|\\X}}{CH}{-}CH_2{-}\underset{\substack{|\\X}}{\bar{C}H}{}^{(-)}M^+$$

Die Reaktionsgeschwindigkeit hängt wie bei der kationischen Polymerisation stark vom Charakter der Bindung zwischen geladenem Kettenende und Gegenion ab. Zusätzlich kann sie von Assoziatbildungen beeinflusst werden.

Kettenübertragung und -abbruch. Wird mit Amiden in polaren Lösungsmitteln polymerisiert (z. B. mit Kaliumamid in flüssigem NH_3), so kann Protonenübertragung auftreten:

$$\sim\!\sim CH_2{-}\underset{\substack{|\\X}}{\bar{C}H}{}^{(-)}K^+ + NH_3 \longrightarrow \sim\!\sim CH_2{-}\underset{\substack{|\\X}}{CH_2} + K^+NH_2^{(-)}$$

Bei der anionischen Polymerisation von Acrylnitril kann das Monomer als Überträger wirken:

$$\sim\!\sim CH_2{-}\underset{\substack{|\\CN}}{\bar{C}H}{}^{(-)}M^+ + CH_2{=}\underset{\substack{|\\CN}}{CH} \xrightarrow[\text{Transfer}]{H^+} \sim\!\sim CH_2{-}\underset{\substack{|\\CN}}{CH_2} + CH_2{-}\underset{\substack{|\\CN}}{\bar{C}}{}^{(-)}M^+$$

Ansonsten erfolgt bei der anionischen Polymerisation in der Regel kein spontaner Abbruch, solange O_2, H_2O und CO_2 sorgsam von der Reaktionslösung ferngehalten werden. Die Kettenenden bleiben reaktiv, bis ein gewollter Abbruch erfolgt. In diesem Falle wird die Polymerisation auch als **lebende anionische Polymerisation** bezeichnet.

Bei gewollten Abbruchreaktionen mit CO_2 oder ROH lassen sich definierte Kettenenden erzeugen:

$$\sim\!\sim CH_2{-}\underset{\substack{|\\X}}{\bar{C}H}{}^{(-)}M^+ + CO_2 \longrightarrow \sim\!\sim CH_2{-}\underset{\substack{|\\X}}{CH}{-}COO^{(-)}M^+$$

$$\sim\!\sim CH_2{-}\underset{\substack{|\\X}}{\bar{C}H}{}^{(-)}M^+ + ROH \longrightarrow \sim\!\sim CH_2{-}\underset{\substack{|\\X}}{CH_2} + RO^{(-)}M^+$$

2.2.3.2 Kinetik der anionischen Polymerisation mit Abbruch durch Kettenübertragung

Zunächst sei die anionische Polymerisation mit Abbruch durch Kettenübertragung am Beispiel der Polymerisation von Styrol mit Kaliumamid in flüssigem NH_3 behandelt. Die Polymerisation erfolgt bei 240 K. Kaliumamid dissoziiert nach

$$\text{K–NH}_2 \rightleftharpoons \text{K}^+ + \text{NH}_2^-$$

Die nachfolgende Amidaddition an das Monomer ist geschwindigkeitsbestimmend und stellt daher den eigentlichen **Initiierungsschritt** dar:

$$\text{NH}_2^- + \text{CH}_2\text{=CH(C}_6\text{H}_5) \xrightarrow{k_i} \text{NH}_2\text{–CH}_2\text{–}\bar{\text{C}}\text{H}^{(-)}\text{(C}_6\text{H}_5)$$

oder allgemein: $\text{I}^- + \text{M} \xrightarrow{k_i} \text{M}^-$. Für die Initiierungsgeschwindigkeit folgt daher

$$\frac{\text{d}[\text{M}^-]}{\text{d}t} = k_i[\text{I}^-][\text{M}].$$

Für die **Wachstumsreaktion** gilt

$$\sim\text{CH}_2\text{–}\bar{\text{C}}\text{H}^{(-)}\text{(C}_6\text{H}_5) + \text{CH}_2\text{=CH(C}_6\text{H}_5) \xrightarrow{k_p} \sim\text{CH}_2\text{–CH(C}_6\text{H}_5)\text{–CH}_2\text{–}\bar{\text{C}}\text{H}^{(-)}\text{(C}_6\text{H}_5)$$

und für die Wachstumsgeschwindigkeit

$$\frac{\text{d}[\text{M}^-]}{\text{d}t} = k_i\,[\text{M}]\sum[\text{M}^-].$$

Abbruch erfolgt durch Protonentransfer von den Lösungsmittelmolekülen auf die wachsende Kette:

$$\sim\text{CH}_2\text{–}\bar{\text{C}}\text{H}^{(-)}\text{(C}_6\text{H}_5) + \text{NH}_3 \xrightarrow{k_{tr}} \sim\text{CH}_2\text{–CH}_2\text{(C}_6\text{H}_5) + \text{NH}_2^-$$

2.2.3.5 Einfluss der Ionensolvatation auf die Kinetik

Die einfache Kinetik – gleichzeitiges Wachstum aller Ketten ohne Abbruch – erlaubt es, den Einfluss der Ionensolvatation auf die Polymerisationsgeschwindigkeit näher zu studieren. In gut solvatisierenden Lösungsmitteln (z. B. Tetrahydrofuran oder Dimethoxyethan) dissoziieren die Initiatoren zum Teil in freie Ionen:

$$\underset{\text{kovalente Bindung}}{\mathrm{R{-}Mt}} \rightleftharpoons \underset{\text{lösungsmittel-getrenntes Ionenpaar}}{\mathrm{R^{-}\cdots Mt^{+}}} \rightleftharpoons \underset{\text{freie Ionen}}{\mathrm{R^{-} + Mt^{+}}}$$

Das Gleiche gilt für die wachsenden Kettenenden. Man kann daher schon intuitiv schlussfolgern, dass ein Kontaktionenpaar am Kettenende mit einer anderen Geschwindigkeit polymerisieren wird als ein freies Ionenpaar. In Tab. 10 sind Werte der Polymerisationsgeschwindigkeitskonstante k_p von Polystyrylanionen bei 298 K in Abhängigkeit vom Lösungsmittel und vom Gegenion aufgelistet.

Tab. 10. Geschwindigkeitskonstante k_p der Wachstumsreaktion für Polystyrylanionen mit verschiedenen Gegenionen in verschieden polaren Lösungsmitteln bei 298 K [13].

Lösungsmittel	*DK**	k_p in $[\mathrm{dm^3\,mol^{-1}\,s^{-1}}]$ für $\mathrm{Mt^+}$ =		
		Li^+	Na^+	Cs^+
Dioxan	2,2	0,9	4,0	25
Tetrahydrofuran	7,4	160,0	80,0	22

* *DK* = Dielektrizitätskonstante

Die Geschwindigkeitskonstante der Wachstumsreaktion k_p ist daher eigentlich ein Mittelwert, der sich aus Geschwindigkeitskonstanten des Ionenpaares $k_{p(+-)}$ und des freien Anions $k_{p(-)}$ zusammensetzt:

$$\begin{array}{ccc} \mathrm{M}_i\mathrm{Na} + \mathrm{M} & \xrightarrow{k_{p(+-)}} & \mathrm{M}_{i+1}\,\mathrm{Na} \\ \Big\updownarrow K_D & & \Big\updownarrow K_D \\ \mathrm{M}_i^- + \mathrm{Na}^+ + \mathrm{M} & \xrightarrow{k_{p(-)}} & \mathrm{M}_{i+1}^- + \mathrm{Na}^+ \end{array}$$

Die Gleichgewichtskonstante K_D der Ionendissoziation ist gegeben durch

$$K_D = \frac{[M_i^-][Na^+]}{[M_i Na]},$$

und mit $[M_i^-] = [Na^+]$ folgt

$$K_D = \frac{[M_i^-]^2}{[M_i Na]}.$$

Für die Wachstumsgeschwindigkeit

$$-\frac{d[M]}{dt} = k_p [M] \sum [M_i^-]$$

folgt somit

$$-\frac{d[M]}{dt} = k_{p(+-)} [M] \sum [M_i Na] + k_{p(-)} [M] \sum [M_i^-]$$

$$= k_{p(+-)} [M] \sum [M_i Na] + k_{p(-)} [M] K_D{}^{1/2} \sum [M_i Na]^{1/2}$$

$$-\frac{d[M]}{dt} = [M] \sum [M_i Na] \left(k_{p(+-)} + k_{p(-)} \frac{K_D{}^{1/2}}{\sum [M_i Na]^{1/2}} \right).$$

k_p lässt sich demnach durch den Ausdruck

$$k_p = k_{p(+-)} + k_{p(-)} \left(\frac{K_D}{\sum [M_i Na]} \right)^{1/2}$$

beschreiben. Die unterschiedlichen Geschwindigkeitskonstanten wirken sich insbesondere in der Temperaturabhängigkeit der Polymerisation in verschiedenen Lösungsmitteln aus (Abb. 22). Es zeigt sich, dass $k_{p(-)}$ unabhängig vom Lösungsmittel ist, während bei $k_{p(+-)}$ starke Abhängigkeiten auftreten, die zum Teil auf Assoziatbildungen zurückzuführen sind.

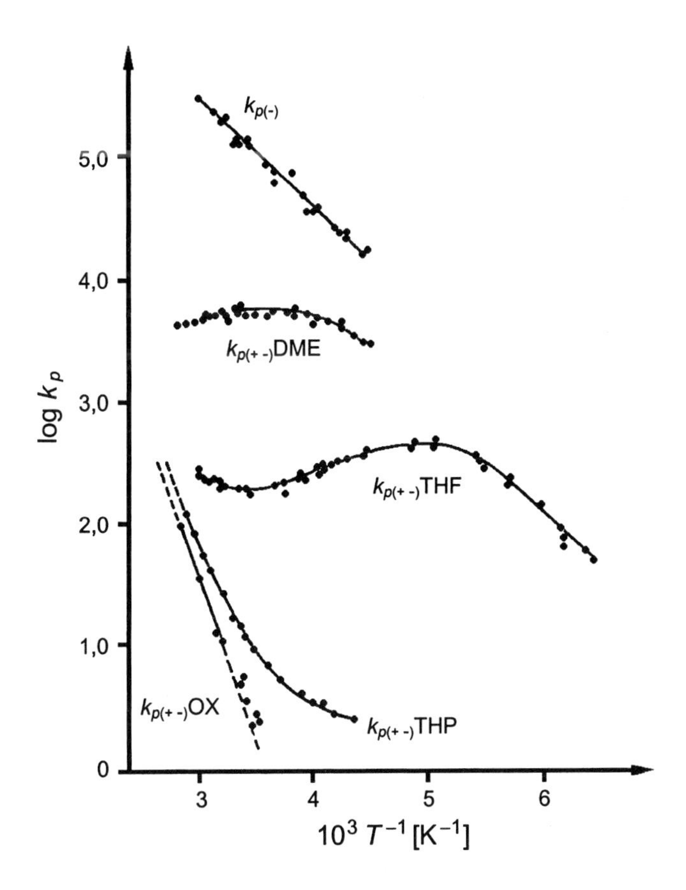

Abb. 22. Arrhenius-Auftragung der Wachstumskonstanten an das freie Anion $k_{p(-)}$ und an das Ionenpaar $k_{p(+-)}$ für Polystyrylnatrium als Reaktionsträger in Oxepan (OX), Tetrahydropyran (THP), Tetrahydrofuran (THF) und Dimethoxyethan (DME) [14].

2.2.3.6 Molekulargewichtsverteilung

Da alle Ketten gleichzeitig gestartet werden und ohne Abbruch wachsen können, ergeben sich sehr enge Verteilungen mit $M_w/M_n \sim 1$. Die resultierende Molekulargewichtsverteilung entspricht einer **Poisson-Verteilung** (Abb. 23), während bei anderen Polyreaktionen die wahrscheinlichste Verteilung **(Schulz-Flory-Verteilung)** gefunden wird. Das Verhältnis des Gewichtsmittels zum Zahlenmittel des Polymerisationsgrades $\overline{X}_w / \overline{X}_n$ lässt sich für das gleichzeitige Wachstum aller Ketten zu

$$\frac{\overline{X}_w}{\overline{X}_n} = 1 + \frac{\overline{X}_n}{\left(\overline{X}_n + 1\right)^2}$$

berechnen. Da $\overline{X}_n + 1 \simeq \overline{X}_n$ ist, folgt

$$\frac{\overline{X}_w}{\overline{X}_n} = 1 + \frac{1}{\overline{X}_n},$$

das heißt, das Verhältnis wird schon bei mäßigem Polymerisationsgrad annähernd 1. Dies ermöglicht zum Beispiel die Verwendung der Polymere als Standards für die Gelpermeationschromatografie (Abschnitt 3.5.1).

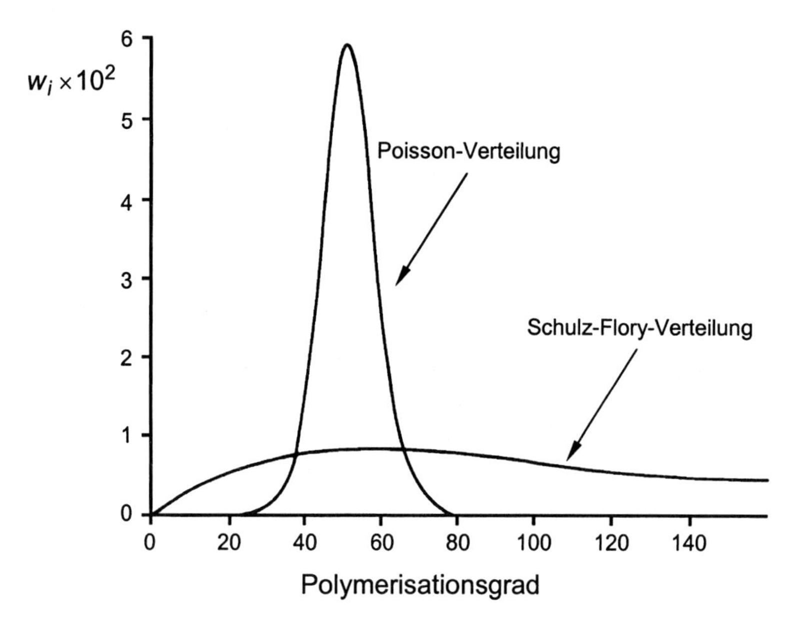

Abb. 23. Poisson-Verteilung und wahrscheinlichste Verteilung (Schulz-Flory-Verteilung), dargestellt für die kinetische Kettenlänge $\nu = 50$ [15].

2.2.3.7 Anionische ringöffnende Polymerisation

Als Beispiel für eine ringöffnende anionische Polymerisation sei die technisch bedeutsame Lactampolymerisation besprochen. Lactame lassen sich bei Zusatz von starken Basen, wie zum Beispiel Alkalimetallen, Metallhydriden, Metallamiden und organometallischen Verbindungen, rasch polymerisieren.

Bei der **Initiierung** entstehen durch Basenzugabe Lactamanionen, die mit cyclischen Amiden unter Bildung von N-acylierten Lactamringen reagieren:

$$HN\text{-}CO + B^{-} \rightleftharpoons {}^{-}N\text{-}CO + BH$$

$$HN\text{-}CO + {}^{-}N\text{-}CO \underset{\text{schnell}}{\overset{\text{langsam}}{\rightleftharpoons}} HN^{-}\ CO\text{-}N\text{-}CO$$

$$HN\text{-}CO + HN^{-}\ CO\text{-}N\text{-}CO \rightleftharpoons {}^{-}N\text{-}CO + H_2N\ CO\text{-}N\text{-}CO$$

Das cyclische Amid des N-acylierten Lactamringes ist das eigentliche aktive Zentrum.

Das **Polymerwachstum** erfolgt nach

$$\sim\!\sim CO\text{-}N\text{-}CO + {}^{-}N\text{-}CO \rightleftharpoons \sim\!\sim CO\text{-}N^{-}\ CO\text{-}N\text{-}CO$$

$$\sim\!\sim CO\text{-}N^{-}\ CO\text{-}N\text{-}CO + HN\text{-}CO \rightleftharpoons$$

$$\rightleftharpoons \sim\!\sim CO\text{-}HN\ CO\text{-}N\text{-}CO + {}^{-}N\text{-}CO \text{ etc.}$$

Aus diesem Mechanismus folgt, dass die Reaktion durch Zusatz von Acyllactamen oder deren Vorstufen (Säurechloride, Anhydride und Isocyanate) beschleunigt werden kann:

$$R\text{-}COCl + {}^{-}N\text{-}CO \longrightarrow R\text{-}CO\text{-}N\text{-}CO + Cl^{-}$$

$$R\text{-}N{=}C{=}O + HN\text{-}CO \longrightarrow R\text{-}NH\text{-}CO\text{-}N\text{-}CO$$

Die **Lactonpolymerisation** erfolgt durch Basenaddition an die C=O-Gruppe der Estergruppierung mit nachfolgender Ringöffnung an der Esterbindung:

$$RO^- + \overbrace{C(=O)-O}^{(CH_2)_5} \longrightarrow \overbrace{RO-C(O^{(-)})-O}^{(CH_2)_5} \longrightarrow RO-C(=O)-(CH_2)_5-O^{(-)}$$

2.2.3.8 Technische Anwendung

Nur wenige technische Kunststoffe werden durch anionische Polymerisation hergestellt. Einige wichtige Beispiele und ihre Verwendung sind in Tab. 11 zusammengestellt.

Poly(oxymethylen) (POM) (Delrin, Hostaform) wurde erstmals 1959 von Dupont in technischem Maßstab hergestellt. Die Synthese erfolgt durch anionische Suspensionspolymerisation von Paraformaldehyd und anschließende Endgruppenstabilisierung, zum Beispiel durch Zugabe von Acetanhydrid. Als Suspensionsmittel dienen aliphatische Kohlenwasserstoffe. Als Initiatoren werden Tri-*n*-butylamin und Natriummethylat eingesetzt.

Zunächst wird Paraformaldehyd durch Erhitzen gespalten:

$$HO-(CH_2O)_n-H \longrightarrow n\ CH_2O + H_2O$$

$T_m = 122\ °C$ $\quad$ $T_m = -21\ °C$ $\quad$ $n = 10–100$

Die Polymerisation wird gestartet durch Basenaddition an das Monomer:

$$CH_2O + Na^+OCH_3^- \longrightarrow CH_3O-CH_2-\overline{\underline{O}}|^{(-)}\ Na^+$$

Wachstum erfolgt nach

$$CH_3O-CH_2-\overline{\underline{O}}|^{(-)} + n\ CH_2O \longrightarrow CH_3O-(CH_2O)_n-CH_2-\overline{\underline{O}}|^{(-)}\ Na^+$$

Tab. 11. Anionisch hergestellte Polymere und ihre technische Verwendung.

Polymer	Wiederholungseinheit	Verwendung als
Poly(1,4-cis-butadien)	$\left[CH_2-CH=CH-CH_2\right]_n$	Elastomer
Poly(1,4-cis-isopren)	$\left[CH_2-CH=C(CH_3)-CH_2\right]_n$	Elastomer
Poly(methylcyanoacrylat)	$\left[CH_2-C(CH)(COOCH_3)\right]_n$	Klebstoff
Poly(oxymethylen)	$\left[CH_2O\right]_n$	Konstruktionswerkstoff
Poly(ethylenoxid)	$\left[CH_2CH_2O\right]_n$	Verdickungsmittel
Poly(ε-caprolacton)	$\left[OC(=O)(CH_2)_5\right]_n$	Weichmacher
Poly(ε-caprolactam)	$\left[NH-C(=O)-(CH_2)_5\right]_n$	Fasern, Thermoplast
Poly(lauryllactam)	$\left[NH-C(=O)-(CH_2)_{11}\right]_n$	Fasern
Poly(dimethylsiloxan)	$\left[OSi(CH_3)_2\right]_n$	Elastomer, Dichtungsmaterial

Abbruch erfolgt mit Spuren von Wasser oder Methanol nach

$$CH_3O-(CH_2O)_n-CH_2-\overline{\underline{O}}|^{(-)}\ Na^+ + H_2O \longrightarrow$$

$$\longrightarrow CH_3O-(CH_2O)_n-CH_2OH + NaOH$$

Das Molekulargewicht des Polymers liegt bei 20.000–90 000 g/mol. Die Polydispersität ist ungefähr 2. Das Polymer ist hochkristallin (bis über 90 %) und weist daher eine große Härte, Steifigkeit und Festigkeit auf. Der Schmelzpunkt liegt bei 175–185 °C.

Polyamid aus Lactam wurde erstmals 1939 von den IG Farben produziert (Perlon). Die Herstellung erfolgt nach dem vereinfachten kontinuierlichen (VK-)Verfahren oder als alkalische Schnellpolymerisation.

(a) VK-Verfahren

Geschmolzenes ε-Caprolactam (T_m = 70 °C) wird im Rohr mit 0,3–5 % Wasser allmählich auf 240 °C erwärmt, wobei das Wasser abdestilliert wird. Die Verweilzeit beträgt 15 h (heute kürzer). Als Produkt wird geschmolzenes Polymer erhalten (T_m = 220 °C).

(b) Alkalische Schnellpolymerisation

Geschmolzenes, wasserfreies Lactam wird mit einem Katalysator zunächst auf 120 °C erwärmt. Die Mischung polymerisiert in wenigen Minuten vollständig, wobei die Temperatur auf 160–210 °C steigt. Die Polymerisation wird vor allem direkt in der Form durchgeführt (Guss-Polyamid) und dient zur Herstellung technischer Teile. Eine Weiterentwicklung stellt das NBC-RIM-Verfahren dar (Nylon-blockcopolymer-reaction injection molding), bei dem Polyamid mit 20 % Poly(propylenglykol) zu Blockcopolymeren kondensiert wird. Der Vorteil dieses Verfahrens liegt im reduzierten Schwund des Polymers, verbunden mit verringerter Wasseraufnahme und sehr guter Kaltschlagzähigkeit. Das Polymer dient zur Herstellung großflächiger, dünnwandiger Teile, zum Beispiel im Automobilbau.

Die Molekulargewichte betragen 15.000–5. 000 g/mol. Die Polydispersität ist ungefähr 2. Der Kristallinitätsgrad beträgt 30–50 %. Das Material ist deshalb trüb.

Cyanacrylate lassen sich durch Feuchtigkeitsspuren polymerisieren:

$$CH_2{=}\underset{\displaystyle COOR}{\underset{|}{C}}{-}CN \longleftrightarrow CH_2^{(+)}{-}\underset{\displaystyle COOR}{\underset{|}{\bar{C}^{(-)}}}{-}CN \xrightarrow{OH^-} HOCH_2{-}\underset{\displaystyle COOR}{\underset{|}{\bar{C}^{(-)}}}{-}CN$$

$$HOCH_2{-}\underset{\displaystyle COOR}{\underset{|}{\bar{C}^{(-)}}}{-}CN \xrightarrow{Monomer} HOCH_2{-}\underset{\displaystyle COOR}{\underset{|}{C}}(CN){-}CH_2{-}\underset{\displaystyle COOR}{\underset{|}{\bar{C}^{(-)}}}{-}CN$$

Sie finden Verwendung als lösungsmittelfreie, kalt- und schnellhärtende Einkomponentenklebstoffe, die hochmolekulare Produkte mit guter Haftung auf Glas, Keramik, Holz, Metall, Gummi und einigen Kunststoffen ergeben. Sauer reagierende Oberflächen verzögern oder verhindern allerdings die Polymerisation.

Cyanacrylate werden in der Optik und Elektrotechnik, aber auch als „Blitzkleber“ für Reparaturarbeiten und seit einiger Zeit auch in der Knochen- und Gefäßchirurgie eingesetzt.

2.2.4 Stereoreguläre (koordinative) Polymerisation

2.2.4.1 Begriff „Isomerie“

Bei Polymeren unterscheidet man eine **konformative** und eine **konfigurative** Isomerie.

2.2.4.1.1 Konformative Isomerie

Konformationen sind unterschiedliche dreidimensionale räumliche Anordnungen, die durch **Bindungsrotation** und nicht durch Bindungsbrüche ineinander überführbar sind.

Wir betrachten die vier C-Atome von n-Butan:

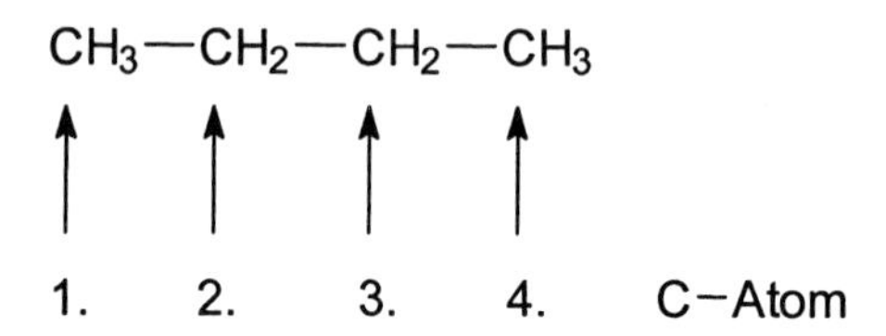

Da die Kohlenstoffatome sp^3-hybridisiert sind, betragen die Bindungswinkel zwischen zwei C–C-Bindungen 109,5°. Abb. 24 zeigt zwei extreme Konformationen des n-Butans: die *cis*- und die *trans*-Konformation mit unterschiedlicher Moleküllänge C_1–C_4. Die *cis*-Form ist wegen des geringen Abstands von C_1 und C_4 sterisch etwas gehindert, sodass n-Butan bevorzugt in der *trans*-Konformation vorliegt.

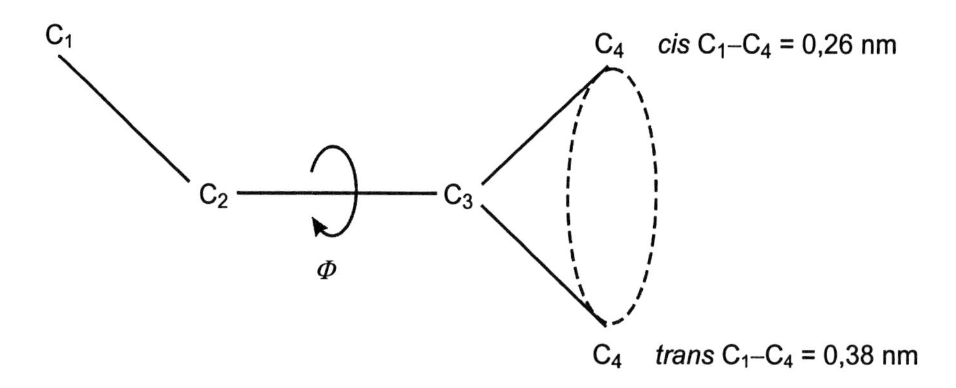

Abb. 24. Die *cis*- und *trans*-Konformation des n-Butanmoleküls [3].

Die unterschiedlichen Konformationen lassen sich durch den Winkel Φ beschreiben, um den die C_3–C_4-Bindung entlang der C_2–C_3-Achse aus der *trans*-Konformation herausgedreht wird. Für die *trans*-Konformation ist $\Phi = 0°$, und für die *cis*-Konformation ist $\Phi = 180°$.

Bei Änderung des Φ-Winkels treten verschiedene Energiemaxima und -minima auf (Abb. 25). Die Minima entsprechen den Konformationen *gauche* (–), *trans* und *gauche* (+). Sie sind in Abb. 25 als Newman-Projektion dargestellt.

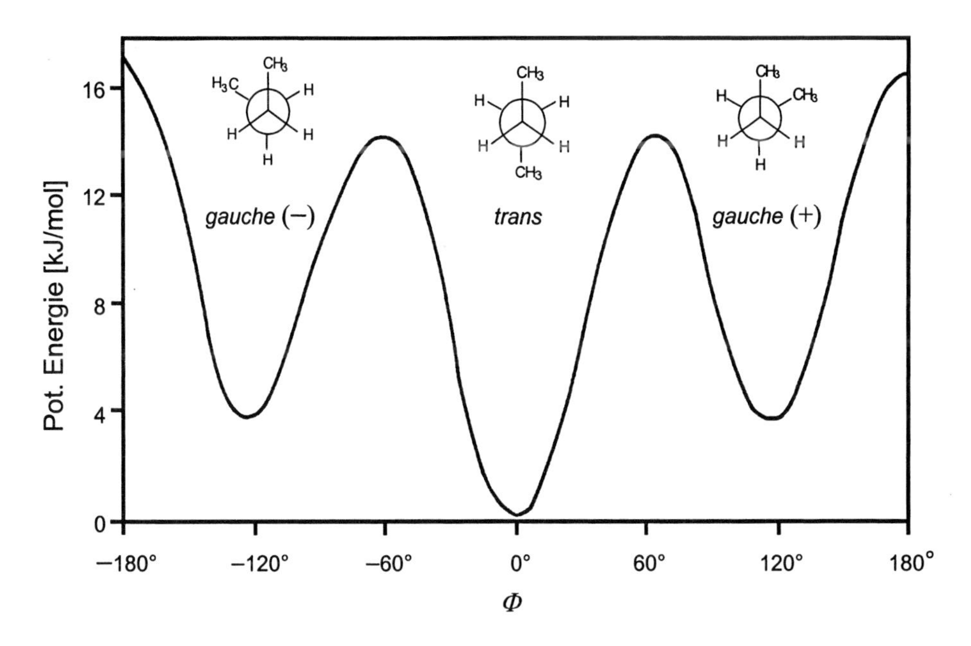

Abb. 25. Potenzielle Energie des n-Butanmoleküls als Funktion des Drehwinkels Φ sowie Darstellungen der Konformationen *gauche* (−), *trans* und *gauche* (+) als Newman-Projektionen.

Folglich werden in einer Polymerkette aus gesättigten C-Atomen sowohl die *trans*- als auch die zwei *gauche*-Konformationen bevorzugt auftreten, während die *cis*-Konformation extrem selten oder gar nicht auftaucht. Polymere, die sich durch unterschiedliche *trans*- und *gauche*-Lagen auszeichnen, werden als **Rotationsisomere** oder auch **Konformere** bezeichnet. Rotationsisomere, die nur wenig von einer gestreckten Konformation abweichen, werden auch als **Kinkisomere** bezeichnet.

2.2.4.1.2 Konfigurative Isomerie

Während Konformere durch einfache Bindungsrotation ineinander überführbar sind, können konfigurative Isomere nur durch Aufbrechen und Neuknüpfen von Bindungen ineinander überführt werden. Es gibt Struktur- und Stellungsisomerie, Stereoisomerie, geometrische Isometrie und chemische Isomerie.

(a) Struktur- und Stellungsisomerie

Vinylverbindungen $CH_2=CHX$ besitzen eine Kopf- (=CHX) und Schwanzgruppe ($=CH_2$). Bei der Polymerisation entstehen in der Regel **Kopf-Schwanz**-Polymere:

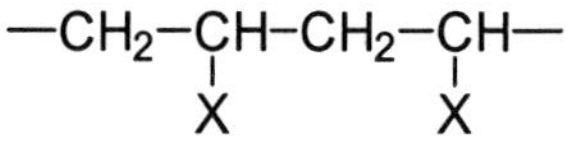

$$-CH_2-\underset{\displaystyle X}{\underset{|}{C}}H-CH_2-\underset{\displaystyle X}{\underset{|}{C}}H-$$

Diese Anordnung ist aus sterischen Gründen bevorzugt. Es können aber auch **Kopf-Kopf**- und **Schwanz-Schwanz**-Polymere entstehen:

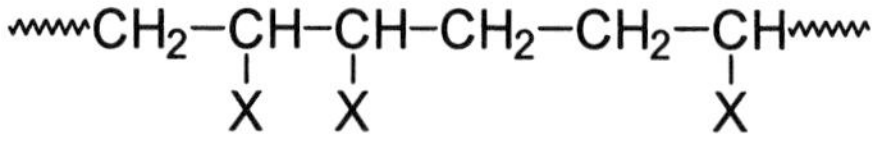

$$\sim\sim CH_2-\underset{\displaystyle X}{\underset{|}{C}}H-\underset{\displaystyle X}{\underset{|}{C}}H-CH_2-CH_2-\underset{\displaystyle X}{\underset{|}{C}}H\sim\sim$$

Polymere mit nur einer Verknüpfungsart werden als strukturreguläre Polymere bezeichnet.

Es gibt noch andere Formen der Strukturisomerie. So werden zum Beispiel Poly(styrol) und Poly(p-xylylen) auch als Strukturisomere bezeichnet:

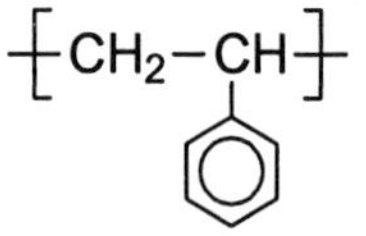

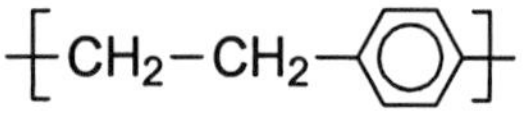

$$\left[CH_2-\underset{\displaystyle C_6H_5}{\underset{|}{C}}H\right] \qquad \left[CH_2-CH_2-C_6H_4\right]$$

LDPE und HDPE (**L**ow-**D**ensity- und **H**igh-**D**ensity-**P**olyethylen) sind ebenfalls Strukturisomere, die sich nur durch den Verzweigungs- und Kristallinitätsgrad unterscheiden. Auch Polyamid 6 und Polyamid 66 sind Strukturisomere, die sich durch die Abfolge der Methylen- und Amidgruppen unterscheiden.

(b) Stereoisomerie

Bei der Polymerisation von $CH_2=CHX$ entsteht ein Polymer mit –CHX-Einheiten, die asymmetrische C-Atome in der Monomereinheit besitzen:

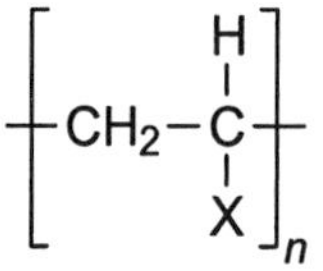

$$\left[CH_2-\underset{\displaystyle X}{\underset{|}{\overset{\displaystyle H}{\overset{|}{C}}}}\right]_n$$

Folgliche existieren die zwei Konfigurationen

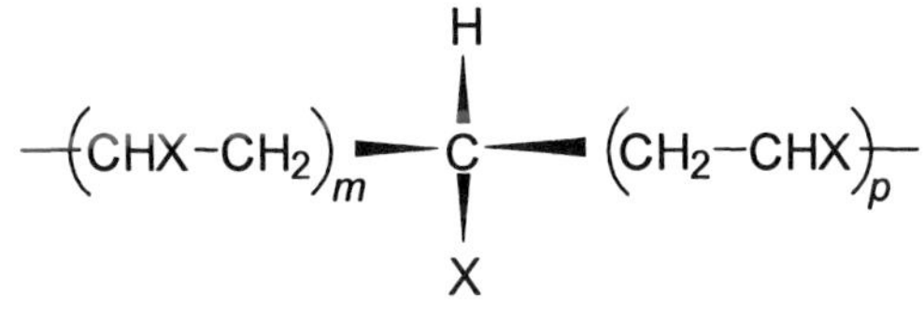

$$-\!\left(CHX-CH_2\right)_m-\overset{\displaystyle H}{\underset{\displaystyle X}{C}}-\left(CH_2-CHX\right)_p-$$

und

$$-\!\left(CHX-CH_2\right)_m-\overset{\displaystyle X}{\underset{\displaystyle H}{C}}-\left(CH_2-CHX\right)_p-$$

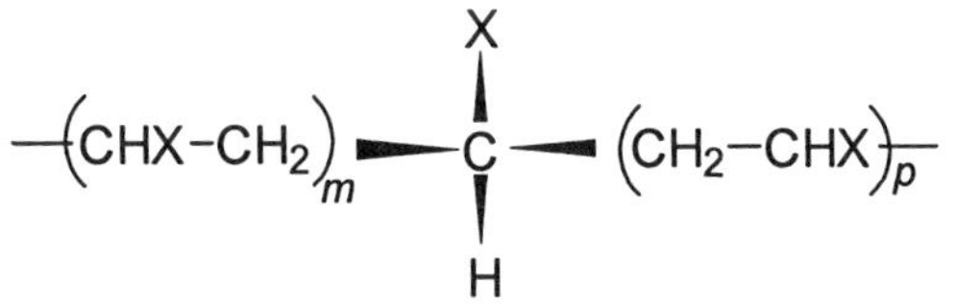

Trotz der Asymmetrie ist in der Regel **keine optische Aktivität** nachweisbar, weil die Kettenstücke *m* und *p* nicht genügend unterschiedlich sind (→ Pseudoasymmetrie).

Eine Ausnahme stellen Polymere dar, die eine zusätzliche Gruppe (Phenylring, Doppelbindung, Heteroatom) in der Hauptkette enthalten, zum Beispiel

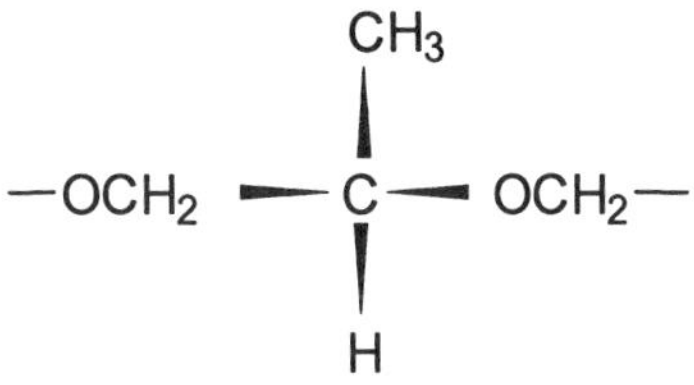

$$-OCH_2-\overset{\displaystyle CH_3}{\underset{\displaystyle H}{C}}-OCH_2- \quad \text{und} \quad -OCH_2-\overset{\displaystyle H}{\underset{\displaystyle CH_3}{C}}-OCH_2-$$

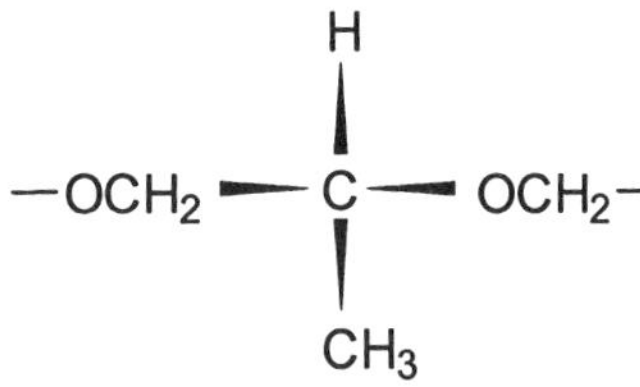

In diesen Fällen kann eine absolute Konfiguration (nach Cahn-Ingold-Prelog) zugeordnet werden, und das Polymer ist **optisch aktiv**.

Die sterische Ordnung entlang der Hauptkette wird als **Taktizität** bezeichnet. Regelmäßig aufgebaute Polymere werden als stereoreguläre Polymere oder taktische Polymere bezeichnet. Es gibt **iso-** und **syndiotaktische** Polymere (Abb. 26). Unregelmäßig aufgebaute Polymere werden als **ataktische** Polymere bezeichnet. Die Taktizität ergibt sich aus der **Fischer-Projektion**. Bei isotaktischen Polymeren sind die Substituenten R stets auf einer Seite, bei syndiotaktischen in der Fischer-Projektion alternierend angeordnet.

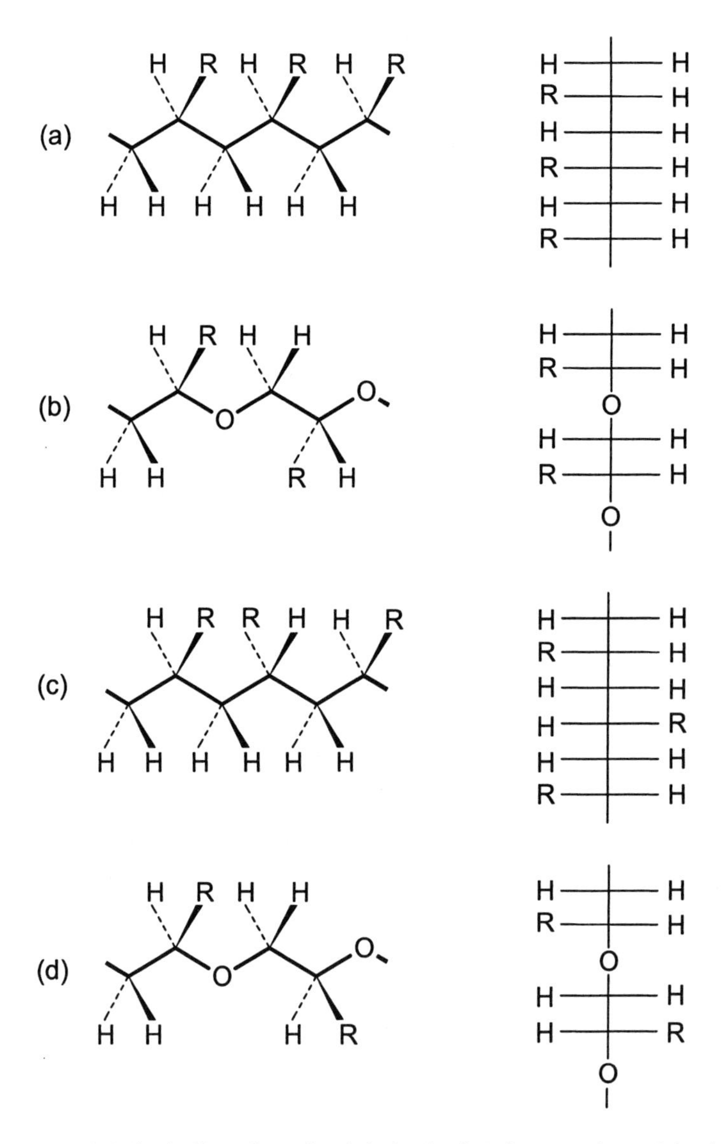

Abb. 26. Isotaktische (a, b) und syndiotaktische (c, d) Polymere mit zwei (a, c) und drei (b, d) Kettenatomen pro Grundbaustein bei gestreckter Zickzackkette. Die entsprechenden Fischer-Projektionen sind rechts dargestellt [16].

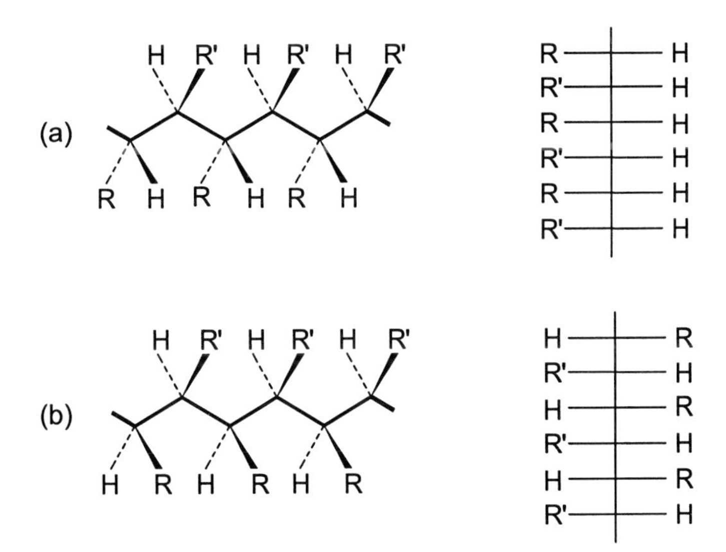

Abb. 27. Erythro-diisotaktische (a) und threo-diisotaktische Polymere (b) mit zwei Kettenatomen pro Grundbaustein und entsprechende Fischer-Projektionen [16].

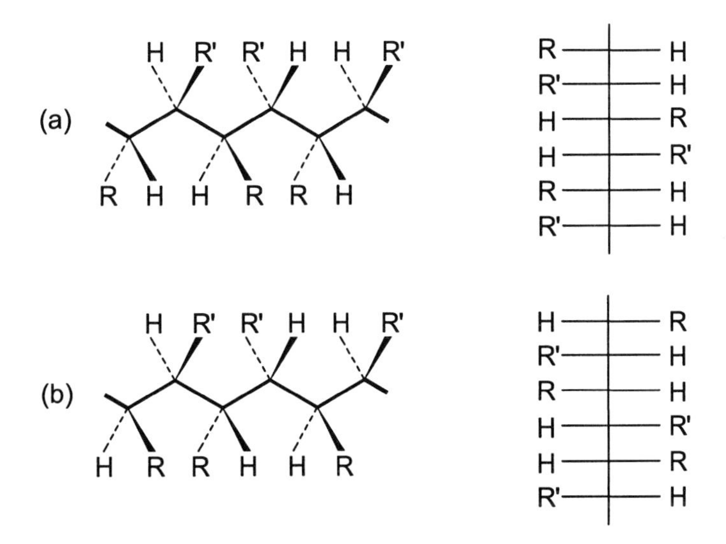

Abb. 28. Erythro-disyndiotaktische (a) und threo-disyndiotaktische Polymere (b) mit zwei Kettenatomen pro Grundbaustein und entsprechende Fischer-Projektionen [16].

Besteht ein Polymer aus Grundbausteinen mit zwei (oder mehreren) **nicht** äquivalenten C-Atomen, von denen jedes zwei verschiedene Substituenten trägt, so sind di- oder polytaktische Polymere möglich. Bei den ditaktischen Polymeren unterscheidet man erythro- und threo-diiso- sowie erythro- und threo-disyndiotaktische Polymere (Abb. 27 und 28).

(c) Geometrische Isomerie

Bei der Polymerisation von Acetylen und der 1,4-Verknüpfung von Diolefinen (Isopren, Butadien) können *cis*- (oder *Z*) und *trans*- (oder *E*) Isomere entstehen:

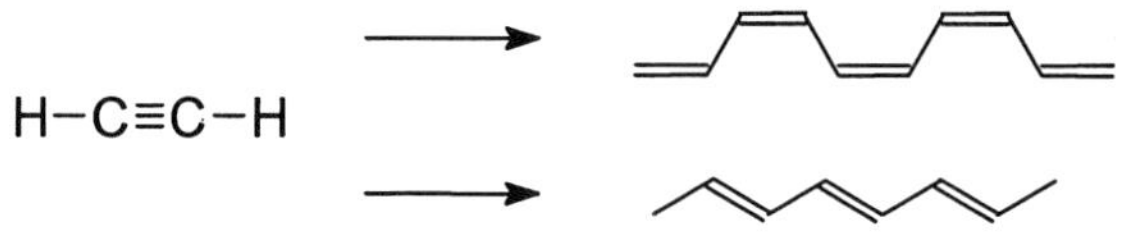

H−C≡C−H → *cis*-Polyacetylen

H−C≡C−H → *trans*-Polyacetylen

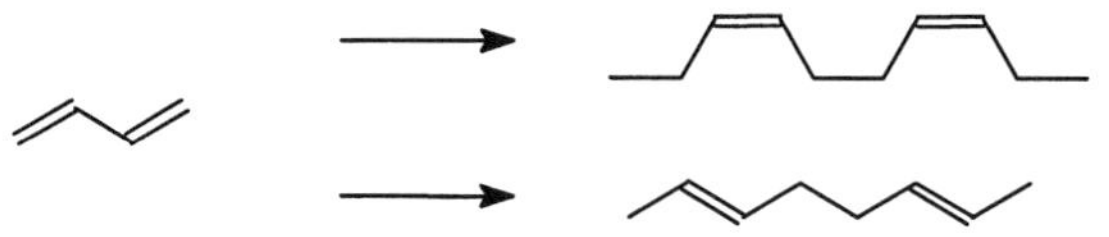

→ *cis*-1,4-Polybutadien

→ *trans*-1,4-Polybutadien

Die *cis*- und *trans*-Isomerie bezeichnet man auch als geometrische Isomerie.

(d) Chemische Isomerie

Bei Diolefinen muss man noch zusätzlich zwischen 1,2-, 3,4- und 1,4-Verknüpfungen unterscheiden, die als chemische Isomere bezeichnet werden:

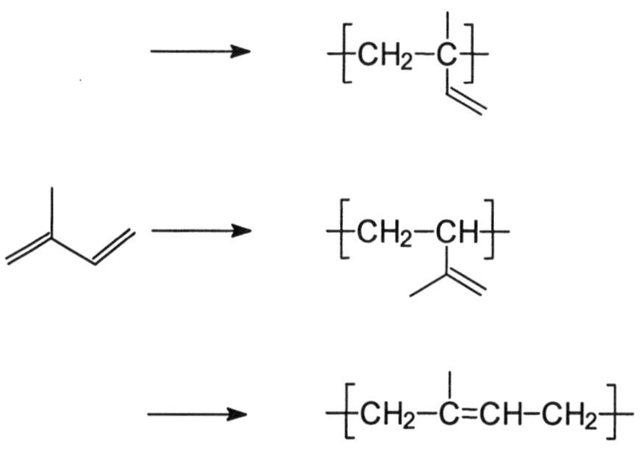

→ $[CH_2-C]$ 1,2-Polyisopren

→ $[CH_2-CH]$ 3,4-Polyisopren

→ $[CH_2-C=CH-CH_2]$ 1,4-Polyisopren

2.2.4.2 Stereoregulierung bei der radikalischen Polymerisation

Mit Stereoregulierung bezeichnet man die sterisch kontrollierte Addition eines Monomers an die wachsende Kette. Bei der freien radikalischen Polymerisation kann die Addition von zwei Seiten her an das endständige sp^2-C-Atom erfolgen (Abb. 29). Als Folge davon entsteht entweder eine iso- oder eine syndiotaktische Verknüpfung. Aus sterischen Gründen ist die syndiotaktische Verknüpfung begünstigt. Auch tiefe Temperaturen fördern diese Verknüpfung.

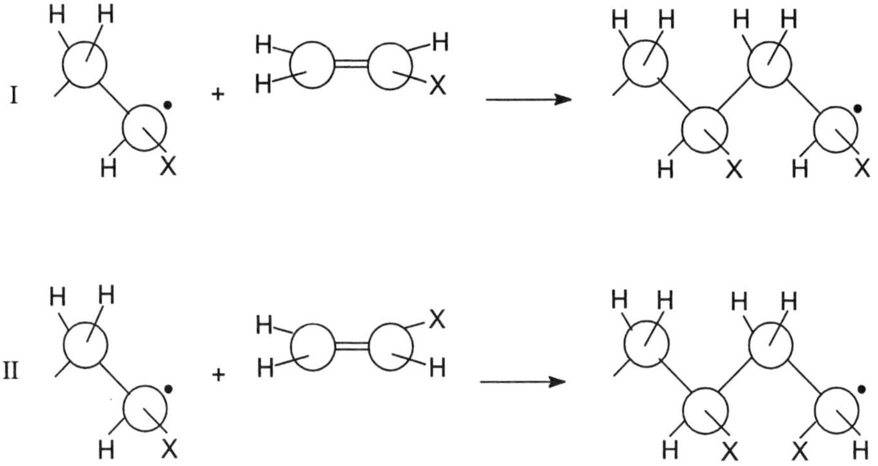

Abb. 29. Iso- und syndiotaktische Verknüpfung bei der radikalischen Polymerisation. Aus sterischen Gründen ist die syndiotaktische Verknüpfung (II) etwas bevorzugt.

2.2.4.3 Stereospezifische kationische Polymerisation

Das erste Beispiel für die Bildung eines isotaktischen Polymers durch kationische Polymerisation war die Umsetzung von Isobutylvinylether mit BF_3-Etherat. Ursachen für die stereospezifische Verknüpfung sind

- die sterische Abschirmung einer Seite der C=C-Bindung (Abb. 30) und
- die Existenz eines cyclischen Übergangszustands, der als Templat für das angreifende Monomer wirkt und die Verknüpfung mit C_2 begünstigt (Abb. 31).

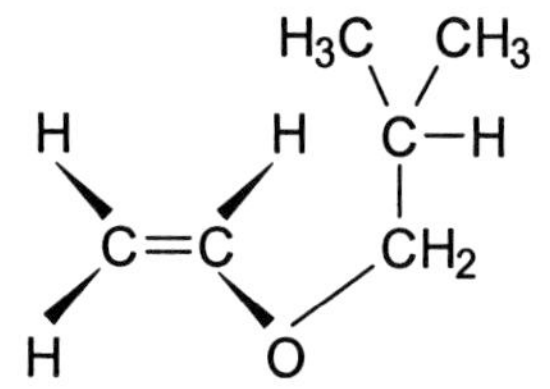

Abb. 30. Schematische Darstellung der sterischen Abschirmung einer Seite der C=C-Bindung beim Isobutylvinylether [10].

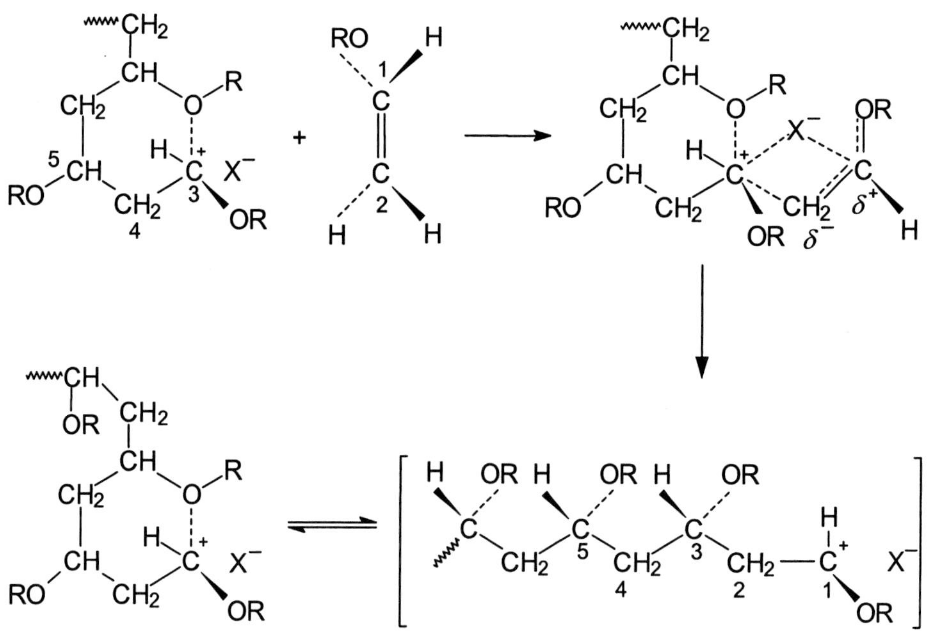

Abb. 31. Vorgeschlagener cyclischer Übergangszustand bei der kationischen Polymerisation von Isobutylvinylether zur Erklärung der Bildung eines isotaktischen Polymers [10].

Die Polymerisation erfolgt in Lösung und wird daher als homogene Reaktion bezeichnet. (Bei der heterogenen Polymerisation erfolgt die Reaktion auf der festen Katalysatoroberfläche.)

2.2.4.4 Stereospezifische anionische Polymerisation

Wir betrachten die Polymerisation von Methylmethacrylat mit Organolithium-Katalysatoren RLi. RLi liegt in Abhängigkeit von der Lösungsmittelpolarität und der Natur von R entweder kovalent, teilweise ionisiert oder vollständig ionisiert vor. Mit zunehmender Lösungsmittelpolarität wird der Katalysator stärker dissoziiert, und die Polymerisation verläuft anionisch. Dies führt zu Bedingungen, die denen der freien radikalischen Polymerisation ähneln und bei denen syndiotaktische Verknüpfungen bei tiefer Temperatur begünstigt sind. Der Einfluss der Lösungsmittelpolarität auf die Taktizität des Polymers ist in Tab. 12 dargestellt.

Tab. 12. Einfluss der Zusammensetzung einer Lösungsmittelmischung aus unpolarem Toluol und polarem Dimethoxyethan (DME) auf die Taktizität von anionisch hergestelltem PMMA (Initiator: BuLi; T = 243 K). Die verschiedenen Konfigurationen sind als Molenbrüche aufgelistet [17].

Toluol/DME	Isotaktisch*	Heterotaktisch*	Syndiotaktisch*
100/0	0,59	0,23	0,18
64/36	0,38	0,27	0,35
38/62	0,24	0,32	0,44
2/98	0,16	0,29	0,55
0/100**	0,07	0,24	0,69

* Anteil an isotaktischen, heterotaktischen und syndiotaktischen Triaden
** gemessen bei 203 K

Allgemein gilt:

- Tiefe Temperaturen fördern die Stereoregularität.
- Der Initiator kann die Stereoregularität beeinflussen.
- Die Polarität des Lösungsmittels beeinflusst die Taktizität.

2.2.4.5 Ziegler-Natta-Polymerisation

Zu Beginn der fünfziger Jahre fand Ziegler, dass Ethen mit organometallischen Katalysatoren bei Raumtemperatur und Normaldruck polymerisiert werden kann. Natta fand, dass aus α-Olefinen (Propen, Buten-1) hochkristalline, stereoreguläre Polymere erzeugt werden können. Die Katalysatoren bestehen aus einer Kombination von

Metallalkyl oder Metall-alkylhalogenid aus Gruppe I–III	und	Übergangsmetallhalogenid, -hydroxid, -oxid, -alkoxid aus Gruppe IV–VIII

Es gibt homogene und heterogene Ziegler-Natta-Katalysatoren. Von praktischer Bedeutung sind nur die heterogenen Katalysatoren, die aktiver sind und die Herstellung isotaktischer Polymere gestatten.

2.2.4.5.1 Reaktionsmechanismen

(a) Bildung der aktiven Zentren

Häufigste Ausgangskomponenten für die Katalysatoren sind:

- Metallalkyle ($Et=C_2H_5$): $AlEt_3$, $AlEt_2Cl$, $AlEtCl_2$, $Al(OEt)Et_2$, $AlH(i\text{-}C_4H_9)_2$,
- Übergangsmetallverbindungen: $TiCl_4$, $TiCl_3$ (α, β, γ), $Ti(OC_4H_9)_4$, $VOCl_3$, VCl_4, $ZrCl_4$, $NiCl_2$, WCl_6, $MnCl_2$),
- wasserfreie unpolare Lösungsmittel wie zum Beispiel Heptan, Benzol.

Beim Mischen der Katalysatorkomponenten treten verschiedene Umsetzungen ein, die unterschiedlich schnell ablaufen (und die mechanistische Aufklärung sehr schwierig machen):

$$TiCl_4 + AlEt_3 \longrightarrow EtTiCl_3 + AlEt_2Cl$$

$$TiCl_4 + AlEt_2Cl \longrightarrow EtTiCl_3 + AlEtCl_2$$

$$EtTiCl_3 + AlEt_3 \longrightarrow Et_2TiCl_2 + AlEt_2Cl$$

$$EtTiCl_3 \longrightarrow TiCl_3 + Et^{\bullet}$$

$$Et_2TiCl_2 \longrightarrow EtTiCl_2 + Et^{\bullet}$$

$$Et^{\bullet} + TiCl_4 \longrightarrow TiCl_3 + EtCl$$

Mit zunehmender Alterung entsteht immer mehr Ti^{III}, wobei die Polymerisationsgeschwindigkeit sinkt. Wichtig für die Polymerisation ist daher Ti^{IV}.

Mithilfe löslicher (homogener) Katalysatoren hat man genauere Kenntnisse über den Reaktionsmechanismus gewonnen [18]. Durch Reaktion von Cp_2TiRCl mit $AlEtCl_2$ entsteht ein oktaedrischer Titankomplex als aktives Zentrum, bei dem das Al-Atom über eine Cl-Dreizentrenbindung mit dem Titanatom verknüpft ist (Cp = Cyclopentadienyl-Anion, R = Ethyl):

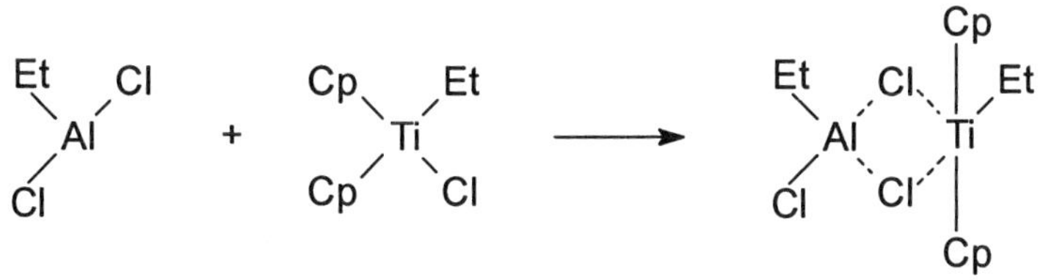

(b) Polymerisation

Die **freie Koordinationsstelle** am Titan kann ein Olefin anlagern:

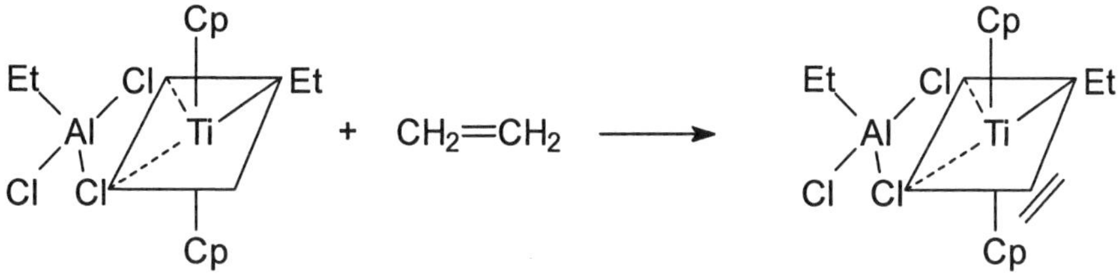

Durch die Anlagerung wird die vorhandene Ti-C-Bindung geschwächt. Dies führt zur Monomerinsertion und Neubildung der Ti-C-Bindung in einem sogenannten **koordinativ anionischen Prozess**:

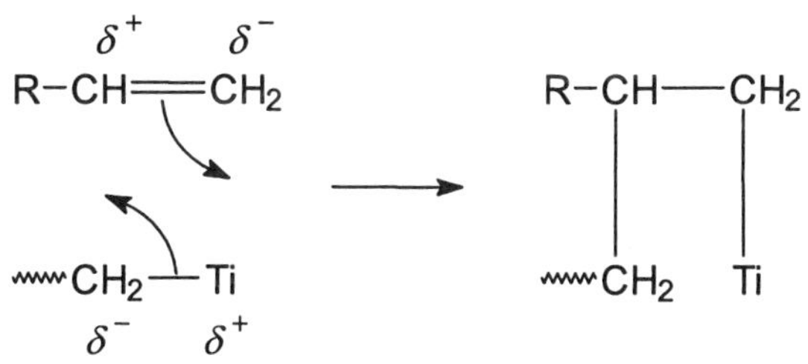

Diese Bindung kann entweder an der Position gebildet werden, an der das Olefin saß (Fall a), oder an der Stelle, an der die Ethylgruppe saß (Fall b):

Cp Et Cl Et Al Ti Cl Cl Cp → [Cp Et Cl Et Al Ti CH2 Cl Cl CH2 Cp] a b

a → Cp Et Cl □ Al Ti Cl Cl CH2CH2Et Cp

b → Cp Et Cl CH2CH2Et Al Ti Cl Cl □ Cp

Für die mechanistische Beschreibung der **heterogenen Katalyse** hat sich der monometallische Mechanismus nach Cossee und Arlman [19, 20] bewährt. Das Trialkylaluminium dient zur partiellen Alkylierung einer $TiCl_3$-Oberfläche:

□ Cl Cl Ti Cl Cl Cl $\xrightarrow{AlEt_3}$ R Al R R Cl Cl Ti Cl Cl Cl → R Cl □ Ti Cl Cl Cl + AlR_2Cl

Danach bildet sich durch die Anlagerung eines Olefins an die freie Koordinationsstelle ein aktives Zentrum:

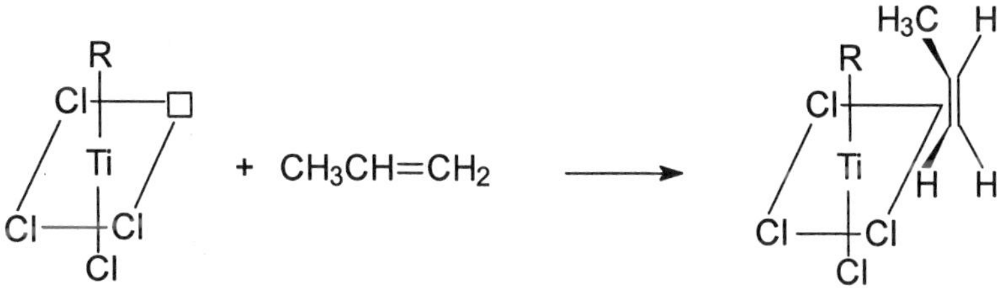

Die Anlagerung erfolgt durch Überlappung der π-Bindung mit dem freien Ti-d-Orbital, wodurch die vorhandene Ti-C-Bindung geschwächt wird und schließlich Insertion des Olefins erfolgt:

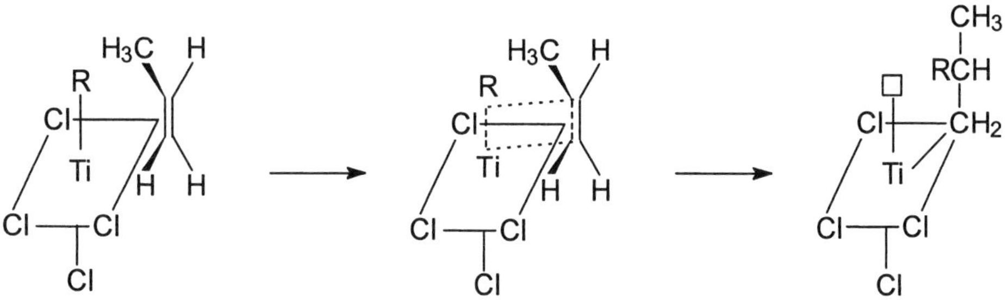

Nach diesem Mechanismus wird ein syndiotaktisches Polymer gebildet. Isotaktische Polymere können nur entstehen, wenn die wachsende Kette noch zusätzlich an die alte Koordinationstelle zurückwandert:

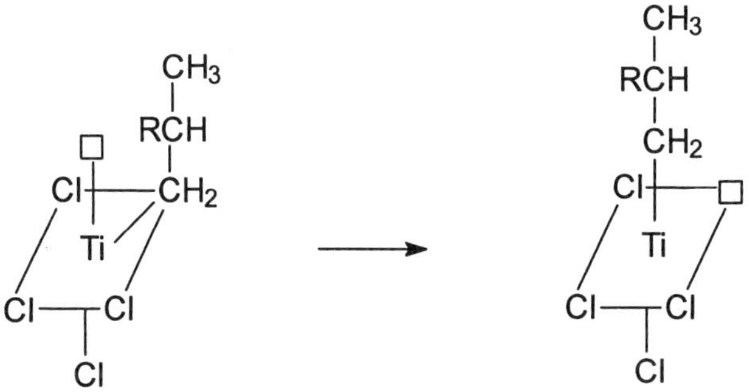

Die nächste Monomeranlagerung erfolgt nun in der gleichen sterischen Anordnung wie die vorherige:

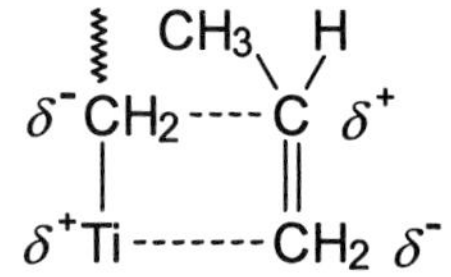

Wichtig für die Entstehung isotaktischer oder syndiotaktischer Polymere ist ferner, dass eine freie Drehbarkeit des wachsenden Kettenendes um die Ti-C-Bindung sterisch verhindert ist.

Abbruch kann erfolgen durch

(a) spontane *β*-Hydrid-Eliminierung (L = Ligand, M = Metallatom)

$$L_nM-CH_2-CH_2-P_n \longrightarrow L_nM-H + CH_2-CH-P_n$$

(b) Umalkylierung

$$L_nM-P_n + AlEt_3 \longrightarrow L_nMEt + Et_2Al-P_n$$

(c) Zugabe von H_2

$$L_nM-CH_2-CH_2-P_n + H_2 \longrightarrow L_nM-H + CH_3-CH_2-P_n$$

2.2.4.5.2 Trägerfixierte Ziegler-Natta-Katalysatoren

In den letzten Jahren werden verstärkt trägerfixierte Ziegler-Natta-Katalysatoren eingesetzt. Ein häufig verwendetes Trägermaterial ist $MgCl_2$. Der Katalysator entsteht, indem $MgCl_2$ mit $TiCl_4$, $AlEt_3$ und einem Donor (z. B. einem Ester R-COOR') behandelt wird [21]:

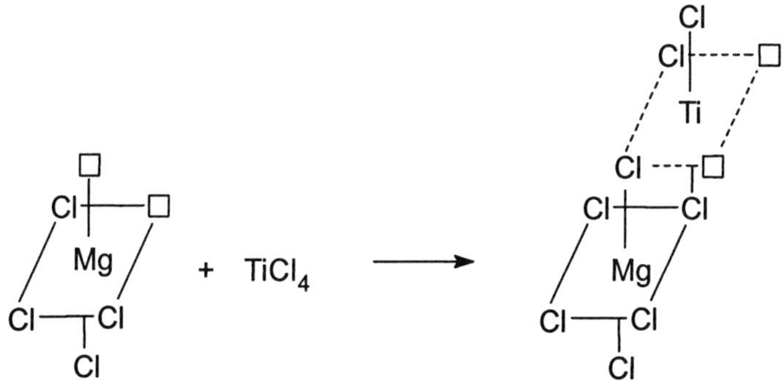

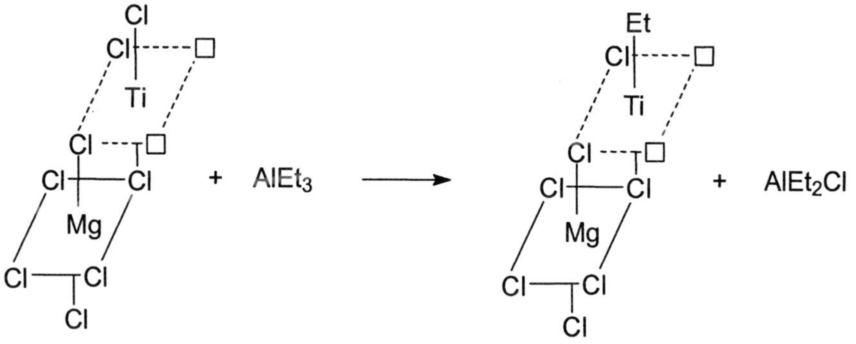

$$+ AlEt_3 \longrightarrow \quad + AlEt_2Cl$$

In dieser Form existieren zwei freie Koordinationsstellen am Titan, und der Katalysator ist nicht stereospezifisch. Durch Zugabe eines Donors lässt sich jedoch eine der beiden Leerstellen blockieren, und es entsteht ein stereospezifischer Katalysator:

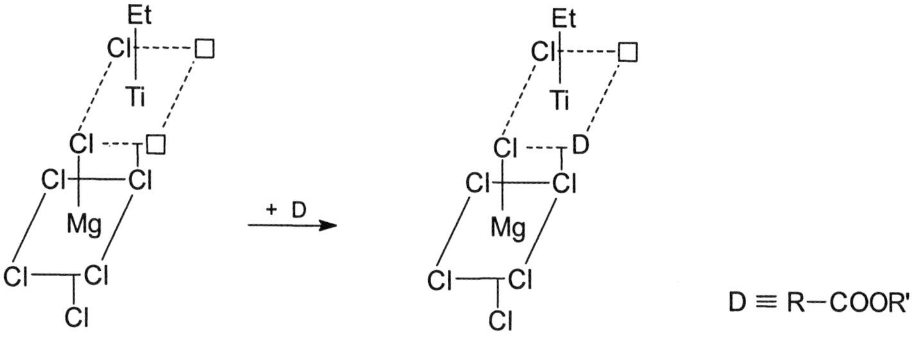

$$\xrightarrow{+\,D} \qquad D \equiv R{-}COOR'$$

Wird ein Olefinmolekül an die freie Koordinationsstelle angelagert, so startet die Polymerisation in der üblichen Weise durch Insertion des Olefins in die Ti-C-Bindung der Ethylgruppe.

2.2.4.5.3 Metallocen-Katalysatoren

1980 berichteten Kaminsky und Sinn [22, 23] erstmals über die Verwendung sogenannter Metallocen-Katalysatoren für die Ethylenpolymerisation. Die Katalysatoren bestehen aus zwei Komponenten:

(1) Cp_2ZrCl_2, $Cp_2Zr(CH_3)_2$ oder $Cp_2Ti(CH_3)_2$,

(2) Methylalumoxan (MAO).

MAO entsteht durch partielle Hydrolyse von Trimethylaluminium:

$$Al(CH_3)_3 \xrightarrow[-\,CH_4]{+H_2O} \left[\overset{CH_3}{\overset{|}{Al}} - O \right]_n$$

Die Struktur von MAO ist komplex. Neben cyclischen Oligomeren liegen auch kurze Ketten vor. Aus den Katalysatorkomponenten (1) und (2) bildet sich die polymerisationsaktive Spezies:

$$Cp_2ZrCl_2 + MAO \rightleftharpoons Cp_2ZrCl_2 \cdot MAO \qquad \text{Komplexierung}$$

$$Cp_2ZrCl_2 \cdot MAO \rightleftharpoons Cp_2Zr(CH_3)Cl + (CH_3)(Cl)Al{-}O{-} \qquad \text{Methylierung}$$

$$Cp_2Zr(CH_3)Cl + MAO \rightleftharpoons Cp_2\overset{+}{Zr}(CH_3)(\square) + MAO{-}Cl \qquad \text{Aktivierung}$$

Polymerisation. Lagert sich ein Ethylenmolekül an die freie Koordinationsstelle am Zirkonatom an, so kann die Polymerisation in der üblichen Weise durch Insertion in die Zr-C-Bindung erfolgen:

$$Cp_2\overset{+}{Zr}(CH_3)(CH_2{=}CH_2) \xrightarrow{\text{Insertion}} Cp_2\overset{+}{Zr}(\square)(CH_2CH_2CH_3) \xrightarrow[\text{des Alkylrestes}]{\text{Wanderung}} Cp_2\overset{+}{Zr}(CH_2CH_2CH_3)(\square)$$

Die Zirkonocen/MAO-Katalysatoren sind zehn- bis 100-mal aktiver als die gewöhnlichen Ziegler-Systeme. Mit Cp_2ZrCl_2 und MAO lassen sich 40 t PE pro g Zr und Stunde erhalten. Die Zeitdauer der Insertion einer Ethyleneinheit liegt bei 3×10^{-5} s. Sie ist vergleichbar mit der Geschwindigkeit von enzymatischen Reaktionen. Die Molekulargewichte liegen bei 10^5 g/mol, die Polydispersität bei 2.

Polypropylen. Um eine stereoregulierende Wirkung zu erhalten, werden anstelle der Dicyclopentadienyl-Metallocene solche mit verbrückten Indenyl- und Fluorenylliganden („ansa-Metallocene") verwendet. Je nach Ligand gelingt die Synthese von iso-, syndio-

und ataktischem Polypropylen (PP). Mit unverbrückten Neomenthyl-substituiertem Cp_2ZrCl_2 können Isoblock- und Stereoblock-PP hergestellt werden (Abb. 32). Der voluminöse Neomenthyl-Substituent stabilisiert für kurze Zeit ein chirales Aktivitätszentrum. Während dieser Zeit werden Propylenmonomere mit gleicher Stereospezifität unter Bildung eines isotaktischen Blockes insertiert, bis eine Konformationsänderung am Substituenten eintritt. Mit sinkender Temperatur nimmt die Länge der isotaktischen Blöcke zu [24].

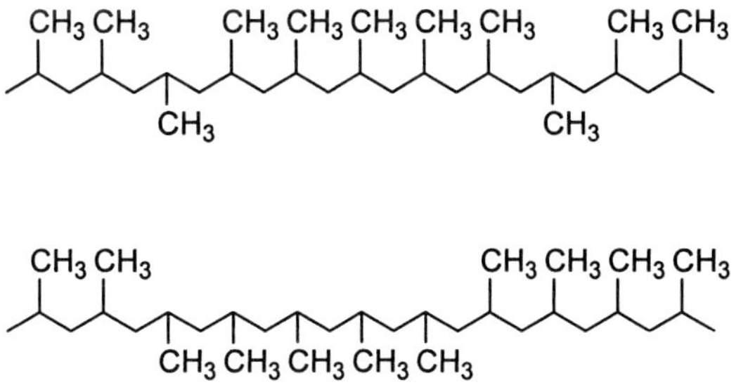

Isoblock

Stereoblock

Abb. 32. Mikrostrukturen von Iso- und Stereoblock-PP [24].

Andere Polymere. Mithilfe von Metallocen-Katalysatoren lassen sich auch syndiotaktisches Polystyrol (T_g = 100 °C, T_m = 273 °C) sowie cyclische Olefin-Copolymere wie zum Beispiel statistische Ethylen-Norbornen-Copolymere mit T_g = 150 °C in amorpher, transparenter Form herstellen. Aus nichtkonjugierten Dien-Monomeren, wie zum Beispiel 1,5-Hexadien, gelingt mit optisch aktiven ansa-Metallocenen und MAO eine Cyclopolymerisation zu einem optisch aktiven, trans-isotaktischen Poly(methylen-1,3-cyclopentan) [24].

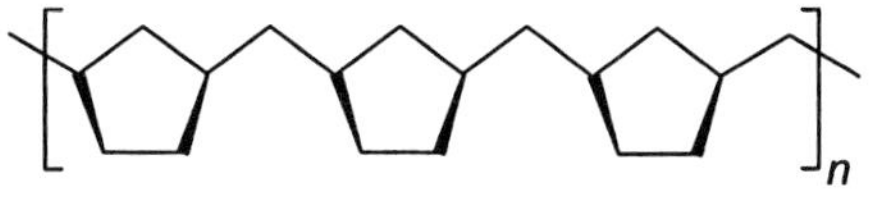

Trans-isotaktisches Poly(methylen-1,3-cyclopentan)

2.2.4.5.4 Polymerisation mit Einkomponentenkatalysatoren

Neben den Ziegler-Natta-Katalysatoren besitzen die **Phillips-Katalysatoren** eine große Bedeutung bei der Herstellung von Polyolefinen. Sie werden durch Tränken eines SiO_2- oder SiO_2/Al_2O_3-Trägermaterials mit einer wässrigen CrO_3-Lösung und nachfolgender thermischer Behandlung an Luft oder in Stickstoffatmosphäre hergestellt. Hierbei wird CrO_3 wahrscheinlich mit Silanolgruppen des Trägers umgesetzt [25]:

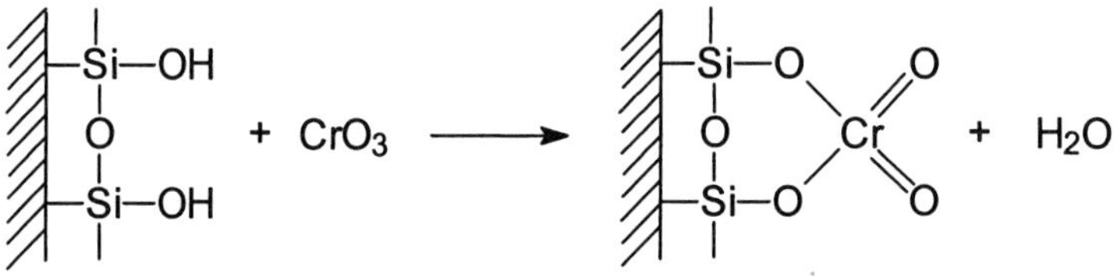

$$\text{(Si–OH)}_2 + CrO_3 \longrightarrow \text{(Si–O)}_2CrO_2 + H_2O$$

Anschließend wird die Oberfläche mit dem Monomer (z. B. Ethylen) oder mit H_2 oder CO reduziert:

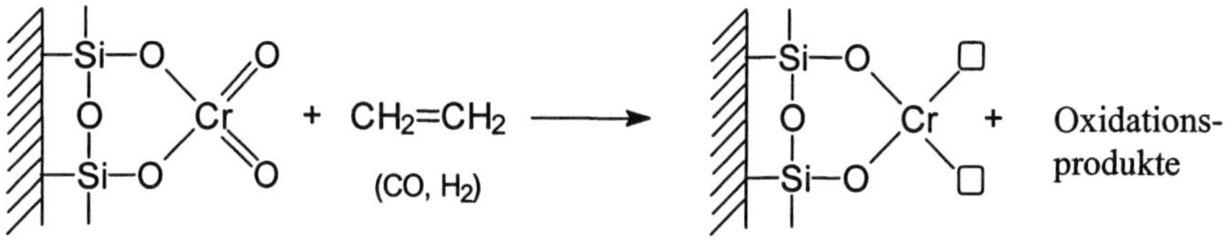

$$\text{(Si–O)}_2CrO_2 + CH_2{=}CH_2 \xrightarrow[(CO,\ H_2)]{} \text{(Si–O)}_2Cr\square_2 + \text{Oxidations-produkte}$$

An die freien Koordinationsstellen des Chroms wird das Monomer angelagert (M = Cr) [26]:

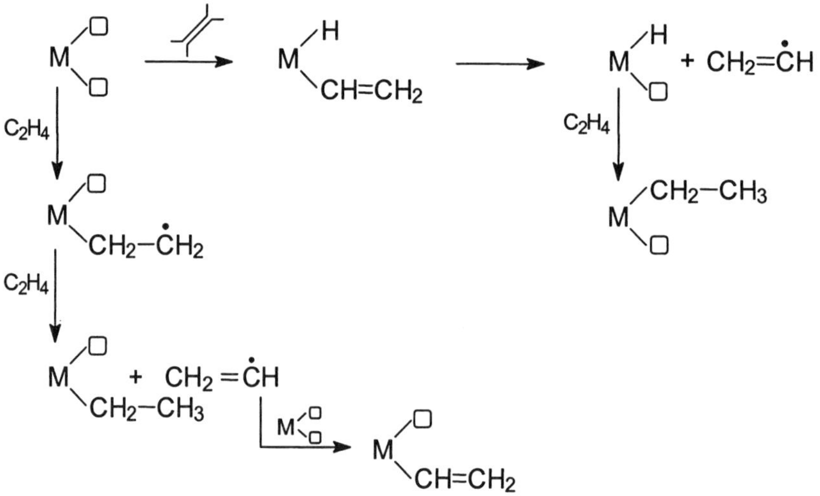

$$M\square_2 \longrightarrow M(H)(CH{=}CH_2) \longrightarrow M(H)\square + CH_2{=}\dot{C}H$$

$$M\square_2 \xrightarrow{C_2H_4} M\square(CH_2–\dot{C}H_2) \xrightarrow{C_2H_4} M\square(CH_2–CH_3) + CH_2{=}\dot{C}H \xrightarrow{M\square_2} M\square(CH{=}CH_2)$$

$$M(H)\square \xrightarrow{C_2H_4} M\square(CH_2–CH_3)$$

Polymerisation erfolgt durch Insertion in die Cr-C-Bindung [27]:

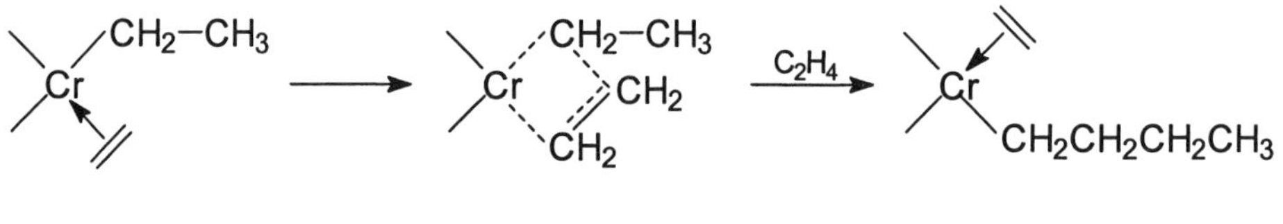

$$Cr(CH_2–CH_3)(CH_2{=}CH_2) \longrightarrow Cr\cdots CH_2–CH_3 / CH_2 / CH_2 \xrightarrow{C_2H_4} Cr(CH_2{=}CH_2)(CH_2CH_2CH_2CH_3)$$

Abbruch erfolgt durch Hydridübertragung:

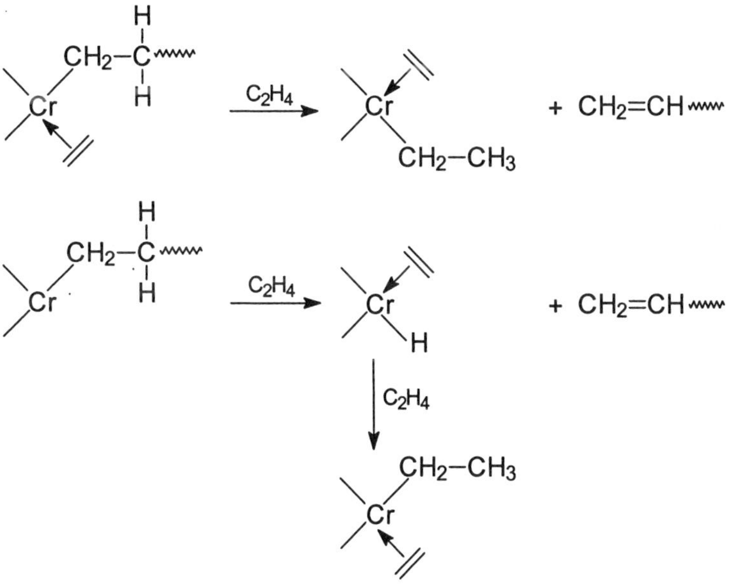

Nebenreaktion:

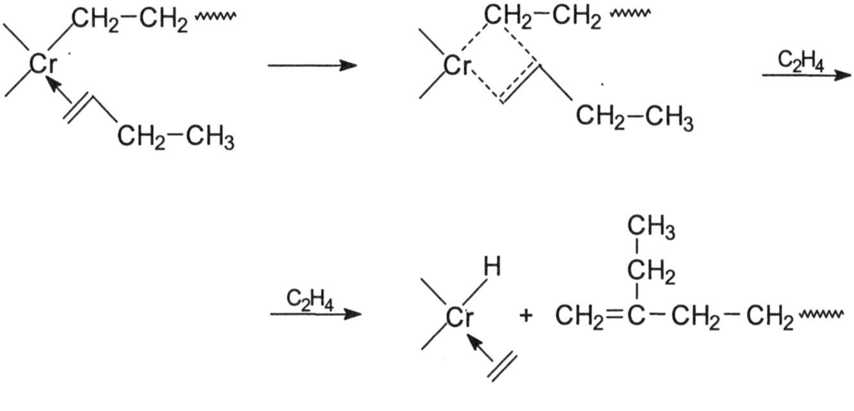

Alternativ erfolgt der Einbau des α-Olefins nach Anti-Markovnikov:

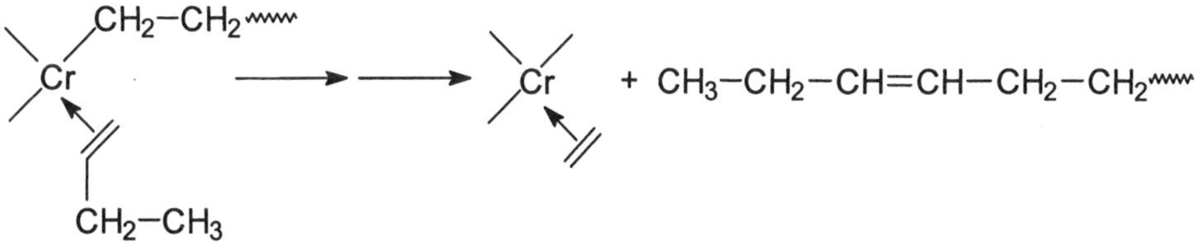

Die mithilfe der stereoregulären (koordinativen) Polymerisation hergestellten Polyolefine sind wegen ihrer regelmäßigen Struktur hochkristallin. Die Kristallstrukturen von Polyethylen und Polypropylen sind in Abschnitt 4.1.3 näher erläutert.

2.2.4.5.5 Technische Polymerisationsprozesse

Die Ziegler-Natta-Polymerisation von Ethylen und α-Olefinen wird technisch in Lösung, Suspension oder in der Gasphase durchgeführt. Prozesse zur Herstellung von HDPE sind (siehe auch Tab. 13):

(a) Lösungspolymerisation

Ethylen wird bei 150 °C und 8 MPa in Cyclohexan polymerisiert (Dauer 5–10 min). Es entsteht eine bis zu 30%ige Lösung. Der Katalysator enthält $TiCl_4$, $VOCl_3$ und $Al(C_4H_9)_3$ als 0,1-μm-Teilchen. Wasserstoff wird als Kettenüberträger zur Kontrolle des Molekulargewichts zugesetzt.

(b) Suspensionspolymerisation

Das Suspensionsverfahren ist eine Fällungspolymerisation, das heißt, das gebildete Polymer ist im Monomer-Lösungsmittel-Gemisch unlöslich (Isobutan, Hexan). Die Polymerisation erfolgt im Rührkessel oder im Schleifenreaktor. Die Schleife dient der raschen Temperaturabführung bei gleichzeitiger, hoher Strömungsgeschwindigkeit der Reaktionsmischung. In der Schleife (Länge 50 m, Rohrdurchmesser 1 m) zirkuliert eine Suspension aus HDPE und Katalysatorpartikeln (Chromoxid, Ziegler-Natta) in Isobutan (Geschwindigkeit $5-12\,\mathrm{ms}^{-1}$; HDPE-Konzentration 25 %). Monomer wird ständig zudosiert und sich absetzendes Polymer am Boden entfernt (Verweilzeit: ca. 30 min). Die Temperatur liegt niedriger als bei Polymeren in Lösung. Die Reaktion wird durch Zugabe von ROH, H_2O oder Säure gestoppt. Das Polymer wird gewaschen, mit Stabilisatoren vermischt und granuliert.

(c) Gasphasenpolymerisation

Der Prozess ist wirtschaftlicher, weil kein Lösungsmittel nötig ist und der Katalysator nicht entfernt wird (angewendet seit 1968). Das Monomer wird kontinuierlich von unten in den Reaktor eingespeist. Über einem porösen Boden befindet sich eine Wirbelschicht aus PE-Partikeln und Katalysatorpartikeln, in der die Polymerisation erfolgt. Die Reaktionstemperatur ist 85–100 °C, der Druck liegt bei 20 bar. Das nicht umgesetzte Gas wird über einen Kühler/Kompressor recycliert; pro Cyclus werden 1–3% umgesetzt. Die mittlere Verweildauer beträgt 3–5 h. HDPE wird als Grieß mit Korngrößen von 250–1300 μm erhalten und nach Absetzen kontinuierlich entfernt. Pro Kilogramm Katalysator lassen sich circa 600 t Polymer erzeugen.

Eigenschaften und Verwendung der Polymere

Der Kristallinitätsgrad ist 80 %, $\overline{M}_w$ liegt je nach Katalysator bei 30.000–500.000 g/mol, aber auch bei mehr als 2.000.000 g/mol (UHMWPE). Bei Ziegler-Katalysatoren liegt die Polydispersität bei 8 bis 30, bei Phillips-Katalysatoren bei 8 bis 15. Bei Verwendung von $Ti(OR)_4$ anstelle von $TiCl_4$ werden engere Verteilungen erhalten. HDPE wird verwendet für Verpackungsfolien, Formkörper, Tragetaschen, Abfalltüten, Wasser- und Gasrohre sowie als Poliermittel und zur Papierimpregnierung.

Durch Copolymerisation von Ethylen mit kleinen Mengen (<10 %) an 1-Alkenen (Propen, 1-Buten, 1-Hexen, 1-Octen) wird lineares Polyethylen niedriger Dichte (linear low density PE, LLDPE) erhalten. Durch das eingebaute 1-Alken sinken die Kristallinität, der Schmelzpunkt und die Dichte des Polymers, sodass es flexibler und leichter verarbeitbar wird.

Tab. 13. Wichtige Prozesse für die Herstellung von HDPE [28].

Katalysator	System	Ausbeute	Verfahrenstyp
Ziegler	Ti(IV) auf MgO + Al-Alkyl	3000–30.000	Dispersion (Schleifenreaktor)
Ziegler	Cr-Verbindung auf SiO_2 oder Ti-Verbindung auf MgO + Al-Alkyl	30.000	Gasphase
Phillips	CrO_x (aktiv) auf SiO_2 (0,5–3 % Cr)	8000–50.000	Dispersion (Schleifenreaktor)
Ziegler	Ti(IV) + Grignard	> 6000	Lösung
Klassischer-Ziegler-Kat.	Ti(IV) + AlR_3	30–150	Dispersion

* in kg PE pro Mol Übergangsmetall

2.3 Copolymerisation

2.3.1 Klassifizierung von Copolymeren

Es gibt verschiedene Typen von Copolymeren:

```
(a) Statistische Copolymere     A B A A B A B B B A A
(b) Alternierende Copolymere    A B A B A B
(c) Blockcopolymere             A A A A B B B B B A A A A A
(d) Pfropfcopolymere            A A A A A A A A A A A
                                      B       B
                                      B       B
                                      B       B
                                              B
                                              B
                                              B
```

Während Polymere (a) und (b) durch radikalische Polymerisation in einer Kettenreaktion hergestellt werden, sind Polymere (c) und (d) durch radikalische und ionische Polymerisation sowie Polykondensation und Polyaddition zugänglich. Polymere (d) werden hauptsächlich durch nachträgliches Anpolymerisieren (Pfropfen) von B an vorhandene Homopolymere aus A-Bausteinen hergestellt.

2.3.2 Copolymerisationsgleichung

Ein wichtiger Punkt bei der Copolymerisation ist die Kenntnis der Zusammensetzung des Copolymers als Funktion der Monomermischung von A und B. Eine Beziehung, die die Zusammensetzung des Copolymerisats beschreibt, ist die **Copolymerisationsgleichung**. Sie wird im Folgenden näher besprochen.

Wir betrachten die radikalische Copolymerisation, eine Kettenreaktion. Es gibt stets zwei reaktive Kettenenden:

$$\sim\sim\sim A^{\bullet}$$
$$\sim\sim\sim B^{\bullet}$$

Daraus ergeben sich vier verschiedene Additionsreaktionen mit vier Geschwindigkeitskonstanten k_{11}, k_{12}, k_{22} und k_{21}:

$$\sim\sim\sim A^{\bullet} + A \xrightarrow{k_{11}} \sim\sim\sim AA^{\bullet}$$

$$\sim\sim\sim A^{\bullet} + B \xrightarrow{k_{12}} \sim\sim\sim AB^{\bullet}$$

$$\sim\sim\sim B^{\bullet} + B \xrightarrow{k_{22}} \sim\sim\sim BB^{\bullet}$$

$$\sim\sim\sim B^{\bullet} + A \xrightarrow{k_{21}} \sim\sim\sim BA^{\bullet}$$

Zur Beschreibung der Polymerisationsrate nehmen wir vereinfacht an, dass die Reaktivität der wachsenden Ketten nur von der Natur der jeweiligen Endgruppe abhängt. Für die Geschwindigkeit der Abnahme von A gilt dann folgende Beziehung:

$$-\frac{\mathrm{d}[A]}{\mathrm{d}t} = k_{11}[A]\sum[A^{\bullet}] + k_{21}[A]\sum[B^{\bullet}]$$

mit $\sum[A^{\bullet}], \sum[B^{\bullet}]$ = Konzentration aller aktiven Zentren mit A- oder B-Einheiten am Ende. Für die Geschwindigkeit der Abnahme von B gilt analog

$$-\frac{\mathrm{d}[B]}{\mathrm{d}t} = k_{22}[B]\sum[B^{\bullet}] + k_{12}[B]\sum[A^{\bullet}].$$

Das Einbauverhältnis der beiden Monomere lässt sich durch Division beider Gleichungen beschreiben:

$$\frac{\mathrm{d}[A]}{\mathrm{d}[B]} = \frac{[A]}{[B]}\left[\frac{(k_{11}\sum[A^{\bullet}]/\sum[B^{\bullet}]) + k_{21}}{(k_{12}\sum[A^{\bullet}]/\sum[B^{\bullet}]) + k_{22}}\right].$$

Das Verhältnis $\Sigma[A^{\bullet}]/\Sigma[B^{\bullet}]$ lässt sich mithilfe der Näherung für den stationären Zustand vereinfacht ausdrücken. Hierzu formulieren wir zunächst die Reaktion, bei der mit $\sim\sim\sim A^{\bullet}$ oder mit $\sim\sim\sim B^{\bullet}$ terminierte Ketten neu gebildet werden. Betrachten wir die $\sim\sim\sim A^{\bullet}$-Ketten, so gilt für deren Bildung

$$\frac{\mathrm{d}\sum[A^{\bullet}]}{\mathrm{d}t} = k_{21}[A]\sum[B^{\bullet}].$$

Für das Verschwinden der $\sim\sim\sim A^{\bullet}$-Ketten gilt

$$-\frac{\mathrm{d}\sum[\mathrm{A}^{\bullet}]}{\mathrm{d}t} = k_{12}[\mathrm{B}]\sum[\mathrm{A}^{\bullet}].$$

Im **stationären Zustand** entstehen und verschwinden ebenso viele ~~~$A^{\bullet}$-Ketten:

$$k_{21}[\mathrm{A}]\sum[\mathrm{B}^{\bullet}] = k_{12}[\mathrm{B}]\sum[\mathrm{A}^{\bullet}]$$

und

$$\frac{\sum[\mathrm{A}^{\bullet}]}{\sum[\mathrm{B}^{\bullet}]} = \frac{k_{21}[\mathrm{A}]}{k_{12}[\mathrm{A}]}.$$

Mit dieser Näherung folgt für

$$\frac{\mathrm{d}[\mathrm{A}]}{\mathrm{d}[\mathrm{B}]} = \frac{[\mathrm{A}]}{[\mathrm{B}]}\left[\frac{k_{11}[\mathrm{A}]/k_{12} + [\mathrm{B}]}{[\mathrm{A}] + k_{22}[\mathrm{B}]/k_{21}}\right].$$

Mit Einführung der Reaktivitätsverhältnisse

$$r_1 = \frac{k_{11}}{k_{12}} \quad \text{und} \quad r_2 = \frac{k_{22}}{k_{21}}$$

wird die **Copolymerisationsgleichung**

$$\frac{\mathrm{d}[\mathrm{A}]}{\mathrm{d}[\mathrm{B}]} = \frac{[\mathrm{A}]}{[\mathrm{B}]}\left[\frac{r_1[\mathrm{A}] + [\mathrm{B}]}{r_2[\mathrm{B}] + [\mathrm{A}]}\right]$$

erhalten. Sie gibt die Zusammensetzung des **zu jedem Moment** der Polymerisation gebildeten Polymers an. Dies ist nicht notwendigerweise die Endzusammensetzung, da sich [A] und [B] während der Reaktion ständig ändern.

2.3.3 Bestimmung der *r*-Parameter

Die *r*-Parameter sind wichtig zur Abschätzung der Polymerzusammensetzung, die für ein gegebenes Monomerpaar zu erwarten ist. Sie lassen sich experimentell ermitteln, wenn man für verschiedene Konzentrationsverhältnisse der Ausgangsmonomere

$$\frac{[A]}{[B]} = x$$

die jeweilige Zusammensetzung des bei kleinem Umsatz gebildeten Polymers

$$\frac{d[A]}{d[B]} = X$$

bestimmt. Einsetzen von x und X in die Copolymerisationsgleichung liefert

$$X = x\left(\frac{x r_1 + 1}{r_2 + x}\right)$$

sowie

$$\frac{x(1-X)}{X} = r_2 - \frac{x^2}{X} r_1.$$

Die Auftragung von $x(1 - X)/X$ gegen x^2/X liefert eine Gerade mit der Steigung $-r_1$ und dem Achsenabschnitt r_2 **(Fineman-Ross-Auftragung)**. Einige typische r-Werte für die radikalische Copolymerisation sind in Tab. 14 aufgelistet.

Tab. 14. Einige r-Werte für die radikalische Copolymerisation bei 60 °C [7].

M_1	M_2	r_1	r_2
Styrol	Methylmethacrylat	0,52	0,46
Styrol	Vinylacetat	55	0,01
Styrol	Butadien	0,78	1,39
Styrol	Vinylchlorid	17,0	0,02
Styrol	Maleinsäureanhydrid	0,02	0
Methylmethacrylat	Vinylacetat	20	0,015
Methylmethacrylat	Vinylchlorid	12,0	~ 0
Methylmethacrylat	Acrylnitril	1,2	0,15
Methylmethacrylat	Methylacrylat	1,69	0,34

2.3.4 Copolymerisationsdiagramm

Die Copolymerisationsgleichung liefert die Copolymerzusammensetzung nur für ein bestimmtes Comonomerverhältnis. In den meisten Fällen ändert sich dieses Verhältnis aber während der Polymerisation ständig. Die jeweilige Copolymerzusammensetzung bei unterschiedlichem Comonomerverhältnis und bekannten r-Parametern lässt sich durch das **Copolymerisationsdiagramm** (Beispiele s. Abb. 33) beschreiben.

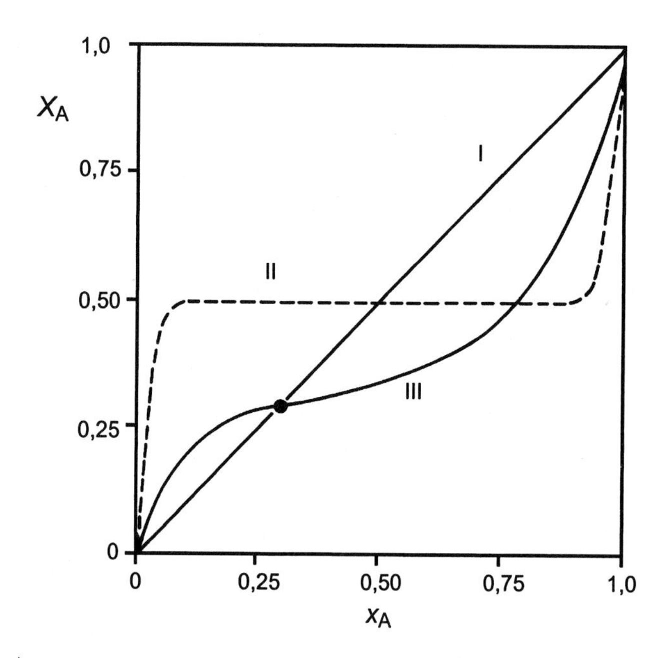

Abb. 33. Abhängigkeit des Molenbruchs X_A im gerade gebildeten Copolymer vom Molenbruch x_A in der Monomermischung für (I) statistische (ideale), (II) alternierende und (III) nahezu ideale Copolymerisation.

Beispiel 1:

$r_1 \sim r_2 \sim 1$ (Abb. 32, Kurve I). Es entsteht ein statistisches („ideales") Copolymer.

Folgende Monomerpaare bilden ideale Copolymere:

Tetrafluorethylen/Monochlortrifluorethylen,
Isopren/Butadien,
Vinylacetat/Isopropenylacetat.

Beispiel 2:

$r_1 \sim r_2 \sim 0$ (Abb. 32, Kurve II). Es entsteht ein 1:1 alternierendes Copolymer.
Strikt alternierende Copolymere bilden:

Styrol/Maleinsäureanhydrid,
Fumarsäurenitril/α-Methylstyrol.

Es gibt Copolymerisationsdiagramme **mit** und **ohne Wendepunkt**. In Diagrammen mit Wendepunkt existiert eine azeotrope Monomerzusammensetzung, bei der das Polymer die gleiche Zusammensetzung wie die Monomermischung hat. Diese Zusammensetzungen sind technisch interessant, weil bei ihnen die Polymerisation bis zu hohem Umsatz geführt werden kann, ohne dass ein inhomogenes Produkt entsteht.

Die r_1- und r_2-Werte gelten immer nur für einen bestimmten Typ von reaktiven Zentren. Für die radikalische, kationische oder anionische Copolymerisation eines Monomerpaares werden daher sehr unterschiedliche Copolymerisationsdiagramme erhalten (Abb. 34). Ursache hierfür sind unterschiedliche Monomerreaktivitäten, die auf Resonanzstabilisierung, Polarität und sterischen Effekten beruhen.

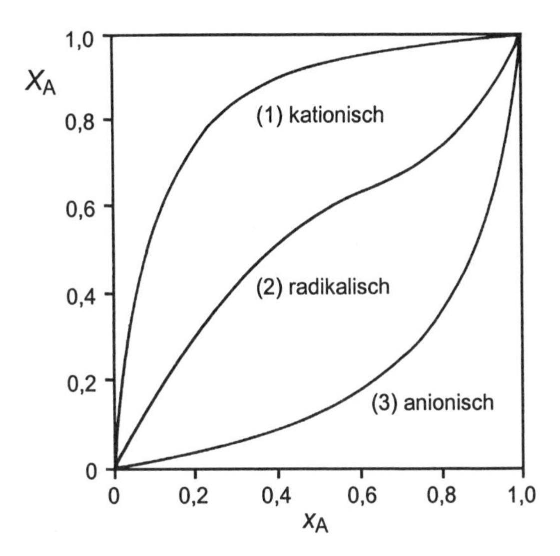

Abb. 34. Abhängigkeit des Molenbruchs X_A im gerade gebildeten Copolymer vom Molenbruch x_A in der Monomermischung für das System Styrol-Methylmethacrylat, initiiert mit (1) $SnCl_4$, (2) Benzoylperoxid und (3) Natrium in flüssigem Ammoniak (Komponente A ist Styrol) [29].

2.3.5 Faktoren, die die *r*-Werte bestimmen

2.3.5.1 Resonanzeffekte (Einfluss des Substituenten R in $CH_2 = CHR$)

Substituenten erhöhen die Reaktivität eines Vinylmonomers gegenüber Radikalen in der Reihenfolge

$$R = -C_6H_5 > -CH{=}CH_2 > -\underset{\underset{O}{\|}}{C}-CH_3 > -C{\equiv}N > -\underset{\underset{O}{\|}}{C}OR > -Cl > -O\underset{\underset{O}{\|}}{C}CH_3 > -OR$$

das heißt in der Reihenfolge abnehmender Resonanzstabilisierung des jeweiligen Radikals. Styrol, Butadien und Acrylnitril sind als Monomere hochreaktiv, aber als Radikale relativ träge, während Vinylacetat und Vinylether als Monomere relativ träge sind, aber hochreaktive Radikale bilden. Zum Beispiel ist das Styrolradikal 10^{-3}-mal so reaktiv wie das Vinylacetatradikal, während das Styrolmonomer 50-mal so reaktiv ist wie das Vinylacetatmonomer. Daraus folgt, dass das stabile Styrolradikal nicht mit dem stabilen Vinylacetatmonomer reagieren wird, sodass eher Homopolymere als Copolymere entstehen ($r_1 = 55$, $r_2 = 0{,}01$).

2.3.5.2 Polaritätseffekte

Elektronenziehende Substituenten erniedrigen die Elektronendichte der C=C-Gruppe, während elektronenspendende Substituenten die Elektronendichte erhöhen:

$-COOR, -CN, -COCH_3$	ziehen Elektronen ab
$-CH_3, -OR, -O\underset{\underset{O}{\|}}{C}CH_3$	liefern Elektronen

Als Folge davon entsteht bei sehr unterschiedlichen Polaritäten der Monomere eine Neigung zur alternierenden Copolymerisation, während bei nahezu gleichen Polaritäten statistische Copolymere entstehen.

Beispiel:

$CH_2{=}CH{-}CN + CH_2{=}CH{-}\underset{\underset{O}{\|}}{C}{-}CH_3$	$r_1\, r_2 = 1{,}1$	statistisch
$CH_2{=}CH{-}CN + CH_2{=}CH{-}O{-}CH_3$	$r_1\, r_2 = 0{,}0004$	alternierend

Stilben bildet wegen sterischer Effekte keine Homopolymere. Jedoch bewirken Polaritätseffekte eine alternierende Copolymerisation, zum Beispiel mit Maleinsäureanhydrid:

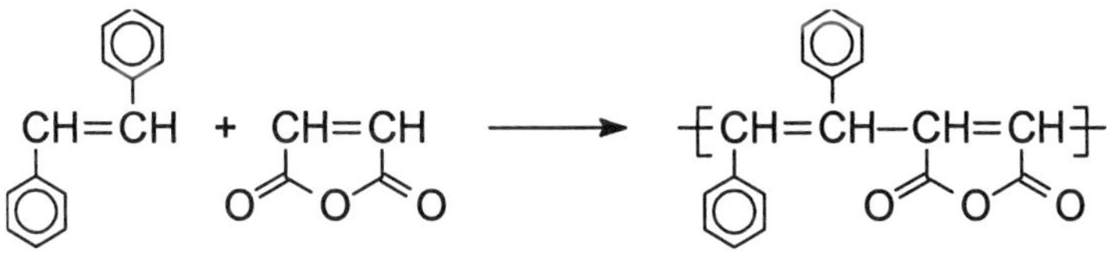

2.3.6 *Q*-*e*-Schema

Alfrey und Price beschrieben eine Möglichkeit, die Reaktivitätsverhältnisse für ein gegebenes Paar von Monomeren semiempirisch zu ermitteln. Diese Methode ist als *Q*-*e*-Schema bekannt und ordnet jedem Reaktionspartner eine bestimmte Reaktivität *Q* und Polarität *e* zu, mit deren Hilfe sich die Geschwindigkeitskonstanten der Wachstumsreaktionen berechnen lassen. Zum Beispiel ist für die Reaktion

$$\mathrm{R{\sim\sim}M_1^\bullet} + \mathrm{M_2} \xrightarrow{k_{12}} \mathrm{R{\sim\sim}M_1M_2^\bullet}$$

die Geschwindigkeitskonstante k_{12} gegeben durch

$$k_{12} = P_1 Q_2 \exp\left(-e_1 e_2\right),$$

wobei P_1 ein Maß für die Reaktivität von $\mathrm{R{\sim\sim}M_1^\bullet}$, Q_2 ein Maß für die Reaktivität des Monomers M_2 und e_1, e_2 die Polaritäten von M_1 und $M_1^\bullet$ bzw. M_2 und $M_2^\bullet$ sind. Für r_1 folgt

$$r_1 = \frac{k_{11}}{k_{12}} = \frac{P_1 Q_1}{P_1 Q_2}\,\frac{\exp\left(-e_1 e_1\right)}{\exp\left(-e_1 e_2\right)} = \frac{Q_1}{Q_2}\exp\left(-e_1\left(e_1 - e_2\right)\right)$$

sowie

$$r_2 = \frac{Q_2}{Q_1}\exp\left(-e_2\left(e_2 - e_1\right)\right).$$

Für Styrol wurde willkürlich $Q_1 = 1$ und $e_1 = -0{,}8$ festgelegt. Dies ermöglicht, auf Basis experimentell ermittelter r_1- und r_2-Werte die *Q*- und *e*-Werte für alle weiteren Monomere zu berechnen. Da die *Q*- und *e*-Werte unabhängig vom Comonomer sind, gestatten

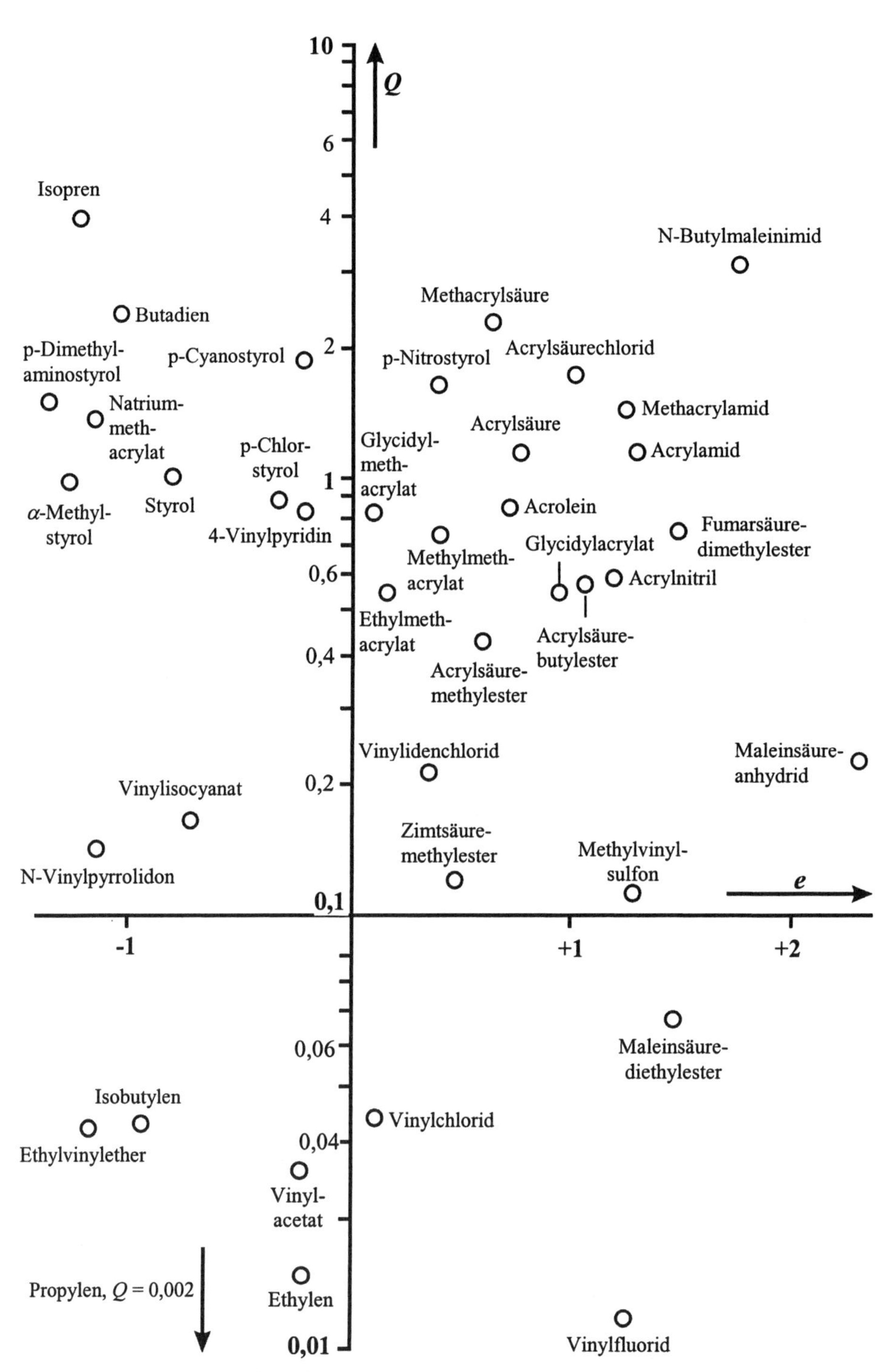

Abb. 35. *Q*-*e*-Schema nach Alfrey und Price [30].

sie, die r_1- und r_2-Werte beliebiger Monomerpaare vorauszuberechnen. Das *Q-e*-Schema ist in Abb. 35 dargestellt.

2.3.7 Blockcopolymere

Blockcopolymere sind Copolymere, in denen die verschiedenen Monomere blockförmig angeordnet sind. Man unterscheidet

- Diblockcopolymere $(A)_n\,(B)_m$,
- Triblockcopolymere $(A)_n\,(B)_m\,(A)_p$ oder $(A)_n\,(B)_m\,(C)_p$ und
- Multiblockcopolymere $-[(A)_n\,(B)_m]_p-$.

2.3.7.1 Herstellung

Blockcopolymere lassen sich herstellen

(a) durch radikalische Polymerisation, wenn r_1 und $r_2 > 1$, das heißt $r_1\,r_2 \gg 1$. Es entstehen Multiblockcopolymere;

(b) durch „lebende" Polymerisation. Diese Methode erlaubt insbesondere die Herstellung von Di- und Triblockcopolymeren, wie zum Beispiel PSt-PMMA, PSt-PEO, PSt-Pbu, PSt-PMMA-PSt;

(c) durch ionische Polymerisation an Präpolymeren mit definierten Endgruppen, wie zum Beispiel PEO-PPO-Diblockcopolymere:

$$\sim\!\!\sim(CH_2CH_2O)_n\!-\!CH_2CH_2OH + BuLi \longrightarrow$$

$$\longrightarrow \sim\!\!\sim(CH_2CH_2O)_n\!-\!CH_2CH_2OLi + BuH$$

$$\sim\!\!\sim(CH_2CH_2O)_n\!-\!CH_2CH_2OLi + m\ CH_3\!-\!\underset{\diagdown O \diagup}{CH\!-\!CH_2} \longrightarrow$$

$$\longrightarrow \sim\!\!\sim(CH_2CH_2O)_{n+1}\!-\!(\underset{CH_3}{\underset{|}{C}H}\!-\!CH_2O)_{m-1}\!-\!\underset{CH_3}{\underset{|}{C}H}\!-\!CH_2OLi$$

Definierte Endgruppen an Vinylpolymeren lassen sich zum Beispiel bei Kettenstart mit H_2O_2/Fe^{2+} (Fenton's Reagenz) herstellen:

$$H_2O_2 + Fe^{2+} \longrightarrow Fe^{3+} + OH^- + OH^\bullet \qquad \text{und}$$

$$OH^\bullet + n\,CH_2{=}CHX \longrightarrow HO{-}(CH_2CHX)_{n-1}{-}CH_2{-}\dot{C}HX$$

(d) durch Stufenwachstumspolymerisation von Präpolymeren mit definierten Endgruppen nach

$$HO{-}(M_1)_m{-}OH + OCN{-}(M_2)_n{-}NCO \longrightarrow \left[(M_1)_m{-}O\overset{O}{\overset{\|}{C}}\underset{H}{\underset{|}{N}}{-}(M_2)_n{-}\underset{H}{\underset{|}{N}}\overset{O}{\overset{\|}{C}}O \right]$$

wobei M_1 und M_2 unterschiedliche Wiederholungseinheiten sind.

Beispiel:

Mit HO–Polystyrol–OH als Hartsegment und OCN–Polyethylenoxid–NCO als Weichsegment entsteht ein Multiblockcopolymer:

$$\left[\underset{H}{\underset{|}{N}}\overset{O}{\overset{\|}{C}}O{-}(CH_2{-}\underset{C_6H_5}{\underset{|}{C}}H)_m{-}O\overset{O}{\overset{\|}{C}}\underset{H}{\underset{|}{N}}{-}(CH_2CH_2O)_n{-}CH_2CH_2 \right]_p$$

2.3.7.2 Überstrukturbildung

Blockcopolymere neigen häufig zu Entmischungsphänomenen, die einerseits zur Bildung von kristallinen oder glasförmigen („harten“) Bereichen und andererseits zu amorphen („weichen“) Bereichen führen und dem Material ungewöhnliche Eigenschaften und Eigenschaftskombinationen verleihen.

Als Beispiel sei das Poly(styrol-block-co-butadien) in Abb. 36 betrachtet. Bei Vorliegen einer Styrol-Butadien-Styrol-Triblockstruktur entstehen harte Polystyroldomänen ($T_g \sim 373$ K), die als physikalische Vernetzungspunkte wirken und dem Material elastische und thermoplastische Eigenschaften verleihen (Polybutadien: $T_g \sim 210$ K). Je nach

Zusammensetzung können sehr unterschiedliche Morphologien erhalten werden (Abb. 37 und Abb. 38). Ursache hierfür ist die Entmischung unter Ausbildung einer möglichst kleinen Grenzfläche zwischen den Polymeren.

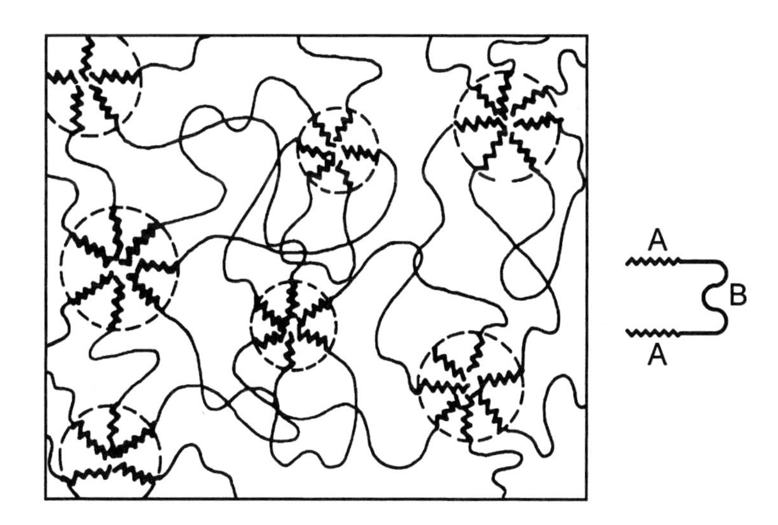

Abb. 36. Schematische Darstellung eines thermoplastischen Elastomers mit ABA-Triblockstruktur. Die harten, glasförmigen Polystyrol-(A-)Blöcke lagern sich zu Domänen zusammen (gestrichelte Kreise), die als thermisch reversible Vernetzungsstellen wirken und die weichen, gummiartigen Polybutadien-(B-)Blöcke an ihrem Platz halten.

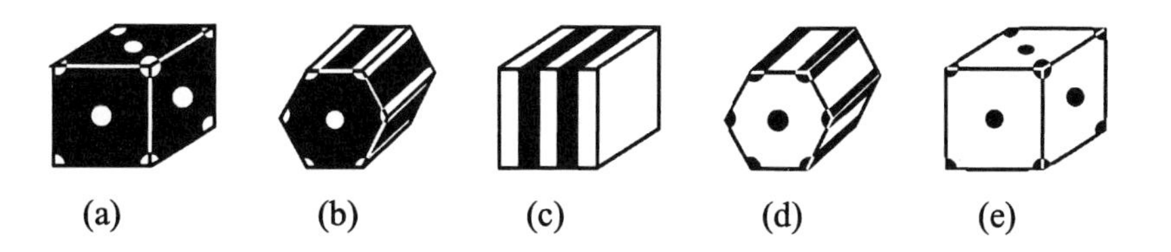

Abb. 37. Schema der Zweiphasenstruktur von Pfropf- und Blockcopolymeren unterschiedlicher Zusammensetzungen X_A und X_B; (a) $X_A < 15$ %, (b) $15 < X_A < 35$ %, (c) $35 < X_A < 65$ %, (d) $65 < X_A < 85$ % und (e) $X_A > 85$ %.

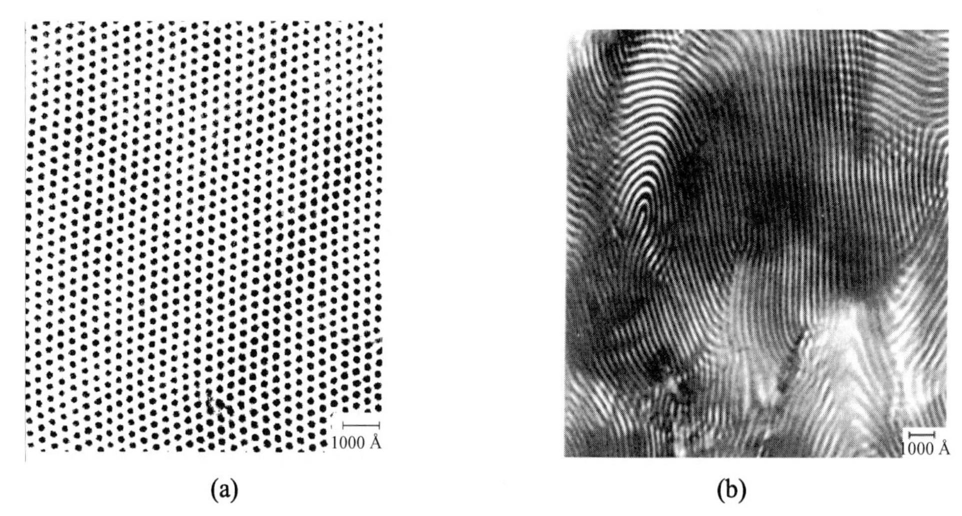

Abb. 38. Transmissionselektronenmikroskopische Aufnahme von Ultradünnschnitten von Butadien-Styrol-Blockcopolymeren (A-B-Typ), die durch anionische Polymerisation hergestellt wurden. Die Kontrastrierung erfolgte durch Addition von OsO_4 an die im Polybutadien enthaltenen Doppelbindungen (dunkel: Polybutadienphase). Die Styrol-Butadien-Mischung 68/32 zeigt eine Stäbchenanordnung (a) und die 39/61-Mischung eine Lamellenanordnung (b) [31].

2.3.8 Pfropfcopolymere

Pfropfcopolymere sind verzweigte Polymere, die unterschiedliche Monomereinheiten in der Hauptkette und der gepfropften Seitenkette enthalten:

```
            B
            B
            B
- A - A - A - A - A - A - A - A -
      B           B
      B           B
      B           B
      B
```

Sie können erzeugt werden durch

- Anpolymerisieren von Monomer B an die Hauptkette aus A via Kettenübertragung, Bestrahlung oder chemische Aktivierung von speziellen, eingebauten Gruppen oder

- Anknüpfen von Seitenketten B an die Polymerkette A via funktionelle Gruppen.

Beispiele:

(a) Anpolymerisieren von Monomer B an Polymer A via Kettenübertragung

$$\sim CH_2-\dot{C}H(C_6H_5) + \sim CH_2-CH(COOR)\sim \longrightarrow \sim CH_2-\dot{C}(COOR)\sim + \sim CH_2-CH_2(C_6H_5)$$

wachsende PSt-Kette | Polyacrylester | Polyacrylester mit Radikalstelle | abgebrochene PSt-Kette

$$\xrightarrow{n\ C_6H_5-CH=CH_2} \sim CH_2-C(COOR)(CH_2-\dot{C}H-C_6H_5)\sim$$

wachsende PSt-Kette an Polyacrylat

Kettenübertragung tritt häufig bei Styrol-Butadien-Copolymeren auf

$$\sim CH_2-CH=CH-CH_2\sim + \sim CH_2-\dot{C}H-C_6H_5 \longrightarrow \sim \dot{C}H-CH=CH-CH_2\sim + \sim CH_2-CH_2-C_6H_5$$

$$\sim \dot{C}H-CH=CH-CH_2\sim \xrightarrow{n\ CH_2=CH-C_6H_5} \sim CH(CH_2-CH(C_6H_5)\sim CH_2-\dot{C}H(C_6H_5))-CH=CH-CH_2\sim$$

Durch Radikalrekombination kann es zu Vernetzungen kommen. Daher wird die Reaktion bei 60–80 % Umsatz abgebrochen.

(b) Anpolymerisieren von Monomer B an Polymer A via Bestrahlung

$$\sim CH_2-CH_2 \sim \xrightarrow[O_2]{\gamma} \sim CH(OOH)-CH_2 \sim \xrightarrow{\Delta} \sim CH(O^\bullet)-CH_2 \sim + {}^\bullet OH$$

Die γ- oder Röntgenbestrahlung erfolgt entweder vor der Polymerisation oder im Beisein des Monomers B. Im letzteren Fall besteht allerdings die Gefahr der Homopolymeriation von B.

(c) Anpolymerisieren von Monomer B an Polymer A durch chemische Aktivierung eingebauter Gruppen (R = $(CH_2)_n$)

$$\sim CH_2-HC(-R-OH) \sim \xrightarrow[-Ce^{3+}]{+Ce^{4+}} \sim CH_2-HC(-R-O^\bullet) \sim + H^+$$

$$\sim CH_2-HC(-R-Br) \sim \xrightarrow{UV} \sim CH_2-HC(-R^\bullet) \sim + Br^\bullet$$

$$\sim CH_2-HC(-C_6H_4-CH(CH_3)_2) \sim \xrightarrow{O_2} \sim CH_2-HC(-C_6H_4-C(CH_3)_2-OOH) \sim \xrightarrow[-Fe^{3+}/OH^-]{+Fe^{2+}}$$

$$\text{HC}(\text{CH}_2\sim)(\sim)-C_6H_4-C(CH_3)_2-OOH \xrightarrow[-Fe^{3+}/OH^-]{+Fe^{2+}} \text{HC}(\text{CH}_2\sim)(\sim)-C_6H_4-C(CH_3)_2-O^{\bullet}$$

(d) Anknüpfen von Seitenketten an Hauptketten via funktionelle Gruppen

$$\sim CH_2-CH(COCl)-CH_2-CH(COOEt)\sim \; + \; HO-CH_2-CH(C_6H_5)\sim PSt \xrightarrow{-HCl}$$

$$\xrightarrow{-HCl} \sim CH_2-CH(C(=O)-O-CH_2-CH(C_6H_5)\sim PSt)-CH_2-CH(COOEt)\sim$$

In gleicher Weise können viele andere OH-terminierte Präpolymere reagieren.

2.3.9 Technisch wichtige Copolymere

Technisch wichtige Copolymere sind:

- ABS Poly(**a**crylnitril-co-**b**utadien-co-**s**tyrol),
- SBR Poly(styrol-co-butadien) (**S**tyrene-**b**utadiene-**r**ubber),
- NBR Poly(acrylnitril-co-butadien) (**N**itril-**b**utadien-**r**ubber),
- EPM Poly(ethylen-co-propylen) (**E**thylen-**p**ropylen-elasto**m**er),
- EPDM Poly(ethylen-co-propylen-co-dien)* (**E**thylen-**p**ropylen-**d**ien-elasto**m**er).

*Dien: Dicyclopentadien, 1,4-Hexadien, 5-Ethyliden-2-norbornen.

ABS-Copolymere werden heute insbesondere nach dem Emulsionsverfahren hergestellt. In der 1. Stufe wird in wässrigem Medium ein Kautschuk-Latex aus Polybutadienpartikeln, die schwach mit Divinylbenzol vernetzt sind, hergestellt. In der 2. Stufe werden ebenfalls in Wasser Styrol und Acrylnitril im Beisein der Polybutadienpartikel polymerisiert. Zur Aufarbeitung werden die entstandenen Latexpartikel durch Aussalzen coaguliert. Nach dem Trocknen wird das Polymer granuliert und im Spritzgussverfahren verarbeitet.

In Abb. 39 sind die Eigenschaften verschiedener Acrylnitril-Butadien-Styrol-Copolymere in Abhängigkeit von ihrer Zusammensetzung schematisch dargestellt.

SBR wird auch schlagfestes Polystyrol genannt. Es wurde 1948 von Dow eingeführt und stellt eine Polymermischung aus Polystyrol in der kohärenten Phase (mit einer Glas temperatur weit über Raumtemperatur) und mit auf Polybutadien gepfropftem Styrol in der dispersen Phase dar (mit einer Glastemperatur weit unter Raumtemperatur).

HIPS (**h**igh **i**mpact **p**oly**s**tyrene) stellt wie SBR eine Polymermischung dar, die in der dispersen Phase jedoch EPDM enthält (T_g ~ –50 °C). Es besitzt eine höhere Witterungsbeständigkeit als SBR.

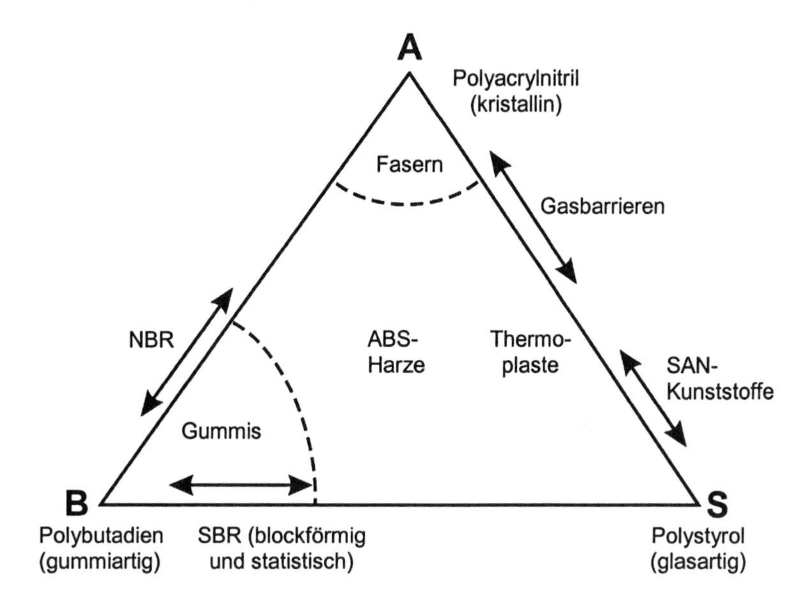

Abb. 39. ABS-Zusammensetzungen und ihre Eigenschaften [32].

Nachfolgend ist ein typischer Ansatz für die Herstellung eines ABS-Copolymers angegeben:

1. Stufe: Herstellung des Kautschuk-Latex durch Emulsionspolymerisation von Butadien

200 Teile	Wasser
100 Teile	Butadien (Monomer)
2 Teile	Divinylbenzol (Vernetzer)
5 Teile	Na-Stearat (Tensid)
0,4 Teile	tert.-Dodecylmercaptan (Kettenüberträger)
0,3 Teile	$K_2S_2O_8$ (Initiator)

2. Stufe: Polymerisation von Styrol und Acrylnitril in Gegenwart des Kautschuk-Latex

300 Teile	Wasser (incl. H_2O aus 1. Stufe)
20 Teile	Kautschuk-Latex
62 Teile	Styrol*
18 Teile	Acrylnitril*
0,5 Teile	Na-Stearat (Tensid)
0,2 Teile	tert.-Dodecylmercaptan (Kettenüberträger)
0,5 Teile	$K_2S_2O_8$ (Initiator)

*Dieses Mischungsverhältnis wird wegen der Copolymerisationsparameter $r_1 = 0{,}40$ (für Styrol) und $r_2 = 0{,}06$ (für Acrylnitril) gewählt, die eine azeotrope Zusammensetzung des Copolymers bei einem Monomeranteil von 75 % Styrol ergeben.

2.4 Sonstige Polymerisationen

2.4.1 Ringöffnende Metathese-Polymerisation cyclischer Olefine

Die **Olefin-Metathese** bezeichnet einen Prozess, bei dem die C=C-Bindungen von Olefinen in Gegenwart organometallischer Katalysatoren gelöst und neu gebildet werden, wobei sich ein Gleichgewicht der verschiedenen Alkylidengruppen einstellt:

$$2\,CH_3-CH=CH_2 \xrightleftharpoons{\text{Kat.}} CH_3-CH=CH-CH_3 + CH_2=CH_2$$

Ist ein cyclisches Olefin in diesen Prozess involviert, findet eine Ringöffnungsreaktion statt. Ist der Olefinring genügend gespannt, wird bei der Ringöffnung Energie frei, die die treibende Kraft für eine Polymerisation des Olefins liefert. Die Polymerisation wird als **ringöffnende Olefin-Metathese-Polymerisation (ROMP)** bezeichnet [33, 34]. Ein Beispiel für die ROMP ist die Polymerisation von Cyclopenten zum Polypentenamer:

$$n\ \text{Cyclopenten} \xrightarrow{\text{Kat.}} \left[-CH=CH-CH_2-CH_2-CH_2- \right]_n$$

In gleicher Weise lassen sich Cyclobuten, Cycloocten und Cyclododecen polymerisieren. Die offenkettigen, ungesättigten Polymere können ähnlich wie Polyisopren oder Gummi durch Umsetzung mit Schwefel vernetzt („vulkanisiert") werden, wobei kautschukartige Elastomere mit hoher Oxidationsbeständigkeit entstehen (s. auch Abschnitt 2.5.4).

Katalysatoren der ROMP sind Chloride und Oxide der Übergangsmetalle W, Mo, Re, Ru, Os und Ir. Sie werden mit organometallischen Cokatalysatoren eingesetzt. Einige typische Katalysatorsysteme sind:

- $WCl_6/EtAlCl_2/EtOH$,
- $MoCl_2(NO)_2L_2/(CH_3)_3Al$ (L = Ligand),
- $WOCl_4/(CH_3)_4Sn$ und
- $WCl_6/(Ph)_4Sn$.

Reaktionsmechanismus. Die katalytische Polymerisation erfolgt über Metallcarbene. Sie entstehen durch Reaktion der Katalysatoren L_nM–Cl mit den Cokatalysatoren $L'_nM'-CH_3$ unter Metallalkylierung und α-H-Abspaltung:

$$L_nM-Cl \xrightarrow[+ L'_nM'-Cl]{+ L'_nM'-CH_3} L_nM-CH_3 \xrightarrow[- L'_nM']{+ L'_nM'-CH_3} L_nM=CH_2 + CH_4$$

Die ROMP wird gestartet durch das Gleichgewicht

$$L_nM=CH_2 + HC=CH \rightleftharpoons \begin{matrix} L_nM & CH_2 \\ \| & \| \\ HC & CH \end{matrix}$$

Die Polymerisation erfolgt allgemein nach

$$L_nM=CH\sim + HC=CH \rightleftharpoons \begin{matrix} L_nM & CH\sim \\ \| & \| \\ HC & CH \end{matrix}$$

Es entstehen eine Mischung aus linearen Ketten mit hohem Molekulargewicht und eine Anzahl cyclischer Oligomere. Die cyclischen Oligomere sind das Produkt einer intramolekularen Nebenreaktion:

$$L_nM= \ldots P_n= \longrightarrow L_nM=CHP_n + \text{(cyclisches Oligomer)}$$

Mit Titanacyclobutan-Katalysatoren ist eine **lebende ringöffnende Polymerisation** von Norbornen möglich [35]:

$$\text{Norbornen} \xrightarrow{\text{Ti-Kat.}} (\ldots)_n$$

Die Polymerisation verläuft ohne Kettenabbruch oder Kettenübertragung und liefert ein Polynorbornen mit enger Molekulargewichtsverteilung.

2.4.2 Polyrekombination

Radikalübertragung und Rekombination lassen sich zum Aufbau von Polymeren nutzen. V. V. Korshak zeigte 1961, dass sich auf diesem Wege Diisopropylbenzol polymerisieren lässt [36]:

$$H_3C-C(CH_3)_2-O-O-C(CH_3)_2-CH_3 \longrightarrow 2\ {}^{\bullet}C(CH_3)_2-CH_3 + O_2$$

Di-t-butylperoxid Di-t-butylradikal

$$(CH_3)_2HC-C_6H_4-CH(CH_3)_2 + {}^{\bullet}C(CH_3)_2-CH_3 \xrightarrow[\text{Übertragung}]{170–200\ °C} (CH_3)_2HC-C_6H_4-C^{\bullet}(CH_3)_2 + CH_3-CH(CH_3)-CH_3$$

p-Diisopropylbenzol

$$4\ (CH_3)_2HC-C_6H_4-C^{\bullet}(CH_3)_2 \xrightarrow{\text{Rekombination}} 2\ HC\!<\!-C_6H_4-\overset{|}{\underset{|}{C}}-\overset{|}{\underset{|}{C}}-C_6H_4-CH\!<$$

$$\Big\downarrow\ \text{Über-tragung} \quad + 2\ {}^{\bullet}C(CH_3)_2-CH_3$$

$$2\ HC\!<\!-C_6H_4-\overset{|}{\underset{|}{C}}-\overset{|}{\underset{|}{C}}-C_6H_4-\overset{|}{\underset{|}{C}}{}^{\bullet} + 2\ CH(CH_3)-CH_3$$

$$\Big\downarrow\ \text{Rekombination}$$

$$HC\!<\!-C_6H_4-\overset{|}{\underset{|}{C}}-\overset{|}{\underset{|}{C}}-C_6H_4-\overset{|}{\underset{|}{C}}-\overset{|}{\underset{|}{C}}-C_6H_4-\overset{|}{\underset{|}{C}}-\overset{|}{\underset{|}{C}}-C_6H_4-CH\!<$$

$$\Big\downarrow\ \text{Über-tragung} \quad + CH_3-C^{\bullet}(CH_3)_2$$

$$HC\!<\!-C_6H_4-\overset{|}{\underset{|}{C}}-\overset{|}{\underset{|}{C}}-C_6H_4-\overset{|}{\underset{|}{C}}-\overset{|}{\underset{|}{C}}-C_6H_4-\overset{|}{\underset{|}{C}}-\overset{|}{\underset{|}{C}}-C_6H_4-\overset{|}{\underset{|}{C}}{}^{\bullet} + CH(CH_3)-CH_3$$

usw.

2.4.3 Oxidative Kupplung

Zahlreiche Heteroaromaten und Alkylphenole lassen sich elektrochemisch oder durch Zusatz von Oxidationsmitteln polymerisieren. Als Beispiel sei die Polymerisation von 2,6-Dimethylphenol mit $CuCl_2$/Dibutylamin zu Poly(2,6-dimethyl-1,4-phenylenoxid) (PPO) [37] näher beschrieben:

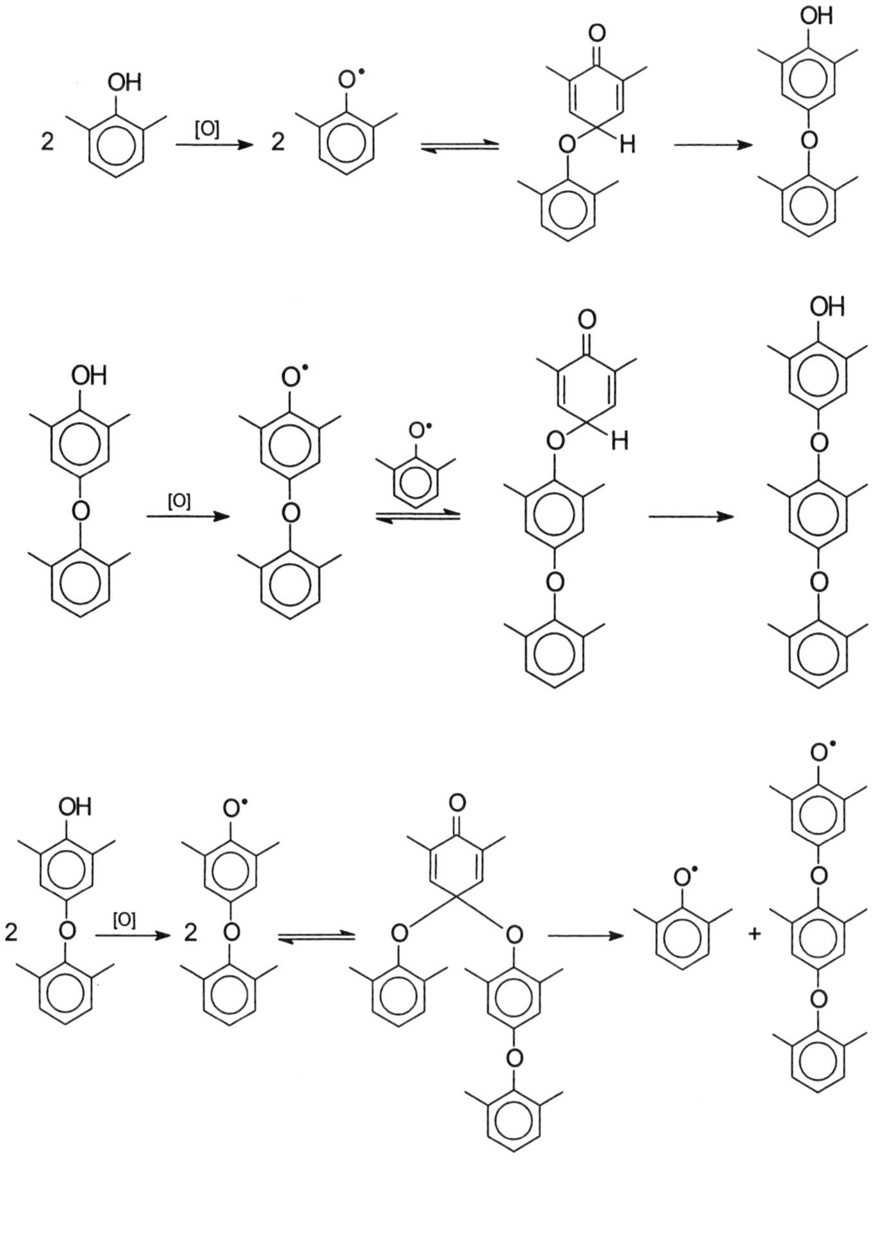

2.4.4 Gruppentransferpolymerisation

Die Gruppentransferpolymerisation (GTP) von Methylmethacrylat wurde erstmals 1983 von O. Webster (DuPont) beschrieben [38]. Initiator der Polymerisation ist das Dimethylketen-trimethylsilylacetal. Als Katalysatoren dienen Nucleophile Nu^- wie HF_2^-, CN^- oder $Me_3SiF_2^-$. Im Folgenden ist der Mechanismus der Reaktion schematisch dargestellt, wobei allerdings der cyclische Übergangszustand nicht bewiesen ist [39].

(a) Initiierung

$$(CH_3)_2CH{-}COOCH_3 \xrightarrow{LDA} (CH_3)_2C^{(-)}{-}C(=O)OCH_3 \longleftrightarrow (CH_3)_2C{=}C(O^{(-)})OCH_3 \xrightarrow[-Cl^-]{+TMSCl} (CH_3)_2C{=}C(OSi(CH_3)_3)OCH_3$$

Dimethylketen-trimethylsilylacetal

(b) Kettenwachstum

$$RH_2C(H_3C)C{=}C(OCH_3){-}O{-}Si(CH_3)_3 \underset{}{\overset{Nu^{\ominus}}{\rightleftharpoons}} RH_2C(H_3C)C{=}C(OCH_3){-}O{\rightarrow}Si(CH_3)_3(Nu^{\ominus}) \xrightarrow{MMA}$$

$$\text{[cyclischer Übergangszustand mit } H_2C{=}C(CH_3){-}C(=O)OCH_3\text{]} \longrightarrow RH_2C{-}C(CH_3)(C(=O)OCH_3){-}H_2C{-}C(CH_3){=}C(OCH_3){-}O{-}Si(CH_3)_3 \cdot Nu^{\ominus}$$

LDA bezeichnet Lithiumdiisopropylamid, und TMSCl steht für Trimethylsilylchlorid.

Der Name „GTP" rührt von der formalen Übertragung der aktiven Initiatorgruppe auf das gerade anzupolymerisierende Monomermolekül her. Die Molekulargewichte liegen bei 30.000 g/mol, die Polydispersität bei 1,3. Die GTP ist eine lebende Polymerisation, die auch die Herstellung von Blockcopolymeren erlaubt:

HO—[Poly-ε-caprolacton]—OH

↓ (Methacryloylchlorid: O, Cl)

O=C(–O—[Poly-ε-caprolacton]—O–)C=O (Methacrylat-Endgruppen)

↓ MMA

PMMA—CO—[Poly-ε-caprolacton]—OC—PMMA (jeweils C=O)

2.4.5 Lebende kationische Polymerisation

Lebende Polymerisation. Die lebende Polymerisation (vgl. Abschnitt 2.2.3.3) ist gekennzeichnet durch

- das Fehlen von Abbruch- und Übertragungsreaktionen,
- gleichzeitiges Wachstum aller Polymerketten zu gleicher Länge,
- enge Molekulargewichtsverteilungen,
- Polydispersitäten nur wenig über 1,
- lineare Zunahme des mittleren Polymerisationsgrades mit dem Umsatz und
- eine Kontrolle des maximal erreichbaren Polymerisationsgrades durch das Monomer/Initiator-Molverhältnis.

Ist das Monomer verbraucht, sind die Kettenenden weiterhin reaktiv („lebend"), und das Kettenwachstum setzt sich bei erneuter Monomerzugabe fort. Wird ein anderes Monomer zugesetzt, entsteht ein Blockcopolymer mit definierten Blocklängen.

Der Vorteil der lebenden Polymerisation besteht also in einem Höchstmaß an Kontrolle von Kettenlänge und Polymerstruktur.

Lebende kationische Polymerisation. Eine lebende kationische Polymerisation ist durch die hohe Neigung des Carbokations zur Kettenübertragung auf Lösungsmittel oder Monomer erschwert. Wie Kennedy et al. 1980 zeigen konnten, lässt sich bei der Polymerisation von α-Methylstyrol mit BCl_3/Cumylchlorid eine Kettenübertragung vermeiden, weil die reaktiven Carbationen in einer **reversiblen Abbruchreaktion** zeitweilig inaktiviert werden [40]:

$$\sim CH_2-C^+(CH_3)(C_6H_5) + BCl_4^- \rightleftharpoons \sim CH_2-C(CH_3)(C_6H_5)-Cl + BCl_3$$

Das Gleichgewicht liegt überwiegend rechts, das heißt auf der Seite der halogenierten, inaktivierten („schlafenden") Form, bei der Übertragungsreaktionen nicht auftreten. Da die Gleichgewichtseinstellung schneller erfolgt als das Kettenwachstum, wachsen alle Polymerketten gleichmäßig. Die Polymerisation zeigt die typischen Charakteristika der lebenden Polymerisation mit niedriger Polydispersität (< 1,3) und linearem Zusammenhang zwischen Polymerisationsgrad und Umsatz.

Quasilebende kationische Polymerisation. Die lebende kationische Polymerisation wird häufig als **quasilebende Polymerisation** bezeichnet, weil

(a) ein Gleichgewicht zwischen der lebenden und der schlafenden Form der Ketten vorliegt und

(b) Kettenabbruch und -übertragung als reversible Prozesse auftreten [41]:

$$\begin{array}{ccccccc} \sim[M]_n-A^+ & \xrightarrow{+M} & \sim[M]_{n+1}-A^+ & \xrightarrow{+M} & \sim[M]_{n+2}-A^+ & \longrightarrow & \text{usw.} \\ \updownarrow & & \updownarrow & & \updownarrow & & \\ \sim[M]_n-D & & \sim[M]_{n+1}-D & & \sim[M]_{n+2}-D & & \end{array}$$

Sie unterscheidet sich von der lebenden anionischen Polymerisation, die als **ideal lebende Polymerisation** bezeichnet wird, weil

(a) die Carbanionen frei in Lösung existieren und

(b) die Monomere ohne Kettenabbruch und -übertragung addiert werden:

$$\sim\!\![M]_n\!-\!A^+ \xrightarrow{+M} \sim\!\![M]_{n+1}\!-\!A^+ \xrightarrow{+M} \sim\!\![M]_{n+2}\!-\!A^+ \longrightarrow \text{usw.}$$

Initiatoren und Monomere. Entscheidend für den lebenden Charakter der kationischen Polymerisation ist die Nucleophilie des Anions, die so beschaffen sein muss, dass eine reversible Addition des Anions an das Carbokation möglich ist. Geeignete Initiatorsysteme sind Tertiärbutylchlorid/Diethylaluminiumchlorid, Cumylchlorid/BCl_3, Cumylacetat/BCl_3, 2-Chlor-2,4,4-trimethylpentan/$TiCl_4$. Insbesondere Cumylacetat ist in der Lage, Kettenübertragungsreaktionen vollständig zu unterdrücken. Geeignete Monomere sind α-Methylstyrol, Styrol, Isobuten, Inden, Norbornen, Norbornadien sowie Methyl- und Isobutylvinylether [41].

Anstelle von Cumylacetat lassen sich auch bifunktionelle Homologe wie zum Beispiel

$$CH_3O-C(CH_3)_2-C_6H_4-C(CH_3)_2-OCH_3$$

in Verbindung mit BCl_3 verwenden. Sie erlauben die Synthese von chloridfunktionalisierten Präpolymeren (sogenannten Telechelen) des Polyisobutens, wie zum Beispiel

$$Cl\!\left[\!-C-CH_2-\right]_n\!C-C_6H_4-C\!\left[-CH_2-C-\right]_n\!Cl$$

die sich technisch zur Herstellung von Blockcopolymeren verwenden lassen.

2.4.6 Lebende radikalische Polymerisation

Die hohe chemische Reaktivität der aktiven Zentren begünstigt bei der radikalischen Polymerisation eine Kettenübertragung und vor allem einen Kettenabbruch durch Rekombination und Disproportionierung. Eine lebende radikalische Polymerisation ist daher nur möglich, wenn es gelingt, den unvermeidlichen Kettenabbruch weitgehend zu unterdrücken. Erstmals gelang dies Otsu und Yoshida 1982 am Beispiel der Polymerisation von Styrol und Methylmethacrylat mit Tetraethylthiuramdisulfid und Dibenzoyldisulfid als Initiator [42].

Der Mechanismus der lebenden radikalischen Polymerisation ähnelt jenem der lebenden kationischen Polymerisation (vgl. Abschnitt 2.4.5). Wieder liegt ein **dynamisches Gleichgewicht** zwischen einer kleinen Menge der **aktiven Spezies** (hier freie Radikale) und einer großen Mehrheit einer zeitweilig inaktivierten, **schlafenden Spezies** vor:

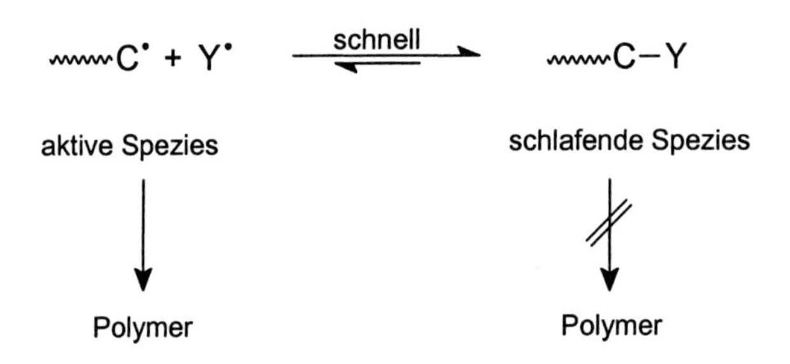

Verantwortlich für das Gleichgewicht ist die Initiatorkomponente Y, die eine kontrollierte Initiierung, einen reversiblen Abbruch und eine weitgehende Unterdrückung der Übertragungsreaktion bewirkt. Derartige Komponenten wurden von Otsu und Yoshida als **Iniferter** (**ini**tiator trans**fer** agent **ter**minator) bezeichnet. Sie kontrollieren den Ablauf der Polymerisation und reduzieren Kettenübertragung und Kettenabbruch durch Rekombination. Da sie die Abbruchreaktion nicht völlig unterdrücken, wird die lebende radikalische Polymerisation auch als **kontrollierte radikalische Polymerisation** bezeichnet.

Mehrere Methoden der lebenden radikalischen Polymerisation sind beschrieben worden, die auf der Verwendung verschiedener Typen von Iniferter-Reagenzien beruhen:

- die metallkatalysierte radikalische Polymerisation [43], auch ATRP (**a**tom **t**ransfer **r**adical **p**olymerisation) genannt [44],
- die Nitroxid-vermittelte radikalische Polymerisation (NMRP, **n**itroxide **m**ediated **r**adical **p**olymerisation) [45] und
- der RAFT-Prozess (**r**eversible **a**ddition-**f**ragmentation chain **t**ransfer) [46].

2.4.6.1 Metallkatalysierte Polymerisation (ATRP)

Initiierung. Die metallkatalysierte Polymerisation wird durch Alkylhalogenide R–X und Metallkomplexe des Typs $M^nX_nL_m$ (X = Halogen, L = Ligand) initiiert. Durch Ein-Elektronen-Oxidation des zentralen Metallatoms M wird eine homolytische Spaltung der R–X-Bindung ausgelöst:

$$R{-}X + M^nX_nL_m \rightleftharpoons R^{\bullet} + M^{n+1}X_{n+1}L_m$$

Es entsteht ein Initiatorradikal $R^{\bullet}$ und ein Halogenatom X, das auf die oxidierte Metallkomponente $M^{n+1}X_{n+1}L_m$ übertragen wird (daher der Name ATRP).

Wachstum. $R^{\bullet}$ steht einerseits mit R–X im Gleichgewicht, kann andererseits aber mit einem Vinylmonomer $CH_2 = CR_1R_2$ reagieren [43]:

$$R^{\bullet} + M^{n+1}X_{n+1}L_m \xrightarrow{+CH_2=CR_1R_2} R{-}CH_2{-}\overset{\displaystyle R_1}{\underset{\displaystyle R_2}{C^{\bullet}}} + M^{n+1}X_{n+1}L_m \xrightarrow{+CH_2=CR_1R_2} \text{usw.}$$

$$\updownarrow \qquad\qquad\qquad\qquad \updownarrow$$

$$R{-}X + M^nX_nL_m \qquad\qquad R{-}CH_2{-}\overset{\displaystyle R_1}{\underset{\displaystyle R_2}{C}}{-}X + M^nX_nL_m$$

Das entstehende Radikal $R-CH_2-{}^{\bullet}CR_1R_2$ steht wieder mit seiner halogenierten (schlafenden) Form im Gleichgewicht, kann aber auch weitere Monomere addieren. Der Mechanismus ähnelt jenem der quasilebenden kationischen Polymerisation in Abschnitt 2.4.5.

Entscheidend für den lebenden Charakter sind

- die zu jeder Zeit niedrige Konzentration der aktiven Spezies und
- die schnelle und reversible Umwandlung der aktiven in die schlafende Spezies, bevor weitere Monomere addiert werden können.

Geeignete Initiatoren sind CCl_4, Haloester, Haloalkylbenzole und Sulfonylhalide. Als Metallkatalysatoren eignet sich eine Vielzahl von Komplexen des Ru, Fe, Ni und Pd wie $RuCl_2(PPh_3)_3$ oder $FeCl_2(PPh_3)_3$. Zahlreiche Monomere wie Acrylnitril, (Meth)-acrylamid, (Meth)acrylate, (Meth)acrylsäure, 4-Vinylpyridin, Isopren und 1,1-Di-chlor-ethen können polymerisiert werden. Die Molekulargewichte der Polymere liegen zwischen 1000 und 150.000 g/mol, die Polydispersität bei 1,1 bis 1,3.

2.4.6.2 Nitroxid-vermittelte Polymerisation (NMRP)

Initiierung. Die NMRP wird durch Alkoxyamine des Typs $R–O–NR_1R_2$ initiiert, die über das Gleichgewicht

$$R-O-NR_1R_2 \rightleftharpoons R^{\bullet} + {}^{\bullet}O-NR_1R_2$$

in der Lage sind, in reaktive Alkylradikale $R^{\bullet}$ und weniger reaktive Nitroxidradikale zu zerfallen. Bei niedrigen Temperaturen liegt das Gleichgewicht stark auf der Alkoxyaminseite, bei Temperaturen oberhalb 80 °C verschiebt es sich deutlich nach rechts. Das Nitroxidradikal ist ein sogenanntes **persistentes Radikal**, das zwar mit dem Alkylradikal, nicht aber mit sich selbst rekombinieren kann.

Kettenwachstum. Das Alkylradikal $R^{\bullet}$ kann mit einem Vinylmonomer wie zum Beispiel Styrol reagieren (Ph = Phenyl) [45]:

$$R^{\bullet} + {}^{\bullet}O-NR_1R_2 \xrightarrow{CH_2=CH-Ph} R-CH_2-\overset{H}{\underset{Ph}{C}}{}^{\bullet} + {}^{\bullet}O-NR_1R_2 \xrightarrow{CH_2=CH-Ph} \text{usw.}$$

$$\Updownarrow \qquad\qquad\qquad\qquad \Updownarrow$$

$$R-O-NR_1R_2 \qquad\qquad R-CH_2-\overset{H}{\underset{Ph}{C}}-O-NR_1R_2$$

Das entstehende aktive $R-CH_2-{}^\bullet CHPh$ -Radikal steht wieder mit der inaktiven (schlafenden) Alkoxyaminspezies im Gleichgewicht, kann aber auch weiteres Styrol addieren. Der Reaktionsmechanismus ähnelt dem der ATRP und der quasilebenden kationischen Polymerisation. Ein wichtiger Unterschied besteht in der stark temperaturabhängigen Lage des Gleichgewichts.

Typische Monomere sind Styrol, (Meth)acrylester und Isopren. Als Nitroxidradikal wird häufig das 2,2,6,6-**T**etra**m**ethyl**p**iperidinyl**o**xy-(TEMPO-)Radikal, als Alkylradikal $R^\bullet$ das α-Methylbenzylradikal verwendet. Typische Iniferter-Reagenzien sind daher das Alkoxyaminderivat

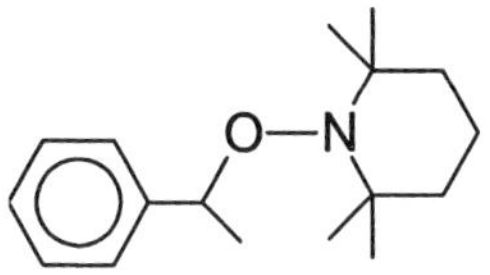

O—N

oder das entsprechende bifunktionelle Alkoxyamin

N—O O—N

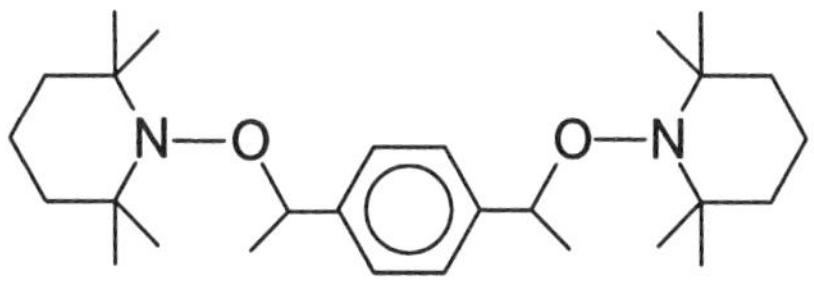

Das bifunktionelle Alkoxyamin führt zu α,ω-funktionalisierten Polymeren, die sich zur Herstellung von Blockcopolymeren mit definierten Blocklängen eignen.

2.4.6.3 RAFT-Prozess

Diese Form der lebenden radikalischen Polymerisation wird mit herkömmlichen Initiatoren wie AIBN oder BPO gestartet:

$$I^\bullet \longrightarrow \longrightarrow P_n^\bullet$$

Erfolgt die Polymerisation in Gegenwart von Dithiobenzoaten, werden diese reversibel an die aktiven, wachsenden Ketten addiert und es bilden sich Adduktradikale entsprechend dem Gleichgewicht (1) [46]:

$$P_m^{\bullet} + S{=}C(Ph){-}S{-}R \overset{(1)}{\rightleftharpoons} P_m{-}S{-}\dot{C}(Ph){-}S{-}R \overset{(2)}{\rightleftharpoons} P_m{-}S{-}C(Ph){=}S + R^{\bullet}$$

Das Adduktradikal steht über eine reversible Fragmentierung mit dem Dithiobenzoat P_m–S–C(=S)–Ph und einem reaktiven Radikal $R^{\bullet}$ im Gleichgewicht (2). $R^{\bullet}$ kann eine Polymerisation starten:

$$R^{\bullet} \xrightarrow{\text{Monomer}} P_n^{\bullet}$$

Wie bei der ATRP und NMRP existiert ein Gleichgewicht zwischen der aktiven und der schlafenden Form der wachsenden Polymerkette:

$$P_m^{\bullet} + S{=}C(Ph){-}S{-}P_n \rightleftharpoons P_m{-}S{-}\dot{C}(Ph){-}S{-}P_n \rightleftharpoons P_m{-}S{-}C(Ph){=}S + P_n^{\bullet}$$

Der Name RAFT-Prozess folgt aus der reversiblen Addition des Dithiobenzoats und der reversiblen Spaltung des Adduktradikals unter Kettenübertragung: **r**eversible **a**ddition-**f**ragmentation chain **t**ransfer. Es werden Polymere mit niedriger Polydispersität von 1,1 bis 1,2 erhalten.

Der RAFT-Prozess gestattet die Polymerisation zahlreicher Vinylmonomere: Styrol, Acrylnitril, (Meth)acrylester, (Meth)acrylsäure und deren Salze, Hydroxyethyl(meth)-acrylat, Dimethylaminoethyl(meth)acrylat, Styrolsulfonsäure und deren Salze.

Weil die meisten Ketten an ihrem Ende die für eine Polymerisation reaktivierbare Thiocarbonylthio-Gruppe tragen, lässt sich der RAFT-Prozess zur Herstellung von AB-Blockcopolymeren verwenden. Wird ein bifunktionelles Kettenübertragungsreagenz wie zum Beispiel verwendet, lassen sich auch ABA-Triblockcopolymere herstellen.

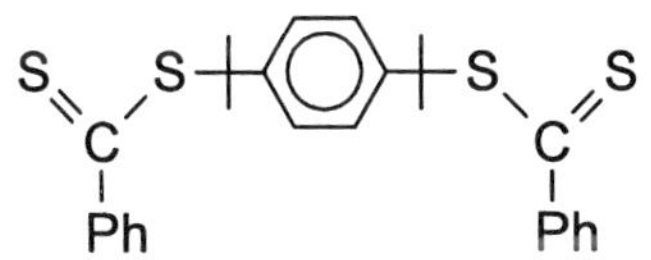

2.4.7 Plasmapolymerisation

Man unterscheidet die Polymerisation im Plasmazustand von der plasmainduzierten Polymerisation [47]. Bei der letzteren wird durch eine kurze Plasmazündung eine radikalische Polymerisation gestartet, die dann unter Nichtplasmabedingungen abläuft. Die Plasmainitiierung bedingt eine komplexe Starterzusammensetzung.

2.4.7.1 Plasmazustand

Im Plasmazustand liegen die Moleküle **gasförmig** und **ionisiert** vor (bei makroskopischer Elektroneutralität). Es existiert ein **Nichtgleichgewichtszustand** zwischen Elektronen, Ionen und Neutralteilchen. Die Elektronen besitzen eine hohe kinetische Energie kT ($T \sim 60\,000$ K), während die Ionen und Neutralteilchen energiearm sind ($T \sim 300$ K). Man spricht daher auch von Tieftemperaturplasma.

Das Plasma wird durch elektrische Glimmentladungen bei niedrigem Druck erzeugt, zum Beispiel durch ein E-Feld oder durch Mikrowellen. Die Kenngröße eines Plasmas ist W/FM. Dies bedeutet Energiezufuhr W pro Flussrate F (~ 1–5 cm^3/min) und Molekulargewicht des Monomers M.

2.4.7.2 Polymerstruktur

Durch die hohe zur Verfügung stehende Energie (10^7–10^{11} Jkg^{-1} gegenüber $2{,}6 \times 10^6$ Jkg^{-1} bei der radikalischen Polymerisation von Styrol) erfolgt die Monomerverknüpfung unspezifisch. Unabhängig von der Monomerstruktur entstehen hochvernetzte Produkte wie zum Beispiel das „Poly(toluol)" in Abb. 40, die sich nur anhand ihres CH-Ver-hältnisses oder durch ESCA-Spektren charakterisieren lassen. Das Polymer besitzt viele freie Radikale, steht unter hoher interner Spannung und besitzt eine impermeable Oberfläche.

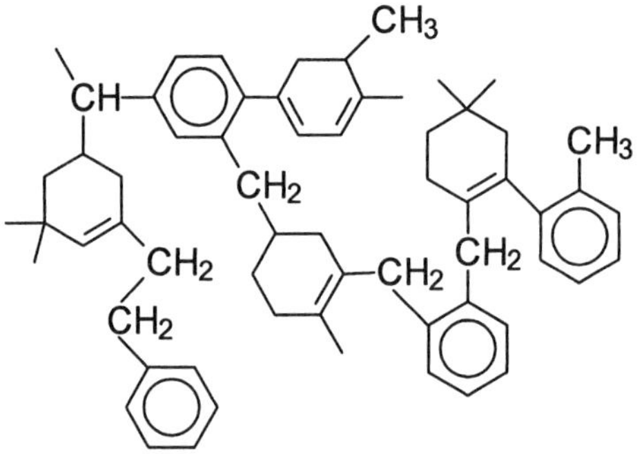

Abb. 40. Mögliche Struktur des durch Plasmabehandlung von Toluol erzeugten hochvernetzten Polymers.

2.4.7.3 Reaktionsmechanismus

Es gibt einen monofunktionellen und einen bifunktionellen Polymerisationsmechanismus [48] (Abb. 41). Die Reaktionen (2), (3) und (5) sind am wichtigsten, das heißt, die Polymerisation erfolgt hauptsächlich als Stufenreaktion.

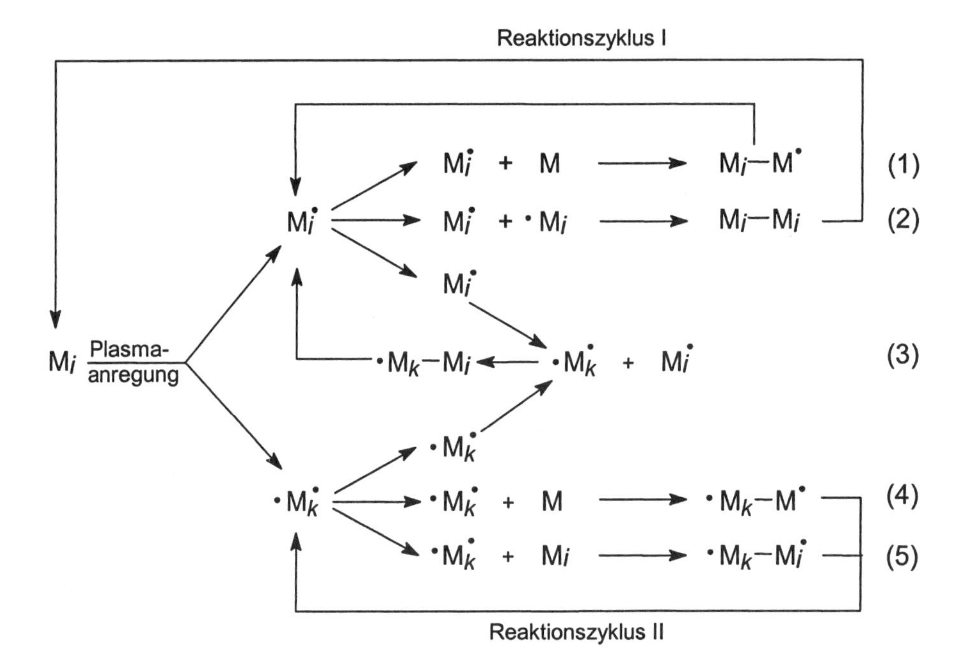

Abb. 41. Schematische Darstellung des Reaktionsmechanismus bei der Plasmapolymerisation.

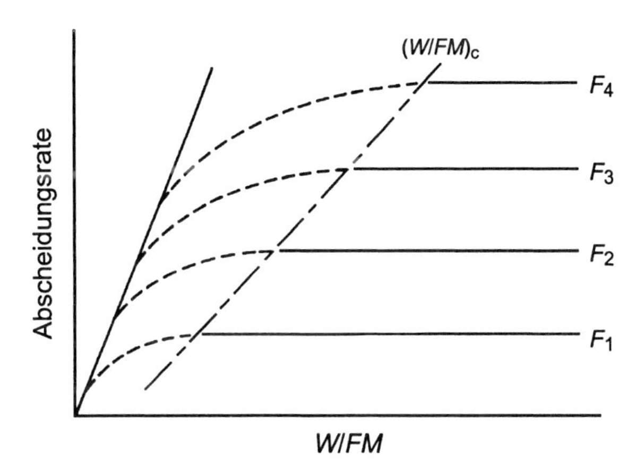

Abb. 42. Abhängigkeit der Abscheidungsrate bei der Plasmapolymerisation vom *W/FM*-Verhältnis bei verschiedenen Flussgeschwindigkeiten [48].

Die Abscheidungsrate wird durch *W/FM* bestimmt. Ist ***W*** **klein** und ***F*** **groß**, ist die Abscheidungsrate linear von *W/FM* abhängig. Ist ***W*** **groß** und ***F*** **klein**, so ist die Abscheidungsrate unabhängig von *W/FM*, aber durch *F* kontrolliert (Abb. 42).

2.4.8 Polymerisation in geordneten Systemen

Die meisten Polyreaktionen werden in Lösung oder Schmelze durchgeführt, in denen die Monomere ungeordnet vorliegen. Die Polymerisation in geordneten Systemen hat technisch keine große Bedeutung, erlaubt aber die Herstellung von Polymeren mit kontrollierter Struktur und Anordnung der einzelnen Ketten. In Einzelfällen gelingt sogar die Herstellung von Polymereinkristallen. Zu den geordneten Systemen, in denen Polyreaktionen möglich sind, gehören

- Kristalle und Einschlussverbindungen,
- Mono- und Multischichten (Langmuir- und Langmuir-Blodgett-Filme),
- supramolekulare Strukturen wie Vesikel, Micellen, Mikroemulsionstropfen und flüssigkristalline Phasen.

2.4.8.1 Polymerisation in Kristallen

Die Polymerisation in Kristallen liefert ein geordnetes Produkt, wenn während der Reaktion keine Monomerdiffusion auftritt und die Moleküle nur durch eine geringe Drehbewegung um ihre Schwerpunktlage im Gitter miteinander reagieren. Eine solche Polymerisation wird als **gitterkontrolliert** oder **topochemisch** bezeichnet (Abb. 43).

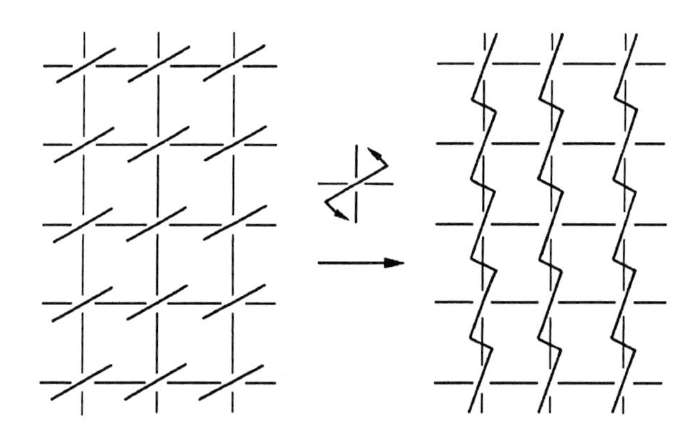

Abb. 43. Schematische Darstellung einer topochemischen Polymerisation [49].

Beispiele für topochemische Polymerisation sind die 1,4-Addition von **Diacetylenderivaten** (Abb. 44) und die [2 + 2]-Cycloaddition von **Diolefinen** (Abb. 44). Die erste Reaktion verläuft als Kettenreaktion, die zweite als Stufenreaktion. Beide Reaktionen werden durch UV-Anregung initiiert.

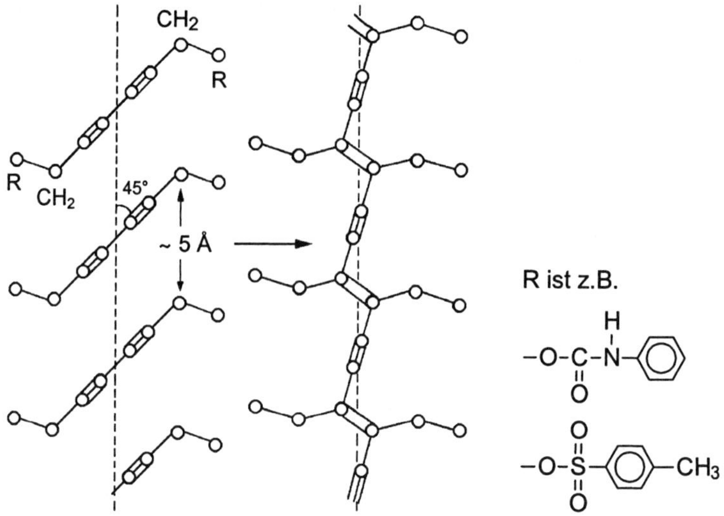

Abb. 44. Topochemische Polymerisation von Diacetylenderivaten [50].

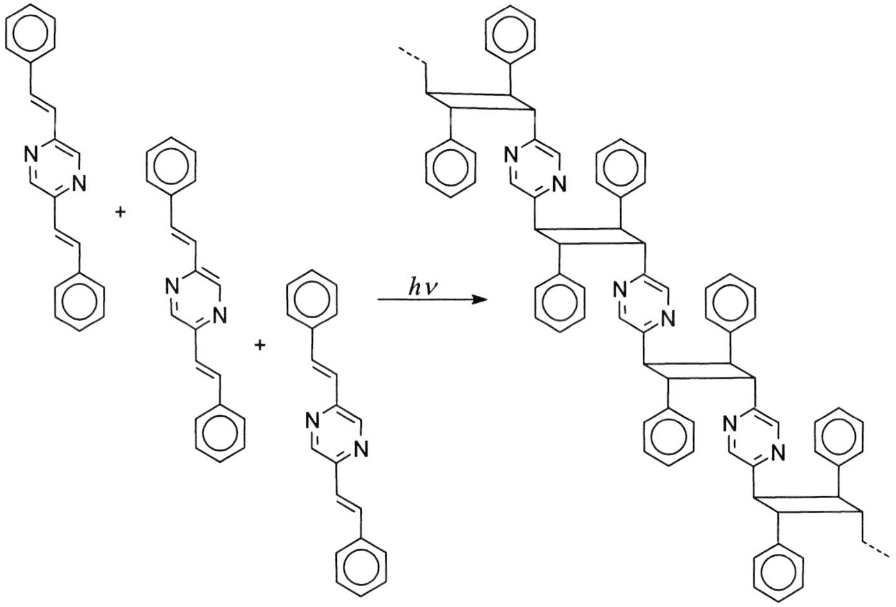

Abb. 45. Topochemische Vierzentrenpolymerisation von Distyrylpyrazin [51].

2.4.8.2 Polymerisation in Einschlussverbindungen

Wie erstmals 1956 von Clasen gezeigt, können Monomermoleküle, die bei Raumtemperatur gasförmig oder flüssig sind, in Wirtsgitter eingeschlossen und dort polymerisiert werden. Die Reaktion ist schematisch in Abb. 46 dargestellt.

Als Wirtsgitter eignen sich Substanzen, die Kanalstrukturen bilden, wie zum Beispiel Harnstoff, Thioharnstoff oder Perhydrotriphenylen (PHTP). Als Monomere eignen sich kleine Moleküle, die sich in reaktionsfähiger Anordnung in die Kanäle einschließen lassen, wie zum Beispiel Vinylchlorid, Propen, Butadien, Pentadien und Isopren. Die Polymerisation wird strahlenchemisch initiiert und erfolgt radikalisch. Aufgrund der regelmäßigen Anordnung der Monomere in den Kanälen werden in einigen Fällen stereoreguläre Polymere in Form gestreckter Ketten erhalten. Durch Verwendung einer chiralen Wirtsmatrix (z. B. von (-) (R) PHTP) werden sogar optisch aktive Polymere wie (+) (S) *trans*-1,4-Polybutadien zugänglich [52]. Man nennt die Herstellung eines chiralen Polymers aus einem nichtchiralen Monomer **asymmetrische Induktion**.

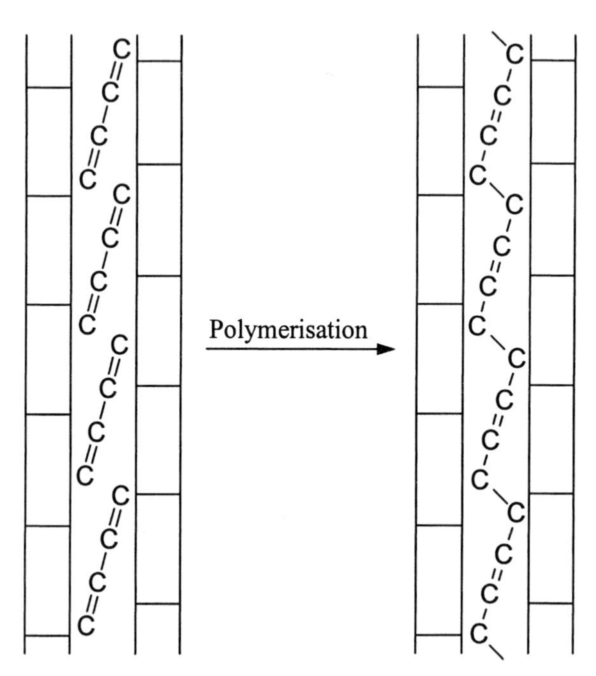

Abb. 46. Schematische Darstellung der Polymerisation eines Diens im Kanal eines Wirtsgitters (z. B. Harnstoff oder Thioharnstoff) [52].

2.4.8.3 Polymerisation in monomolekularen Schichten und Langmuir-Blodgett-Filmen

Monomolekulare Polymerschichten lassen sich an der Gas-Wasser-Grenzfläche durch folgende Schritte erzeugen (Abb. 47):

(a) Spreiten von oberflächenaktiven Monomeren auf dem Wasser, wie zum Beispiel von Vinylstearat, Octadecylmethacrylat oder Fettsäuren mit konjugierten Diingruppen in der Alkylkette,

(b) Orientieren der Moleküle durch Filmkompression bis zum Oberflächendruck π und

(c) UV-Bestrahlung der Monoschicht, wodurch die (bei den Vinylderivaten radikalische) Polymerisation ausgelöst wird. Die Reaktion ist allgemein in Abb. 47 und für eine langkettige Diacetylenfettsäure in Abb. 48 dargestellt.

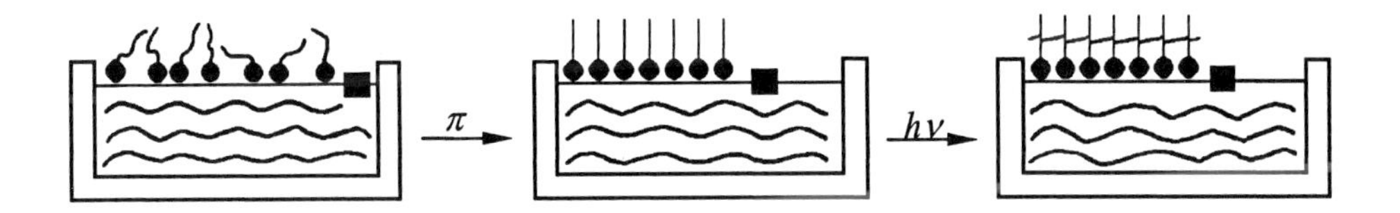

Abb. 47. Schema der Polymerisation auf der Wasseroberfläche. Die Monomere werden zunächst orientiert und anschließend photopolymerisiert [53].

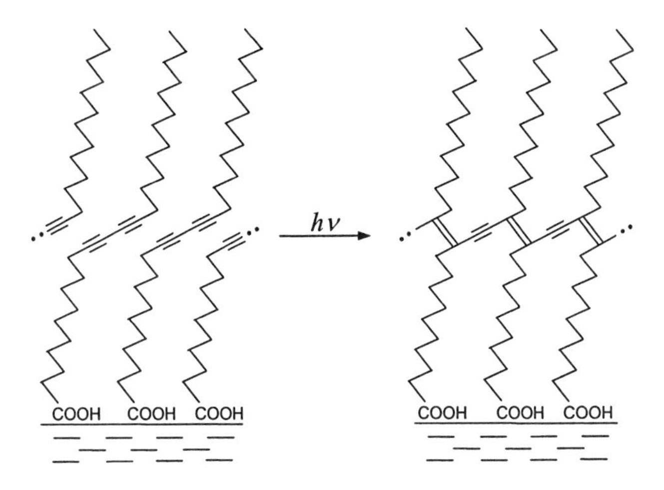

Abb. 48. Polymerisation einer langkettigen Diacetylenfettsäure in einer monomolekularen Schicht auf der Wasseroberfläche [53].

Durch sukzessiven Transfer der Monoschichten auf feste Träger mithilfe der Langmuir-Blodgett-Methode lassen sich nanometerdicke Filme („Langmuir-Blodgett-Fil-me") mit kontrollierter Orientierung der Moleküle herstellen. Bestehen diese Filme aus Tensidmonomeren, können sie ebenfalls strahlenchemisch polymerisiert werden. Die Polymerketten wachsen innerhalb der einzelnen Schichten und sind parallel zur Unterlage orientiert.

2.4.8.4 Polymerisation in Mikroemulsion und lyotrop flüssigkristalliner Phase

In binären Systemen aus Wasser und Tensid oder ternären Systemen aus Wasser, Öl und Tensid liegen Tensidaggregate vor, deren Struktur stark mit der Zusammmensetzung des Systems variiert. Ist wenig Tensid im Wasser vorhanden, so bilden sich oberhalb einer bestimmten Tensidkonzentration Micellen (critical micelle concentration, cmc). Ist zusätzlich ein wenig Öl vorhanden, bilden sich ölgefüllte Mikroemulsionstropfen (o/w-μE).

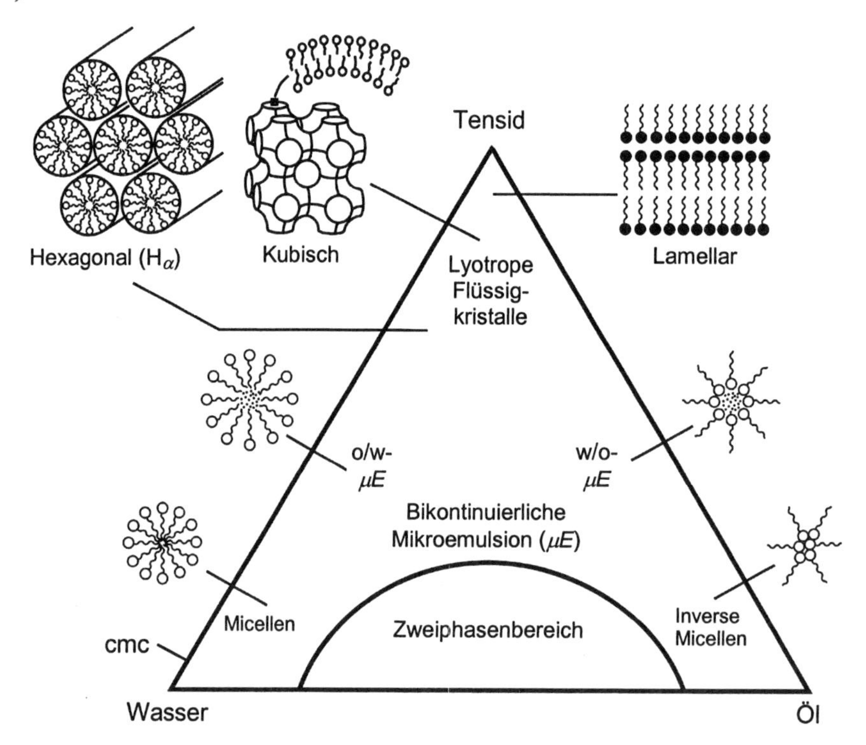

Abb. 49. Übersicht zur Position von Mikroemulsionsgebieten und Flüssigkristallphasen im ternären Wasser/Öl/Tensid-System.

Bei etwa gleicher Wasser- und Ölmenge entstehen bikontinuierliche Mikroemulsionen. Liegt der Tensidgehalt über 50 %, treten lyotrop flüssigkristalline (hexagonale, kubische und lamellare) Phasen auf. Überwiegt der Ölgehalt im System, entstehen inverse Strukturen (z. B. inverse Micellen und Mikroemulsionen). Die Strukturbildung in ternären Wasser/Öl/Tensid-System ist in Abb. 49 schematisch dargestellt.

Enthält das System Tensidmonomere (**surf**actant mono**mers** = Surfmers) oder eine polymerisierbare Ölkomponente (z. B. Styrol), so können die Aggregatstrukturen durch UV-Bestrahlung oder hochenergetische Strahlung polymerisiert und damit stabilisiert werden. Aus Mikroemulsionströpfchen werden **polymere Nanopartikel**, aus lyotropen Flüssigkristallphasen entstehen hochporöse, **nanostrukturierte Polymergele**. Die Polymerisation einer hexagonalen (H_α) Mesophase des Systems aus Wasser, Styrol und **Me**thacryloyl**e**thyl-**d**imethyl-**d**odecyl**a**mmonium**b**romid (MEDDAB) als Surfmer ist schematisch in Abb. 50 dargestellt [54].

$$CH_2{=}C(CH_3){-}C({=}O){-}O{-}(CH_2)_2{-}\overset{+}{N}(CH_3)_2{-}(CH_2)_{11}{-}CH_3 \quad Br^-$$

MEDDAB

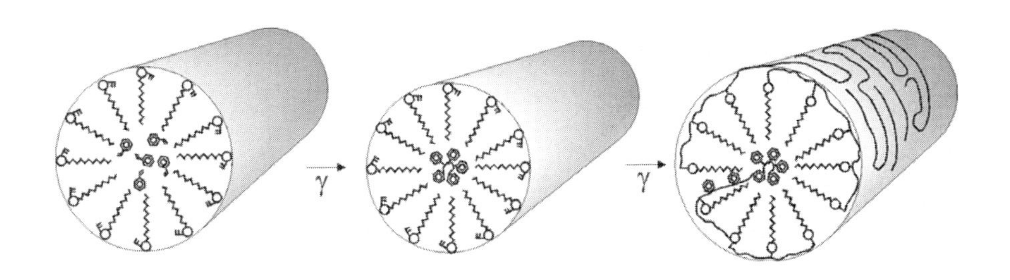

Abb. 50. Strukturmodell einer Röhrchenmicelle der H_α-Phase aus Wasser/Styrol/MEDDAB (Wasseranteil 30 Gew.%, Molverhältnis Styrol/MEDDAB 1:10) vor, während und nach der Polymerisation mit γ-Strahlung [54].

2.4 Chemische Modifizierung von Polymeren

In diesem Kapitel werden behandelt:

(a) die gezielte chemische Umwandlung von Polymeren,

(b) die Alterung von Polymeren durch Licht, Luft, Feuchtigkeit und Wärme sowie

(c) die Verhinderung der Alterung durch Stabilisierung.

Bei der chemischen Modifizierung von Polymeren lassen sich umgesetzte, nicht umgesetzte und in Nebenreaktionen falsch umgesetzte Gruppen nicht voneinander trennen.

Es ist daher kaum zu vermeiden, dass das Produkt eine uneinheitliche Molekülstruktur besitzt:

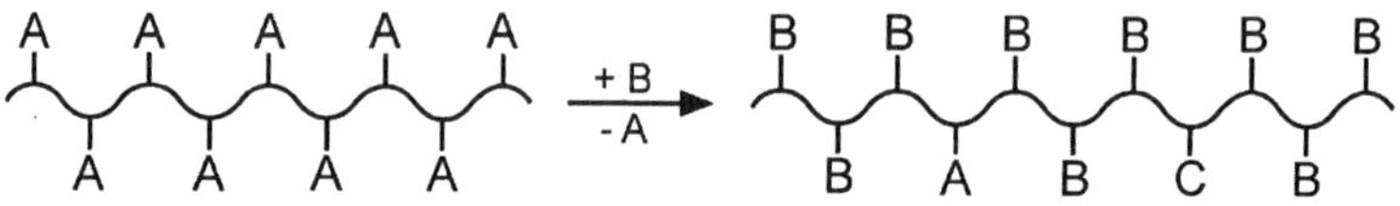

A A A A A / A A A A $\xrightarrow[-A]{+B}$ B B B B B B / B A B C B

(C bezeichnet die Bildung eines unerwünschten Nebenprodukts.)

Reaktionen an Polymeren können unter Erhalt, Zunahme oder Abnahme des Polymerisationsgrades ablaufen. Reaktionen unter Erhalt des Polymerisationsgrades werden als **polymeranaloge** Reaktionen bezeichnet.

2.5.1 Polymeranaloge Reaktionen

Funktionelle Gruppen an Makromolekülen können im Prinzip wie die von niedermolekularen Verbindungen reagieren. Allerdings weisen die Makromoleküle aufgrund ihrer Knäuelgestalt in Lösung selbst bei großer Verdünnung noch lokal hohe Konzentrationen an funktionellen Gruppen auf. Dies kann zu einer Beeinflussung der Reaktivität führen (Beschleunigung, Verlangsamung, Bevorzugung intramolekularer gegenüber intermolekularen Reaktionen). Durch heterogene Reaktionsführung, das heißt Umsetzung teilkristalliner, in Lösung aufgequollener Polymere, ist es möglich, nur die amorphen Teile der Makromoleküle umzusetzen und Blockstrukturen zu erzeugen.

2.5.1.1 Intramolekulare Reaktionen

Das Auftreten intramolekularer Reaktionen sei am Beispiel der **Acetalisierung von Poly(vinylalkohol)** beschrieben:

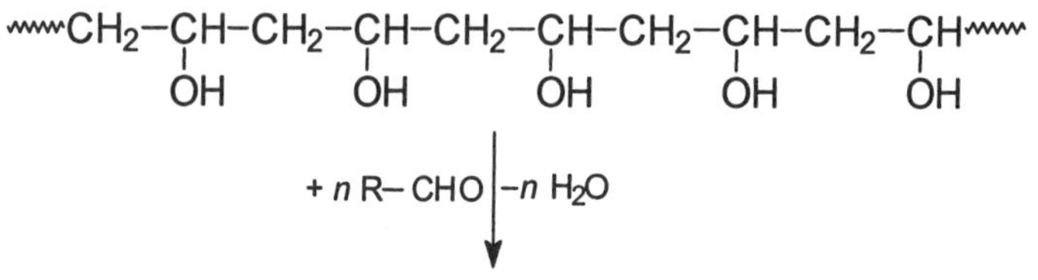

$$\sim CH_2-\underset{OH}{CH}-CH_2-\underset{OH}{CH}-CH_2-\underset{OH}{CH}-CH_2-\underset{OH}{CH}-CH_2-\underset{OH}{CH}\sim$$

$$+\, n\, R{-}CHO \;\big\downarrow\; -n\, H_2O$$

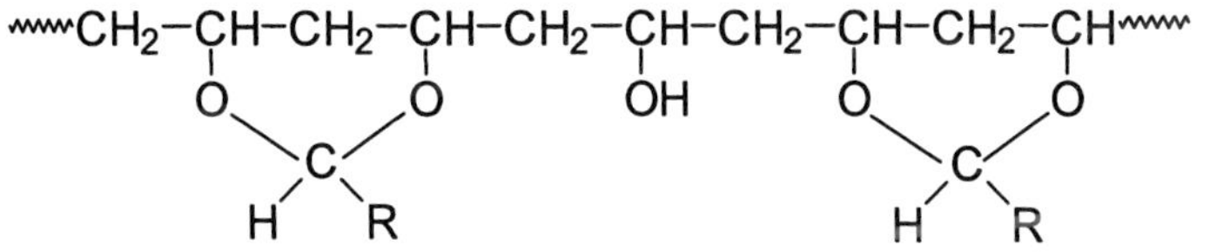

~~CH2–CH–CH2–CH–CH2–CH–CH2–CH–CH2–CH~~
O O OH O O
C C
H R H R

Durch die lokal hohe Konzentration an OH-Gruppen ist die intramolekulare Acetalisierung gegenüber der intermolekularen stark begünstigt. Wegen des irreversiblen Charakters der Reaktion bleiben aber circa 13,5 % der OH-Gruppen unumgesetzt. Sie haben keine Möglichkeit zu reagieren, weil keine freien Nachbarn mehr zur Verfügung stehen. Bei reversiblen Reaktionen lässt sich dagegen vollständiger Umsatz erzielen.

2.5.1.2 Reaktionsverzögerung

Aufgrund von Nachbargruppeneffekten können polymeranaloge Reaktionen gegenüber niedermolekularen Reaktionen stark verzögert sein. Dies sei am Beispiel der **Verseifung von Poly(acrylamid)** diskutiert:

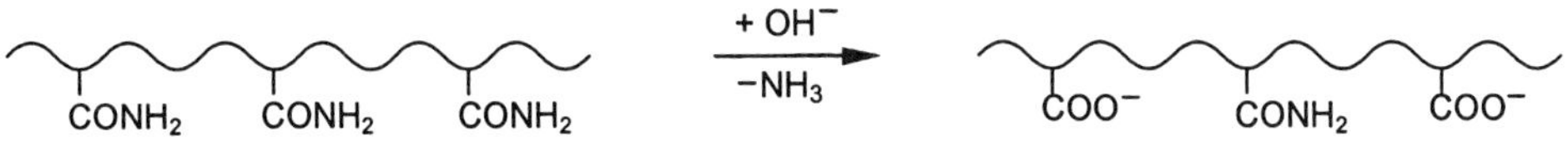

$CONH_2$ $CONH_2$ $CONH_2$ $\xrightarrow[-NH_3]{+OH^-}$ COO^- $CONH_2$ COO^-

Bei der alkalischen Verseifung von Poly(acrylamid) nimmt mit zunehmendem Umsatz die Hydrolysegeschwindigkeit stark ab, weil die gebildeten Carboxylatgruppen die OH^--Ionen abstoßen. Außerdem stoßen sich die Carboxylatgruppen stark gegenseitig ab, sodass bei ungefähr 40 % Umsatz das Polymere stark aufquillt. Für die Geschwindigkeitskonstante der Hydrolyse, k_H, gilt

- zu Beginn der Hydrolyse: k_H (50 °C) = 1,2 sec^{-1},
- bei 40 % Umsatz: k_H (50 °C) = 0,1 sec^{-1}

2.5.1.3 Reaktionsbeschleunigung

Nachbargruppeneffekte können auch eine Beschleunigung der Reaktion bewirken. Dies sei am Beispiel der **Hydrolyse von Poly(vinylacetat)** erläutert:

$$\left[CH_2-\underset{\displaystyle OAc}{CH} \right] \xrightarrow[-\,OAc^-]{+\,OH^-} \left[CH_2-\underset{\displaystyle OH}{CH} \right]$$

Während der Reaktion kommt es zu einer beträchtlichen Beschleunigung der Hydrolyse (Abb. 51). Ursache ist die Adsorption von OH^--Ionen an schon gebildeten OH-Gruppen, die zu hohen lokalen Alkalikonzentrationen führt. Acetylgruppen zwischen zwei Hydroxylgruppen werden deshalb 100-mal schneller verseift als Acetylgruppen zwischen zwei weiteren Acetylgruppen. Wegen der Zunahme der Verseifungsgeschwindigkeit von Triaden in der Reihenfolge [OAc, OAc, OAc] < [OH, OAc, OAc] < [OH, OAc, OH] bilden sich bevorzugt Blöcke von OH-Gruppen aus.

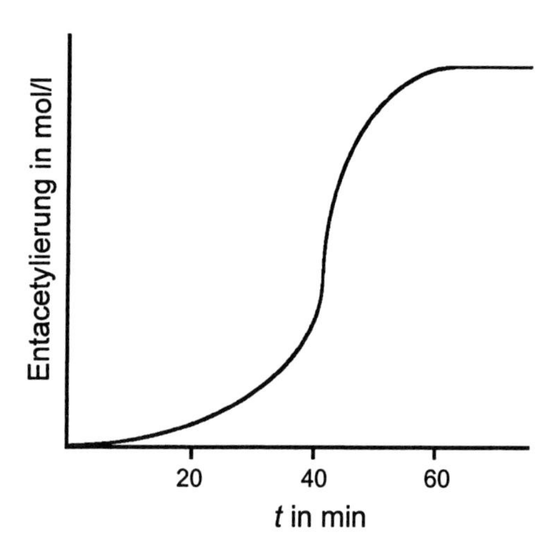

Abb. 51. Zeitabhängigkeit der Hydrolyse von Poly(vinylacetat) mit OH^--Ionen [55].

2.5.1.4 Heterogene Reaktionsführung

Werden teilkristalline Polymere in schlechten Lösungsmitteln dispergiert, so quellen die amorphen Polymerbereiche und werden einer chemischen Umsetzung zugänglich. Die kristallinen Bereiche werden dagegen vom Lösungsmittel nicht angegriffen und bleiben daher chemisch inert. Die ausschließliche chemische Modifizierung der amorphen Bereiche erlaubt die Herstellung von Blockcopolymeren, wie zum Beispiel von blockförmig chloriertem Polyethylen (Abb. 52).

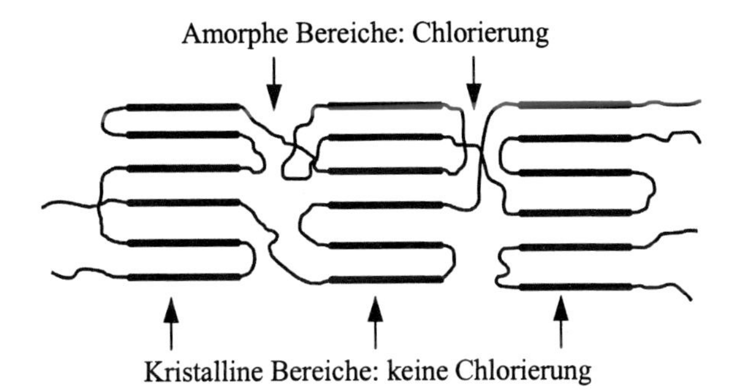

Abb. 52. Herstellung von blockförmig chloriertem Polyethylen durch Chlorierung in den amorphen Bereichen.

2.5.2 Technisch durchgeführte polymeranaloge Reaktionen

2.5.2.1 Verseifung von Poly(vinylacetat) zu Poly(vinylalkohol) (Abschnitt 2.5.1.)

2.5.2.2 Herstellung von Ionenaustauschern

Zur Herstellung von **Kationenaustauschern** werden makroporöse Styrol-Divinylbenzol-Copolymere (lose Netzwerke) mit konzentrierter Schwefelsäure umgesetzt:

$$\left[CH_2-CH(C_6H_5) \right] \xrightarrow[-H_2O]{H_2SO_4} \left[CH_2-CH(C_6H_4-SO_3H) \right]$$

Zur Herstellung von **Anionenaustauschern** werden die Styrol-Divinylbenzol-Netzwerke zunächst chlormethyliert und anschließend mit tertiären Aminen quaterniert:

$$\left[CH_2-CH(C_6H_5) \right] \xrightarrow[-H_2O]{CH_2O/HCl} \left[CH_2-CH(C_6H_4-CH_2Cl) \right] \xrightarrow{NR_3} \left[CH_2-CH(C_6H_4-CH_2-\overset{+}{N}R_3Cl^-) \right]$$

2.5.2.3 Festphasensynthese von Peptiden (Merrifield-Synthese)

Chlormethyliertes, vernetztes Polystyrol lässt sich als Substrat zur schrittweisen Verknüpfung unterschiedlicher Aminosäuren in definierter Abfolge verwenden:

$$\text{Ⓟ}{-}CH_2Cl \;+\; HOOC{-}\overset{R_1}{\overset{|}{C}}H{-}\underset{\underset{H}{|}}{N}{-}\overset{O}{\overset{\|}{C}}O{-}C(CH_3)_3 \xrightarrow{-HCl}$$

$$\text{Ⓟ}{-}CH_2{-}O\overset{O}{\overset{\|}{C}}{-}\overset{R_1}{\overset{|}{C}}H{-}\underset{\underset{H}{|}}{N}{-}\overset{O}{\overset{\|}{C}}O{-}C(CH_3)_3 \xrightarrow{-CO_2/-\text{i-Buten}}$$

$$\text{Ⓟ}{-}CH_2O\overset{O}{\overset{\|}{C}}{-}\overset{R_1}{\overset{|}{C}}H{-}NH_2 \xrightarrow[\text{Dicyclohexylcarbodiimid}]{HOOC{-}\overset{R_2}{\overset{|}{C}}H{-}\overset{H}{\overset{|}{N}}{-}\overset{O}{\overset{\|}{C}}O{-}C(CH_3)_3}$$

$$\text{Ⓟ}{-}CH_2O\overset{O}{\overset{\|}{C}}{-}\overset{R_1}{\overset{|}{C}}H{-}\underset{\underset{H}{|}}{N}{-}\overset{O}{\overset{\|}{C}}{-}\overset{R_2}{\overset{|}{C}}H{-}\underset{\underset{H}{|}}{N}{-}\overset{O}{\overset{\|}{C}}O{-}C(CH_3)_3 \xrightarrow{-CO_2/-\text{i-Buten}}$$

$$\text{Ⓟ}{-}CH_2O\overset{O}{\overset{\|}{C}}{-}\overset{R_1}{\overset{|}{C}}H{-}\underset{\underset{H}{|}}{N}{-}\overset{O}{\overset{\|}{C}}{-}\overset{R_2}{\overset{|}{C}}H{-}NH_2 \xrightarrow{HBr}$$

$$\text{Ⓟ}{-}CH_2Br \;+\; HOOC{-}\overset{R_1}{\overset{|}{C}}H{-}\underset{\underset{H}{|}}{N}{-}\overset{O}{\overset{\|}{C}}{-}\overset{R_2}{\overset{|}{C}}H{-}NH_2$$

2.5.2.4 Cellulosemodifizierung

Cellulose ist ein Polysaccharid. Seine Grundbausteine aus D-Glucose sind 1,4-β-glykosidisch zu einem Makromolekül verknüpft:

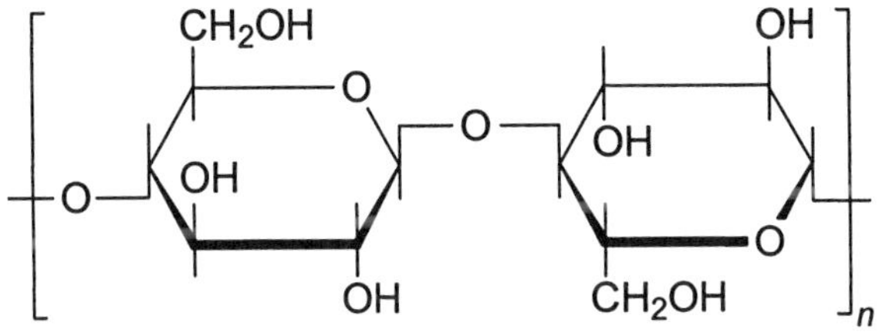

Cellulose wird im technischen Maßstab durch Veresterung und Veretherung an der primären und den sekundären OH-Gruppen derivatisiert.

(a) Veresterung

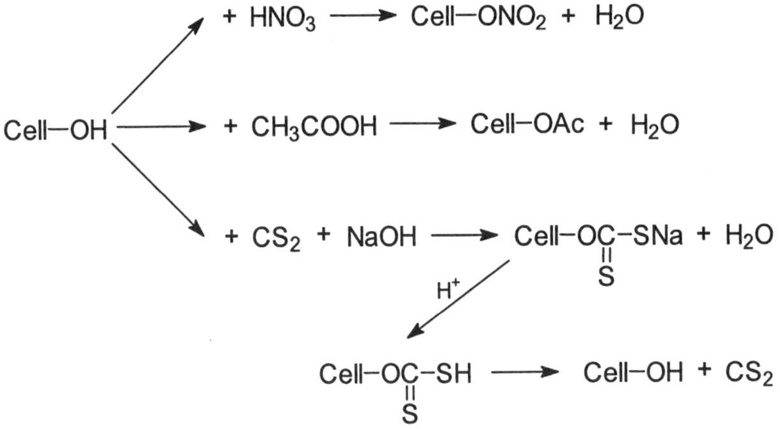

$$\text{Cell–OH} + HNO_3 \longrightarrow \text{Cell–ONO}_2 + H_2O \qquad (1)$$

$$\text{Cell–OH} + CH_3COOH \longrightarrow \text{Cell–OAc} + H_2O \qquad (2)$$

$$\text{Cell–OH} + CS_2 + NaOH \longrightarrow \text{Cell–OC(=S)–SNa} + H_2O \qquad (3)$$

$$\text{Cell–OC(=S)–SNa} \xrightarrow{H^+} \text{Cell–OC(=S)–SH} \longrightarrow \text{Cell–OH} + CS_2$$

Cellulosenitrat („Nitrocellulose“) (1) wird zur Herstellung von Celluloid, Cellulosetriacetat (2) und Cellulosexanthogenat (3) zur Herstellung von Fasern und Membranen verwendet. Bei (3) erfolgt die Verarbeitung durch Spinnen in ein saures Bad, wobei die Cellulose regeneriert wird. Die Fasern aus regenerierter Cellulose sind unter dem Namen **Rayon** bekannt. Der Substitutionsgrad DS (**d**egree of **s**ubstitution) bezeichnet die durchschnittlich pro Anhydroglucoseeinheit umgesetzten OH-Gruppen. In der nachstehenden Formel sind in der linken Glucoseeinheit 3, in der rechten 2 OH-Gruppen substituiert; DS ist also 2,5.

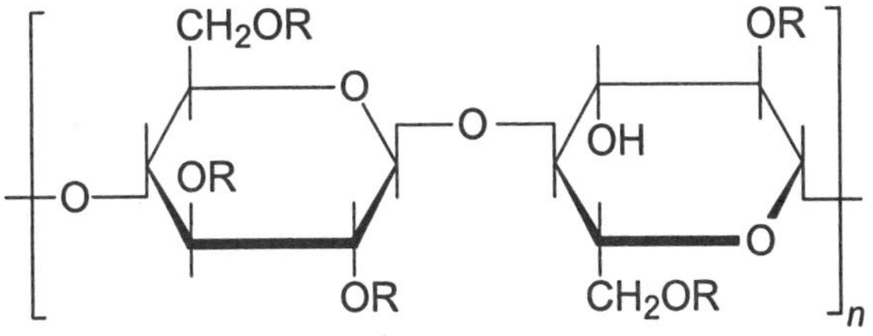

R z. B. $-C(=O)CH_3$ (Acetyl)

(b) Veretherung

$$\text{Cell-OH} \begin{cases} + \text{RCl} \longrightarrow \text{Cell-OR} + \text{HCl} \\ + \text{Ethylenoxid} \longrightarrow \text{Cell-OCH}_2\text{CH}_2\text{OH} \\ + \text{Cl-CH}_2\text{COOH} \longrightarrow \text{Cell-OCH}_2\text{COOH} \\ + \text{CH}_2\text{=CH-CN} \longrightarrow \text{Cell-OCH}_2\text{CH}_2\text{CN} \end{cases}$$

R = Benzyl, Carboxymethyl

Modifizierte Cellulosen werden als Suspensionsstabilisatoren, Verdickungsmittel für Farben und Kosmetika, Klebstoffe, Textil- und Papierhilfsmittel, Membranen sowie Thermoplaste (Benzylcellulose) verwendet.

2.5.3 Polymeranaloge intramolekulare Cyclisierung

Die polymeranaloge intramolekulare Cyclisierung stellt eine Verknüpfungsreaktion von nachbarständigen funktionellen Gruppen entlang der Polymerkette dar. Ein bekanntes Beispiel ist die Herstellung von Kohlefasern durch Pyrolyse von Polyacrylnitrilfasern:

$$\text{-[CH}_2\text{-CH(C}\equiv\text{N)]}_n\text{-} \xrightarrow[-H_2]{200\text{–}300\ °C} \text{(Leiterpolymer mit N-Heterocyclen)} \longrightarrow$$

$$\xrightarrow[-N_2]{300\text{–}1500\ °C} \text{(polycyclische Kohlenstoffstruktur)}$$

Weitere Beispiele:

(a) Imidisierung von Polyamidsäuren (s. auch Abschnitt 2.1.6.8)

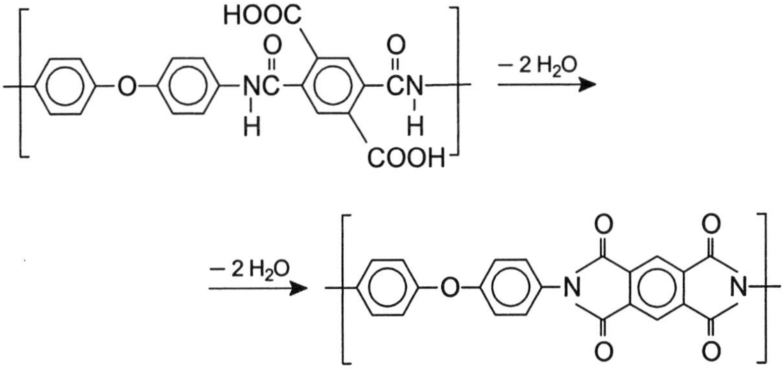

HOOC, O, O, O, NC, CN, H, H, COOH

$- 2\,H_2O$

$- 2\,H_2O$

O, O, N, N, O, O

(b) Kondensation von Poly(vinylmethylketon)

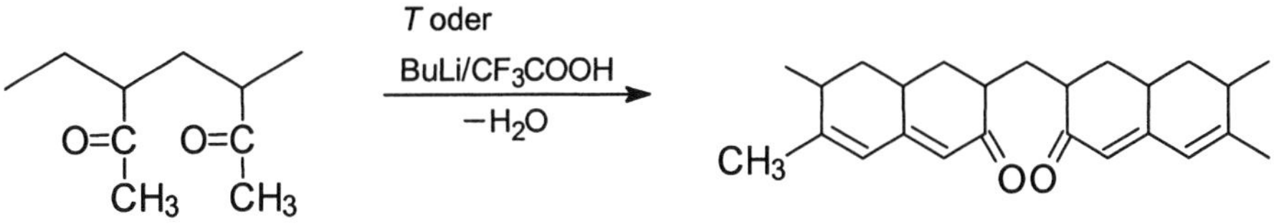

O=C O=C

CH_3 CH_3

T oder

$BuLi/CF_3COOH$

$-H_2O$

CH_3 O O

(c)

$AlCl_3/HCl$

Dehydr.

O, Cl, Cl, O

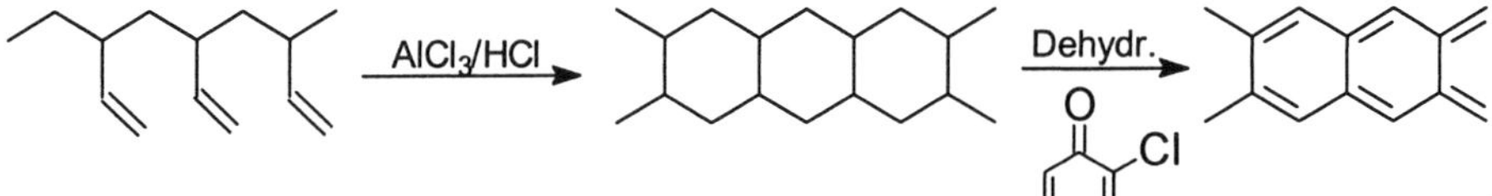

Poly(1,2-Butadien)

(d)

HC≡C−C≡N

anionisch

NaCN, DMF

CN CN

200 °C

N N N N N N

H H

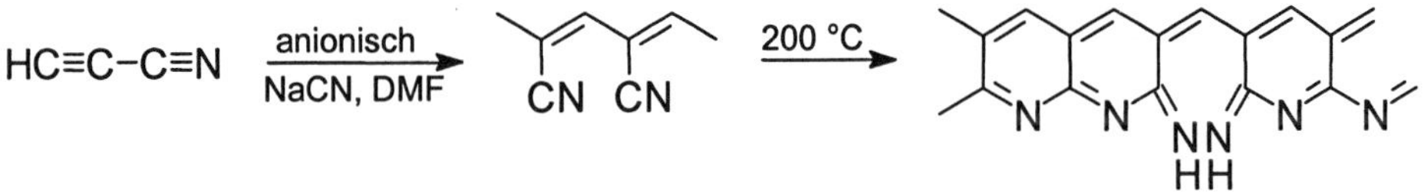

Häufig verlaufen die intramolekularen Cyclisierungsreaktionen nur zu 60–70 % des theoretisch möglichen Umsatzes.

2.5.4 Vernetzungsreaktionen von Polymeren

Durch nachträgliche Vernetzung lassen sich Erweichungspunkt und Festigkeit von Polymeren erhöhen und gleichzeitig die Löslichkeit verringern. Vernetzungen können thermisch, strahlenchemisch oder photochemisch herbeigeführt werden.

(a) Vernetzung von Polyolefinen

$$-CH_2-CH_2-CH_2- \xrightarrow{R^\bullet} -CH_2-\dot{C}H-CH_2- \; + \; RH$$

$$-CH_2-CH_2-CH_2- \xrightarrow{\gamma} -CH_2-\dot{C}H-CH_2- \; + H^\bullet \text{ bzw. } H_2$$

$$2\ -CH_2-\dot{C}H-CH_2- \longrightarrow \begin{array}{c} -CH_2-CH-CH_2- \\ | \\ -CH_2-CH-CH_2- \end{array}$$

$R^\bullet$: z.B. Cumylperoxy-Radikal

(b) Vernetzung von Elastomeren mit Schwefel (Vulkanisation von Gummi)

$$\sim CH_2-\overset{\overset{\large CH_3}{|}}{C}=CH-CH_2\sim \xrightarrow[n\,=\,40-50^*]{S_n} \begin{array}{l} \sim CH-\overset{\overset{\large CH_3}{|}}{C}=CH-CH_2\sim \\ \quad | \\ \quad S_n \\ \quad | \\ \sim CH_2-CH-\underset{\underset{\large CH_3}{|}}{C}=CH-CH_2\sim \end{array}$$

* n = 1,6 bei Zusatz von Beschleuniger

Als Beschleuniger der Vernetzung werden zum Beispiel ZnO, Fettsäuren oder Zinkdimethylthiocarbamat

$$\left[(CH_3)_2N-\underset{\underset{\large S}{\|}}{C}-S\right]_2^- Zn^{2+}$$

verwendet.

(c) Photovernetzung

2 $-CH_2-CH-$ $\xrightarrow{h\nu}$ $-CH_2-CH-$

O O

C=O O=C

C=O

O

$-CH-CH_2-$

Photovernetzende Lacke werden als „Photoresists" bei der Herstellung elektronischer Bauteile verwendet.

(d) Physikalische Vernetzung

In Polymeren mit Carboxylgruppen lassen sich durch Zusatz von Elektrolyten MX_2 starke elektrostatische Wechselwirkungen zwischen den Ketten erzeugen, die auf Salzbildung der COOH-Gruppen mit den M^{2+}-Ionen beruhen und eine physikalische Vernetzung darstellen:

COOH COOH COO$^-$ COOH

$+ MX_2$ $\longrightarrow$ M^{2+} $+ 2\,HX$

COOH COO$^-$

Praktische Bedeutung hat diese Reaktion bei Ethylen-Acrylsäure-Copolymeren (mit 5–10 % Acrylsäure). Es bilden sich Domänen aus ionischen Gruppen in einer nichtionischen Matrix aus. Da diese Vernetzungen thermoreversibel sind, lassen sich die Polymere thermoplastisch verformen.

2.5.5 Abbaureaktionen von Polymeren

2.5.5.1 Depolymerisation und Kettenspaltung

Beim Abbau sind zwei Reaktionsmöglichkeiten zu unterscheiden:

(a) Depolymerisation: $P_{m+1} \longrightarrow P_m + M$

(b) Kettenspaltung: $P_{m+n} \longrightarrow P_m + P_n$

Die Änderung des relativen mittleren Polymerisationsgrades $\overline{X}_n$ ist bei (a) und (b) sehr verschieden (Abb. 53):

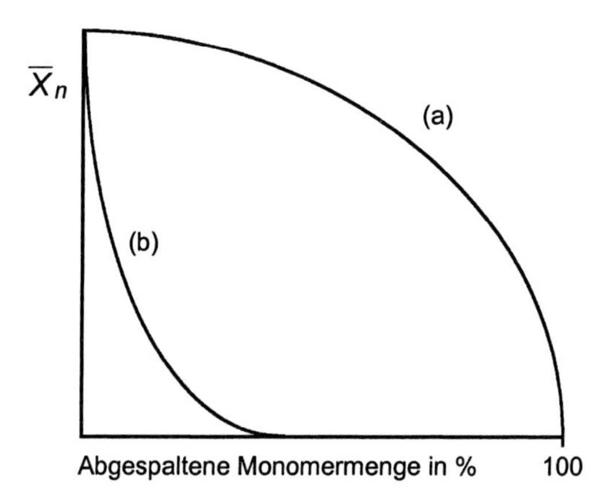

Abb. 53. Mittlerer Polymerisationsgrad $\overline{X}_n$ als Funktion der abgespaltenen Monomermenge bei Depolymerisation (a) und Kettenspaltung (b) [56].

Die Depolymerisation wurde schon in Abschnitt 2.2.1.4 besprochen. Kettenspaltung erfolgt statistisch durch Licht, Wärme, Röntgen- und Elektronenstrahlen sowie auch mechanisch. Die durch Lichteinwirkung initiierte Kettenspaltung verläuft nach

$$\sim\!\mathrm{CH(R)-CH_2-CH(R)-CH_2}\!\sim \xrightarrow[-\mathrm{H}^\bullet]{h\nu} \sim\!\mathrm{CH(R)-CH_2-\overset{\bullet}{C}(R)-CH_2}\!\sim$$

$$\longrightarrow \sim\!\mathrm{CH(R)-CH{=}CH(R)} + {}^\bullet\mathrm{CH_2}\!\sim$$

$$\xrightarrow{+\mathrm{O_2}} \sim\!\mathrm{CH(R)-CH_2-C(R)(O-O^\bullet)-CH_2}\!\sim$$

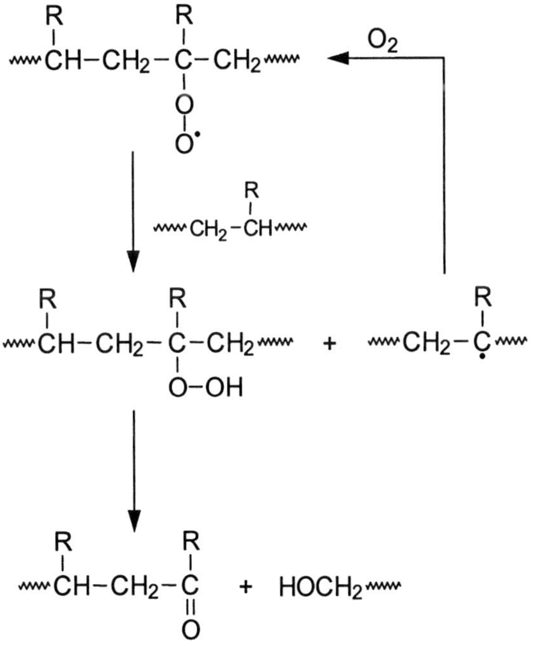

2.5.5.2 Kinetik der Abbaureaktion

Zur Beschreibung des zeitlichen Verlaufs der Abbaureaktionen wird der Abbaugrad $A = 1/\overline{X}_n$ eingeführt, der den Anteil der gespaltenen Bindungen eines Makromoleküls angibt [47]. Bei rein statistischer Kettenspaltung gilt für die zeitliche Änderung des Abbaugrades:

$$\frac{\mathrm{d}A}{\mathrm{d}t} = k_S (1 - A)$$

mit der Geschwindigkeitskonstanten k_S der Kettenspaltung. Bezeichnet man den Abbaugrad des Ausgangspolymers mit A_0 und den Abbaugrad des Polymers nach der Reaktionszeit t mit A_t, so ergibt sich nach Integration

$$\ln\left(\frac{(1 - A_0)}{(1 - A_t)}\right) = k_S t.$$

Nach der Substitution von A durch $1/\overline{X}_n$ folgt

$$\ln\left(1-\frac{1}{\overline{X}_{n,0}}\right)-\ln\left(1-\frac{1}{\overline{X}_{n,t}}\right)=k_S t\,.$$

Sind $\overline{X}_{n,0}$ und $\overline{X}_{n,t}$ erheblich größer als 1, so gilt aufgrund der mathematischen Beziehung

$$\ln\left(1-\left(\frac{1}{a}\right)\right)=-\frac{1}{a}-\frac{1}{a^2}\approx-\frac{1}{a}$$

in sehr guter Näherung:

$$\left(\overline{X}_{n,t}\right)^{-1}=\left(\overline{X}_{n,0}\right)^{-1}+k_S t\,,$$

das heißt, der reziproke Polymerisationsgrad des abgebauten Polymers ist proportional der Abbauzeit.

2.5.6 Alterung von Polymeren

Dieser Abschnitt behandelt die umweltbedingte Veränderung von festen Polymeren, die in erster Linie durch **Luftsauerstoff, Licht und Wärme** verursacht wird. Alterung kann bedeuten:

- Depolymerisation,
- Kettenspaltung,
- Vernetzung,
- Oxidation.

Wir betrachten die **Oxidation**. Sie beginnt mit der Abspaltung eines $H^{\bullet}$-Radikals und nachfolgender O_2-Addition:

$$P_n \longrightarrow P_n^{\bullet} + H^{\bullet}$$

$$P_n^{\bullet} + O_2 \longrightarrow P_n\text{—O—O}^{\bullet}$$

Diese Reaktion verläuft ohne Aktivierungsenergie. Im nächsten Schritt attackiert das Peroxidradikal eine weitere Polymerkette:

$$P_n-O-O^{\bullet} + \sim CH_2-\underset{R}{\underset{|}{C}}H-CH_2\sim \longrightarrow P_n-O-OH + CH_2-\underset{R}{\underset{|}{\dot{C}}}-CH_2\sim$$

Dieser Schritt ist geschwindigkeitsbestimmend. Es folgt die Autoxidation:

$$P_n-O-OH \longrightarrow P_n-O^{\bullet} + OH^{\bullet}$$

$$2\,P_n-O-OH \longrightarrow P_n-O-O^{\bullet} + P_n-O^{\bullet} + H_2O$$

Die Autoxidation wird durch Metallionen M^{2+} begünstigt:

$$P_n-O-OH + M^{2+} \longrightarrow P_n-O^{\bullet} + OH^{-} + M^{3+}$$

$$P_n-O-OH + M^{2+} \longrightarrow P_n-O-O^{\bullet} + H^{+} + M^{+}$$

Der Abbruch der Oxidationskette erfolgt in der Regel durch Kombination von zwei Peroxyradikalen unter Abspaltung von Sauerstoff:

$$2\,P_n-O-O^{\bullet} \longrightarrow P_n-O-O-P_n + O_2$$

Die **Photooxidation** führt über Norrish-Reaktionen zur Kettenspaltung:

$$R'\overset{O}{\overset{\|}{C}}CH_2CH_2CH_2R \xrightarrow{h\nu} R'\overset{O}{\overset{\|}{C}}{}^{\bullet} + {}^{\bullet}CH_2CH_2CH_2R$$

Norrish I (Spaltung der C-C-Bindung in Nachbarstellung zur C=O-Gruppe)

$$R'\overset{O}{\overset{\|}{C}}CH_2CH_2CH_2R \xrightarrow{h\nu} R'\overset{O}{\overset{\|}{C}}CH_3 + CH_2{=}CHR$$

Norrish II (H-Abstraktion aus der γ-Position)

2.5.7 Stabilisierung von Polymeren

Um Abbaureaktionen zu verhindern oder zu verzögern, werden technischen Polymeren Antioxidantien und UV-Stabilisatoren zugesetzt.

2.5.7.1 Antioxidantien

Man unterscheidet **primäre** und **sekundäre Antioxidantien**. Die primären fangen freie Radikale R$^\bullet$ weg, während die sekundären Hydroperoxide ROOH zu Alkoholen reduzieren. Zu den **primären** Antioxidantien gehören:

(a) Substituierte Phenole wie zum Beispiel 2,6-Ditertiärbutyl-p-kresol (auch **b**utyliertes **H**ydroxy**t**oluol, BHT, genannt)

OH, CH3 + R• ⟶ [O•, CH3 ⟷ OH, CH2•] + RH

2 (OH, CH2•) —Dimerisierung→ HO–C6H2(tBu)2–CH2CH2–C6H2(tBu)2–OH

Das entstehende Dimer wirkt ebenfalls als Antioxidationsmittel.

(b) Substituierte („gehinderte") Amine (**h**indered **a**mine **s**tabilizer, HAS), wie zum Beispiel 2,2,6,6-Tetramethylpiperidin (TMP)

TMP (N–H) —ROO• od. O2→ N–O• —R'•→ N–OR' —T→ N–OH + Olefin

N–OR' —+ R''OO•, - R''OOR'→ N–O•

Zu den **sekundären** Antioxidantien gehören Dialkylthioether wie zum Beispiel das Didodecyl-3,3-thiodipropionat:

$$R{-}S{-}R + R'OOH \longrightarrow R{-}\overset{\overset{\large O}{\|}}{S}{-}R + R'{-}OH \quad (R = {-}(CH_2)_2{-}\overset{\overset{\large O}{\|}}{C}O{-}C_{12}H_{25})$$

oder Triarylphosphate:

$$P(OAr)_3 + ROOH \longrightarrow O{=}P(OAr)_3 + ROH$$

Die zeitabhängige Wirkung der Antioxidantien ist grafisch in Abb. 54 dargestellt.

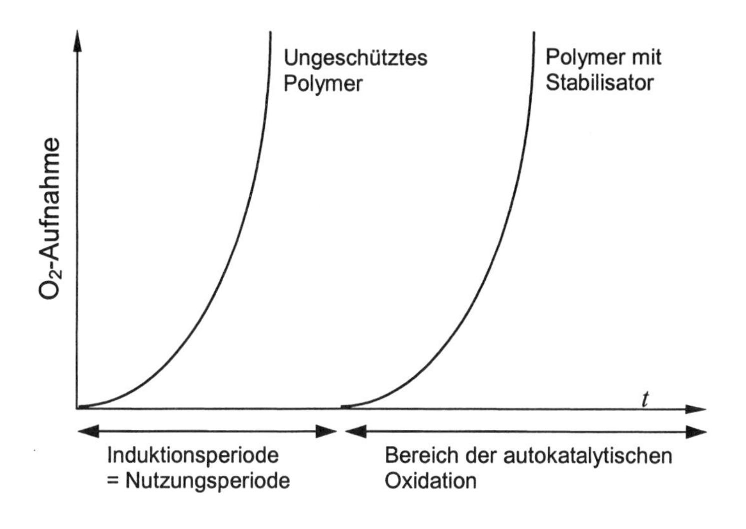

Abb. 54. Abhängigkeit der O_2-Aufnahme von der Zeit für ein ungeschütztes und ein stabilisiertes Polymer.

2.5.7.2 UV-Stabilisatoren

Werden Polymere, die anregbare Gruppen tragen, mit Licht bestrahlt, so erfolgt ein Übergang in den angeregten Singulett- und Triplettzustand:

$$\text{Polymer} \xrightarrow{h\nu} \text{Polymer* (Singulett)} \longrightarrow \text{Polymer* (Triplett)}$$

Die angeregten Gruppen geben ihre Energie entweder durch Emission (Fluoreszenz, Phosphoreszenz), Schwingungsanregung oder Bindungsbruch (Prädissoziation) ab. Beispiele für Bindungsbruch sind:

(a) β α C=O R $\xrightarrow{h\nu}$ CH_2 C=O R +

Spaltung zwischen α- und β-C

(b) O OCO $\xrightarrow{h\nu}$ O• + •CO O $\xrightarrow{-CO_2}$

$\xrightarrow{-CO_2}$ OH

Der Bindungsbruch kann durch Zusatz eines **Desaktivators D** nach

$$\text{Polymer}^* + \text{D} \longrightarrow \text{Polymer} + \text{D}^* \longrightarrow \text{Polymer} + \text{D} + h\nu$$

verhindert werden. Als Desaktivatoren eignen sich 2-Hydroxybenzophenonderivate

O C R HO $\underset{T}{\overset{h\nu}{\rightleftharpoons}}$ O C OH R Keto-Enol-Tautomerie

und Hydroxyphenylbenzotriazole

HO R N N N R $\underset{T}{\overset{h\nu}{\rightleftharpoons}}$ H O R N (+) N N (-) R Bildung eines chinoiden Zwitterions

Eine Stabilisierung gegen UV-Einflüsse kann auch durch Zusatz von Ruß oder Pigmenten (Titandioxid, Eisenoxid) erfolgen.

2.6 Polymere mit besonderen Eigenschaften

2.6.1 Elektrisch leitfähige Polymere

1977 wurde von Shirakawa, MacDiarmid und Heeger beobachtet, dass Polyacetylen durch Behandlung mit J_2 oder AsF_5 in einen hochleitfähigen Zustand ($\sigma \sim 10^3$ Scm^{-1}) überführt werden kann. Später wurde gefunden, dass auch viele andere Polymere mit konjugierten π-Elektronen in der Hauptkette wie zum Beispiel Poly-p-phenylen, Polypyrrol oder Polythiophen hochleitfähige Formen ausbilden können.

Polyacetylen 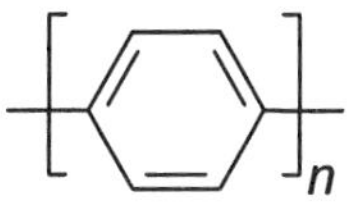 Poly-p-phenylen 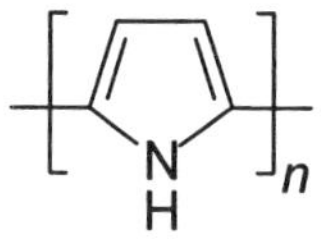 Polypyrrol 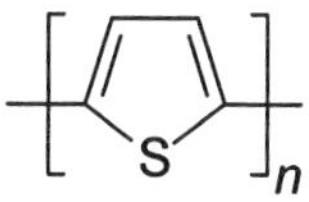 Polythiophen

Die spezifische elektrische Leitfähigkeit σ eines Polymers hängt von der Anzahl N und der Beweglichkeit μ der Ladungsträger ab. Es gilt

$$\sigma = N e \mu,$$

wobei e die Elementarladung ($1{,}6 \times 10^{-19}$ C) bedeutet. In nichtleitenden Polymeren wie Polystyrol ist N klein und μ sehr gering. In π-konjugierten Polymeren ist zwar μ groß, aber N ist klein.

Erst durch Oxidation oder Reduktion analog Abb. 55 wird die Zahl der Ladungsträger erhöht, und die Polymere werden elektrisch leitfähig. Die bei der Oxidation oder Reduktion entstehenden Dikationen oder Dianionen werden auch **Bipolaronen** genannt. Die Erzeugung der Ladungsträger wird als **Dotierung** bezeichnet. Die Dotierung kann erfolgen durch

- chemische Reaktion des Polymeren mit starken Oxidationsmitteln wie zum Beispiel J_2 und AsF_5 oder mit starken Reduktionsmitteln wie Na und K oder durch
- anodische Oxidation sowie kathodische Reduktion.

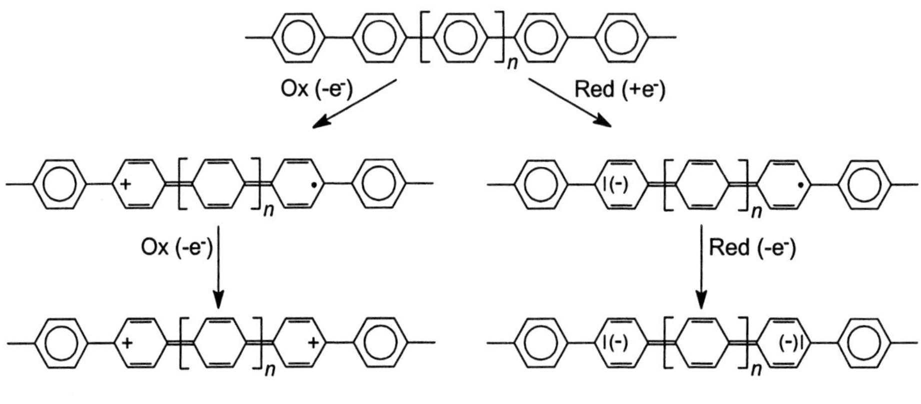

Abb. 55. Dotierung von Poly-p-phenylen durch Oxidation (links) oder Reduktion (rechts) [57].

Polypyrrol. Pyrrol lässt sich entweder durch oxidative Kupplung mit $FeCl_3$ oder $(NH_4)_2S_2O_8$ oder auf elektrochemischem Wege (durch anodische Oxidation) polymerisieren. Im ersten Fall wird das Polymer als schwarzes Pulver, im letzteren als Film auf der Elektrode erhalten. Der Mechanismus der Polymerisation ist in beiden Fällen gleich. Er ist schematisch in Abb. 56 dargestellt.

Unter den oxidierenden Bedingungen der Reaktion wird das Polymer direkt in der leitfähigen Form erhalten. Die komplette oxidative Polymerisation von Pyrrol lässt sich durch

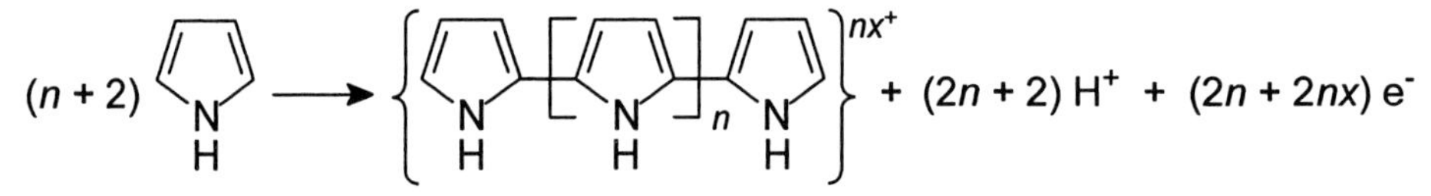

$$(n + 2) \longrightarrow \{\ \}^{nx+} + (2n + 2)\,H^+ + (2n + 2nx)\,e^-$$

beschreiben [57]. $(2n + 2)$ Elektronen werden bei der Oxidation von Pyrrol und nx Elektronen bei der zusätzlichen Oxidation des Polymers frei. x liegt bei 0,25 bis 0,4. Dies bedeutet, dass nur jede dritte bis vierte Monomereinheit des Polymers aufgeladen wird.

Die positive Ladung $\overset{+}{nx}$ des Polymers wird durch Gegenionen X^- kompensiert. Bei der elektrochemischen Polymerisation stammen diese aus dem Leitsalz und sind zumeist

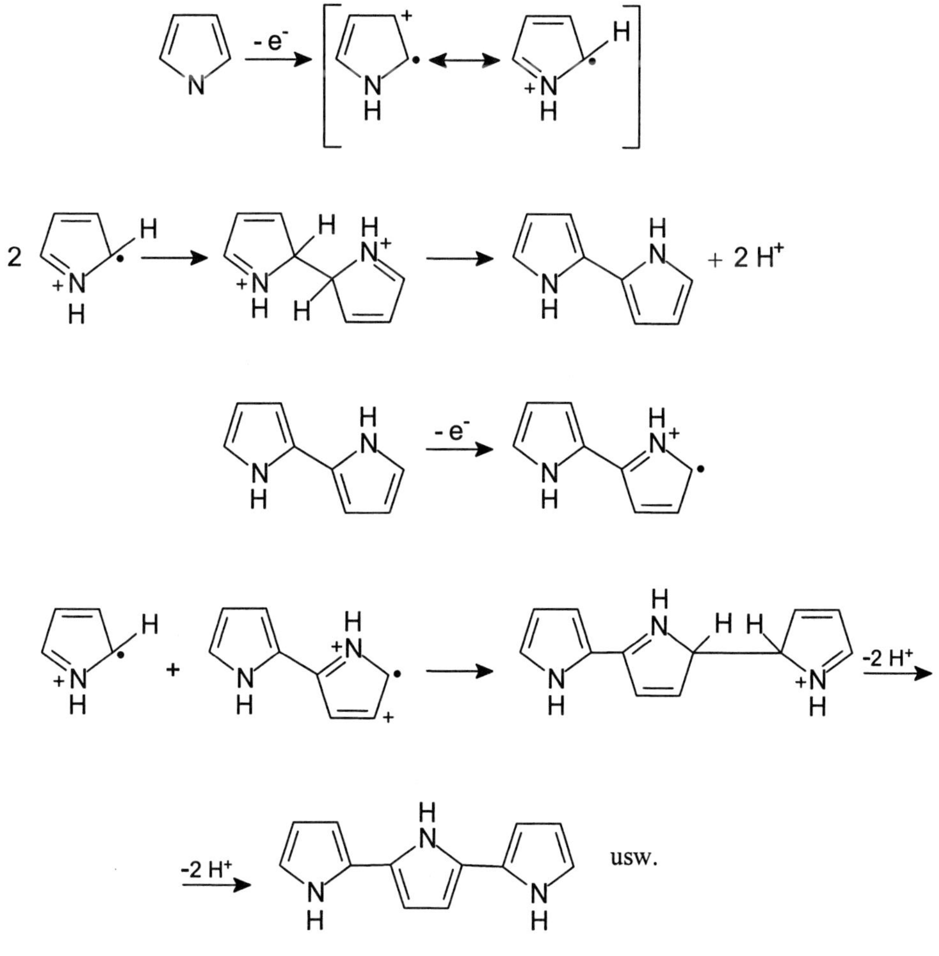

Abb. 56. Mechanismus der Polymerisation von Pyrrol [57].

- anorganische Anionen wie BF_4^-, PF_6^- oder ClO_4^-,
- organische Anionen wie Triflat, Tosylat, Dodecylsulfonat oder
- Polyelektrolyte wie Polystyrolsulfonat.

Polythiophen ist ebenfalls durch oxidative Kupplung herstellbar. Der Reaktionsmechanismus ist analog zu Polypyrrol. Technische Bedeutung hat das Poly(3,4-ethylendioxythiophen) (PEDOT, Baytron P) erlangt.

PEDOT

Mit Polystyrolsulfonat als Gegenion ist es wasserdispergierbar und kommt als wässrige Dispersion in den Handel. Mit PEDOT lassen sich leitfähige Überzüge und Elektroden herstellen. Das oxidierte PEDOT dient als lochleitende Schicht in Leuchtdioden.

Polymerbatterie. Eine weitere mögliche Anwendung von elektrisch leitfähigen Polymeren stellt der Einsatz als aktive Komponente in wiederaufladbaren Batterien dar. Als Modell für eine wiederaufladbare Polymerbatterie betrachten wir eine Lithium-Polyacetylen-Batterie, die aus einer Polyacetylen-Anode und einer Lithiumkathode besteht. Die Elektroden tauchen in eine Elektrolytlösung aus Lithiumperchlorat in Propylencarbonat (PC) (Abb. 57).

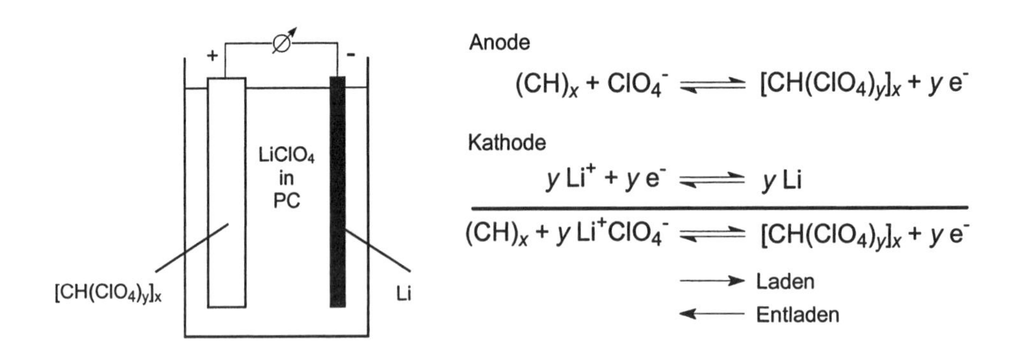

Abb. 57. Schema und Funktionsweise einer Polymerspeicherbatterie.

Beim Aufladen werden Lithiumionen an die Kathode transportiert und dort reduziert. An der Anode wird Polyacetylen zu $(CH)_x^{y+}$ oxidiert. Die positiven Ladungen des Polyacetylens werden durch Perchloratanionen aus dem Leitsalz kompensiert. Beim Entladen nimmt das Polyacetylen Elektronen auf, die bei der Oxidation der Lithiumatome zu Li^+-Ionen freigesetzt werden. Anstelle einer reinen Lithiumkathode kann eine sogenannte Interkalationselektrode aus Lithiumwolframat oder -vanadat verwendet werden.

Die Kennzahl einer Batterie ist die theoretische Energiedichte E_{th} in Wh/kg. Sie berechnet sich zu

$$E_{\text{th}} = \frac{U \cdot F \cdot y}{M_{\text{CH}} + M_{\text{Dot}}},$$

wobei U die Spannung, F die Faraday-Konstante, y den Dotierungsgrad, M_{CH} und M_{Dot} die Molmassen des Polyacetylens und des Dotierungsmittels bedeuten. Die Verpackung der Batterie, der Einbau stromführender Elektroden, das Lösungsmittel und der relativ niedrige Dotierungsgrad bewirken, dass die tatsächliche Energiedichte E_{pr} nur bei circa 20 % des theoretischen Wertes liegt.

Die chemische Instabilität von $(CH)_x$ beschränkt die Wiederaufladbarkeit auf wenige Cyclen und hat bisher eine Anwendung verhindert.

2.6.2 Polyelektrolyte

Als **Polyelektolyte** werden Polymere bezeichnet, die viele ionisierbare Gruppen tragen und wasserlöslich sind. Je nach pH der wässrigen Lösung und Art der ionisierbaren Gruppen können sie als Polybase oder Polykation sowie als Polysäure oder Polyanion vorliegen:

$$\text{-}[CH_2\text{—}CH(CH_2\text{—}NH_2)]_n\text{-} \underset{+\,n\,OH^-/-n\,H_2O}{\overset{+\,n\,H^+}{\rightleftharpoons}} \text{-}[CH_2\text{—}CH(CH_2\text{—}NH_3^+)]_n\text{-}$$

Polybase Polykation

$$\text{-}[CH_2\text{—}CH(COOH)]_n\text{-} \underset{+\,n\,H^+}{\overset{+\,n\,OH^-/-n\,H_2O}{\rightleftharpoons}} \text{-}[CH_2\text{—}CH(COO^-)]_n\text{-}$$

Polysäure Polyanion

In der dissoziierten Form sind viele Polyelektrolyte wasserlöslich. Von den Polyelektrolyten sind eine Anzahl anderer Polymere, die ebenfalls geladene Gruppen tragen, zu unterscheiden.

Als **Polyampholyte** werden Polymere bezeichnet, die sowohl kationische als auch anionische Gruppen tragen, wie zum Beispiel die Poly(α-aminoacrylsäure):

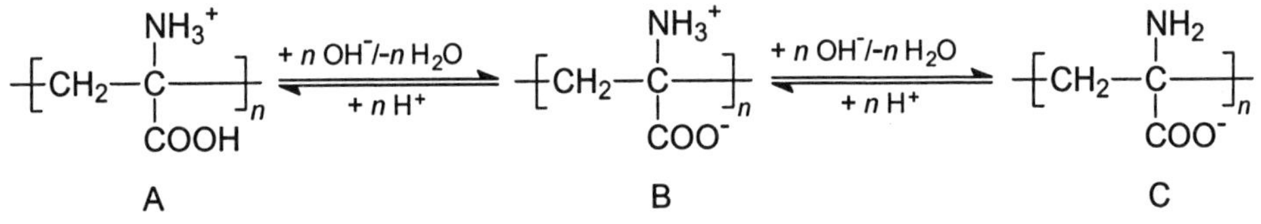

$$\left[CH_2-\underset{COOH}{\overset{NH_3^+}{C}}\right]_n \underset{+n\,H^+}{\overset{+n\,OH^-/-n\,H_2O}{\rightleftharpoons}} \left[CH_2-\underset{COO^-}{\overset{NH_3^+}{C}}\right]_n \underset{+n\,H^+}{\overset{+n\,OH^-/-n\,H_2O}{\rightleftharpoons}} \left[CH_2-\underset{COO^-}{\overset{NH_2}{C}}\right]_n$$

A B C

Polyampholyte liegen im sauren Medium als Polykation A, im alkalischen Medium als Polyanion C vor. Im neutralen Medium existiert ein isoelektrischer Bereich, in dem das Polymer ein Zwitterion B bildet und zumeist wasserunlöslich ist.

Als **Ionene** werden kationische Polyelektrolyte bezeichnet, die ein positiv geladenes Heteroatom (zumeist N) in der Hauptkette tragen, wie zum Beispiel das Poly(N,N-dimethyl-iminoethylenbromid):

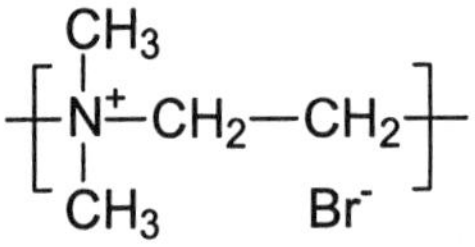

$$\left[\underset{CH_3}{\overset{CH_3}{N^+}}-CH_2-CH_2\right] \quad Br^-$$

Poly(N,N-dimethyliminoethylenbromid)

Polymere mit nur wenigen ionischen Gruppen werden als **Ionomere** bezeichnet. Sie sind wasserunlöslich. Ein Beispiel ist Poly(ethylen-co-methacrylsäure) mit einem Gehalt an Methacrylsäure von $\leq$ 10 Molprozent (s. auch Abschnitt 2.5.4). Polymere mit endständigen ionischen Gruppen werden als **Makroionen** bezeichnet. Sie existieren beispielsweise während der kationischen und anionischen Polymerisation. In Abb. 58 sind die unterschiedlichen Arten von geladenen Polymeren dargestellt.

Polyelektrolytlösungen zeigen eine ungewöhnliche Abhängigkeit der Viskosität von der Polymerkonzentration, dem Neutralisationsgrad des Polymers und der Gegenwart von Salzen. Wie in Abb. 59 gezeigt, steigt die reduzierte Viskosität η_{sp}/c (Abschnitt 3.4.1) mit sinkender Polyelektrolytkonzentration stark an, um bei sehr kleiner Konzentration wieder abzunehmen. Der Viskositätsanstieg wird einer zunehmenden Dissoziation und elektrostatischen Abstoßung der ionischen Gruppen entlang der Kette zugeschrieben. Die Ketten gehen von einer mehr geknäuelten in eine mehr stäbchenförmige Konforma-

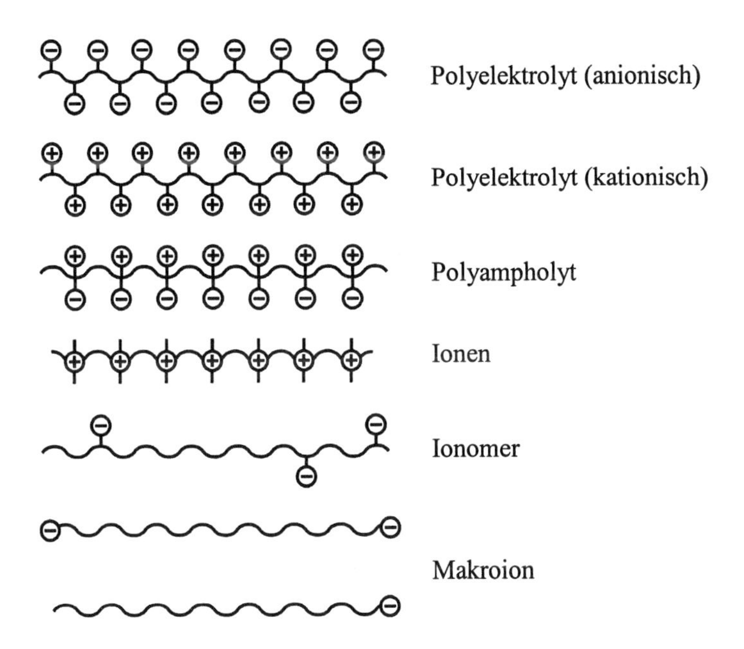

Abb. 58. Schematische Darstellung von Polymeren mit geladenen Gruppen und ihre Bezeichnung.

tion über. Die Viskosität im Bereich der dissoziierenden Polyelektrolyte wird durch die **Fuoss-Gleichung**

$$\frac{1}{\eta_{sp}/c} = \frac{1}{[\eta]} + Ac^{1/2} + \cdots$$

beschrieben (c = Konzentration, A = Konstante). Bei sehr kleiner Polyelektrolytkonzentration nimmt die Viskosität aufgrund des Verdünnungseffektes wieder ab. Wird der Polyelektrolytlösung Salz zugesetzt, wird die Dissoziation zurückgedrängt. Der Polyelektrolyt zeigt dann ein normales Verhalten, das heißt, die Viskosität nimmt mit der Polymerkonzentration in der Lösung linear zu.

Die Änderung der Viskosität einer wässrigen Polyacrylsäurelösung bei Erhöhung des Neutralisationsgrades des Polymers ist in Abb. 60 dargestellt. In reinem Wasser liegt Polyacrylsäure im Wesentlichen undissoziiert in geknäuelter Form vor. Wird Natronlauge zugesetzt, dissoziieren die COOH-Gruppen und bilden COO^--Gruppen. Durch elektrostatische Abstoßung der benachbarten Carboxylatgruppen strecken sich die Ketten, die Viskosität nimmt zu.

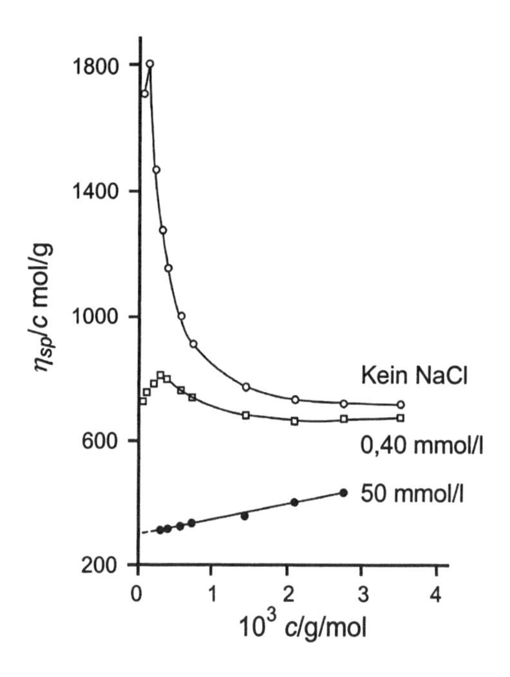

Abb. 59. Abhängigkeit der reduzierten Viskosität η_{sp}/c von der Konzentration c eines Natriumpektinats in Wasser und in NaCl-haltigen Lösungen (bei 27 °C) [58].

COOH
HOOC COOH
HOOC COOH
OH^- / H^+
COO^- COO^- COO^- COO^- COO^-

Erreicht der Neutralisationsgrad 100 %, ist die Streckung der Ketten maximal, die Viskosität hat ihren Höchstwert erreicht. Weitere Zugabe von Base hat den gleichen Effekt wie eine Salzzugabe: Die zunehmende Ionenkonzentration in der Lösung verringert die elektrostatische Abstoßung entlang der Kette; die Polymerketten nehmen wieder eine stärker geknäuelte Konformation ein, die Viskosität nimmt ab.

Technisch bedeutende anionische Polyelektrolyte sind Polyacrylsäure und -methacrylsäure, Carboxymethylcellulose, Polystyrolsulfonsäure und -vinylsulfonsäure. Zu den wichtigen kationischen Polyelektrolyten zählen Polyethylenimin, Poly(diallyldimethylammoniumchlorid), Chitosan und Poly(4-vinylpyridin).

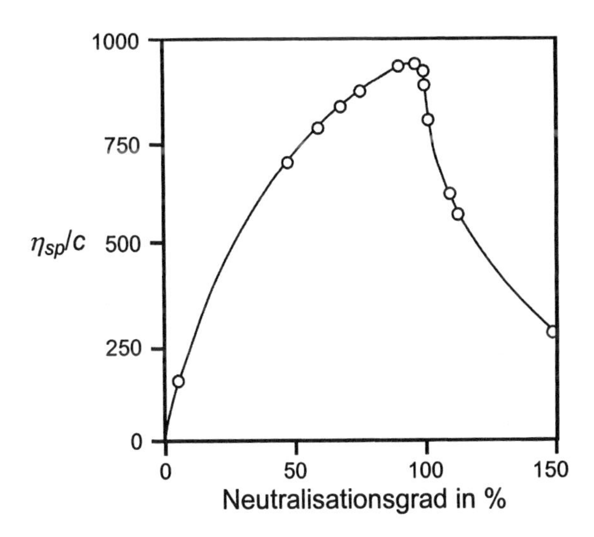

Abb. 60. Abhängigkeit von η_{sp}/c einer 0,5%igen Polyacrylsäurelösung in Wasser vom Neutralisationsgrad in % [59].

Anwendungen von Polyelektrolyten beruhen zumeist auf ihrer Wasserlöslichkeit. Sie dienen als Schutzkolloide zur Stabilisierung von Dispersionen. In vernetzter Form sind sie in der Lage, große Mengen Wasser aufzunehmen („Superadsorber"). Sie dienen als Flockungsmittel zur Schlammentwässerung oder als Hilfsmittel zur Papierbildung aus Papierbrei (Pulp). Öl-Wasser-Emulsionen lassen sich durch Zusatz von Polyelektrolyten trennen. Polyelektrolyte eignen sich ferner als Verdicker und Geliermittel, zur rheologischen Modifizierung wässriger Systeme, zur Modifizierung der Hydrophilie von Ober- flächen- und Grenzflächen, als Klebstoffe, Bindemittel und Membranen sowie zur kontrollierten Freisetzung von Wirkstoffen aus Pharmazeutika.

2.6.3 Flüssigkristalline Polymere

2.6.3.1 Flüssigkristalline Eigenschaften

Moleküle mit ausgeprägter Formanisotropie (wie stäbchen- oder scheibchenförmige Moleküle) bilden häufig flüssigkristalline (**l**iquid **c**rystalline, LC) Phasen aus [60].

In LC-Phasen (auch **Mesophasen** genannt) liegen die Moleküle in einem Ordnungszustand vor, der zwischen dem des dreidimensional geordneten Kristalls und dem der isotropen Schmelze oder Lösung liegt. Die LC-Phase ist daher eine flüssige Phase, in der die Moleküle in ein oder zwei Raumrichtungen eine für Kristalle typische **Fernordnung**, mindestens in einer Richtung aber die für Flüssigkeiten typische **Nahordnung** besitzen. Mesophasen können beim Aufheizen der Moleküle auftreten (→ **thermotrope Mesophasen**), in einigen Fällen auch beim Lösen (→ **lyotrope Mesophasen**). In den folgenden Abschnitten 2.6.3.2 und 2.6.3.3 werden thermotrope und lyotrope LC-Polymere näher beschrieben.

2.6.3.2 Thermotrop flüssigkristalline Polymere

Thermotrop flüssigkristalline Phasen. Moleküle mit stäbchenförmigen mesogenen Gruppen (mesogen = Flüssigkristall bildend) sind in der Lage, eine Anzahl von thermotropen LC-Phasen auszubilden. Beim Aufheizen aus dem kristallinem Zustand werden nacheinander verschiedene **smektische Phasen** und die **nematische Phase** durchlaufen, bis schließlich der Übergang in die isotrope Schmelze erfolgt (Abb. 61). In der smektischen Phase sind die Moleküle in Schichten angeordnet, in der nematischen Phase sind sie parallel zueinander in Fäden ausgerichtet. Enthalten die Moleküle ein Chiralitätszentrum, kann zusätzlich eine **chiral nematische (cholesterische) Phase** auftreten, in der die Moleküle helikale Strukturen bilden.

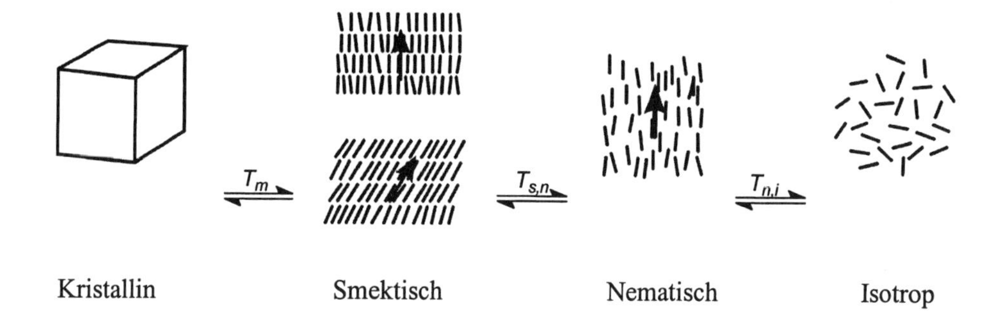

Abb. 61. Schematische Darstellung der Phasenabfolge und Ordnung stäbchenförmiger Moleküle beim Übergang von der kristallinen Phase über LC-Phasen in die isotrope Schmelze [61].

Stäbchenförmige Moleküle, die LC-Phasen bilden, bestehen typischerweise aus einer steifen, mesogenen Mittelgruppe (A) und flexiblen Flankengruppen (B):

B A B

wie zum Beispiel [60]

$C_4H_9O-C_6H_4-CH=N-C_6H_4-C_2H_5$

oder

$C_5H_{11}-C_6H_4-C_4H_2N_2-C_6H_4-C_5H_{11}$

Thermotrope LC-Polymere. Die Struktur von Flüssigkristallen lässt sich auf zwei Arten mit der von Polymeren zu flüssigkristallinen Polymeren kombinieren. Wie in Abb. 62 skizziert, können die mesogenen Gruppen entweder in die Hauptkette eingebaut oder als Substituenten mit der Hauptkette verknüpft sein.

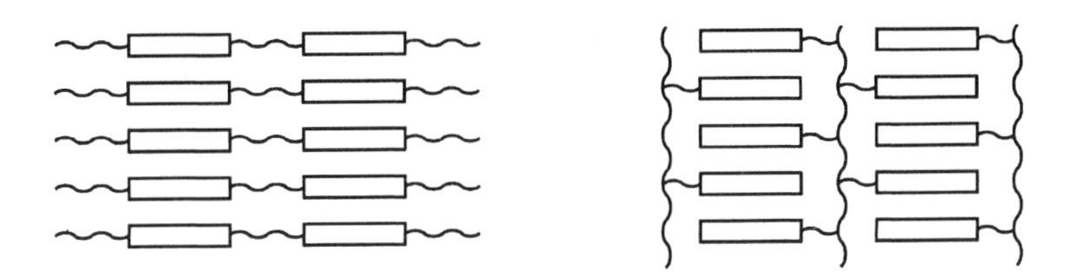

Abb. 62. Schematische Struktur von thermotrop flüssigkristallinen Polymeren mit mesogenen Gruppen in der Hauptkette (links) oder als Substituenten an der Hauptkette (rechts).

Hauptketten-LC-Polymere. Die Gegenwart der steifen mesogenen Gruppen in der Hauptkette verringert die Kettenbeweglichkeit und erschwert die Verarbeitung. Vollkommen steife Polymere wie zum Beispiel die Poly(p-hydroxybenzoesäure), PHB,

$$\left[-C_6H_4-\underset{\underset{O}{\|}}{C}-O- \right]_n$$

PHB

zersetzen sich beim Erwärmen, bevor der Schmelzpunkt von circa 500 °C erreicht wird. Will man Hauptketten-LC-Polymere thermoplastisch verarbeiten, ist es daher nötig, bestimmte Gruppen in die Ketten einzubauen, die die Ordnung verringern und intermolekulare π-π-Wechselwirkungen stören, sodass der Schmelzpunkt sinkt [61, 62]. Geeignete Gruppen sind

- flexible Segmente wie $-O(CH_2)_nO-$ oder $-O(CH_2CH_2O)_n-$,
- winkelförmige und parallelversetzende Einheiten wie

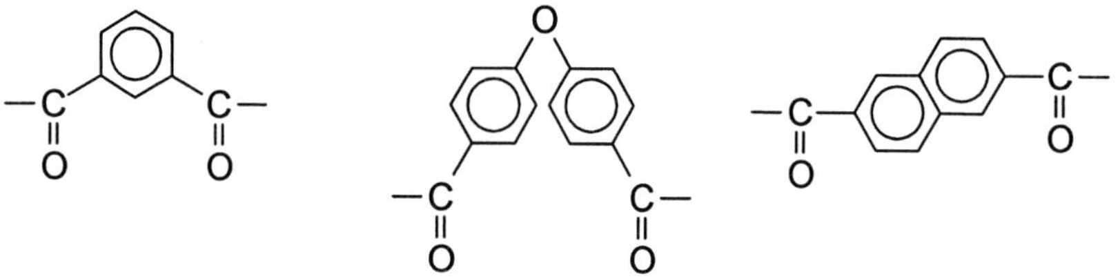

oder

- Substituentengruppen X an den mesogenen Gruppen wie

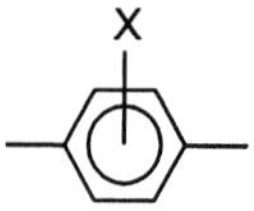

mit X = Br, Cl, CH_3, Alkyl, Phenyl.

Seit etwa 1975 sind thermotrope Hauptketten-LC-Polymere kommerzialisiert. Bekannte Handelsnamen sind **Ekzel** und **Xydar** mit der allgemeinen Struktur

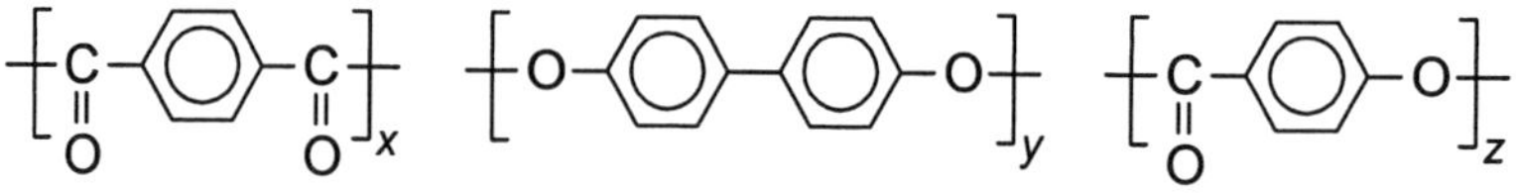

sowie **Vectra** mit den allgemeinen Strukturen

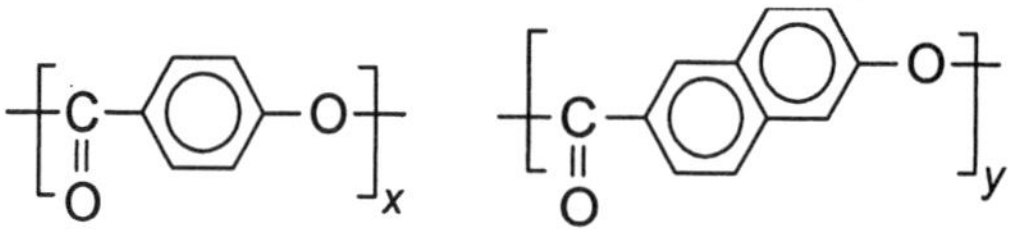

und

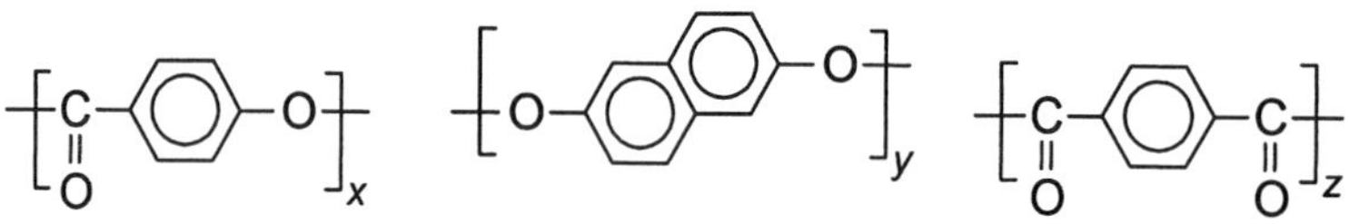

und **Rodrun** (Copolyester aus PHB und PET) [63]. Sie werden durch Polykondensation hergestellt.

Vorteile der Polymere sind hohe Festigkeit und Steifheit in Kettenrichtung, niedriger Ausdehnungskoeffizient, geringer Anteil an ionischen Verunreinigungen, geringe Entflammbarkeit, hohe Gebrauchstemperatur (bis 220 °C) und geringe Wasseraufnahme. Nachteilig kann sich die ausgeprägte Anisotropie auswirken, die zu einer geringen Querfestigkeit führt. Dieser Nachteil wird durch den Zusatz von Füllstoffen kompensiert. Die Verarbeitung erfolgt durch Extrusion und Spritzguss.

Anwendungen finden die Polymere als Fasern (Hochseekabel, kugelsichere Westen), als Bauteile für die Elektronikindustrie und im chemischen Apparatebau.

LC-Polymere mit mesogenen Seitengruppen. Polymere dieses Typs zeigen ein thermotropes LC-Phasenverhalten mit Bildung von smektischen, cholesterischen und nematischen Phasen, das dem von niedermolekularen Flüssigkristallen ähnelt. Unterschiede resultieren aus

- der höheren Schmelzviskosität aufgrund der Polymerketten und
- Wechselwirkungen zwischen den mesogenen Gruppen und der flexiblen Hauptkette.

Die mesogenen Gruppen wollen sich in einer LC-Phase organisieren, während die Hauptkette eine Knäuelstruktur einnehmen möchte. Durch Einbau flexibler Spacergruppen zwischen mesogenen Gruppen und Hauptkette können die Wechselwirkungen verringert werden. Die Synthese der Polymere kann entweder direkt durch Polymerisation mesogener Monomere (z. B. Acrylate) oder durch Polymermodifizierung nach Abb. 63 erfolgen [61].

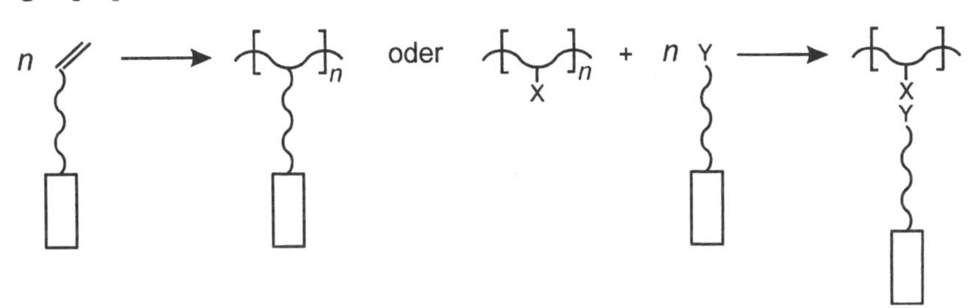

Abb. 63. Schema der Synthesemöglichkeiten für thermotrope LC-Polymere mit mesogenen Seitengruppen [61].

Beispiele für thermotrope LC-Polymere mit mesogenen Seitengruppen [64, 65] sind:

(a) 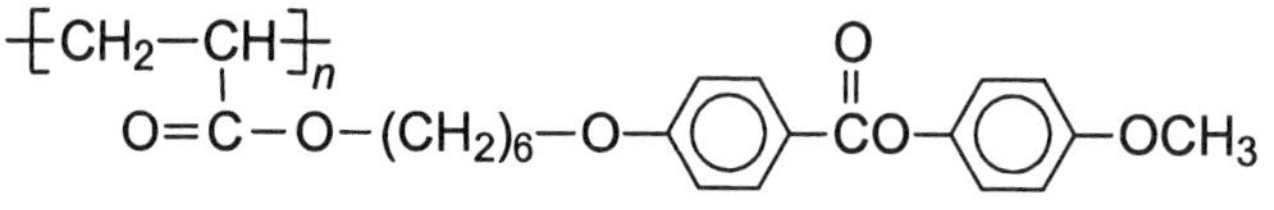 $-\!\!\left[CH_2-CH\right]\!\!-_n$; $O=C-O-(CH_2)_6-O-C_6H_4-CO-O-C_6H_4-OCH_3$ (g 35 s 97 n 123 i)*

(b) 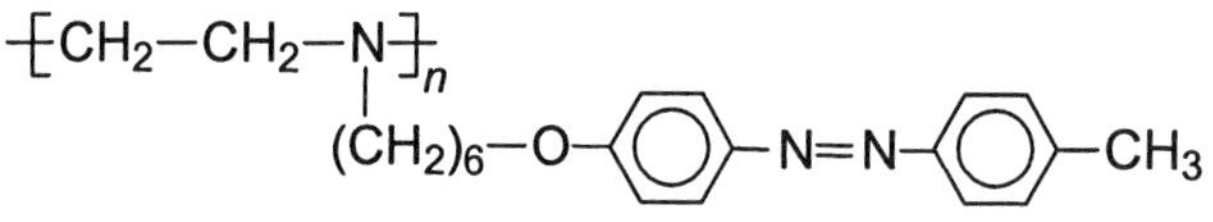 $-\!\!\left[CH_2-CH_2-N\right]\!\!-_n$; $(CH_2)_6-O-C_6H_4-N=N-C_6H_4-CH_3$ (g 10 n 87,5 i)

*g = Glaszustand, s = smektisch, n = nematisch, i = isotrop; die Zahlen geben die Umwandlungstemperaturen in °C an.

Die Flüssigkristallphasen treten zwischen der Glastemperatur der Polymere und dem Klärpunkt (d. h. dem Übergang in die isotrope Schmelze) auf. Enthalten die mesogenen Gruppen polare Substituenten, wie zum Beispiel –CN oder $-NO_2$, können sie im elektrischen Feld orientiert werden. Ist die mesogene Gruppe Azobenzol, besteht über deren reversible, photochemische *cis-trans-(Z-E-)*Isomerisierung die Möglichkeit zur Photoorientierung und -strukturierung des Polymers. Die erzielte Ordnung lässt sich durch Abkühlen unter die Glastemperatur einfrieren. Anwendungsmöglichkeiten der Polymere liegen daher im Bereich der Informationsspeicherung und bei der Herstellung optischer Filter.

2.6.3.3 Lyotrope LC-Polymere

Eine Anzahl von Polymeren mit steifer, stäbchenförmiger Kettenstruktur ist in der Lage, in Gegenwart von Lösungsmitteln **lyotrop nematische Mesophasen** auszubilden. Die Fähigkeit zur Ausbildung der lyotropen Phasen wird nach der Gittertheorie von Flory durch das Achsenverhältnis *l*/*d* (Länge pro Durchmesser) des Stäbchens bestimmt [66].

Hochkonzentrierte nematische Mesophasen haben beim Spinnen von Fasern aus steifkettigen Polymeren eine technische Bedeutung erlangt. Poly(phenylenterephthalamid) (Kevlar, s. auch Abschnitt 2.1.6.7) bildet in konzentrierter Schwefelsäure, Poly(1,4-benzamid) und Poly(phenylenbenzobisthiazol) (PBT) in N-Methylpyrrolidon und Dimethylacetamid bei Gegenwart von Lithium- oder Calciumchlorid lyotrope Phasen aus.

Kevlar Polybenzamid PBT

Beim Spinnen dieser Lösungen in Fällbäder wird das Lösungsmittel entfernt, und die Polymerketten werden extrem in Faserrichtung orientiert (Abb. 64). Aus der Orientierung beim Spinnen resultieren hohe Elastizitätmoduln der Fasern. Fasern aus Poly(1,4-benzamid) besitzen einen E-Modul von 100 GPa (das 25fache von Nylon) und eine Zugfestigkeit von 3 GPa (das 4fache von Nylon).

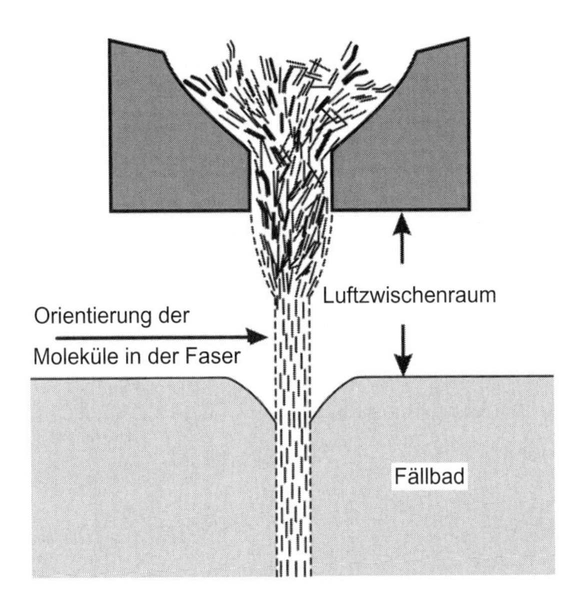

Abb. 64. Schematische Darstellung der Orientierung von LC-Polymeren in Faserrichtung beim Spinnen aus lyotroper Lösung in ein Fällbad [67].

2.6.4 Biologisch abbaubare Polymere

Als biologisch abbaubare Polymere gelten solche, die sich innerhalb einer Zeitdauer, die mit herkömmlichen Kompostierungstechniken vereinbar ist (d. h. in mehreren Monaten), vollständig abbauen [68]. Der Abbau erfolgt durch Mikroorganismen und wird durch Temperatur, Luftfeuchte, Sauerstoff, pH und Spurenmineralien beeinflusst. Die Zerfallsprodukte dürfen keine negativen Effekte auf die Kompostqualität ausüben, lebende Organismen dürfen nicht geschädigt werden.

Wichtige Polymere, die diese Anforderungen erfüllen, sind

- synthetische Polymere wie Poly(ε-caprolacton), Polymilchsäure, Polyglykolsäure, Polyvinylalkohol,
- natürliche Polymere wie Stärke, Cellulose, Proteine und bakteriell hergestellte Polyester sowie
- modifizierte natürliche Polymere wie Gemische (Blends) aus Stärke und synthetischen Polymeren.

Eine weitere wichtige Anforderung für die technische Anwendung ist die thermoplastische Verarbeitbarkeit. Nur wenige der oben genannten Polymere eignen sich hierfür:

- aliphatische Polyester
- Stärke und Stärke/Polymer-Blends.

Aliphatische Polyester. Zu den biologisch abbaubaren Polyestern zählen hauptsächlich die Polyester der Glykol- und Milchsäure (Poly(α-hydroxyalkanoate)) sowie der 3-Hydroxybuttersäure und 3-Hydroxyvaleriansäure (Poly(β-hydroxyalkanoate)) (Handelsname: **Biopol**) sowie Poly(ε-caprolacton) und Poly(butylensuccinat).

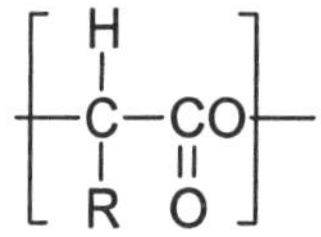

$$\left[\!-\mathrm{CH(R)}-\mathrm{CO}-\right] \quad \text{mit } R = H, CH_3$$

Poly(α-hydroxyalkanoat)

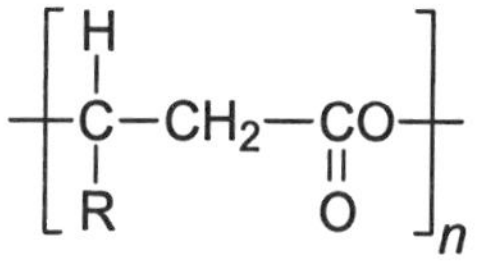

$$\left[\!-\mathrm{CH(R)}-\mathrm{CH_2}-\mathrm{CO}-\right]_n \quad \text{mit } R = CH_3, C_2H_5$$

Poly(β-hydroxyalkanoat)

Poly(β-hydroxyalkanoate) können durch Einsatz von Mikroorganismen oder auf technischem Wege durch Polymerisation von β-Butyrolacton oder β-Valerolacton mit Aluminiumoxiden als Katalysator gewonnen werden. Das bakteriell hergestellte Polymer ist streng isotaktisch aufgebaut und zeigt einen raschen enzymatischen Abbau, wohingegen technisch hergestellte Polymere (z. B. Biopol) nur partiell stereoreguläre Blöcke aufweisen und daher deutlich schlechter enzymatisch abbaubar sind.

Stärke und Stärke/Polymer-Blends. Stärke besteht zu 20–30 % aus der linearen Amylose, der Rest ist das verzweigte Amylopektin (Abb. 65). In der Amylose sind die Glucosebausteine α-glucosidisch verknüpft. Durch Zugabe von Wasser gelingt es, T_g und T_m von Stärke unter die Zersetzungstemperatur von 220 °C zu senken. Bei Zugabe von 7 % Wasser sinkt T_g auf 140 °C, bei 24 % auf 18 °C („thermoplastische Stärke"). Rein aus Stärke bestehende Formteile sind sehr feuchteempfindlich und lassen sich nur als

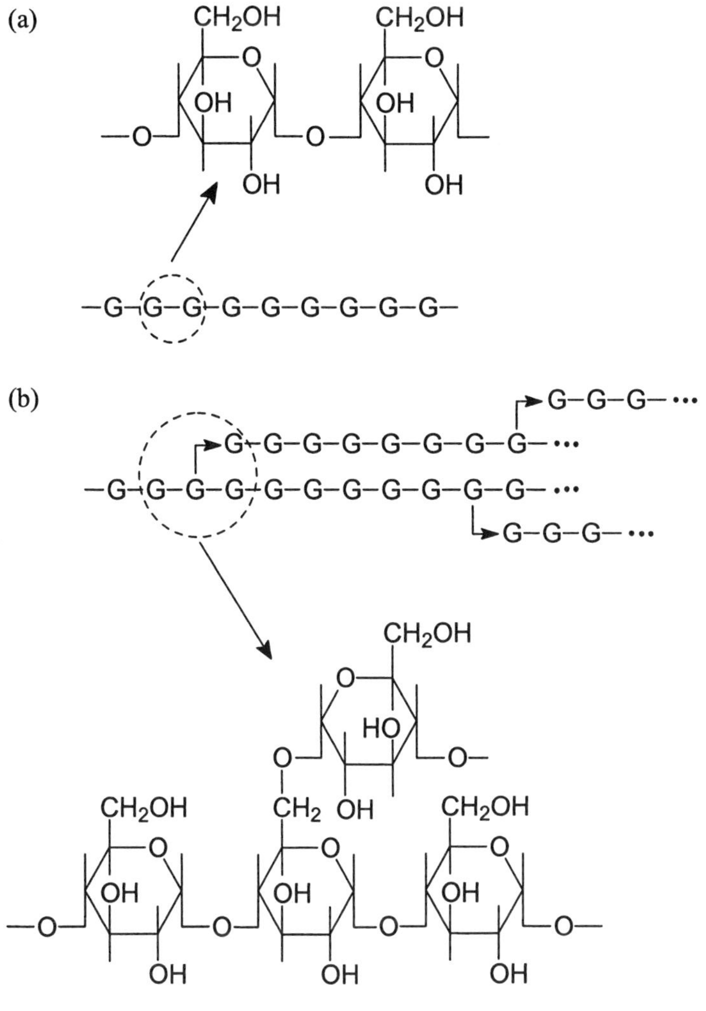

Abb. 65. Struktur von Stärke bestehend aus Amylose (a) und Amylopektin (b), G = Glucoseeinheit.

lose Füllmaterialien verwenden. Wird die Stärke vor oder während der Verarbeitung mit anderen Polymeren gemischt (z. B. mit Poly(ε-caprolacton), Polyvinylalkohol, Poly(ethylen-co-vinylalkohol), aliphatischen Polyestern), entstehen thermoplastische Stärke/Polymer-Blends mit geringer Feuchteempfindlichkeit und mechanischen Eigenschaften, die mit PS, ABS oder LDPE vergleichbar sind. Biologisch abbaubare Stärke/ Poly(ε-caprolacton)-Blends sind unter dem Handelsnamen **Mater-bi** bekannt.

Biologisch abbaubare Polymere finden Anwendung im Bereich kurzlebiger Artikel (Einmalgeschirr, Fastfood-Verpackungen) sowie im medizinischen Bereich bei Implantaten und Tablettenumhüllungen.

2.7 Kunststoffverarbeitung

Die Herstellung von geformten Kunststoffteilen kann auf zwei grundsätzlich verschiedenen Wegen erfolgen:

(1) thermoplastische Verformung von vorher hergestellten Polymeren;

(2) Einfüllen eines Zweikomponentengemisches (Harz/Härter-Gemisch) aus Monomeren und eventuell Präpolymeren in eine Form und Polymerisation in der Form (meistens unter Vernetzung).

Nach der ersten Methode werden **thermoplastische Polymere** verarbeitet; die zweite Methode dient zur Verarbeitung von **Duroplasten** und **Polyurethanen**.

2.7.1 Verarbeitung von Thermoplasten

Wichtige Verfahren zur Verarbeitung von Thermoplasten sind:

- die kontinuierliche Extrusion zu Fasern, Strängen, Rohren, Folien, Schichten und komplexen Profilen,
- die Blasextrusion zu dünnen Kunststofffolien,
- das diskontinuierliche Spritzgießen und
- das Kalandrieren zu Folien.

Kontinuierliche Extrusion. Im Extruder (Abb. 66) wird das Polymer zunächst aufgeschmolzen. Dies wird durch Energieübertragung von der rotierenden Schnecke (ca. 60 Umdrehungen pro Minute) und zusätzliches elektrisches Heizen erreicht. Durch die Drehung der Schnecke wird das Polymer gefördert, gemischt und entgast. Die Temperatur nimmt entlang der Schnecke zu. Am Ende wird die Polymerschmelze durch ein formgebendes Werkzeug gefördert und zum Beispiel als Rohr, Profil (z. B. zur Herstellung von Fensterrahmen) oder Fasern erhalten. Zur raschen Abkühlung wird das Formteil über gekühlte Walzen geführt.

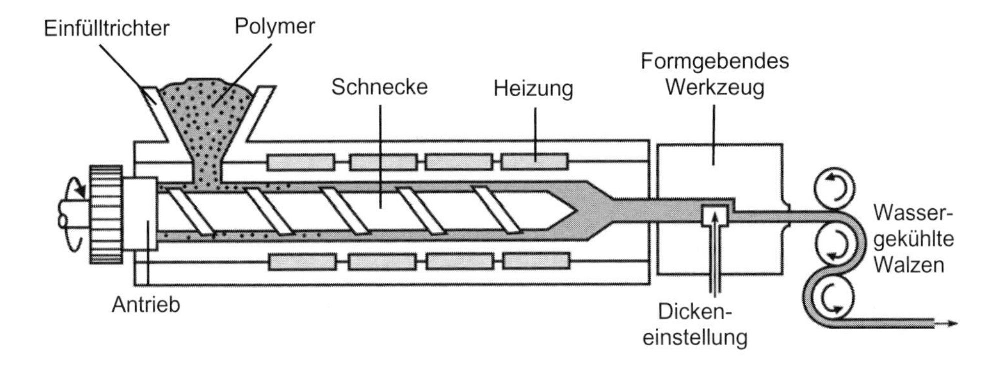

Abb. 66. Verarbeitung eines Thermoplasten zu einer Kunststoffschicht durch kontinuierliche Extrusion durch das formgebende Werkzeug hindurch [69].

Blasextrusion. Sehr dünne, schlauchförmige Polymerfolien werden durch sogenannte Blasextrusion hergestellt. An den Extruder angeschlossen ist ein formgebendes Werkzeug, aus dem der Kunststoff ringförmig als Schicht austritt (Abb. 67). Durch Luftzufuhr in den Innenraum wird der noch heiße Kunststoff aufgeblasen, wobei die Schichtdicke abnimmt. Es entsteht eine schlauchförmige Folie, die zum Abkühlen gewalzt und schließlich aufgerollt wird. Nach dem Schneiden kommt sie als Verpackungs- und Haushaltsfolie in den Handel.

Spritzgießen. Zur Herstellung dreidimensionaler Formteile wird die Polymerschmelze aus dem Extruder unter Druck (50–250 MPa) innerhalb von 15–30 sec in ein formgebendes Werkzeug gespritzt (injection molding) (Abb. 68). Nach dem Abkühlen unter T_m oder T_g des Polymers wird die Form geöffnet, das Formteil entfernt und der Spritzgießprozess wiederholt.

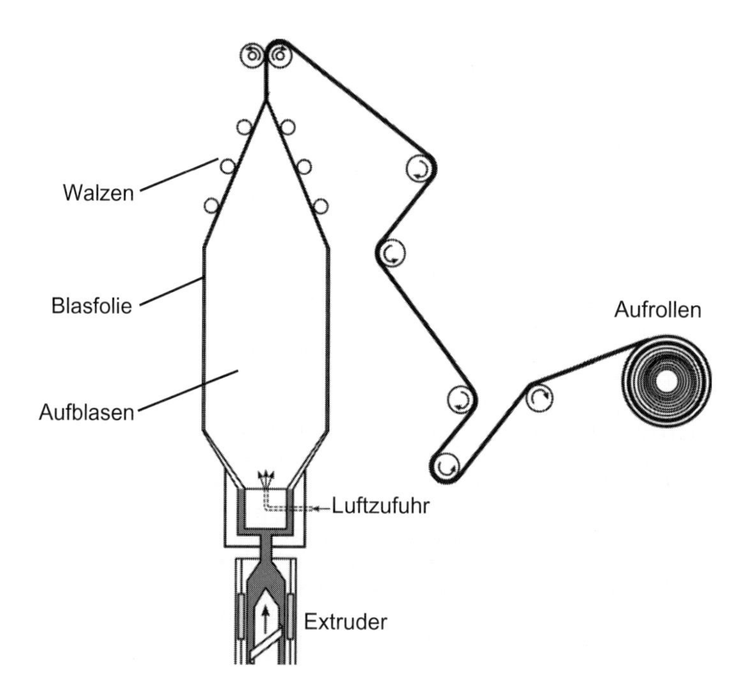

Abb. 67. Herstellung von dünnen, schlauchförmigen Kunststofffolien durch Extrusion und Aufblasen (Blasextrusion) [70].

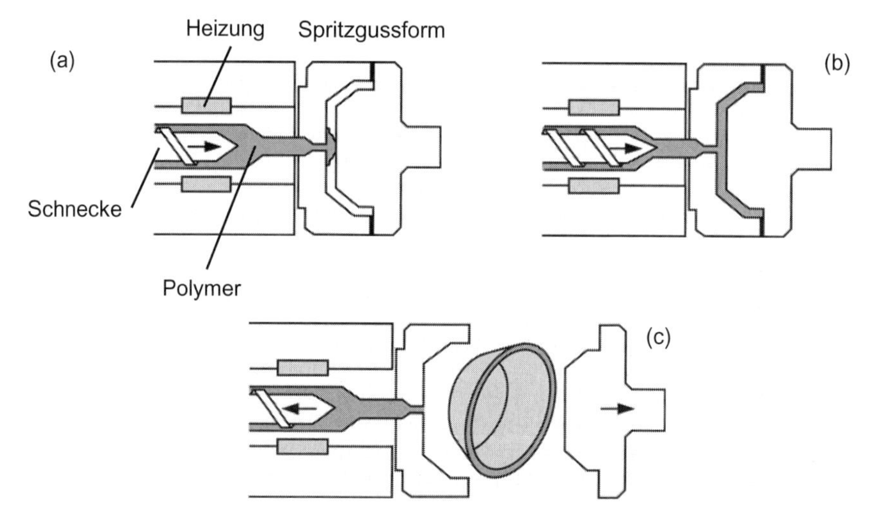

Abb. 68. Herstellung eines Kunststoffteils durch Extrudieren und Spritzgießen in eine Form (a, b) und Entfernen aus der Form (c) [69].

Kalandrieren. Das Kalandrieren ist ein Verfahren zur Herstellung von Polymerschichten und -folien, das ohne Extruder auskommt. Polymergranulat wird zwischen geheizten Walzen allmählich aufgeschmolzen und kontinuierlich zu einer Folie ausgewalzt (Abb. 69). Häufig wird das Verfahren zur Herstellung von PVC-Folien verwendet. Anwendungen der PVC-Folien sind vielfältig und reichen von Duschvorhängen über aufblasbare Boote und Luftmatratzen bis hin zu Fußbodenfliesen.

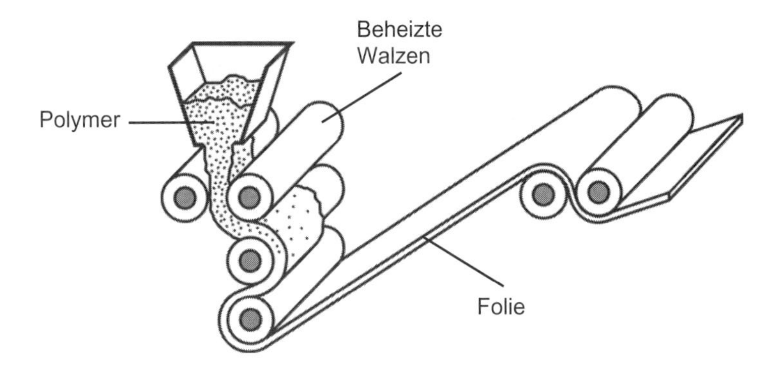

Abb. 69. Herstellung von Polymerfolien durch Breitwalzen (Kalandrieren) von Granulat [69].

2.7.2 Verarbeitung von Duroplasten und Polyurethanen

Zur Herstellung von Formteilen aus vernetzten Polymeren ist es nötig, Monomere oder Präpolymere in die Form zu bringen und dort anschließend unter Vernetzung zu polymerisieren („auszuhärten"). Man unterscheidet die Verarbeitung von Duroplasten, die erst bei hoher Temperatur aushärten, und die Polyurethanverarbeitung, die sehr schnell und bei niedrigen Temperaturen erfolgt.

Duroplaste. Für die Herstellung von Duroplasten werden in der Regel Gemische aus zwei Komponenten, dem Reaktionsharz (z. B. Phenolharz, Harnstoff-Formaldehydharz, Melaminharz, Polyesterharz, Epoxidharz) und dem Reaktionsmittel (Härter) eingesetzt. Hierzu kommen oft noch Füll- und Verstärkungsstoffe sowie andere Zusatzstoffe. Die Harze sind häufig zu Präpolymeren, das heißt Makromolekülen mittleren Molekulargewichts vorpolymerisiert. Die Harz/Härter-Gemische werden bei mittleren Temperaturen (70–120 °C) durch Extrusion, Spritzgießen und -pressen verarbeitet, wobei die Technik ähnlich wie bei den Thermoplasten ist. Die Aushärtung erfolgt anschließend in der Form bei Temperaturen zwischen 160 und 200 °C.

Polyurethane werden wegen der hohen Reaktivität der Isocyanat- und Polyolkomponenten durch das RIM-Verfahren (**r**eaction **i**njection **m**olding) verarbeitet. Wie in Abb. 70 skizziert, werden die beiden Komponenten getrennt aufbewahrt und erst wenige Sekunden vor dem Einfüllen in die Form gemischt. Der Polyolkomponente sind Katalysatoren, Tenside und eventuell auch Schäumungsmittel sowie Verstärkungsstoffe zugesetzt. Beide Komponenten sind niedrigviskos und werden zum Mischkopf (Volumen < 5 cm^3) gepumpt. Dort treffen sie bei einem Druck von 100–200 bar bei einer Geschwindigkeit von 100 ms^{-1} aufeinander. Die auftretende Turbulenz führt zu einer effizienten Durchmischung. Die Mischung wird innerhalb weniger Sekunden in die Form gepresst und härtet dort innerhalb von 3 min in einer stark exothermen Reaktion aus.

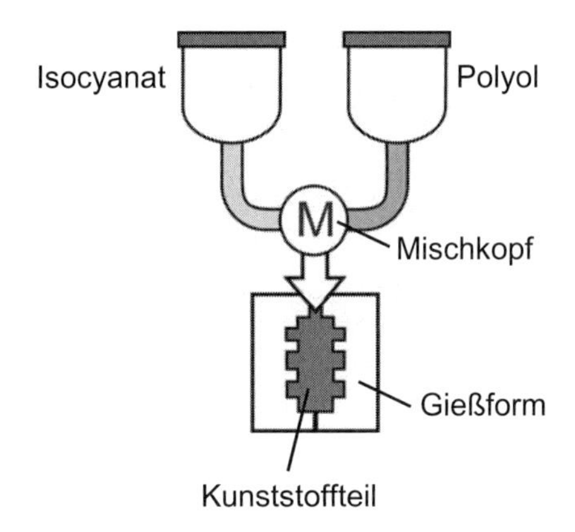

Abb. 70. Herstellung von Polyurethanformteilen durch den RIM-Prozess [69].

Schaumstoffe werden erhalten, wenn während der Formgebung des Polyurethans Gase freigesetzt werden. Hierzu wird der Polyolkomponente eine niedrig siedende Flüssigkeit (früher: CCl_3F, heute: i-Pentan) zugesetzt, die durch die Reaktionswärme bei der Vernetzung verdampft und das Gas erzeugt. Alternativ entsteht das Gas chemisch während der Aushärtung des Gemischs (z. B. CO_2 bei Gegenwart von Wasser in der Polyolkomponente).

Für die Polymerverarbeitung sind diverse Hilfsmittel nötig. Zur Verminderung der Reibung werden dem Polymer Gleitmittel zugesetzt. Hierfür werden hauptsächlich Ca- und Zn-Stearat, Oleylpalmitamid oder Paraffinwachse verwendet. Weitere Verarbeitungshilfsmittel sind Entschäumungsmittel, Wärmestabilisatoren, Antischwundmittel, Weichmacher und Verdicker.

2.8 Recycling von Kunststoffen

Wegen der großen Mengen an produzierten Kunststoffen (2003: 202 Mio t weltweit) kommt der Verwertung von Kunststoffabfällen eine ständig wachsende Bedeutung zu. Kunststoffabfälle werden entweder verbrannt, auf Müllkippen gelagert oder durch **Recycling** einer Wiederverwendung zugeführt. Man unterscheidet mehrere Arten des Recyclings, die schematisch in Abb. 71 dargestellt sind [71]:

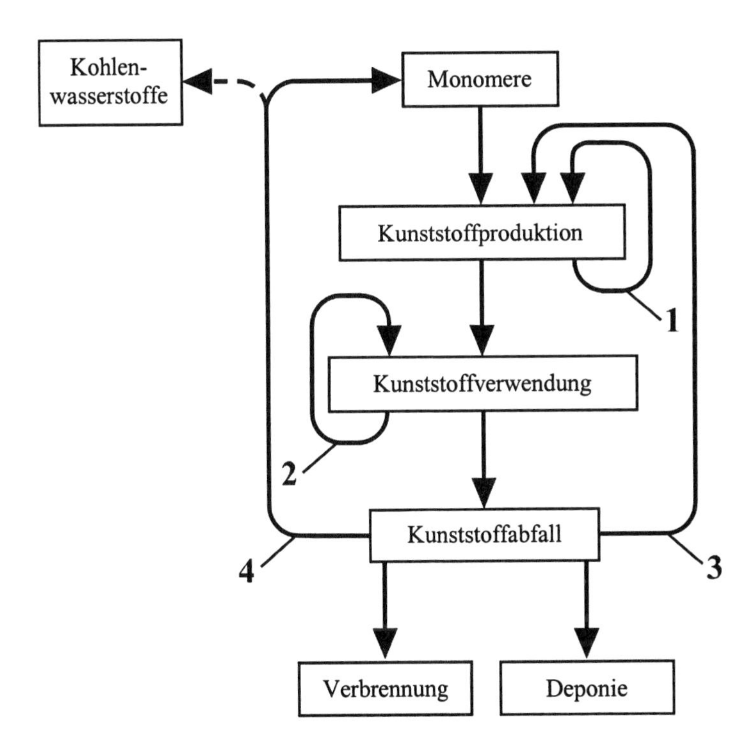

Abb. 71. Vier Möglichkeiten des Kunststoffrecyclings.

Zyklus 1: In-Plant-Recycling: Direkte Wiederverwertung der bei der Kunststoffverarbeitung anfallenden Abfälle.

Zyklus 2: Mehrfache Wiederverwendung von Kunststoffformteilen (z. B. von Getränkeflaschen).

Zyklus 3: Mechanisches Recycling: Sortieren, Reinigen und Zerkleinern von Plastikabfällen und erneute Formgebung.

Zyklus 4: Chemisches Recycling: Pyrolyse der Kunststoffabfälle unter Gewinnung von Rohmatarialien, zum Beispiel Monomeren und Kohlenwasserstoffen.

Mit zunehmender Länge des Zyklus, das heißt von Zyklus 1 bis 4, steigt der Energieaufwand, und die Kosten für das Recycling nehmen zu. Während die Zyklen 1 und 2 heute in großem Umfang technisch genutzt werden, sind die Zyklen 3 und 4 problematisch und bisher über Pilotversuche und -anlagen nicht hinausgekommen.

Mechanisches Recycling (Zyklus 3). Zyklus 3 beinhaltet die Arbeitsschritte Sortieren – Zerkleinern – Waschen – Trocknen – Extrudieren – Granulieren. Die Schritte Waschen und Trocknen müssen gegebenenfalls mehrfach wiederholt werden. Um das Sortieren zu ermöglichen, sind die häufigsten Kunststoffe codiert. Der Code ist jedem Formteil aufgedruckt:

01	PET	
02	PE-HD	(= HDPE)
03	V	(= PVC)
04	PE-LD	(= LDPE)
05	PP	
06	PS	
07	andere	

04

Code-Zeichen für LDPE

Abgesehen von der Sammlung und Wiederverarbeitung von Teilen des PVC-Abfalls findet eine Trennung von Kunststoffabfällen bisher nicht statt. Versuche haben gezeigt, dass eine Wiederverarbeitung thermoplastischer Kunststoffe durchaus möglich ist. Geeignete Stabilisatoren (z. B. Tris(2,4-di-tertiärbutylphenyl)phosphat, Recyclostab) sind vorhanden. Allerdings ist das Verfahren kostenintensiv, und die mechanische und thermische Stabilität der Formteile erreicht nur in seltenen Fällen die von neu hergestellten Polymeren. Die Ursachen hierfür sind

(a) mechanische und photochemische Effekte während der Kunststoffverarbeitung und -anwendung, die die Bildung von

- sauerstoffhaltigen Strukturen (Hydroperoxide, Ketogruppen, OH- und Estergruppen),
- ungesättigten Strukturen (Vinyl, Vinyliden- und Alkylgruppen) und
- Vernetzungen zur Folge haben;

(b) dauerhafte Verunreinigungen aus der früheren Anwendung (z. B. Rost, eindiffundierte Schwermetalle, Lösemittel);

(c) verbrauchte Stabilisatoren, wie zum Beispiel

- phenolische Antioxidantien, die farbige Chinone bilden,
- Phosphite, die mit Hydroperoxiden Phosphate bilden,
- Aminstabilisatoren, die Salze bilden, und
- Katalysatoren, die das Abbauverhalten beeinflussen;

(d) Füller, Additive und Bedruckungen, die die mechanische und thermische Stabilität reduzieren, und

(e) Zusätze von Fremdpolymeren zur Schlagzähmodifizierung, die als Verunreinigung wirken.

Das mechanische Recycling ist nur dort sinnvoll, wo bestimmte Abfallsorten (z. B. Getränkeflaschen aus PET, Batteriekästen aus PP, Rohre und Profile aus PVC) möglichst rein und in großen Mengen anfallen.

Chemisches Recycling (Zyklus 4). Zyklus 4 ist am sinnvollsten für stark verschmutzte Kunststoffe, Kunststoffgemische, Netzwerke, Blends und Verbundwerkstoffe. Zahlreiche Pilotanlagen zur Kunststoffpyrolyse sind bereits in Betrieb. Tab. 15 gibt einen Überblick über Ausgangsstoffe, Pyrolyseprodukte und die in Zyklus 4 angewendeten Prozesse. Für die Pyrolyse werden Extruder-Reaktoren, diskontinuierliche und kontinuierliche gerührte Behälterreaktoren, Wirbelschichtreaktoren und Drehrohröfen verwendet. Letztere werden insbesondere für Verbundwerkstoffe und Autoreifen eingesetzt.

Tab. 15. Chemisches Recycling von Kunststoffen: Pyrolyseprodukte und Prozesse.

Polymer	Pyrolyseprodukt	Prozess
PMMA, PTFE, PS, PA 6	Monomer	Thermisches Cracken
PE	α-Olefine, Wachse	Thermisches Cracken
Plastikgemisch	Aromaten	Hochtemperatur-Cracken
Plastikgemisch	Hochoktanhaltiger Brennstoff	Katalytisches Cracken
C-haltige Materialien (allgemein)	Synthesegas	Vergasung

3 Charakterisierung von Polymeren

In diesem Kapitel werden Gestalt und thermodynamische Eigenschaften des Polymermoleküls in Lösung und die Methoden zur Charakterisierung von Polymermolekülen behandelt.

3.1 Polymere in Lösung

3.1.1 Konformation von Kohlenwasserstoffen

Die unterschiedlichen Konformationen von C-C-Ketten (*trans* = t, *gauche* (+) = g^{+}, *gauche* $(-) = g^{-}$) wurden schon in Abschnitt 2.2.4.1.1 besprochen. Nicht alle theoretisch möglichen Konformationen treten auch experimentell auf. Beim *n*-Pentan wird zum Beispiel die g^{+}-g^{+} -Konformation aus sterischen Gründen nicht beobachtet (Abb. 72).

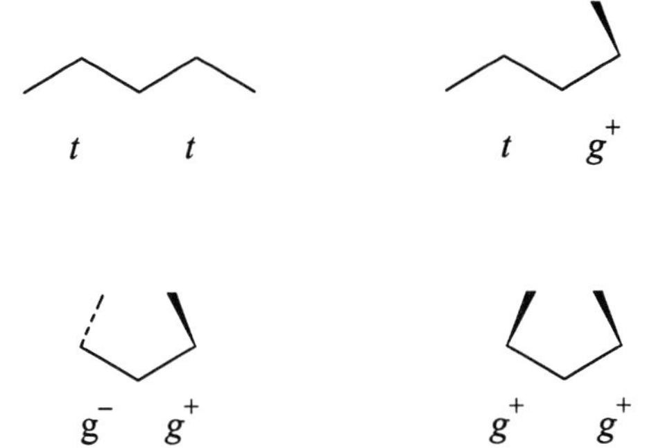

Abb. 72. Konformationen des *n*-Pentanmoleküls. Die g^{+}-g^{+}-Konformation tritt aus sterischen Gründen nicht auf [72].

Die *gauche*-Konformation ist um $\Delta\varepsilon = 3{,}34\ \text{kJ mol}^{-1}$ energiereicher als die *trans*-Konformation. Das Verhältnis der Anzahl beider Konformationen in einer Polymerkette, n_g / n_t, ist daher temperaturabhängig. n_g / n_t nimmt mit wachsender Temperatur zu, sodass die Kette von einer mehr gestreckten Konformation in eine immer stärker geknäuelte Konformation übergeht. Es gilt

$$n_g / n_t \sim \exp(-\Delta\varepsilon / k\,T),$$

sodass sich bei 100, 200 und 300 K folgende n_g / n_t-Verhältnisse ergeben:

T	n_g / n_t
100 K	0,036
200 K	0,264
300 K	0,524

3.1.2 Die frei drehbare Kette

Wir betrachten eine frei drehbare Kette, das heißt drehbar ohne Rücksicht auf Valenzwinkel und sterische Rotationsbehinderung. Diese Kette aus n Bindungen der Länge l ist ein zwar nicht sehr realistisches, aber einfaches Modell einer Polymerkette. Es werden nun einige wichtige Terme zur Beschreibung der Kettengestalt definiert:

(a) Die **Konturlänge l_{cont}** ist die Gesamtlänge der frei drehbaren Kette. Sie ist gegeben durch nl.

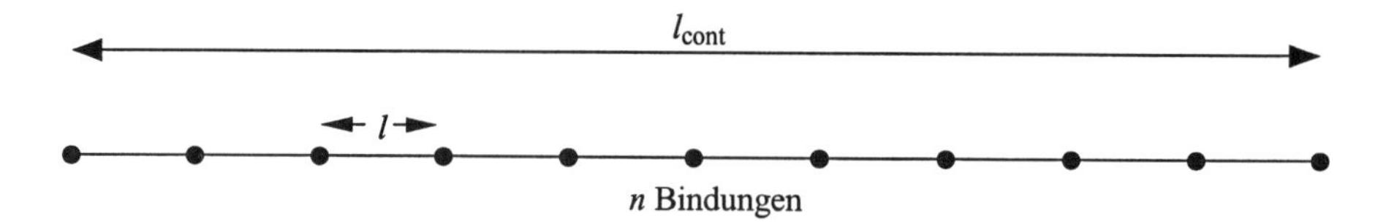

(b) Die **maximale Kettenlänge l_{max}** entspricht der Konturlänge bei Berücksichtigung eines festen Bindungswinkels θ. Es gilt

$$l_{max} = nl \cdot \sin(\theta/2).$$

(c) Der **mittlere Kettenendenabstand** $\langle r^2 \rangle^{1/2}$ ist ein Mittelwert über alle Kettenendenabstände in verschiedenen Molekülen. Bei einer kurzen Kette

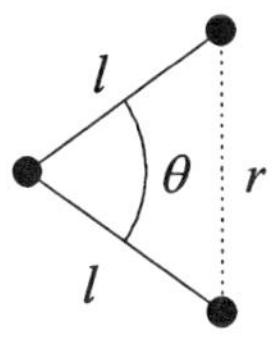

gilt $r^2 = 2l^2(1 - \cos\theta)$ (Cosinussatz). Sind beliebig viele Winkel vorhanden, tritt an die Stelle von r^2 das Mittel $\langle r^2 \rangle$, und anstelle von cos θ tritt $\langle \cos\ \theta \rangle$. Sind alle Winkel gleich wahrscheinlich, ist $\langle \cos\ \theta \rangle\ =\ 0$, sodass

$$\langle r^2 \rangle = 2l^2$$

ist. Bei n Segmenten folgt

$$\langle r^2 \rangle = nl^2 .$$

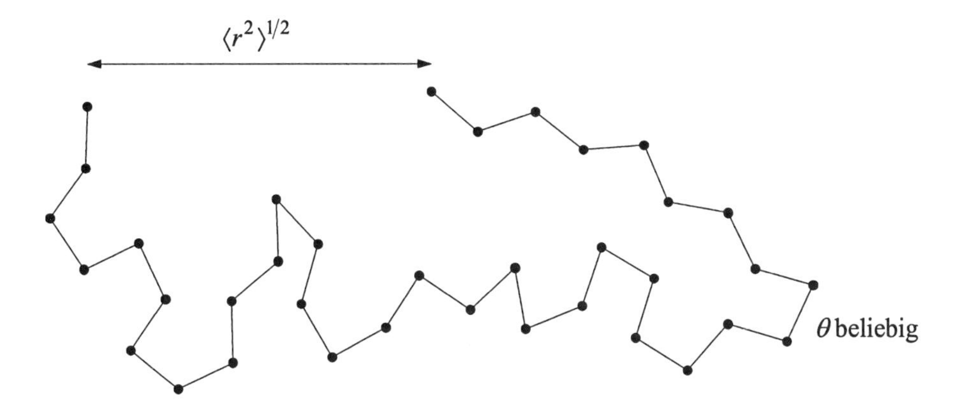

$\langle r^2 \rangle^{1/2}$ lässt sich auch mithilfe der Irrflugstatistik beschreiben. Die Beschreibung ist mathematisch aufwendig und führt zum gleichen Ergebnis.

Durch die Knäuelung verkürzt sich das Makromolekül erheblich. Gegeben sei eine Kette von 10.000 Segmenten à 2 Å. In gestreckter Form ist sie 20.000 Å lang; in geknäuelter Form ist der Kettenendenabstand $\sqrt{40.000}$ Å = 200 Å.

(d) Der **mittlere Trägheitsradius** $\langle s^2\rangle^{1/2}$ ist der mittlere Abstand aller Kettenglieder vom Kettenschwerpunkt. Er steht zu $\langle r^2\rangle^{1/2}$ in Beziehung über

$$\langle r^2\rangle^{1/2} = 6\,\langle s^2\rangle^{1/2}.$$

$\langle s^2\rangle$ lässt sich aus der Lichtstreuung experimentell bestimmen (Abschnitt 3.3.2).

3.1.3 Die reale Kette

Die Beziehung $\langle r^2\rangle = nl^2$ modifiziert sich für eine reale Kette, bei der zusätzlich ein fester Bindungswinkel $\theta \sim 109.5°$ und der Bindungsrotationswinkel ϕ zu berücksichtigen sind. Wird θ, nicht aber ϕ berücksichtigt, folgt für $\langle r^2\rangle_{\mathrm{fw}}$ (fw = fester Winkel):

$$\langle r^2\rangle_{fw} = nl^2\left(\frac{1-\cos\theta}{1+\cos\theta}\right).$$

Da $\theta > 90°$, ist $\cos\theta$ negativ, das heißt, das Knäuel weitet sich auf. Für Polyethylen ist $\theta \sim 109{,}5°$, $\cos°\theta = -1/3$, $\langle r^2\rangle_{\mathrm{fw}} = 2nl^2$. Da die *gauche*- und *trans*-Lagen energetisch bevorzugt sind, ist die freie Rotation der Kette behindert. Dies wird durch eine weitere Modifizierung der Gleichung berücksichtigt, sodass sich für das mittlere Quadrat des Kettenendenabstands $\langle r^2\rangle_0$ des ungestörten Knäuels

$$\langle r^2\rangle_0 = nl^2\,\frac{(1-\cos\theta)}{(1+\cos\theta)}\cdot\frac{\left(1+\overline{\cos\phi}\right)}{\left(1-\overline{\cos\phi}\right)}$$

ergibt. $\overline{\cos\phi}$ ist ein Durchschnittswert für $\cos\phi$, wobei ϕ den Bindungsrotationswinkel beschreibt. Da in der Regel $\theta > 90°$ und $|\phi| < 90°$ sind, ist das Knäuel gegenüber der frei drehbaren Kette erheblich aufgeweitet. Kommen sterische Effekte durch große Substituenten hinzu, ersetzt man $\left(1+\overline{\cos\phi}\right) / \left(1-\overline{\cos\phi}\right)$ durch einen sterischen Parameter σ^2:

$$\langle r^2\rangle_0 = \sigma^2 nl^2(1-\cos\,\theta)\,/\,(1+\cos\,\theta).$$

Diese Größe ist für ein bestimmtes Polymer charakteristisch und hängt nur von seiner Geometrie und chemischen Zusammensetzung ab. σ lässt sich aus verdünnten Polymerlösungen bestimmen. Einige Werte für σ und das sogenannte „charakteristische Verhältnis“ $\langle r^2 \rangle_0 / nl^2$ enthält Tab. 16. Reale Knäuel sind gegenüber dem ungestörten durch weitreichende Wechselwirkungen noch etwas mehr aufgeweitet. Dies wird durch den Expansionsfaktor α ausgedrückt:

$$\langle r^2 \rangle_{\text{real}}^{1/2} = \alpha \langle r^2 \rangle_0^{1/2}.$$

Tab. 16. Typische Werte für σ und das charakteristische Verhältnis $\langle r^2 \rangle_0 / nl^2$ bei unendlicher Kettenlänge für einige Polymere [73].

Polymer	σ	$\langle r^2 \rangle_0 / nl^2$
Polyethylen	1,85	6,7
Polystyrol (ataktisch)	2,2	10,0
Poly(methylmethacrylat)		
(ataktisch)	1,9	6,9
(isotaktisch)	2,2	9,3
(syndiotaktisch)	1,9	~7
Polypropylen		
(ataktisch)	1,7	5,5
(isotaktisch)	1,6	5,7
(syndiotaktisch)	1,8	6,0
Polyethylenoxid		4,0
Nylon 66		5,9

3.1.4 Thermodynamik von Polymerlösungen

3.1.4.1 Die ideale Lösung

Ein Polymer löst sich in einem Lösungsmittel, wenn beim Lösen die freie Mischungsenthalpie

$$\Delta G_M = G_{12} - (G_1 + G_2)$$

frei wird (G_{12} = freie Enthalpie der Lösung; G_1, G_2 = freie Enthalpie von Lösungsmittel und Polymer).

Für ΔG_M gilt

$$\Delta G_M = \Delta H_M - T\Delta S_M.$$

Die Mischungsentropie ΔS_M ist immer positiv, da das Polymer in Lösung eine größere Anzahl von Anordnungen einnehmen kann als im festen Zustand. Die Mischungsenthalpie ΔH_M ist im Idealfall (d. h. ohne Wechselwirkungen) 0.

ΔS_M lässt sich nach dem **Modell eines Flüssigkeitsgitters** (Abb. 73) berechnen:

N_1 Lösungsmittelmoleküle und N_2 Polymermoleküle besetzen $N_1 + N_2$ Gitterplätze (Abb. 73a). Die Zahl der Anordnungsmöglichkeiten ist

$$\Omega = \frac{(N_1 + N_2)!}{N_1!\,N_2!}.$$

Für $\Delta S_M = k \ln \Omega$ folgt dann

$$\Delta S_M = k \ln\left(\frac{(N_1 + N_2)!}{N_1!\,N_2!}\right).$$

Mit der Stirling'schen Näherung $\ln N! = N \ln N - N$, der Einführung von Molzahlen $n_1 = N_1/N_A$ und $n_2 = N_2/N_A$ und den Molenbrüchen

$$x_1 = \frac{n_1}{n_1 + n_2} \quad \text{bzw.} \quad x_1 = \frac{n_2}{n_1 + n_2}$$

folgt

$$\Delta S_M = -R\left[n_1 \ln x_1 + n_2 \ln x_2\right].$$

Für ΔG_M folgt bei idealem Verhalten ($\Delta H_M = 0$) und ΔG_M mit $R = k \cdot N_A$:

$$\Delta G_M = RT\left[n_1 \ln x_1 + n_2 \ln x_2\right].$$

Diese Formel berücksichtigt nicht, dass

(a) die Polymermoleküle viel größer als die Lösungsmittelmoleküle sind und

(b) ΔH_M in der Regel nicht null ist.

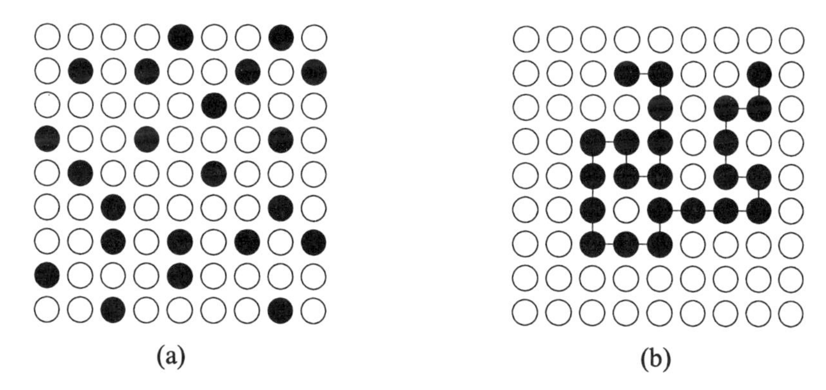

Abb. 73. Schematische Darstellung des Flüssigkeitsgitters: (a) gelöste Moleküle (●) und Lösungsmittelmoleküle (O) sind von gleicher Größe; (b) Polymermolekül ist gelöst in niedermolekularem Lösungsmittel.

3.1.4.2 Flory-Huggins-Theorie

Mit dieser Theorie wird ΔG_M für nichtideale Polymerlösungen bestimmt. Es gilt wieder $\Delta G_M = \Delta H_M - T\Delta S_M$. ΔS_M und ΔH_M werden auf folgende Weise berechnet:

(a) Berechnung von ΔS_M

Es wird berücksichtigt, dass jedes Polymermolekül aus n Monomereinheiten besteht. N_2 Polymermoleküle besetzen demnach $n \cdot N_2$ Gitterplätze (Abb. 73b):

$$\Delta S_M = -k\left(N_1 \ln\left[\frac{N_1}{(N_1 + nN_2)}\right] + N_2 \ln\left[\frac{nN_2}{(N_1 + nN_2)}\right]\right)$$

Durch Multiplikation mit N_A und Einführung der Volumenbrüche

$$\phi_1 = \frac{N_1}{(N_1 + nN_2)} \text{ bzw. } \phi_2 = \frac{nN_2}{(N_1 + nN_2)}$$

folgt $$\Delta S_M = -R\left[n_1 \ln\phi_1 + n_2 \ln\phi_2\right].$$

(b) Berechnung von ΔH_M

In der Lösung gibt es folgende Wechselwirkungsenergien:

- Lösungsmittel-Polymer ε_{12},
- Lösungsmittel-Lösungsmittel ε_{11},
- Polymer-Polymer ε_{22}.

Wird das Polymer gelöst, so muss für jeden Polymer-Lösungsmittel-Kontakt ein Lösungsmittel-Lösungsmittel- und ein Polymer-Polymer-Kontakt weichen. Für die Energiedifferenz $\Delta\varepsilon$ gilt daher:

$$\Delta\varepsilon = \varepsilon_{12} - \frac{1}{2}(\varepsilon_{11} + \varepsilon_{22}).$$

Die Zahl der Kontakte p ist

$$p = x \cdot N_2 \cdot z \cdot \phi_1,$$

wobei $x\,N_2$ die Zahl der Gitterplätze, die durch ein Polymermolekül besetzt sind und z die Koordinationszahl des Gitters bedeuten.

ΔH_M lässt sich definieren als

$$\Delta H_M = p\,\Delta\varepsilon$$

und mit $p = x\,N_2\,z\,\phi_1$ gilt

$$\Delta H_M = x\,N_2\,z\,\phi_1\,\Delta\varepsilon.$$

Mit $x\,N_2\,\phi_1 = N_1\,\phi_2$ folgt

$$\Delta H_M = N_1\,\phi_2\,\Delta\varepsilon.$$

Nach Einführung eines Polymer-Lösungsmittel-Wechselwirkungsparameters $\chi_1 = z\Delta\varepsilon / kT$ und Berücksichtigung von $N_1 k = n_1 R$ folgt

$$\Delta H_M = N_1\,\phi_2\,\chi\,kT$$

und $$\Delta H_M = n_1\,\phi_2\,\chi\,RT.$$

Einsetzen in $\Delta G_M = \Delta H_M - T \Delta S_M$ liefert

$$\Delta G_M = RT\,(n_1 \ln \phi_1 + n_2 \ln \phi_2 + \chi \ln \phi_2).$$

Für die ideale Lösung mit $x = 1$ und $\chi = 0$ geht die Gleichung über in

$$\Delta G_M = RT\left[n_1 \ln x_1 + n_2 \ln x_2\right].$$

Die Flory-Huggins-Theorie beschreibt zwar ΔG_M für nichtideale Lösungen, gilt aber **nicht für verdünnte Lösungen**, weil dort die Knäuel nicht mehr statistisch verteilt sind, sondern isoliert vorliegen. Außerdem werden im Entropieterm nur konformative Änderungen berücksichtigt, während wechselwirkungsbedingte Effekte unberücksichtigt bleiben.

3.1.4.3 Verdünnte Polymerlösung

In verdünnten Lösungen liegen die Polymersegmente nicht statistisch verteilt, sondern in Form von isolierten, geknäuelten Ketten vor, die jede weitere Kette ausschließen. Nach Flory und Krigbaum gilt die Flory-Huggins-Theorie streng genommen nur innerhalb der einzelnen Knäuel. Die thermodynamischen Eigenschaften der realen Lösung werden mithilfe sogenannter Exzess-Funktionen G^E, H^E und S^E beschrieben. Eine Exzess-Funktion ist definiert als Differenz zwischen der beobachteten thermodynamischen Mischungsfunktion und der betreffenden Funktion für eine reale Lösung. Für die partielle molare freie Exzess-Enthalpie der Mischung gilt:

$$\Delta\overline{G}_1^E = \Delta\overline{H}_1^E = \Delta\overline{S}_1^E$$

wobei

$$\Delta\overline{H}_1^E = \kappa RT\phi_2^2$$

und

$$\Delta\overline{S}_1^E = \psi R\phi_2^2$$

ist (κ und ψ sind Enthalpie- und Entropieparameter; die Indizes 1 und 2 beziehen sich auf Lösungsmittel und Polymer).

Es folgt

$$\Delta \overline{G}_1^E = (\kappa - \psi) RT \phi_2^2 .$$

Die Parameter κ und ψ sind mit dem Polymer-Lösungsmittel-Wechselwirkungsparameter χ korreliert. Man kann zeigen, dass

$$(\kappa - \psi) = \left(\chi - \frac{1}{2} \right)$$

ist. $\Delta \overline{G}_1$ ist durch die Flory-Huggins-Theorie gegeben:

$$\Delta \overline{G}_1 = \left(\frac{\delta (\Delta G_M)}{\delta n_1} \right) = RT \left[\ln(1 - \phi_2) + \left(1 - \frac{1}{x} \right) \phi_2 + \chi \phi_2^2 \right].$$

Für verdünnte Lösungen ist der Volumenbruch des Polymers ϕ_2 klein, sodass

$$\ln(1 - \phi_2) \simeq - \phi_2 - \frac{\phi_2^2}{2} - \frac{\phi_2^3}{3}$$

wird. Daraus folgt

$$\Delta \overline{G}_1 = - \frac{RT\phi_2}{x} + RT \left(\chi - \frac{1}{2} \right) \phi_2^2 - RT \phi_2^3 / 3 \ldots$$

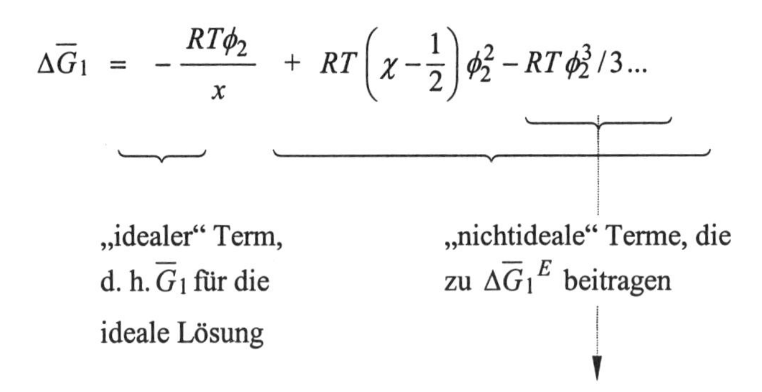

Verknüpft man nun $\Delta \overline{G}_1$ und $\Delta \overline{G}_1{}^E$, so folgt

$$(\kappa - \psi) = \left(\chi - \frac{1}{2} \right).$$

θ-Temperatur. Flory hat das Verhältnis der Exzess-Enthalpie und -Entropie als θ-Temperatur definiert:

$$\frac{\Delta \overline{H}_1^E}{\Delta \overline{S}_1^E} = \frac{\kappa RT \phi_2^2}{\psi R \phi_2^2} = \frac{\kappa T}{\psi} \equiv \theta,$$

sodass

$$\psi - \kappa = \frac{\theta \psi}{T} = \psi \left(1 - \frac{\theta}{T}\right)$$

wird. Liegt die Temperatur T der Polymerlösung bei θ, heben sich die Beiträge der Exzess-Enthalpie und -Entropie gerade auf und die Lösung verhält sich **pseudoideal**, das heißt wie eine ideale Lösung. Der θ-Punkt kann durch Änderungen von T oder des Lösungsmittels erreicht werden. Am θ-Punkt liegt das Polymerknäuel in seiner ungestörten Form (unperturbed dimension) vor. In Tab. 17 sind θ-Temperaturen für einige Polymer-Lösungsmittel-Systeme angegeben.

Tab. 17. θ-Temperaturen einiger Polymerlösungen [7].

Polymer	LM	θ [K]
Polyethylen	Diphenylether	421
Polystyrol atakt.	Cyclohexan	308
Polystyrol atakt.	Decalin	304
Polypropylen isotakt.	Diphenylether	418
Polyacrylsäure	Dioxan	303
PMMA	4-Heptanon	307

3.1.4.4 Löslichkeitsparameter von Polymeren

Die Löslichkeit eines Polymeren in einem Lösungsmittel lässt sich in der Praxis nach einer von Hildebrand vorgeschlagenen semiempirischen Methode beschreiben [74]. Diese Methode geht davon aus, dass Lösungsmittel- und Polymermoleküle jeweils durch zwischenmolekulare Kräfte zusammengehalten werden, deren Stärke durch die Kohäsionsenergiedichte C gegeben ist.

Für Lösungsmittelmoleküle (Index 1) ergibt sich C_1 zu

$$C_1 = \frac{z\,\varepsilon_{11}}{2\,V_1},$$

wobei ε_{11} die Wechselwirkungsenergie zweier Lösungsmittelmoleküle (Abschnitt 3.1.4.2) und V_1 das Einheitsvolumen der Lösung bedeuten. C_1 ist nach Hildebrand mit dem Löslichkeitsparameter δ_1 über

$$C_1^{1/2} = \delta_1$$

verknüpft. Weiterhin gilt bei Berücksichtigung des Molvolumens $\overline{V} = N_A\,V$:

$$\delta_1^2 = \frac{z\,\varepsilon_{11}}{2\,V_1} = \frac{N_A\,z\,\varepsilon_{11}}{2\,\overline{V}_1}.$$

δ_1 lässt sich aus der molaren inneren Verdampfungsenergie $\Delta U_{v,1}$ (der Energie zum Trennen der Wechselwirkungen von einem Mol Molekülen) berechnen:

$$\Delta U_{v,1} = \overline{V}_1\,\delta_1^2 = \frac{N_A\,z\,\varepsilon_{11}}{2}.$$

Analoge Überlegungen gelten für das Polymere (mit Index 2).

Wie bereits in Abschnitt 3.1.4.2 beschrieben, werden beim Lösen Polymer-Polymer-Kontakte und Lösungsmittel-Lösungsmittel-Kontakte gelöst und Polymer-Lösungsmittel-Kontakte gebildet. Die Energiedifferenz pro Paar ist

$$\Delta\,\varepsilon = \varepsilon_{12} - \tfrac{1}{2}\left(\varepsilon_{11} + \varepsilon_{12}\right).$$

Wie oben beschrieben, ist

$$\varepsilon_{11} = \left(\frac{2\,\overline{V}_1}{N_A\,z}\right) \text{ und } \varepsilon_{22} = \left(\frac{2\,\overline{V}_2}{N_A\,z}\right).$$

Quantenmechanische Berechnungen zeigen, dass ε_{12} als geometrisches Mittel aus ε_{11} und ε_{22} durch

$$\varepsilon_{12} = \left(\varepsilon_{11}\;\varepsilon_{22}\right)^{1/2}$$

gegeben ist. Einsetzen in die Beziehung für $\Delta\varepsilon$ liefert schließlich

$$\Delta\varepsilon \sim -\tfrac{1}{2}(\delta_1 - \delta_2)^2 .$$

$\Delta\varepsilon$ ist proportional zur Mischungsenthalpie ΔH_M, wobei nach **Hildebrand** die Beziehung [74]

$$\Delta H_M = (\delta_1 - \delta_2)^2 \, \overline{V} \, \phi_1 \phi_2$$

gilt. Eine Lösung tritt ein, wenn

$$\Delta G_M = \Delta H_M - T \Delta S_M < 0$$

wird. ΔH_M und ΔS_M sind beim Lösen positiv. Folglich wird ΔG_M nur dann negativ, wenn ΔH_M möglichst wenig positiv ist, das heißt die Differenz $\delta_1 - \delta_2$ möglichst klein ausfällt. Eine **gute Löslichkeit** ist also nur dann zu erwarten, wenn die **δ_1- und δ_2-Werte** für ein Polymer-Lösungsmittel-System sehr **ähnlich** sind.

Das Problem dieser Methode zur Abschätzung der Polymerlöslichkeit liegt in der empirischen Bestimmung von δ_2. Hierzu gibt man Polymere in geringer Konzentration in verschiedene Lösungsmittel und betrachtet das Quellvermögen. Das beste Lösungsmittel besitzt das größte Quellvermögen, erkennbar an der höchsten Viskosität der Lösung.

Tab. 18. Löslichkeitsparameter einiger Lösungsmittel [7].

Lösungsmittel	$\delta/(cal\,cm^{-3})^{1/2*}$	Polymer	$\delta/(cal\,cm^{-3})^{1/2*}$
Aceton	9,9	Polyethylen	7,9
Tetrachlorkohlenstoff	8,6	Polystyrol	9,1
Chloroform	9,3	Poly(methylmethacrylat)	9,45
Cyclohexan	8,2	Polypropylen	8,1
Methanol	14,5	Poly(vinylchlorid)	8,9
Benzol	9,2	Nylon 66	13,6
Wasser	23,4	Polyacrylnitril	15,4

* $1\,(\mathrm{cal\,cm^{-3}})^{1/2} = 2{,}046 \times 10^3\,(\mathrm{J\,m^{-3}})^{1/2} \equiv 1\,\mathrm{Hildebrand}$

Analog der Hildebrand-Gleichung sollte dann der δ_1-Wert des Lösungsmittels dem δ_2-Wert des Polymers entsprechen. Werte für δ_1 und δ_2 enthält Tab. 18. Die Löslichkeitsparameter berücksichtigen **nicht** die Einflüsse von H-Brücken, kristallinen Bereichen etc.

3.2 Bestimmung von $\overline{M}_n$

Das Zahlenmittel des Molekulargewichtes $\overline{M}_n$ lässt sich bei den meisten Polymeren mithilfe der kolligativen Eigenschaften verdünnter Lösungen (osmotischer Druck, Dampfdruckerniedrigung, Siedepunktserhöhung, Gefrierpunktserniedrigung) und bei einigen Polymeren auch durch Endgruppenanalyse bestimmen. Die wichtigste Methode ist die $\overline{M}_n$-Bestimmung über den osmotischen Druck.

3.2.1 Membranosmometrie

Bei der Membranosmometrie liegt folgendes Messprinzip zugrunde: In einer Messzelle mit zwei Kammern, die durch eine semipermeable Membran getrennt sind, befinden sich die Polymerlösung und das Lösungsmittel (Abb. 74). Es wird nun beobachtet, dass Lösungsmittel in die Polymerlösung diffundiert, bis der hydrostatische Druck, der der Höhendifferenz Δh entspricht, gleich dem osmotischen Druck Π ist. Dann gilt (wenn man den Dichteunterschied zwischen Lösungsmittel und Lösung vernachlässigt):

$$\Pi = \rho\, g\, \Delta h$$

mit der Dichte ρ des Lösungsmittels und der Erdbeschleunigung g. Für verdünnte Lösungen gilt nach van't Hoff analog der idealen Gasgleichung:

$$\Pi \cdot V = n\, RT$$

mit Π = osmotischer Druck [mbar],

V = Volumen der Lösung [ml],

T = Temperatur [K],

n = Anzahl Mole des gelösten Polymers,

R = Gaskonstante = 83143 [mbar ml/mol K].

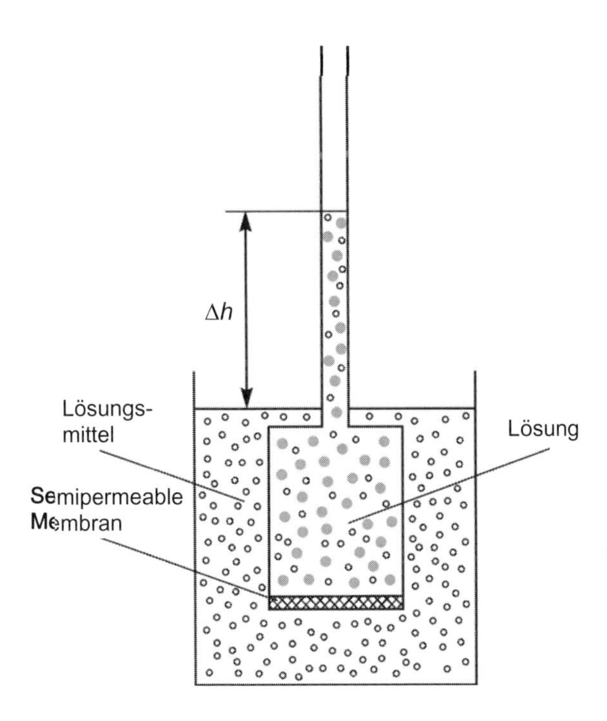

Abb. 74. Schematische Darstellung einer Membranosmosezelle: Die Polymerlösung steht über die semipermeable Membran im Gleichgewicht mit dem reinen Lösungsmittel. Der osmotische Druck Π ist proportional zur Höhendifferenz Δh.

Sind m Gramm Polymer mit dem Molekulargewicht M im Volumen V gelöst, ist $n = \frac{m}{M}$, sodass

$$\Pi V = RT\frac{m}{M} \quad \text{und} \quad \Pi = \left(\frac{m}{V}\right)\frac{RT}{M}$$

wird. $\frac{m}{V}$ ist aber nichts anderes als die Konzentration c der Lösung, sodass

$$\Pi = \frac{cRT}{M}$$

folgt. Für ein polydisperses Polymer gilt dann

$$\Pi = \frac{cRT}{\overline{M}_n}.$$

Das van't Hoffsche Gesetz gilt streng genommen nur für unendlich verdünnte Lösungen. Um die Abweichungen in realen Lösungen zu berücksichtigen, schreibt man eine Potenzreihe

$$\frac{\Pi}{c} = \left(\frac{RT}{\overline{M}_n}\right) + A_2 c + A_3 c^2 \ \ldots,$$

die den zweiten und dritten Virialkoeffizienten A_2 und A_3 enthält. Arbeitet man in der Nähe der θ-Temperatur des Lösungsmittels, so kann das 3. Glied vernachlässigt werden, und die Auftragung von Π/c gegen c liefert eine Gerade mit dem Achsenabschnitt $(RT/\overline{M}_n)$ und der Steigung A_2 (Abb. 75). $\overline{M}_n$ lässt sich also ermitteln, indem man Π-Werte einer Konzentrationsreihe c der Polymerlösung bestimmt und anschließend $c \rightarrow 0$ aufträgt. Ist allerdings das 3. Glied nicht zu vernachlässigen, so ergeben sich gekrümmte Linien und die Extrapolation wird ungenau (Abb. 76). Ungenaue Werte werden insbesondere dann erhalten, wenn $\overline{M}_n$ über 10^4 g/mol liegt.

Die Einstellung des osmotischen Druckes dauert in der Regel einige Stunden. Probleme liefern meist die semipermeablen Membranen, die Oligomere durchlassen. Ist die Molgewichtsverteilung breit, werden daher **häufig zu hohe Molgewichte** gemessen. In der Praxis wird heute nicht erst die Gleichgewichtseinstellung abgewartet, sondern der Druck auf die Lösungskammer direkt gemessen.

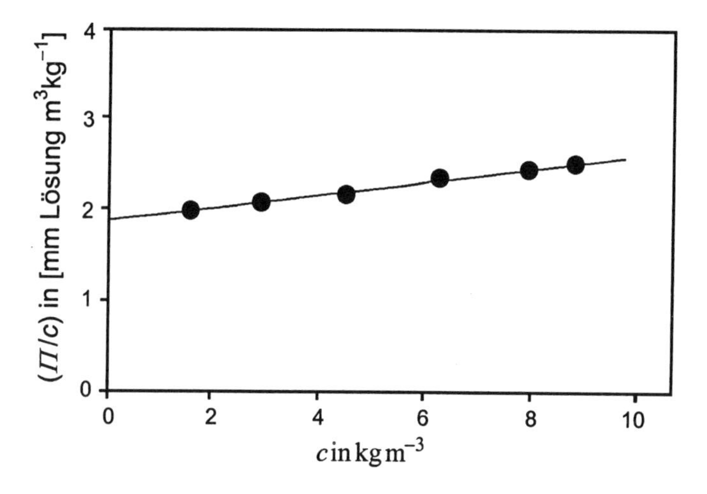

Abb. 75. Auftragung von Π/c gegen c für Polystyrol in Methylethylketon bei 310 K [75].

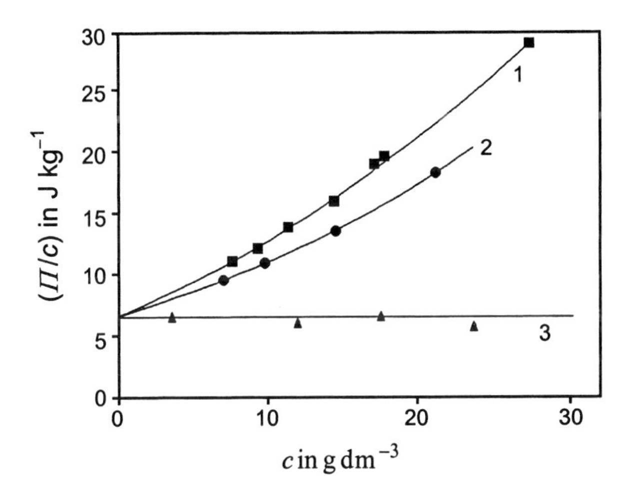

Abb. 76. Auftragung von Π/c gegen c für PMMA in den drei Lösungsmitteln Toluol (1), Aceton (2), Acetonitril (3) [76].

3.2.2 Dampfdruckosmometrie

Zur Bestimmung von $\overline{M}_n$ können alle kolligativen Eigenschaften einer Lösung (Gefrierpunktserniedrigung, Siedepunktserhöhung, Dampfdruckerniedrigung) genutzt werden. Bei der **Dampfdruckosmometrie** wird vom Raoult'schen Gesetz ausgegangen, nach dem für ideale Lösungen der Quotient aus Dampfdruck der Lösung p_1 und reinem Lösungsmittel p_1^0 dem Molenbruch des Lösungsmittels x_1 gleich ist:

$$\frac{p_1}{p_1^0} = x_1 = 1 - x_2 \quad \text{(Raoult'sches Gesetz).}$$

Die relative Dampfdruckerniedrigung ist demnach

$$1 - \frac{p_1}{p_1^0} = \frac{\Delta p}{p_1^0} = x_2 = \frac{n_2}{n_1 + n_2}$$

und bei sehr verdünnten Lösungen

$$\frac{\Delta p}{p_1^0} \approx \frac{n_2}{n_1}.$$

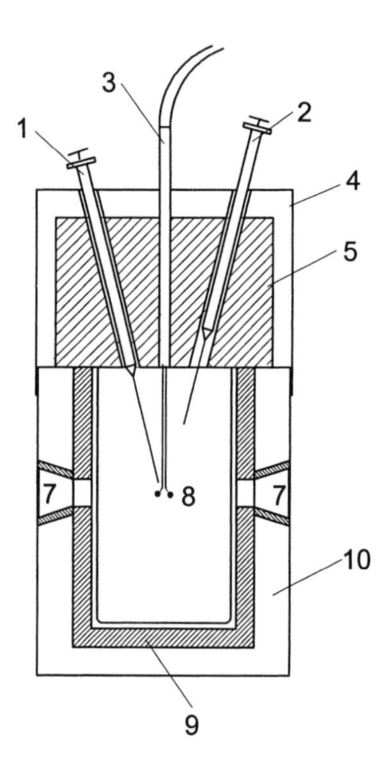

Abb. 77. Schematische Darstellung eines Dampfdruckosmometerkopfes. (1, 2) Spritzen zur Aufgabe von Polymerlösung und Lösungsmittel; (3) Messsonde mit den angeglichenen Thermistoren (8); (4) abnehmbarer Kopf, der die Heizung für die Spritzen enthält; (5) Metallblock zur Thermostatisierung der Spritzen; (6) Verdampfergefäß für das Lösungsmittel; (7) Beobachtungsfenster mit Wärmeschutzfilter; (9) Messzelle (thermostatisierter Alublock); (10) Gehäuse.

Die eigentliche Messung findet in einer wie in Abb. 77 dargestellten Messzelle statt. Ein Tropfen Polymerlösung wird auf einen Temperaturfühler (Thermistor) gebracht. Der umgebende Raum ist mit Lösungsmittel gesättigt. Zu Beginn der Messung haben Tropfen und Umgebung die gleiche Temperatur. Da der Dampfdruck der Lösung aber um Δp unter dem des Lösungsmittels p_1^0 liegt, kondensiert Lösungsmittel auf dem Lösungstropfen auf. Hierbei wird Kondensationswärme frei, die zu einer Temperaturdifferenz ΔT_{th} führt. ΔT_{th} ergibt sich durch Kombination des Raoult'schen Gesetzes mit der Beziehung von Clausius und Clapeyron zu

$$\frac{\Delta T_{th}}{c} = \frac{RT^2}{L_1 \rho_s} \cdot \frac{1}{\overline{M}_n},$$

wobei L_1 die Verdampfungswärme des Lösungsmittels pro Gramm, ρ_s die Dichte der Lösung und c die Polymerkonzentration in der Lösung ist.

Nun ist aber die Versuchsführung nicht adiabatisch, sondern Tropfen und Dampf stehen in thermischem Kontakt miteinander. Als Folge davon gleicht sich die Temperaturdifferenz immer wieder aus, und es kondensiert der Dampf immer weiter. Schließlich stellt sich ein stationäres (Un-)Gleichgewicht ein mit einem messbaren Temperaturunterschied ΔT_{exp}, der ΔT_{th} proportional ist:

$$\Delta T_{\text{exp}} = \text{Konst.} \cdot \Delta T_{th}.$$

Hieraus folgt

$$\frac{\Delta T_{\text{exp}}}{c} = \text{Konst.} \frac{RT^2}{L_1 \rho_s} \cdot \frac{1}{\overline{M}_n}$$

und

$$\frac{\Delta T_{\text{exp}}}{c} = K_E \cdot \frac{1}{\overline{M}_n}$$

nach Einführung der neuen Konstanten $K_E = \text{Konst.} \times RT^2/L_1\rho_s$. K_E wird in der Regel durch Eichmessungen mit Substanzen bekannter Molmasse ermittelt. Sie gilt jeweils nur für ein Lösungsmittel bei einer bestimmten Arbeitstemperatur. Bei der realen Lösung müssen noch die Virialkoeffizienten berücksichtigt werden:

$$\frac{1}{K_E} \cdot \frac{\Delta T_{\text{exp}}}{c} = \frac{1}{\overline{M}_n} + A_2 c + A_3 c^2 ...,$$

das heißt, $\overline{M}_n^{-1}$ wird durch Auftragung von $\Delta T_{\text{exp}} (K_E \times c)^{-1}$ gegen c und Extrapolation von $c \to 0$ als Achsenabschnitt ermittelt. Bei der Dampfdruckosmometrie werden nichtflüchtige Verunreinigungen mitgemessen. Genügend genaue Messungen sind bei der Dampfdruckosmometrie bis herauf zu $\overline{M}_n = 40.000$ möglich, bei der Membranosmometrie bis zu 10^6 (Genauigkeit der $\Delta\Pi$- Messung: ± 0,1 mm Höhendifferenz). In Tab. 19 sind die kolligativen Eigenschaften für Lösungen von Polymeren mit den Molgewichten von 10^4 und 10^6 bei gleicher Einwaagekonzentration gegenübergestellt.

Es zeigt sich, dass Gefrierpunktserniedrigung und Siedepunktserhöhung wegen der geringen Temperaturdifferenz für eine Molekulargewichtsbestimmung nicht geeignet sind.

Tab. 19. Verschiedene kolligative Eigenschaften für Lösungen von Polymeren mit den Molgewichten 10^4 und 10^6 g/mol in Benzol bei gleicher Einwaagekonzentration von 20 kg m^{-3} [77].

Eigenschaft	$\overline{M}_n = 10.000$	$\overline{M}_n = 1.000.000$
Dampfdruckerniedrigung (25 °C)	$1{,}8 \times 10^{-2}$ mm Hg	$1{,}8 \times 10^{-4}$ mm Hg
Gefrierpunktserniedrigung	$1{,}2 \times 10^{-2}$ K	$1{,}2 \times 10^{-4}$ K
Siedepunktserhöhung	6×10^{-3} K	6×10^{-5} K
Osmotischer Druck (25 °C)	600 mm Steighöhendifferenz	6 mm Steighöhendifferenz

3.2.3 Endgruppenanalyse

Diese Methode ist insbesondere im $\overline{M}_n$-Bereich von 1 bis 5×10^4g/mol sinnvoll, in dem keine anderen Methoden zuverlässig arbeiten. Die meisten Kondensationspolymere besitzen $\overline{M}_n$-Werte in diesem Bereich.

Es gibt drei Kategorien, die

- chemische,
- radiochemische und
- spektroskopische Analyse.

Die **chemische** Analyse erfolgt in der Regel durch Titration der Endgruppen (z. B. $-NH_2$, $-COOH$) mit zumeist elektrochemischer Detektion des Endpunktes der Titration.

Die **radiochemische** Analyse verlangt den Einbau radioaktiver Atome (^3H, ^{14}C) in die Endgruppen. Sie ist hochempfindlich.

Die **spektroskopische** Analyse verlangt in der Regel UV-absorbierende Gruppen am Kettenende. Hier ist meistens eine Eichung nötig.

3.3 Bestimmung von $\overline{M}_w$

$\overline{M}_w$ lässt sich mithilfe der Lichtstreuung von Polymerlösungen bestimmen. Wird ein Lichtstrahl durch eine Lösung geschickt, so tritt generell eine elastische und inelastische Lichtstreuung auf. Der elastische Anteil des Streulichtes besitzt die gleiche Wellenläng λ wie die einfallende Strahlung. Der inelastische Anteil (z. B. die Raman-Streuung) weist andere Wellenlängen auf. Aus dem elastischen Anteil lässt sich $\overline{M}_w$ bestimmen.

3.3.1 Lichtstreuung an Polymerlösungen

In Abb. 78 ist die Messapparatur schematisch dargestellt. Der einfallende Lichtstrahl der Intensität I_0 und Wellenlänge λ wird in der Probe in alle Richtungen gestreut. Die Intensität der Streustrahlung ist winkelabhängig. Beim Winkel θ beträgt die Streuintensität i_θ. Das Streulicht wird in Form der reduzierten Streuintensität R_θ

$$R_\theta = \frac{i_\theta r^2}{I_0}$$

beschrieben, wobei r der Abstand zwischen streuender Probe und Detektor ist. Information über das Molgewicht des Polymers erhält man, wenn man die Differenz

$$R_\theta = R_\theta\,(\text{Lösung}) - R_\theta\,(\text{Lösungsmittel})$$

bildet. Für R_θ gilt nach der Raleigh'schen Theorie der Lichtstreuung

$$R_\theta = \frac{4\pi^2 n_0^2}{\lambda^4 N_A}\left(\frac{\mathrm{d}n}{\mathrm{d}c}\right)^2 c\, M\, f\, p$$

mit n_0 = Brechungsindex des Lösungsmittels,
$\mathrm{d}n/\mathrm{d}c$ = Brechungsinkrement der Polymerlösung,
c = Konzentration der Polymerlösung,
f = Depolarisationsfaktor (Cabannes-Faktor) ~ 1,
p = Polarisationsfaktor = $(1+\cos^2\theta)/2$ bei unpolarisiertem Licht (p ~1 bei senkrecht polarisiertem Licht).

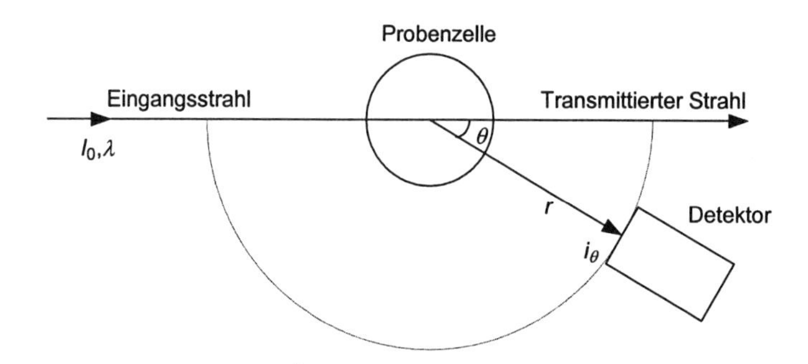

Abb. 78. Schematische Darstellung der wichtigsten Teile einer Apparatur zur Messung des Streulichtes einer Polymerlösung.

Die konstanten Faktoren lassen sich unter der Konstanten

$$K = \frac{4\pi^2 n_0^2}{\lambda^4 N_A}\left(\frac{\mathrm{d}n}{\mathrm{d}c}\right)^2$$

zusammenfassen, sodass

$$R_\theta = KcM$$

folgt. Bei Polymeren mit einer Molekulargewichtsverteilung streuen alle Komponenten mit den Molgewichten M_i und Konzentrationen c_i unabhängig voneinander. Man erhält daher unter Berücksichtigung der $\overline{M}_w$-Definition

$$\overline{M}_w = \frac{\sum N_i M_i^{\;2}}{\sum N_i M_i} = \frac{\sum c_i M_i}{\sum c_i}$$

und mit $c = \sum c_i$

$$R_\theta = K \sum c_i M_i = Kc\overline{M}_w \quad \text{bzw.} \quad \frac{Kc}{R_\theta} = \frac{1}{\overline{M}_w}.$$

Bei größeren Polymerkonzentrationen ist R_θ nicht mehr direkt zu c proportional, sondern man muss den 2. Virialkoeffizienten A_2 berücksichtigen:

$$\frac{Kc}{R_\theta} = \frac{1}{\overline{M}_w} + 2A_2c + \cdots$$

Die Auftragung von Kc/R_θ gegen c liefert eine Gerade mit der Steigung 2 A_2. Extrapoliert man c gegen 0, so kann aus dem Schnittpunkt mit der y-Achse $1/\overline{M}_w$ bestimmt werden. Genaue Messungen setzen voraus:

- staubfreie Lösungen,
- Kenntnis von n_0 und dn/dc,
- kurze Wellenlängen λ (da $I \sim \lambda^{-4}$) (also z. B. die 365-, 436-, 546-nm-Linien der Hg-Dampflampe).

3.3.2 Lichtstreuung großer Moleküle

Bei großen Polymermolekülen (Durchmesser > $\lambda/20$) tritt bei der Streustrahlung eine **interne Interferenz** auf. Diese Interferenz ist 0 bei $\theta = 0°$ und erreicht ein Maximum bei $\theta = 180°$ (Abb. 79 und 80).

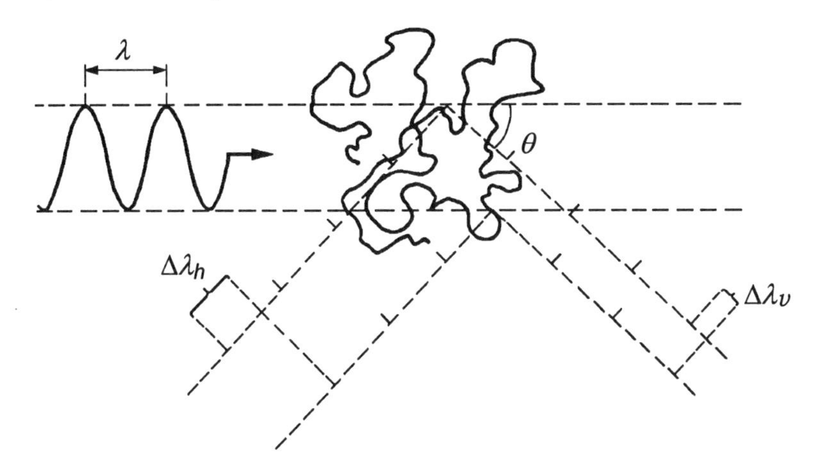

Abb. 79. Destruktive Interferenz des Streulichtes großer Partikel. Die vordere Phasendifferenz ist $\Delta\lambda_v$, während die hintere $\Delta\lambda_h$ ist. Für große Polymermoleküle ist immer $\Delta\lambda_v < \Delta\lambda_h$ [78].

Die interne Interferenz wird durch den Partikelstreufaktor

$$P(\theta) = \frac{R_\theta(\text{exp.})}{R_\theta\,(\text{ohne Interf.})}$$

beschrieben. $P(\theta)$ kann durch eine Modifizierung der Streubeziehung berücksichtigt werden:

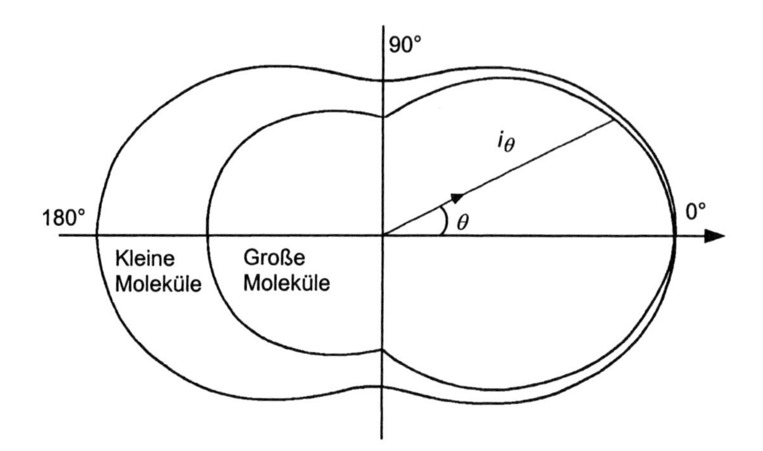

Abb. 80. Winkelabhängige Intensitätsverteilung des Streulichtes bei kleinen und großen Molekülen. Bei kleinen Molekülen mit Durchmessern unter $\lambda/20$ ist die Verteilung symmetrisch. Bei größeren Molekülen ist die Intensität wegen der destruktiven Interferenz bei allen Winkeln außer 0° verringert.

$$\frac{Kc}{R_\theta} = \frac{1}{\overline{M}_w P(\theta)} + 2\,A_2\,c + \cdots$$

Bei $\theta = 0°$ wird $P(\theta) = 1$, und die Beziehung geht in die oben genannte über. R_θ lässt sich jedoch bei $\theta = 0°$ wegen der hohen Intensität des Primärstrahles nicht messen. Man ist daher gezwungen, bei verschiedenen θ-Werten zu messen und auf $\theta = 0°$ zu extrapolieren.

Das Auftreten der internen Interferenz lässt sich aber auch nutzen, um Informationen über Größe und Form der Makromoleküle in Lösung zu erhalten. Die Ursache hierfür ist, dass der Partikelstreufaktor $P(\theta)$ von der Molekülform (Knäuel, Kugel oder Stäbchen), der Wellenlänge und Molekülgröße abhängt. Für Knäuel gilt:

$$P(\theta)^{-1} = 1 + \frac{16\pi^2\langle s^2\rangle}{3\lambda'^2}\sin^2\frac{\theta}{2},$$

wobei $\lambda' = \lambda/n_0$ und $\langle s^2\rangle$ = Quadrat des mittleren Trägheitsradius (Abschnitt 3.1.2) bedeuten.

Einsetzen von $P(\theta)$ in die Streubeziehung liefert

$$\frac{Kc}{R_\theta} = \frac{1}{\overline{M}_w}\left(1 + \frac{16\pi^2\langle s^2\rangle}{3\lambda'^2}\sin^2\frac{\theta}{2}\right) + 2A_2c.$$

Diese Beziehung gestattet, durch Messung von R_θ bei verschiedenen Winkeln und Konzentrationen, $\overline{M}_w$, $\langle s^2\rangle^{1/2}$ sowie A_2 zu bestimmen.

Die Auswertung kann durch Auftragung von Kc/R_θ gegen c für verschiedene θ-Werte und anschließende Extrapolation auf $c = 0$ erfolgen. Die nochmalige Auftragung der Achsenabschnitte $(Kc/R_\theta)_{c\to 0}$ gegen $\sin^2(\theta/2$ liefert dann $\overline{M}_w$ und A_2 (Abb. 81a und b).

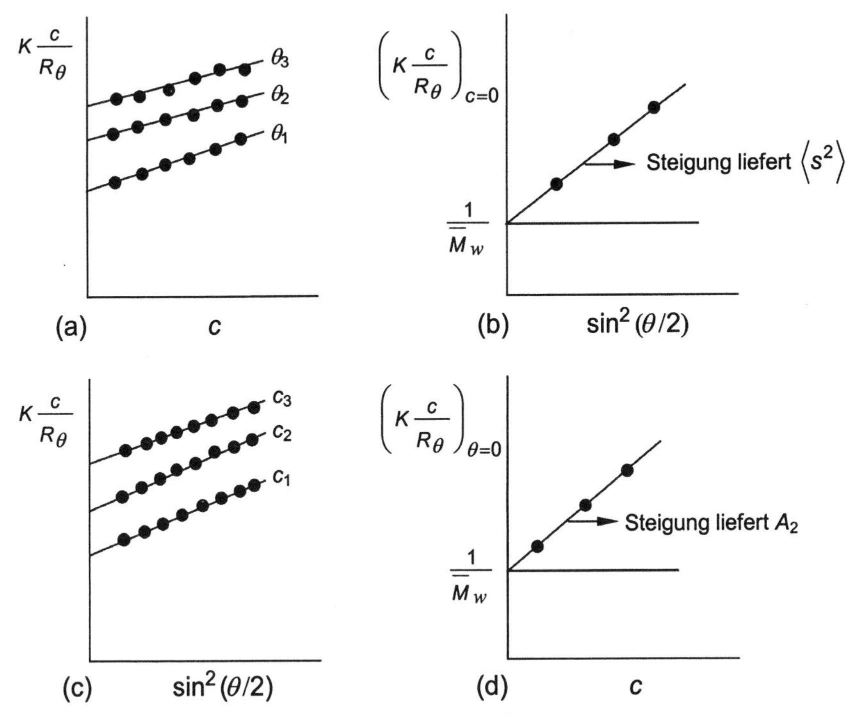

Abb. 81. Darstellung der Auswertung eines Lichtstreuexperiments. (a) Auftragung von Kc/R_θ gegen c für verschiedene θ-Werte und Extrapolation auf $c = 0$; (b) Auftragung der Achsenabschnitte $(Kc/R_\theta)_{c\to 0}$ gegen $\sin^2(\theta/2)$ zur Ermittlung von $\overline{M}_w$ und $\langle s^2\rangle$; (c) Auftragung von Kc/R_θ gegen $\sin^2(\theta/2)$ für verschiedene c-Werte und Extrapolation auf $\theta = 0$; (d) Auftragung der Achsenabschnitte $(Kc/R_\theta)_{\theta\to 0}$ gegen c zur Ermittlung von $\overline{M}_w$ und A_2 [79].

Alternativ kann Kc/R_θ gegen $\sin^2(\theta/2)$ für verschiedene c-Werte aufgetragen und anschließend auf $\theta = 0°$ extrapoliert werden. Die nochmalige Auftragung der Achsenabschnitte $(Kc/R_\theta)_{\theta\to 0}$ gegen c liefert dann $\overline{M}_w$ und $\langle s^2 \rangle$ (Abb. 81c und d).

Diese mühsame Auswertung lässt sich durch den sogenannten **Zimm-Plot** (Abb. 82) vereinfachen. Im Zimm-Diagramm wird Kc/R_θ gegen $\sin^2(\theta/2) + kc$ aufgetragen. k ist eine willkürliche Konstante zur günstigen Datenauftragung, zum Beispiel $k = 10^3$. Durch **doppelte Extrapolation** auf $c = 0$ und $\theta = 0°$ werden zwei Linien erhalten, die die y-Achse in $1/\overline{M}_w$ schneiden. $\langle s^2 \rangle$ und A_2 lassen sich aus den Steigungen der beiden extrapolierten Geraden ermitteln.

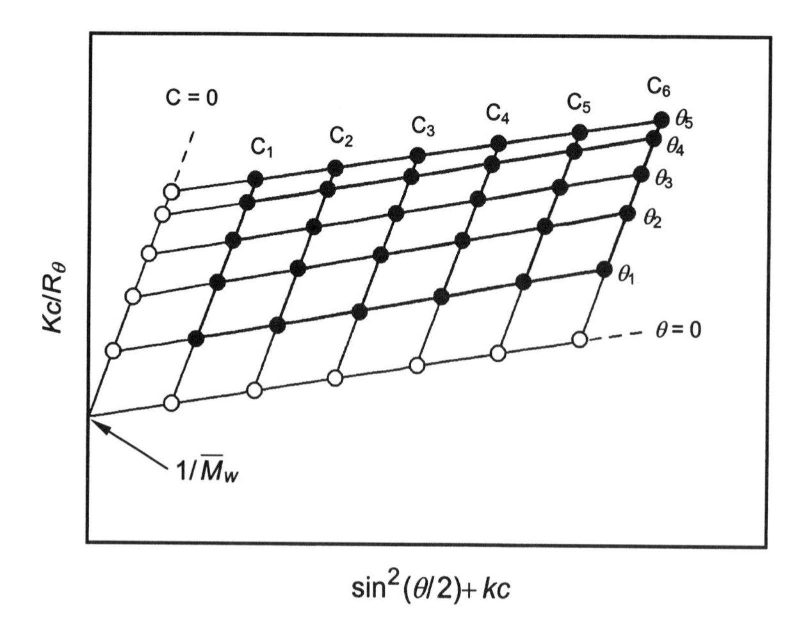

Abb. 82. Zimm-Diagramm zur Analyse der Lichtstreudaten. Die Auftragung enthält experimentelle Daten (•) und extrapolierte Punkte (o) [80]. $\overline{M}_w$ folgt aus dem Schnittpunkt der beiden extrapolierten Geraden mit der y-Achse, $\langle s^2 \rangle$ und A_2 folgen aus den Steigungen der extrapolierten Geraden für $c = 0$ und $\theta = 0$.

3.4 Bestimmung von $\overline{M}_\eta$

3.4.1 Viskosität von Polymerlösungen

Löst man ein Polymer in einem Lösungsmittel, so steigt die Viskosität der Lösung an als Funktion von

(a) der Art des Lösungsmittels,
(b) der Art des Polymers,
(c) der Molmasse des Polymers,
(d) der Konzentration des Polymers,
(e) der Temperatur.

Die Messung der Viskosität einer Polymerlösung erfolgt mit dem **Ostwald-Viskosimeter** oder einer modifizierten Version, dem **Ubbelohde-Viskosimeter** (Abb. 83).

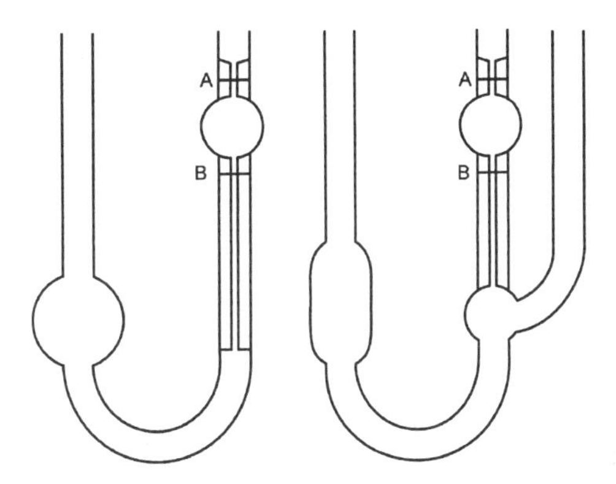

Abb. 83. Schematische Darstellung eines Ostwald- (links) und eines Ubbelohde-Viskosimeters (rechts). Die Flusszeit ergibt sich aus der Zeit, die der Meniskus der Flüssigkeit braucht, um in den Kapillaren von A nach B abzusinken.

Beide Viskosimeter enthalten eine Kapillare bekannten Durchmessers und bekannter Länge, durch die die Flüssigkeit in einer zu bestimmenden Zeit nach unten sinkt. Der treibende Druck ist beim Ostwald-Viskosimeter durch die Höhendifferenz auf beiden Viskosimeterseiten bestimmt. Vergleichbare Ergebnisse sind daher nur dann zu erzielen, wenn stets mit der **gleichen Lösungsmenge** gearbeitet wird. Beim Ubbelohde-

Viskosimeter wird dieses Problem umgangen. Der dritte Arm ist offen, das heißt, der treibende Druck hängt nur vom Flüssigkeitsvolumen in der Kapillare ab. Da in der Regel Konzentrationsreihen gemessen werden, ist das Ubbelohde-Viskosimeter besser geeignet, da diese Reihen **in situ** hergestellt werden können. Beim Ostwald-Viskosimeter müssen sie außerhalb hergestellt und nachträglich eingefüllt werden.

Grundlage für die Messung der Viskosität η einer Lösung ist das Hagen-Poiseuille'sche Gesetz:

$$\eta = \frac{\pi r^4 \Delta p t}{8 l V}$$

mit r = Durchmesser der Kapillaren,
Δp = Druckdifferenz an den Kapillaren (in Pa),
V / t = Flüssigkeitsvolumen, das pro Zeiteinheit durch die Kapillare strömt,
l = Länge der Kapillaren.

Für Δp gilt

$$\Delta p = \rho g h,$$

wobei ρ die Dichte der Lösung, h die zurückgelegte Höhendifferenz bei der t-Messung in den Kapillaren und g die Erdbeschleunigung bedeuten.

Die eigentliche Messung erfolgt als Vergleichsmessung der Polymerlösung und des Lösungsmittels. Für beide werden die Flusszeiten

$$t = \frac{8 \eta l V}{\pi \rho r^4} \quad \text{bzw.} \quad t_0 = \frac{8 \eta_0 l V}{\pi \rho_0 r^4}$$

bestimmt. t, η und ρ bedeuten Flusszeit, Viskosität und Dichte der Polymerlösung; t_0, η_0 und ρ_0 sind die entsprechenden Größen des Lösungsmittels. Hieraus lässt sich eine **relative Viskosität η_{rel}**

$$\eta_{rel} = \frac{\eta}{\eta_0} = \frac{\rho t}{\rho_0 t_0}$$

bestimmen. Für verdünnte Lösungen (≤ 1g/100 ml) gilt annähernd $\rho \approx \rho_0$, sodass sich η_{rel} einfach aus dem Verhältnis t/t_0 ergibt. Die eigentliche viskositätserhöhende Wirkung des Polymers kommt besser zum Ausdruck, wenn die **spezifische Viskosität η_{sp}**

$$\eta_{sp} = \frac{\eta - \eta_0}{\eta_0} = \frac{t - t_0}{t_0} = \eta_{rel} - 1$$

verwendet wird. Aus η_{sp} und η_{rel} lassen sich die **reduzierte Viskosität η_{sp}/c** und die **inhärende Viskosität $\ln \eta_{rel}/c$** ermitteln, deren Grenzwerte für verschwindend kleine Konzentrationen als **Grenzviskositätszahl** oder **Staudinger-Index $[\eta]$** bezeichnet werden:

$$[\eta] = \lim_{c \to 0} \frac{\eta_{sp}}{c} = \lim_{c \to 0} \frac{\ln \eta_{rel}}{c}.$$

Die Auswertung der Messergebnisse erfolgt durch grafische Verfahren, zum Beispiel durch folgende Auftragungen:

$$\frac{\eta_{sp}}{c} = [\eta] + K_{SB}[\eta]\eta_{sp} \qquad \text{(Schulz-Blaschke)},$$

$$\frac{\eta_{sp}}{c} = [\eta] + K_H[\eta]^2 c \qquad \text{(Huggins)},$$

$$\frac{\ln \eta_{rel}}{c} = [\eta] + K_A[\eta] \ln \eta_{rel} \qquad \text{(Arrhenius)}.$$

Eine Huggins-Auftragung ist in Abb. 84 dargestellt.

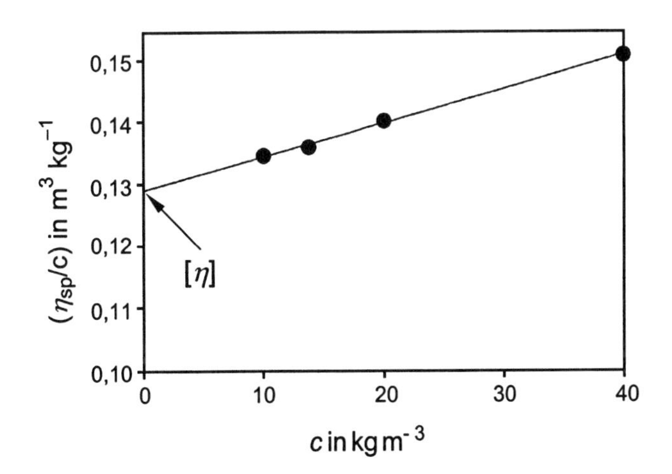

Abb. 84. Huggins-Auftragung von η_{sp}/c gegen c zur Ermittlung der Grenzviskositätszahl $[\eta]$. Die Daten entstammen einer Polystyrollösung in Toluol bei 303 K [81].

3.4.2 Mark-Houwink-Beziehung

Die Grenzviskositätszahl $[\eta]$ ist über die semiempirische Mark-Houwink-Beziehung [82]

$$[\eta] = KM^a$$

mit der Molmasse korreliert. K und a sind für ein gegebenes Polymer-Lösungsmittel-System konstante Faktoren. Die Mark-Houwink-Beziehung gilt streng genommen nur für monodisperse Substanzen. Für ein Polymer mit einer Molekulargewichtsverteilung wird ein „Viskositätsmittel" des Molekulargewichts $\overline{M}_\eta$ erhalten. Es gilt

$$\overline{M}_\eta{}^a = \frac{\sum N_i\, M_i{}^{1+a}}{\sum N_i\, M_i} \quad \text{bzw.} \quad \overline{M}_\eta = \left(\frac{\sum N_i\, M_i{}^{1+a}}{\sum N_i\, M_i} \right)^{\frac{1}{a}} .$$

Da a Werte zwischen 0,5 und 1 besitzt, liegt $\overline{M}_\eta$ zwischen $\overline{M}_n$ und $\overline{M}_w$. Bei der θ-Temperatur ist $a = 0{,}5$. Einige K- und a-Werte sind in Tab. 20 zusammengestellt.

Tab. 20. K- und a-Werte verschiedener Polymer-Lösungsmittel-Systeme [7].

Polymer	Lösungsmittel	T/K	$K \times 10^5$ / dl g^{-1}	a
LDPE	Dekalin	343	38,73	0,738
HDPE	p-Xylol	378	16,5	0,83
PP atakt.	Cyclohexan	298	16,0	0,80
PP atakt.	Toluol	303	21,8	0,725
PP isotakt.	Dekalin	408	11,0	0,80
Polystyrol atakt.	Cyclohexan	313	41,6	0,554
Polystyrol atakt.	Toluol	298	4,16	0,788
PMMA atakt.	Aceton	298	9,6	0,69
PMMA	Benzol	293	8,35	0,73
PVC	Cyclohexanon	293	11,6	0,85
Polyacrylamid	Wasser	303	6,31	0,80
Polyacrylsäure	wässr. NaCl (1 *M*)	298	15,47	0,90

3.4.3 Flory-Fox-Theorie

Nach Flory und Fox hängt die Viskosität einer Polymerlösung vom Volumen ab, das die Polymermoleküle in der Lösung einnehmen. Daraus leiteten sie eine Theorie ab, die $[\eta]$ zu den Knäueldimensionen und der Molmasse des Polymers in Beziehung setzt. Diese Theorie besagt, dass unter θ-Bedingungen

$$[\eta]_\theta = K_\theta \; M^{1/2}$$

mit $K_\theta = \phi\left(\langle r^2\rangle_0 \; / \; M\right)^{3/2}$ gilt, wobei ϕ eine universelle Konstante mit dem Zahlenwert $2{,}86 \times 10^{23}$ darstellt. Lösungen, die nicht im θ-Zustand vorliegen, werden dagegen durch

$$[\eta]_\theta = K_\theta \; M^{1/2}\alpha^3$$

beschrieben, wobei α der Expansionsfaktor des Knäuels ist. In θ-Lösungsmitteln ist $\alpha = 1$, in guten Lösungsmitteln ist $\alpha > 1$ und nimmt mit M zu. Hieraus resultiert die Mark-Houwink-Beziehung (Abschnitt 3.4.2), in der a größer als 0,5 ist.

3.5 Bestimmung der Molekulargewichtsverteilung

3.5.1 Gelpermeationschromatografie

Die Gelpermeationschromatografie (GPC) erlaubt die **Fraktionierung** eines Polymers sowie die **Bestimmung der Molekulargewichtsverteilung**. Der wichtigste Teil ist die Säule, die mit einem kugelförmigen, hochvernetzten Polystyrol mit einer definierten Porengrößenverteilung ($10–10^5$ nm) gefüllt ist (Abb. 85). Die Füllung wird als stationäre Phase, das kontinuierlich strömende Lösungsmittel als mobile Phase bezeichnet.

Eine **Trennung** erfolgt, weil die kleinen Polymermoleküle länger in den Poren der stationären Phase verweilen als die großen. Daher wird die Methode auch als Size Exclusion Chromatography (SEC) bezeichnet. Wegen ihrer kürzeren Verweildauer werden zunächst die hohen Molmassen und später die kleinen eluiert (Abb. 86).

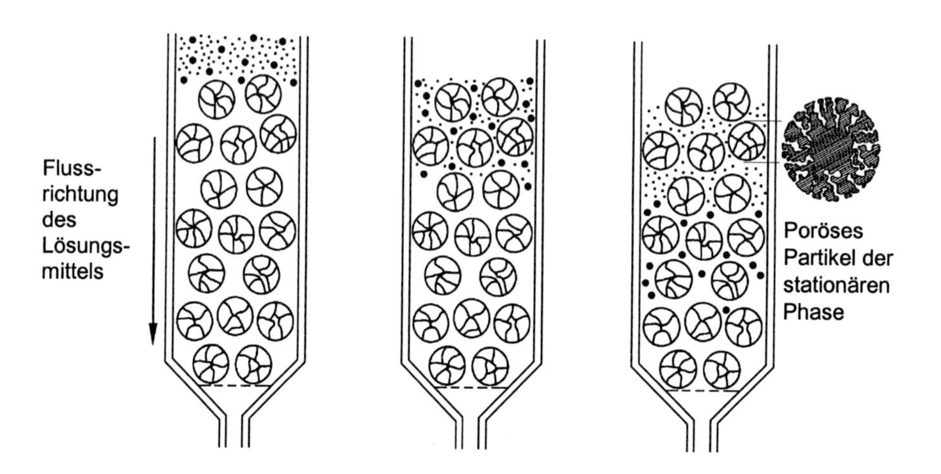

Abb. 85. Schematische Darstellung der Trennung verschieden großer Moleküle an makroporösen Gelen durch Gelpermeationschromatografie (GPC).

Die **Detektion** erfolgt in der Regel durch Messung des Brechungsindex oder der UV-Absorption des Eluats. Im Chromatogramm wird das Detektionssignal als Funktion des Elutionssvolumens V_e aufgetragen (Abb. 87a).

Abb. 86. Trennung aufgrund unterschiedlicher Größe der Makromoleküle (size exclusion effect): Die kurzen Ketten dringen in die Poren ein, während die langen mehr oder weniger vorbeiströmen [83].

Die GPC ist **keine Absolutmethode** und setzt daher eine Eichung mit Polymeren enger Molekulargewichtsverteilung voraus. Für ein gegebenes Polymer-Lösungsmittel-System steht V_e in Bezug zum Molgewicht über

$$\log M = a - bV_e \quad \text{mit} \quad a,b = \text{Konstanten.}$$

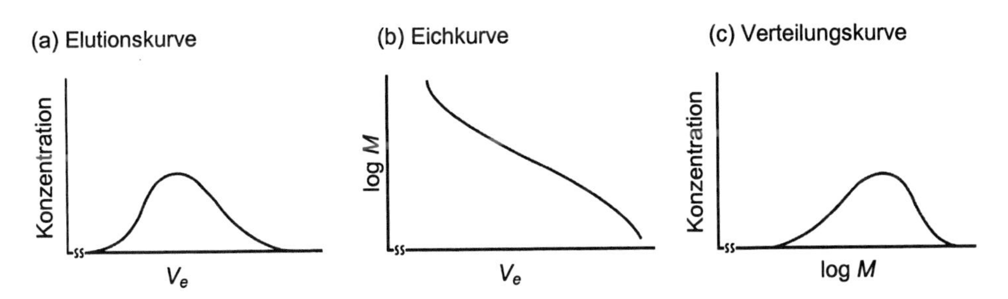

Abb. 87. GPC-Elutionskurve (a) und ihre Umwandlung mittels Eichkurve (b) in die Verteilungskurve (c).

Aus dem gemessenen V_e lässt sich also über eine Eichkurve log M ermitteln (Abb. 87b). Mit log M kann die Elutionskurve schließlich in die Verteilungskurve umgerechnet werden (Abb. 87c). Aus der Flory-Fox-Theorie der Lösungsviskosität (Abschnitt 3.4.3) folgt, dass die Größe des Polymerknäuels mit $[\eta]$ M über $[\eta] M = \phi \left(\langle r^2 \rangle_0\right)^{3/2} \alpha^3$ in Beziehung steht. Daher ist es möglich, eine **universelle Kalibrierung** einer GPC-Säule durchzuführen, indem man log ($[\eta]$ M) gegen V_e aufträgt (Abb. 88).

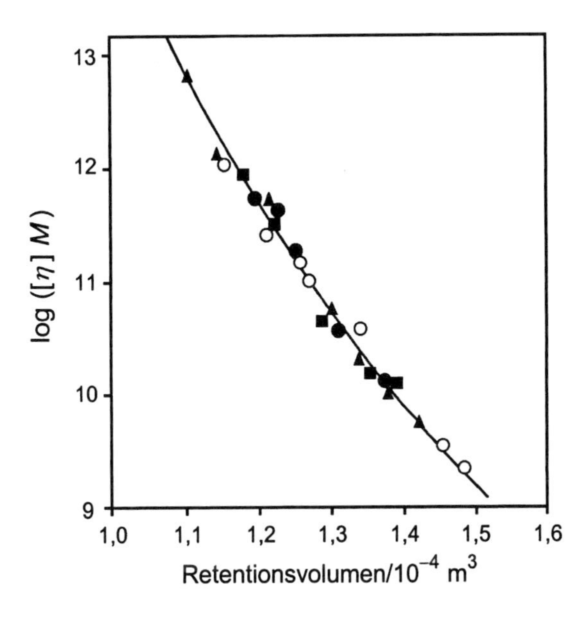

Abb. 88. Universelle GPC-Kalibrierkurve für verschiedene Polyethylentypen in o-Dichlorbenzol bei 403 K. Die schwarzen Punkte stammen von linearen Polymeren und die weißen Punkte von verzweigten Polymeren. $[\eta]$ M hat die Einheit m^3 mol^{-1} [84].

3.5.2 Andere Methoden

Eine weitere Methode zur Bestimmung der Molekulargewichtsverteilung stellt die **Trübungstitration (turbidimetrische Titration)** dar. Man gibt zu der sehr verdünnten Polymerlösung ein Fällmittel zu und misst die entstehende Trübung in Abhängigkeit von der zugesetzten Menge. Aufgrund seiner geringeren Löslichkeit wird zuerst der hochmolekulare Anteil des Polymers gefällt. Die Trübung ist auf das Entstehen von assoziierten Polymermolekülen, das heißt gequollenen Teilchen zurückzuführen, deren Durchmesser weit über dem Knäueldurchmesser der Polymermoleküle liegt. Ganz allgemein nimmt daher die Trübung mit der Menge der ausgefallenen Polymeranteile zu, während mit wachsender Fällmittelmenge das Molekulargewicht der ausfallenden Polymeranteile immer kleiner wird. Die grafische Auftragung der Trübung gegen die Fällmittelmenge entspricht demnach einer seitenverkehrten, integralen Verteilungskurve. Nach Eichung mit Polymeren bekannten Molgewichts kann aus ihr die Molekulargewichtsverteilungskurve ermittelt werden. Generell ist bei der turbidimetrischen Titration die Verdünnung des Mediums mit dem Fällmittel zu berücksichtigen, die eine Abnahme der Trübung bewirkt.

3.6 Bestimmung der chemischen Struktur und der sterischen Konfiguration

3.6.1 NMR-Spektroskopie

Chemische Struktur und sterische Konfiguration von Makromolekülen lassen sich in Lösung mithilfe der Kernresonanz-(NMR-)Spektroskopie bestimmen. Grundlage der Untersuchung ist der Zeeman-Effekt: Atomkerne mit dem Spin 1/2 (^{1}H, ^{13}C, ^{19}F etc.) stellen sich in einem magnetischen Feld der Stärke H_0 parallel (energiearm) oder antiparallel (energiereich) zur Feldrichtung ein. Beide Orientierungen besitzen die Energiedifferenz ΔE, die stark vom Magnetfeld H_{eff} am Ort des Kerns abhängt:

$$\Delta E = 2\,\mu H_{\text{eff}} = h\nu_0$$

mit μ = magnetisches Moment des Kerns,
$H_{\text{eff}} = H_0(1-\sigma)$,

σ = Abschirmkonstante,

ν_0 = Frequenz eines resonanten Radiofrequenzfeldes.

Durch zusätzliches Einstrahlen von $\Delta E = h\nu_0$ kann Resonanz zwischen den beiden Energieniveaus erzeugt werden. Die Resonanzfrequenz hängt von der jeweils am Ort des Kerns wirkenden Feldstärke $H_{\text{eff}} = H_0(1-\sigma)$ ab, das heißt variiert mit σ. Wegen der geringen Größe von σ gibt man die „chemische Verschiebung“ δ_i einer Kernsorte i in ppm-Einheiten an:

$$\delta_i = \left(\sigma_{\text{TMS}} - \sigma_i\right) \cdot 10^6 \quad \text{(in ppm)}$$

mit σ_{TMS} = Abschirmkonstante einer Bezugssubstanz Tetramethylsilan.

3.6.2 Taktizitätsanalyse mittels NMR-Spektroskopie

Die NMR-Spektroskopie erlaubt es, bei Polymeren nicht nur die chemische Struktur aufzuklären, sondern auch zwischen unterschiedlichen Taktizitäten zu unterscheiden. Als Beispiel sei PMMA betrachtet. PMMA besitzt drei Arten von Protonen mit unterschiedlicher chemischer Verschiebung δ:

$$\left[CH_2 - \underset{COOCH_3}{\overset{CH_3}{C}} \right]$$

–CH₂–	$\delta \sim 2$ ppm
α - CH₃	$\delta \sim 1$ ppm
Ester-CH₃	$\delta \sim 3{,}6$ ppm

Zunächst sei die Umgebung der **CH_2-Gruppe** betrachtet. Je nach Taktizität des Polymers kann eine racemische Diade oder eine meso-Diade vorliegen (der schwarze Punkt gibt die Lage der Estergruppe in der Fischer-Projektion an):

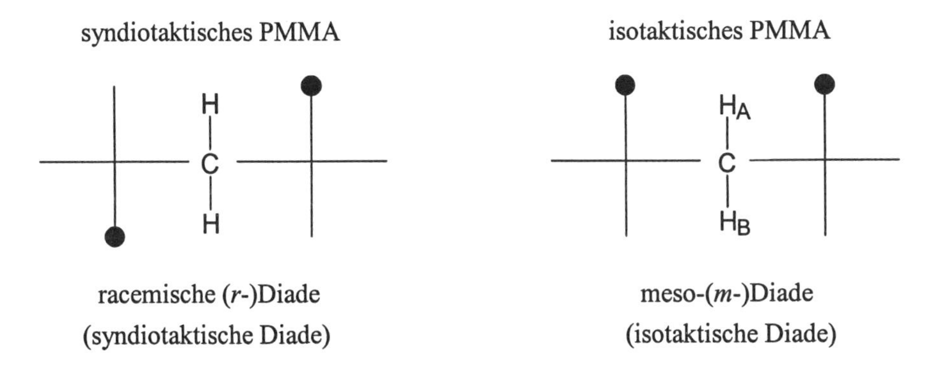

racemische (r-)Diade (syndiotaktische Diade)   meso-(m-)Diade (isotaktische Diade)

Die racemische Diade führt zu einem Singlett-Signal, die meso-Diade zu zwei Dubletts für H_A und H_B.

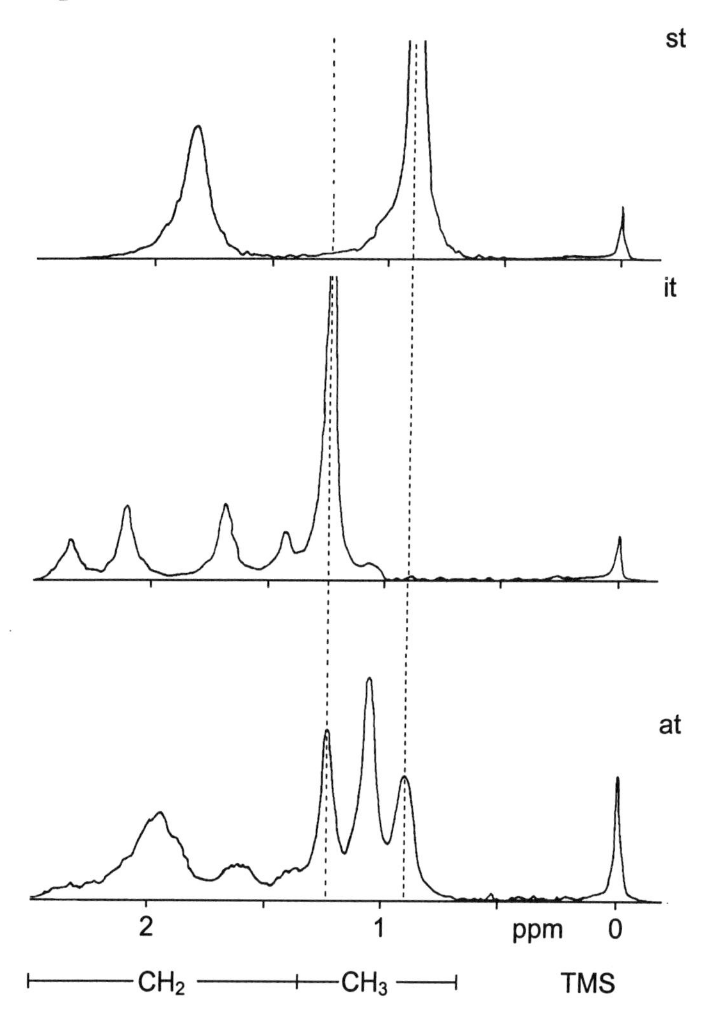

Abb. 89. Ausschnitte aus 60 MHz ^{1}H-NMR-Spektren von isotaktischem (it), syndiotaktischem (st) und ataktischem (at) PMMA. Die Signale der Methylesterprotonen bei $\delta \sim 3{,}6$ ppm sind nicht gezeigt (TMS = Referenzsignal von Tetramethylsilan) [85].

Ausführlichere Informationen liefern die Signale der **α-CH_3-Gruppe** bei $\delta \sim 1$ ppm. Bis zu drei Peaks treten auf, die auf die Existenz von iso-, syndio- und heterotaktischen Triaden mit unterschiedlicher chemischer Umgebung der zentralen α-Methylgruppe zurückzuführen sind:

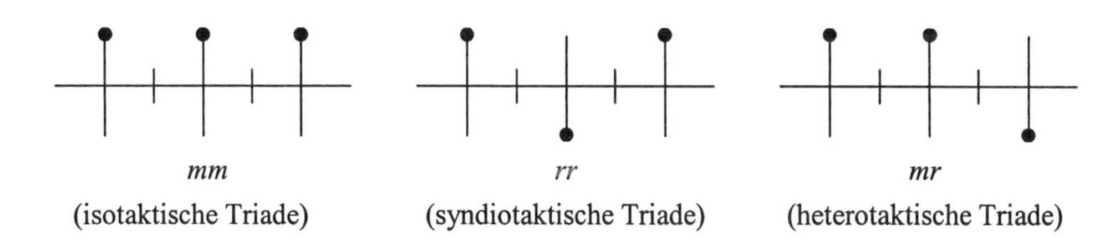

(isotaktische Triade) (syndiotaktische Triade) (heterotaktische Triade)

Bei den Spektren in Abb. 89 erscheinen die Signale für *mm*, *mr* und *rr* bei $\delta \sim$ 1,4, 1,1 und 0,9 ppm. Die jeweilige Signalintensität gibt die Menge dieser Triaden im Polymer an, sodass sich aus den Intensitätsverhältnissen die Taktizität des Polymers ermitteln lässt. Höhere Magnetfelder oder ^{13}C-Spektren erlauben die Analyse längerer Sequenzen (β-Methylen: Tetraden, α-CH_3: Pentaden als Feinstruktur der Triaden).

Nach dem gleichen Prinzip kann die Abfolge der Monomerbausteine in Copolymeren analysiert werden.

3.6.3 Infrarotspektroskopie

Die Infrarot-(IR-)Spektroskopie bietet die Möglichkeit zur Bestimmung von **Taktizität**, **Kettenverzweigung** und **geometrischer Isomerie** der Polymere. Abb. 90 zeigt IR-Spektren von überwiegend syndiotaktischem und isotaktischem PMMA. Insbesondere die Bande bei 1060 cm^{-1} (Pfeil) ist für das syndiotaktische Polymer typisch.

Abb. 91 zeigt Infrarotspektren von linearem und verzweigtem Polyethylen. Das lineare Polyethylen (Abb. 91a) zeigt anhand der C=O-Bande bei 1725 cm^{-1} Andeutungen leichter Oxidation. Ferner zeigen die Banden bei 980 und 910 cm^{-1} (Pfeile) das Vorhandensein terminaler Vinylgruppen an. Die Intensität der CH_3-Deformations-schwingung bei 1375 cm^{-1} ist ein Maß für die Kurzkettenverzweigung (Abb. 91b, Pfeil).

Infrarotspektren von geometrischen Isomeren des Polybutadiens sind in Abb. 92 dargestellt. Sie zeigen, dass der Bereich der CH-Biegeschwingungen (Out-of Plane-Schwingungen) von 700–1200 cm^{-1} ausgezeichnet zur Ermittlung der geometrischen Isomerie geeignet ist.

Bei Verwendung polarisierter IR-Strahlung können ferner Aussagen über Kettenorientierungen und Orientierungen von Substituentengruppen gemacht werden. Liegt das

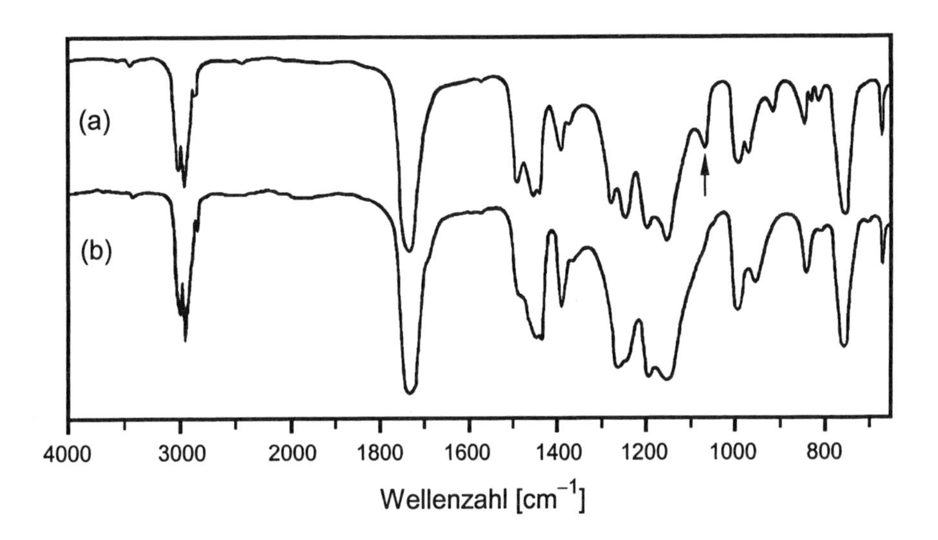

Abb. 90. Infrarotspektren von überwiegend syndiotaktischem (a) und isotaktischem (b) PMMA. Insbesondere die Bande bei 1060 cm^{-1} ist für das syndiotaktische Polymer typisch [86].

Übergangsdipolmoment $\vec{\mu}$ einer Schwingung parallel zum elektrischen Feldvektor $\vec{E}$ des Infrarotstrahls, ist die Absorption stark und die Intensität der Schwingungsbande hoch. Ist dagegen das Übergangsdipolmoment senkrecht zum Feldvektor orientiert, wird die Strahlung nicht absorbiert und die Intensität der Schwingungsbande ist sehr niedrig. Dies ist in Abb. 93a schematisch für die Rockingschwingung des Polyethylens dargestellt.

Die Ermittlung der Kettenorientierung sei an folgendem Beispiel erläutert: In einer verstreckten Folie aus isotaktischem Polypropylen besitzen alle Schwingungen mit ihrem Übergangsdipolmoment in Verstreckrichtung eine hohe Bandenintensität I (||), wenn der $\vec{E}$-Vektor der Infrarotstrahlung ebenfalls parallel zu dieser Richtung ist. Umgekehrt sollte die gleiche Schwingung bei Orientierung des $\vec{E}$-Vektors senkrecht zur Verstreckrichtung nur eine schwache Bandenintensität I (⊥) zur Folge haben. Der Grad der Kettenorientierung lässt sich dann durch Bestimmung des dichroischen Verhältnisses$I$ (||)/I (⊥) quantitativ ermitteln. Abb. 93b zeigt die stark unterschiedlichen IR-Spektren einer Folie aus isotaktischem Polypropylen bei Lage des $\vec{E}$-Vektors des polarisierten Infrarotstrahls parallel bzw. senkrecht zur Verstreckungsrichtung der Folie.

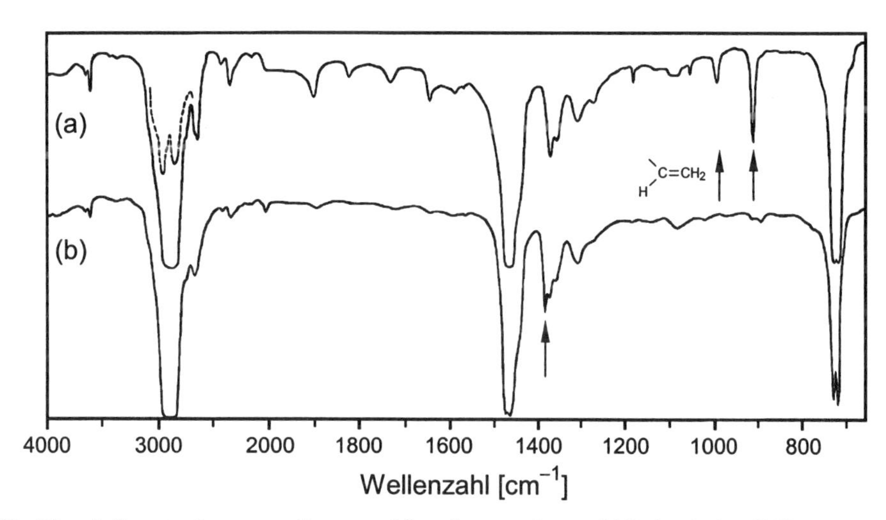

Abb. 91. Infrarotspektren von linearem (a) und verzweigtem (b) Polyethylen [87].

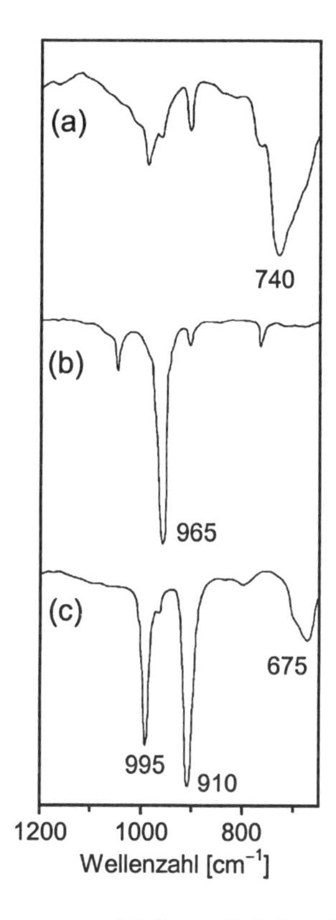

Abb. 92. CH-Biegeschwingungen verschiedener Polybutadiene. (a) *cis*-Poly(1,4-butadien), (b) *trans*-Poly(1,4-butadien), (c) Poly(1,2-butadien) [88].

(a)

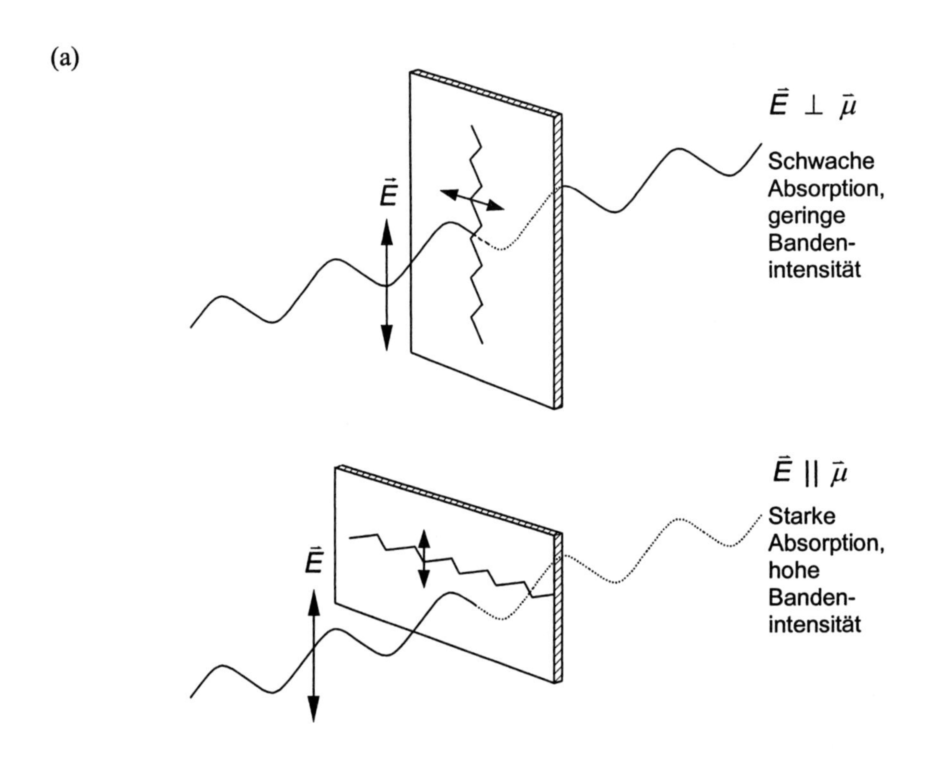

(b)

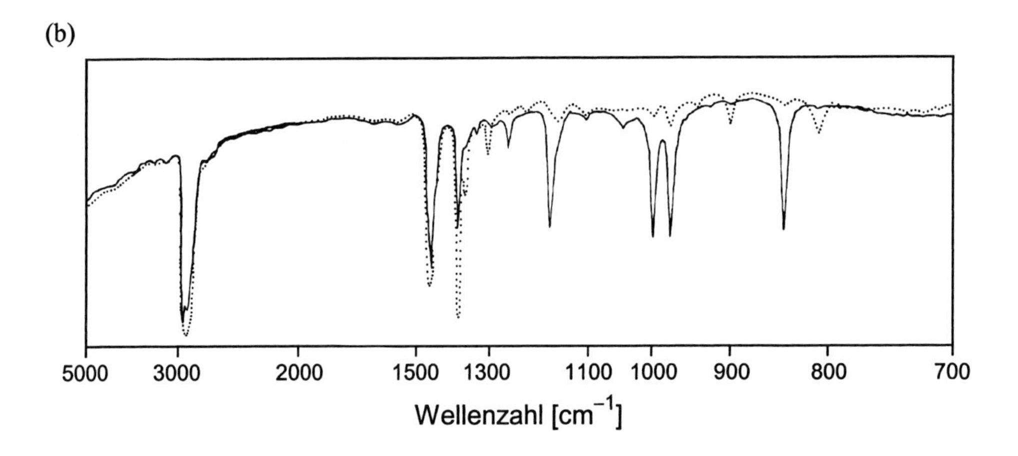

Abb. 93. Messung des IR-Dichroismus zur Bestimmung der Kettenorientierung. (a) Dichroismus der Rockingschwingung in Polyethylen [89], (b) IR-Spektren einer verstreckten Folie aus isotaktischem Polypropylen bei Feldvektor des polarisierten Infrarotstrahls parallel (durchgezogene Linie) und senkrecht (gepunktete Linie) zur Verstreckungsrichtung der Folie.

4 Polymere im festen Zustand

4.1 Struktur

4.1.1 Kristallinität von Polymeren

Polymere sind in aller Regel **teilkristallin**, sodass ihre Dichte zwischen der des völlig amorphen und völlig kristallinen Polymers liegt. Die Teilkristallinität lässt sich leicht an Röntgenstreudiagrammen zeigen, die eine Superposition von Beugungsringen und einem diffusen Halo aufweisen, während vollständig amorphe Polymere nur den Halo zeigen (Abschnitt 4.1.2). Größe, Anzahl und Orientierung der Kristallite haben einen enormen Einfluss auf alle physikalischen Eigenschaften eines Polymers.

Die Kristallisation eines Polymers lässt sich thermodynamisch mithilfe der Gibbs'schen Gleichung

$$\Delta G_m = \Delta H_m - T_m \, \Delta S_m$$

beschreiben. Wird die Polymerschmelze unter ihren Schmelzpunkt T_m abgekühlt, erfolgt Kristallisation, sobald die frei werdende Kristallisationsenthalpie ΔH_m den gleichzeitigen Entropieverlust ΔS_m übersteigt. In diesem Falle resultiert ein Gewinn an freier Kristallisationsenthalpie ΔG_m, das heißt, ΔG_m nimmt einen negativen Zahlenwert an.

Kristallisation setzt **kristallisierbare Ketten** voraus. **Nicht kristallisierbar** sind

- vernetzte und verzweigte Polymere,
- ataktische Polymere,
- statistische Copolymere.

Wichtige Voraussetzungen für die Kristallisation sind daher:

- **lineare Ketten** (wenige Verzweigungen oder Comonomereinheiten verringern die Kristallinität, unterdrücken sie aber nicht vollständig),

- **Taktizität** (isotaktische und syndiotaktische Polymere kristallisieren, ataktische dagegen nicht, außer wenn die Substituenten sehr klein sind, wie beispielsweise bei Polyvinylfluorid und Polyvinylalkohol),
- **intermolekulare Wechselwirkungen**, wie zum Beispiel H-Brückenbindungen.

Ist das Polymer kristallisierbar, so hängt seine Kristallinität von den **Kristallisationsbedingungen** ab, das heißt von thermodynamischen Größen wie p und T, aber auch von der Geschwindigkeit der Abkühlung. Rasches Abkühlen führt zur glasigen Erstarrung, das heißt zur Bildung eingefrorener Ungleichgewichtszustände. Durch Tempern kann nachträglich die Kristallinität erhöht werden. Die Morphologie eines Polymers ist daher immer eine Funktion seiner **thermischen Vorgeschichte**.

Gute Polymerkristalle lassen sich aus verdünnter Lösung erhalten, obwohl auch diese streng genommen nur teilkristallin sind. Wirkliche Polymereinkristalle lassen sich nur auf exotische Weise gewinnen, zum Beispiel durch topochemische Festkörperpolymerisation (Abschnitt 2.4.8.1).

Zur Beschreibung der Morphologie von Polymeren wurde zunächst das Modell der „Fransenmicelle“ entwickelt. Dieses Modell (Abb. 94) erwies sich jedoch später als nicht richtig. Die wirklichen Strukturen sind komplizierter.

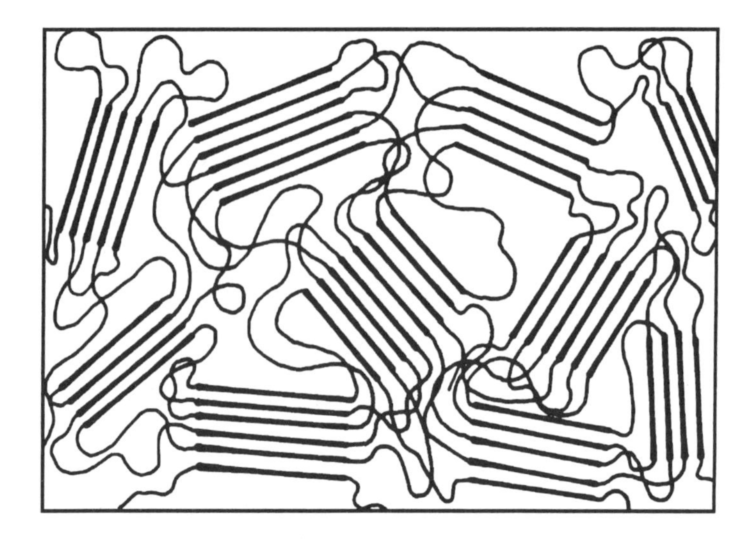

Abb. 94. Die „Fransenmicelle“ als Modell eines teilkristallinen Polymers [90].

4.1.2 Bestimmung der Kristallstruktur

Zur Bestimmung der Kristallstrukturen eignet sich insbesondere die **Röntgenstreuung**, aber auch die **Elektronenbeugung**. Im Folgenden wird die Röntgenstreuung näher erläutert.

Treffen schnelle Elektronen auf Materie, werden Elektronen aus den inneren Schalen der Atome herausgeschlagen und die Atome ionisiert. Aus den äußeren Schalen springen dann Elektronen in die inneren über, wobei eine Linienstrahlung ausgesendet wird, zum Beispiel bei Cu die K_α-Strahlung mit der Wellenlänge $\lambda = 0{,}154$ nm. Die Gitterabstände von Kristallgittern liegen in der Nähe der Wellenlänge der Röntgenstrahlen, sodass Streuung an den Gitterebenen eintritt. Wie in Abb. 95 skizziert, beträgt der Gangunterschied Γ der Streustrahlen

$$\Gamma = \overline{AB} + \overline{BC}.$$

Mit $$\sin\theta = \overline{BC}/d = \overline{AB}/d$$

folgt dann für den Gangunterschied

$$\Gamma = 2d\sin\theta.$$

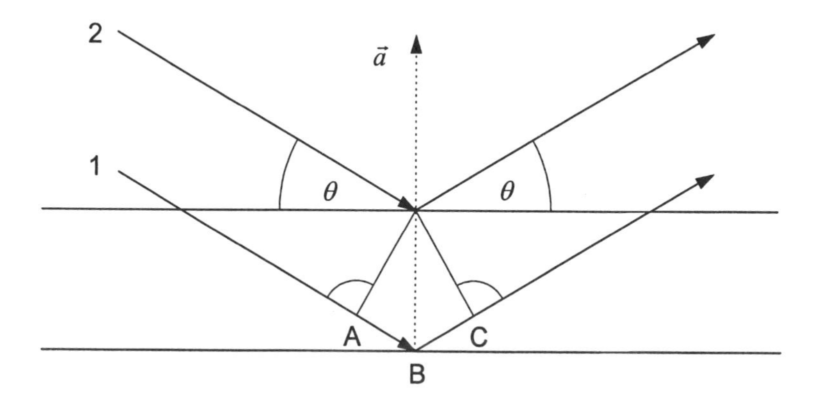

Abb. 95. Beugung am Gitter. Der Gangunterschied Γ der Strahlen 1 und 2 ist $\Gamma = \overline{\mathrm{AB}} + \overline{\mathrm{BC}} = 2\,d\,\sin\theta$ (θ = Bragg'scher Glanzwinkel, d = Gitterkonstante).

Ist $\Gamma = n\lambda$, erfolgt konstruktive Interferenz. Hieraus ergibt sich die Bragg'sche Gleichung zu

$$2\,d \sin\theta = n\,\lambda$$

mit n = Ordnungszahl des Reflexes. Die Bragg'sche Gleichung gestattet also, aus der Lage der Beugungsreflexe die Gitterkonstante zu berechnen. θ wird durch Ausmessen der Abstände r zwischen Probe und Film und h zwischen Primärstrahl und Streustrahl auf dem Film bestimmt (Abb. 96). Aus $\tan 2\theta = h/r$ lässt sich θ ermitteln. Einsetzen von θ in die Bragg-Beziehung liefert schließlich d.

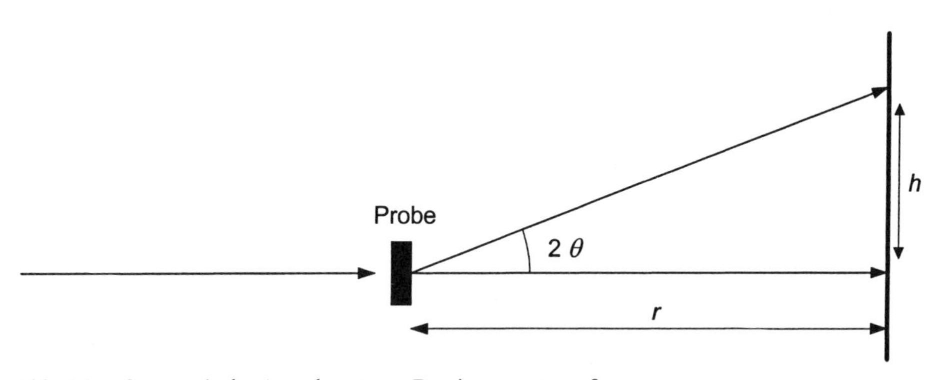

Abb. 96. Geometrische Anordnung zur Bestimmung von θ.

Typische Streudiagramme von Polymerproben sind in Abb. 97 dargestellt. Während orientierte Polymere sogenannte Faserdiagramme ergeben (Abb. 97a), zeigen unorientierte, teilkristalline Polymere ringförmige Reflexe (Abb. 97b) und ataktische, amorphe Polymere nur diffuse Halos (Abb. 97c). Durch leichte Fehlorientierungen können allerdings die Punktreflexe in den Streudiagrammen zu Bögen verbreitert sein. Einige häufige Fehlordnungen und die hieraus folgenden Streudiagramme zeigt Abb. 98.

In Polymerfasern sind die Polymermoleküle annähernd in Faserachse orientiert. Die Faserachse ist wiederum parallel zur c-Achse der Elementarzelle, die der Identizitätsperiode (= Länge einer wiederkehrenden Einheit in der Polymerkette) entspricht. Durch Ausmessen des Abstands zwischen 0. und 1. Schichtlinie kann also die c-Achse bestimmt werden. Die a– und b–Achsen lassen sich dagegen nur bei korrekter Indizierung der Reflexe innerhalb einer Schichtlinie bestimmen.

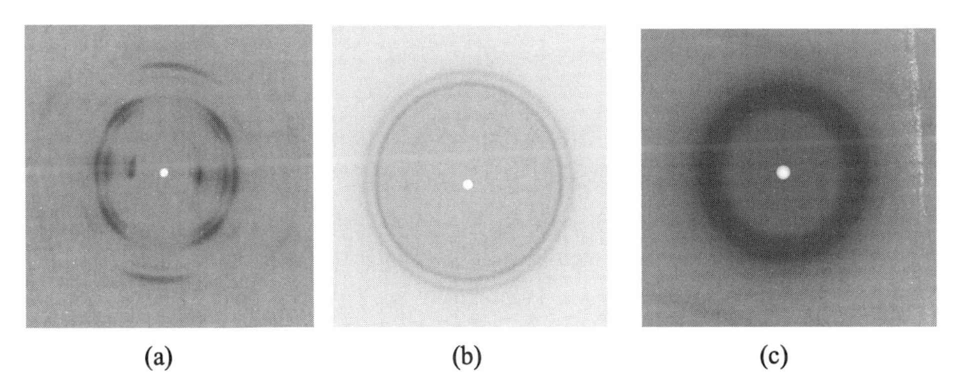

Abb. 97. Typische Streudiagramme von Polymerproben: Flachkammeraufnahmen von (a) orientiertem isotaktischen Poly(buten-1) (Faserdiagramm), (b) teilkristallinem Polyethylen und (c) amorphem ataktischen Poly(octen-1). (Mit freundlicher Genehmigung von Prof. Dr. G. Trafara, Institut für Physikalische Chemie der Universität zu Köln.)

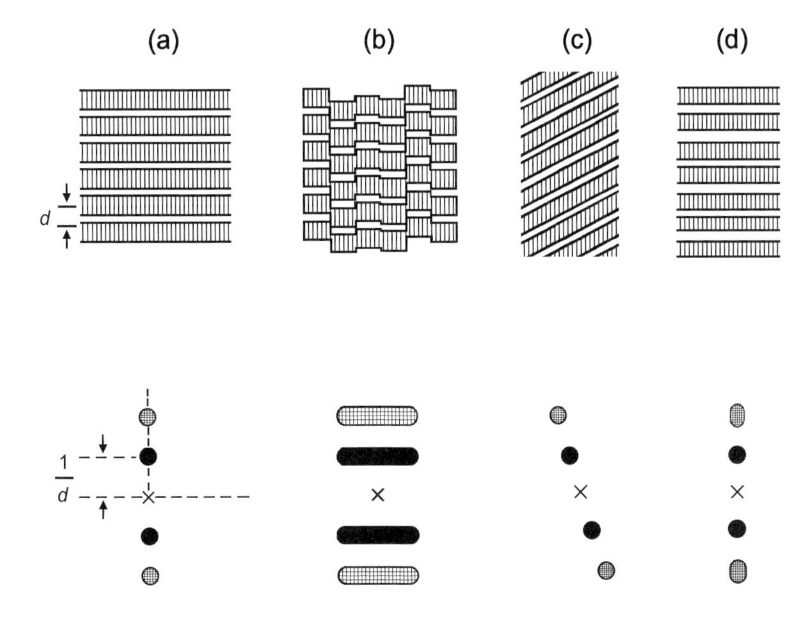

Abb. 98. Gitterfehlordnungen orientierter Polymere (obere Zeile) und ihre Röntgenkleinwinkelstreudiagramme (untere Zeile): (a) ideales Lamellengitter; (b) fibrilläres Lamellengitter; (c) schräg zur Vorzugsrichtung orientierte Lamellen; (d) parakristallines Lamellengitter (d = Abstand der Lamellenmitten). Die Richtung des Primärstrahls ist senkrecht zur Blattebene [91].

4.1.3 Kristallstrukturen von Polymeren

Polymermoleküle kristallisieren in Zickzack- oder Helixkonformation. Entscheidend für ihre Entstehung ist, welche der beiden Konformationen die größere Packungsdichte und den damit verbundenen größeren Gewinn an freier Enthalpie ermöglicht. Bekannte Polymere mit Zickzackstruktur in den kristallinen Bereichen sind Polyethylen und Polyamide. Die Kettenpackung im kristallinen Polyethylen ist schematisch in Abb. 99 dargestellt.

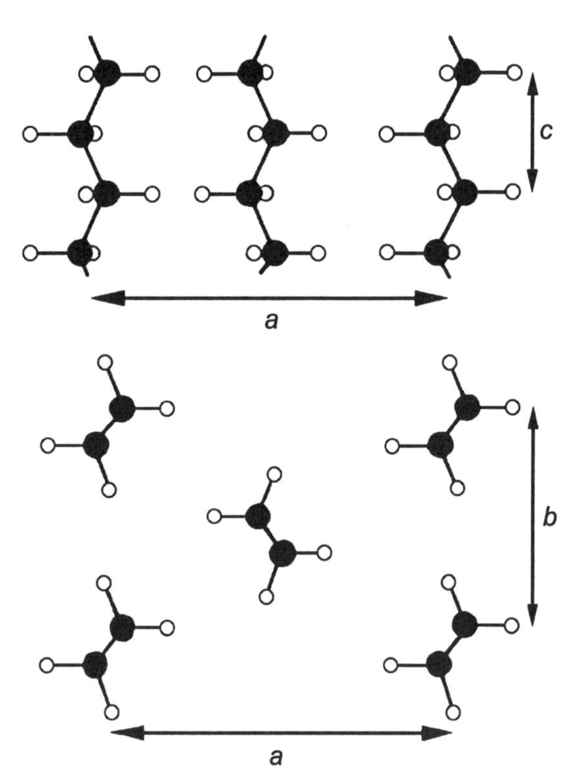

Abb. 99. Kettenpackung im kristallinen Polyethylen (a = 0,741 nm, b = 0,494 nm; die Länge c der Wiederholungseinheit beträgt 0,255 nm).

Bekannte Polymere mit Helixstruktur sind Polypropylen, isotaktisches Polystyrol, Polyethylenoxid und Polypeptide. Isotaktisches Polypropylen bildet zum Beispiel eine 3_1-Helix, in der drei Monomereinheiten eine Helixwindung bilden. Diese Art der Helix ist wegen der relativ voluminösen CH_3-Gruppen sterisch begünstigt (Abb. 100). Syndiotaktisches Polypropylen bildet dagegen eine 2_1-Helix (Abb. 101).

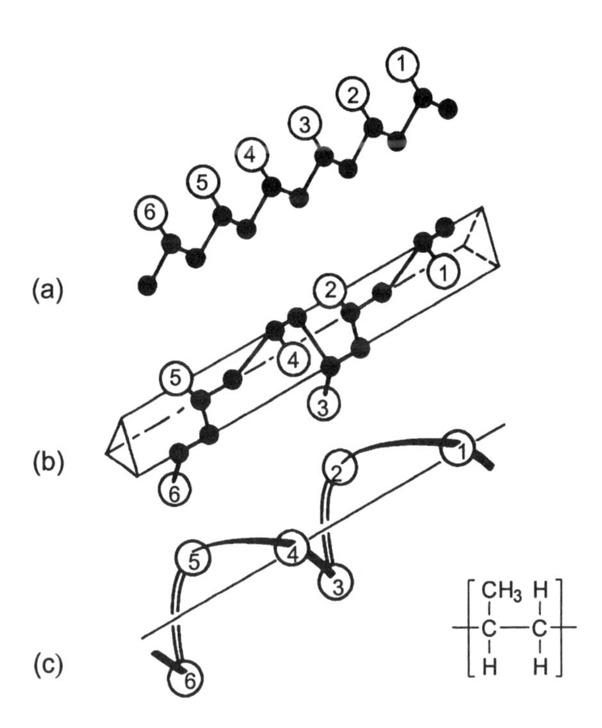

Abb. 100. Isotaktisches Polypropylen. Die großen Kreise sind Methylgruppen. (a) all-*trans*-Kette (ohne H-Atome), (b) 3_1-Helix, (c) die Methylgruppen als Helix dargestellt [92].

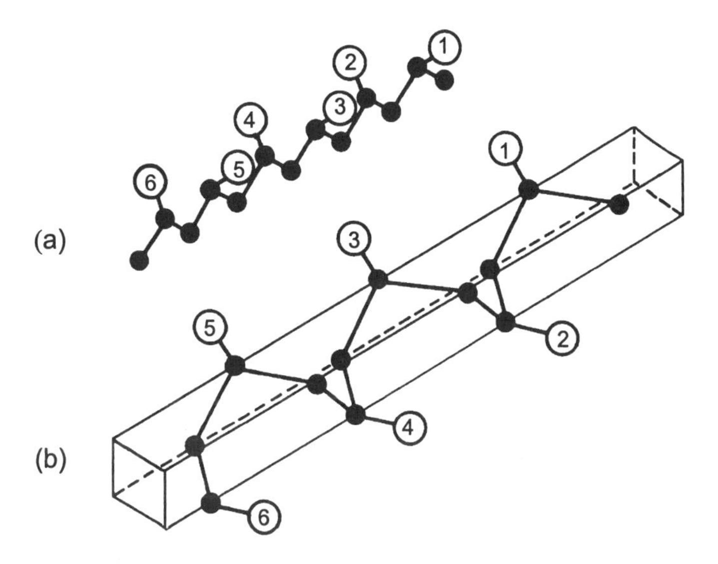

Abb. 101. Syndiotaktisches Polypropylen. (a) all-*trans*-Kette und (b) 2_1-Helix [92].

4.1.4 Polymerkristalle aus verdünnter Lösung

1957 gelang es erstmals, isolierte Polyethylenkristalle aus verdünnter Lösung zu züchten [93]. In den Folgejahren konnten auch von vielen anderen Polymeren Kristalle erhalten werden. Die Kristalle besitzen Durchmesser von ca. 10–20 μm und sind plättchenförmig. Ihre Dicke liegt bei nur 10 nm (Abb. 102).

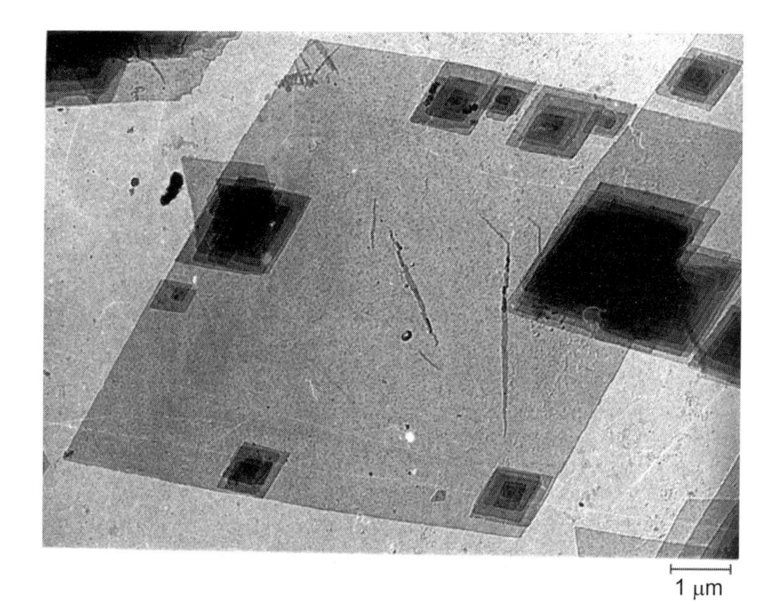

Abb. 102. Aus verdünnter Lösung erhaltene Polyethylenkristalle. (Mit freundlicher Genehmigung von Dr. G. Lieser, Max-Planck-Institut für Polymerforschung, Mainz.)

Die Orientierung der Polymerketten lässt sich mithilfe der Elektronenbeugung ermitteln. Aus der Indizierung der Punktdiagramme folgt, dass die Ketten senkrecht auf der Unterlage stehen. Bei einer Länge der Einzelketten von ca. 100 nm ist dies nur denkbar, wenn man mehrfache Kettenfaltung annimmt (Abb. 103). Allerdings werden selbst für die kürzeste Rückfaltung der Kette fünf C–C-Bindungen benötigt, von denen drei eine *gauche*-Konformation besitzen. Daher ist die Kristalloberfläche in der Regel nichtkristallin. Über die Art der Rückfaltung ist viel spekuliert worden (Abb. 104). In Polymerkristallen, die aus verdünnter Lösung erhalten werden, herrscht die kürzestmögliche Rückfaltung vor (Abb. 104a).

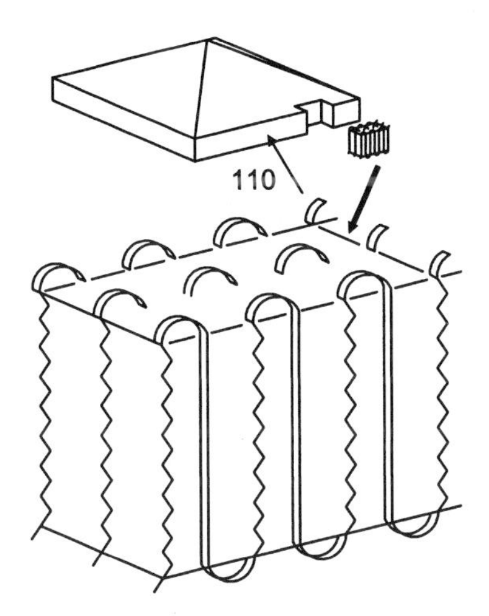

Abb. 103. Schematische Darstellung der Struktur eines aus Lösung erhaltenen, lamellenförmigen Polyethylenkristalls [94].

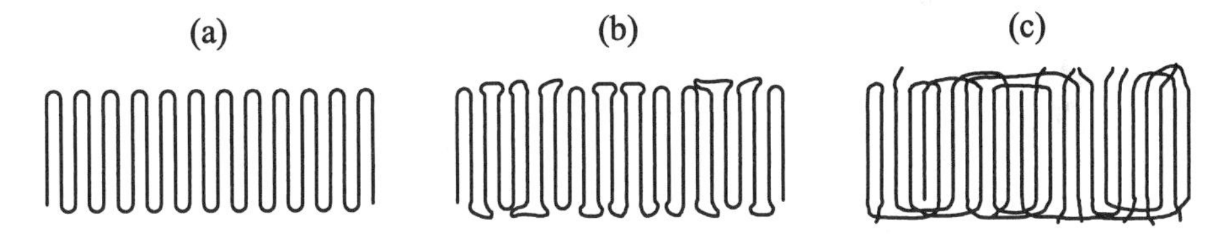

Abb. 104. Schematische Darstellung verschiedener Rückfaltungstypen in Polymerkristallen: Benachbarte Rückfaltung mit (a) scharfen und (b) lockeren Falten sowie (c) unregelmäßige Rückfaltung (Switchboard-Modell).

4.1.5 Schmelzkristallisierte Polymere

In konzentrierten Lösungen und in der Schmelze treten Kettenverdrillungen auf, die zur Bildung stark unregelmäßiger Kristalle führen. Feste Polymere aus Schmelze oder konzentrierter Lösung sind daher immer teilkristallin. Dünne Filme aus schmelzkristallisierten Proben zeigen im Mikroskop eine Sphärolithstruktur, die im polarisierten Licht an einem charakteristischen „Malteserkreuz" erkennbar ist (Abb. 105). Das Malteserkreuz erscheint, weil das Polymer doppelbrechend ist und die Sphärolithe eine radiale optische Symmetrie besitzen. Der Brechungsindex n_1 für Licht, das mit seinem elektrischen Vektor in der radialen Richtung (Abb. 106) polarisiert ist, ist verschieden vom Brechungsindex n_2 für Licht, das in der Normalen der radialen Richtung polarisiert ist. Aus Röntgenmessungen und der Bestimmung des Vorzeichens der Doppelbrechung weiß man, dass die radialen Fibrillen aus rückgefalteten Lamellen bestehen, in denen die Ketten senkrecht zur radialen Richtung der Lamelle orientiert sind (Abb. 106). Die Sphärolithe gehen aus flachen Lamellen hervor und erhalten ihre symmetrische Form erst in späteren Wachstumsphasen (Abb. 107). Ausgedehnte Sphärolithe bestehen dagegen im Wesentlichen aus gebogenen, kristallinen Lamellen (Abb. 108).

Abb. 105. Polarisationsmikroskopische Aufnahme von Sphärolithen aus Polyethylensebacat. (Mit freundlicher Genehmigung von Dr. G. Lieser, Max-Planck-Institut für Polymerforschung, Mainz.)

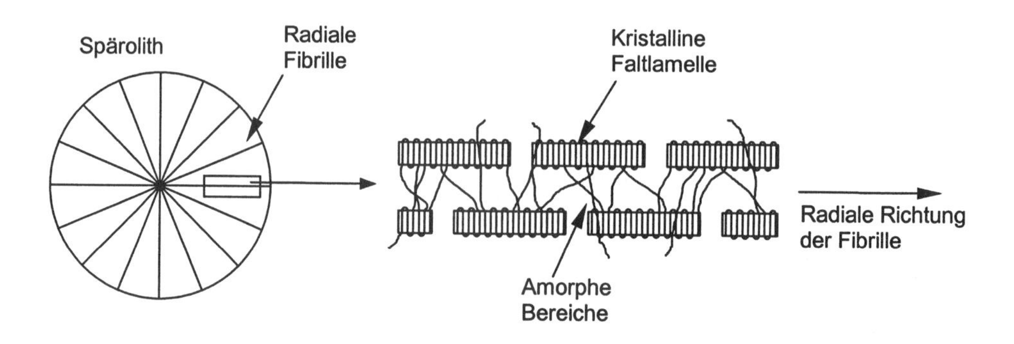

Abb. 106. Schematische Darstellung der Kettenanordnung in einem Sphärolith [95].

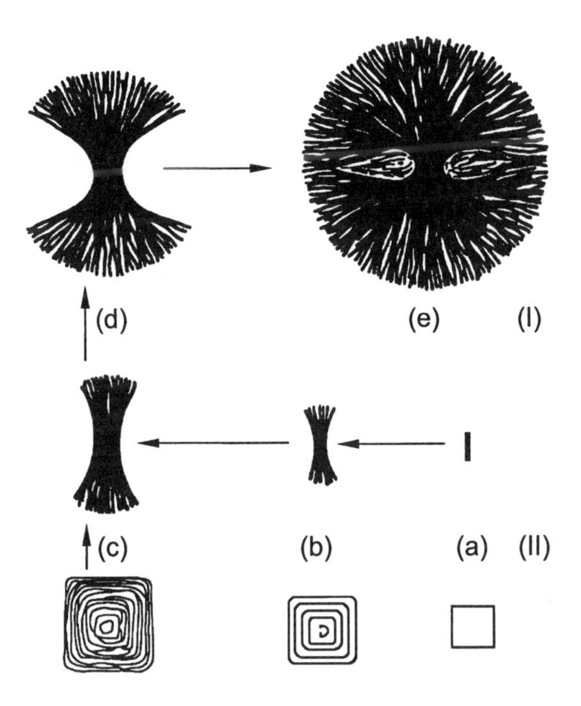

Abb. 107. Verschiedene Stadien des Sphärolithwachstums in Seitenansicht (I) und Aufsicht (II). Das Wachstum beginnt mit einem flachen, lamellaren Kristall (a), der ausfranst (b, c) und eine bündelartige Struktur annimmt (d), aus der dann ein kugelförmiger Sphärolithkeim (e) hervorgeht, der zu beträchtlicher Größe weiterwachsen kann [96].

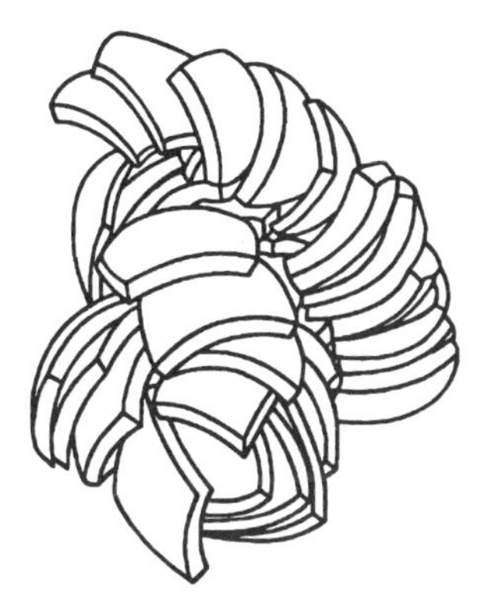

Abb. 108. Schematische Darstellung gebogener, kristalliner Lamellen in einem HDPE-Sphärolith [97].

4.1.6 Kristallisationsgrad

Der Kristallisationsgrad einer Polymerprobe kann durch Dichtemessung und durch Röntgenweitwinkelstreuung bestimmt werden.

4.1.6.1 Bestimmung aus Dichtemessungen

Bei der Dichtemessung wird ausgenutzt, dass amorphe Bereiche eine bis zu 20 % geringere Dichte besitzen als kristalline. Für das Gesamtvolumen V eines Polymers gilt

$$V = V_c + V_a$$

mit dem Volumen V_c der Kristallite und dem Volumen V_a des amorphen Materials. Auf ähnliche Weise gilt

$$m = m_c + m_a$$

mit den Massen m_c und m_a des kristallinen und amorphen Anteils. Da die Dichte ρ der Masse pro Volumen entspricht, folgt

$$\rho V = \rho_c V_c + \rho_a V_a .$$

Mit $V_a = V - V_c$ folgt für den Volumenbruch ϕ_c der kristallinen Phase

$$\phi_c = \frac{V_c}{V} = \frac{\rho - \rho_a}{\rho_c - \rho_a} .$$

Für den Gewichtsbruch w_c der kristallinen Phase gilt analog

$$w_c = \frac{m_c}{m} = \frac{\rho_c V_c}{\rho V} = \frac{\rho_c}{\rho} \cdot \phi_c$$

beziehungsweise

$$w_c = \frac{\rho_c}{\rho} \left(\frac{\rho - \rho_a}{\rho_c - \rho_a} \right) .$$

w_c wird auch als **Kristallisationsgrad** bezeichnet. Er stellt eine Beziehung zwischen der Probendichte ρ, der Dichte ρ_a der amorphen Phase und der Dichte ρ_c der kristallinen Phase her.

Die Probendichte ρ lässt sich mithilfe eines Dichtegradienten bestimmen. Dichtegradienten mit kontinuierlicher Änderung der Zusammensetzung lassen sich durch vorsichtiges Mischen von Benzol mit CBr_4 oder wässrigen CsCl-Lösungen unterschiedlicher Salzkonzentration herstellen. Die Dichte ρ_c der Kristalle kann aus der Kristallstruktur ermittelt werden. ρ_a lässt sich auch direkt bestimmen, wenn das Polymer durch rasches Abschrecken in vollständig amorpher Form erhalten werden kann. Ansonsten kann ρ_a durch Extrapolation der Dichte der Schmelze zur gewünschten Temperatur erhalten werden.

4.1.6.2 Bestimmung durch Röntgenweitwinkelstreuung (WAXS)

Eine typische WAXS-Kurve eines teilkristallinen Polymers ist in Abb. 109 gezeigt. Scharfe Peaks sitzen auf einer diffusen Untergrundstreuung. Die Streuung von kristallinen und amorphen Bereichen lässt sich grafisch voneinander trennen. Es gilt

$$w_c = \frac{A_c}{A_a + A_c}$$

mit der Fläche A_a der Streuung der amorphen Bereiche (in Abb. 109 schraffiert dargestellt) und der Fläche A_c der Peaks durch Streuung der Kristallite.

4.1.7 Einflüsse auf die Kristallisation

Die Dicke der Kristalllamellen wächst mit zunehmender Kristallisationstemperatur. Die Auftragung der Lamellendicke l als Funktion der reziproken Unterkühlung $\Delta T = T_s - T_c$ (T_s = Lösungstemperatur, T_c = Kristallisationstemperatur) liefert eine Gerade (Abb. 110). Bei Kristallisation aus der Schmelze wird ein ähnlicher Zusammenhang gefunden. Allerdings nimmt das Dickenwachstum der Lamellen in der Nähe der Kristallisationstemperatur (d. h. beim Tempern) überproportional zu (Abb. 111). Dies deutet darauf hin, dass die Ketten im Gleichgewichtszustand nicht gefaltet vorliegen und die Kettenfaltung kinetische Ursachen hat.

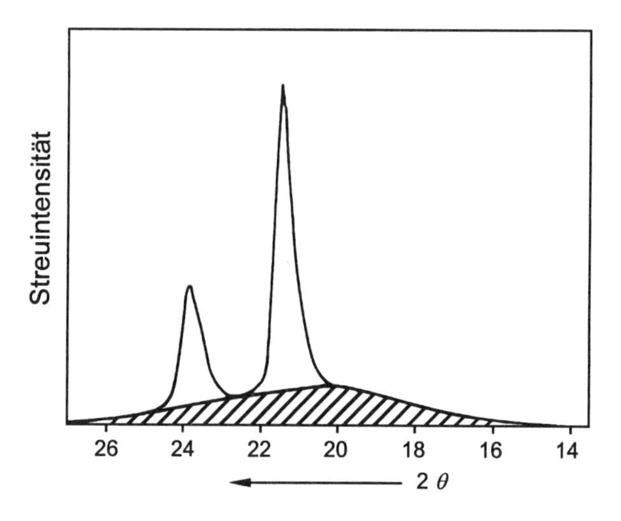

Abb. 109. Röntgenweitwinkeldiagramm von Polyethylen mittlerer Dichte. Die Streuintensität ist als Funktion des Streuwinkels 2θ aufgetragen. Die Streuung der amorphen Bereiche (amorpher Halo) ist schraffiert eingezeichnet.

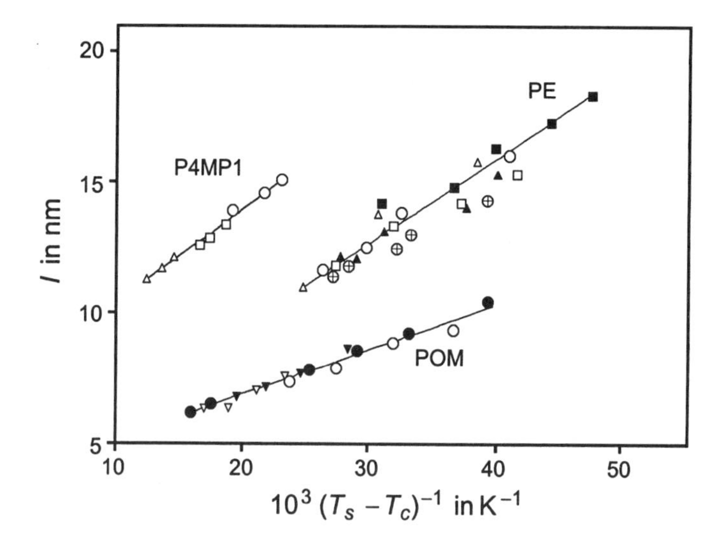

Abb. 110. Abhängigkeit der Lamellendicke l von der reziproken Unterkühlung bei Poly(4-methylpenten-1), Polyethylen und Polyoxymethylen, ermittelt in verschiedenen Lösungsmitteln [98].

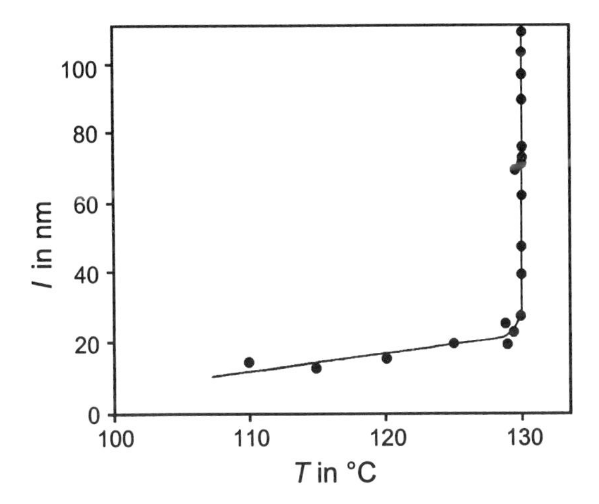

Abb. 111. Lamellendicke l als Funktion der Kristallisationstemperatur für isotherm schmelzkristallisiertes Polyethylen [99].

Abb. 112. Elektronenmikroskopische Aufnahme der Bruchflächen von gestrecktkettigen Polyoxymethylen-Einkristallen. (Mit freundlicher Genehmigung von Dr. G. Lieser, Max-Planck-Institut für Polymerforschung, Mainz.)

Gestreckte Ketten werden auch erhalten bei der topochemischen Polymerisation von Diolefin- und Diacetylenderivaten (Abschnitt 2.4.6.1) sowie bei der simultanen Polymerisation und Kristallisation von Trioxan zu Polyoxymethylen-Einkristallen (Abb. 112). Im letzteren Fall wird zunächst Trioxan kationisch in Lösung polymerisiert. Die entstehenden Oligomere fallen aus der Lösung aus und kristallisieren. Auf den Oberflächen dieser Oligomerkristalle lagern sich weitere Monomere an und werden in die Ketten eingebaut. Durch diese Kettenverlängerung nimmt die Dicke der Polymerkristalle allmählich zu. Eine Rückfaltung der Ketten findet wegen der simultanen Polymerisation und Kristallisation nicht statt [100].

4.1.8 Defekte in kristallinen Polymeren

Sehr geringe Kristallitgrößen und Gitterdefekte führen zu Verbreiterungen der Röntgenreflexe. Die häufigsten Defekte sind:

(a) Punktdefekte

Sie werden durch kurze Verzweigungen, Comonomereinheiten und Kettenenden verursacht. Darüber hinaus können auch Konformationsdefekte auftreten, zum Beispiel *gauche*-Konformationen in einer all-*trans*-Kette. Diese Defekte werden als **Kinken** bezeichnet. **Jogs** bezeichnen Verschiebungen, die größer als der Abstand zweier benachbarter Ketten im Gitter sind (Abb. 113).

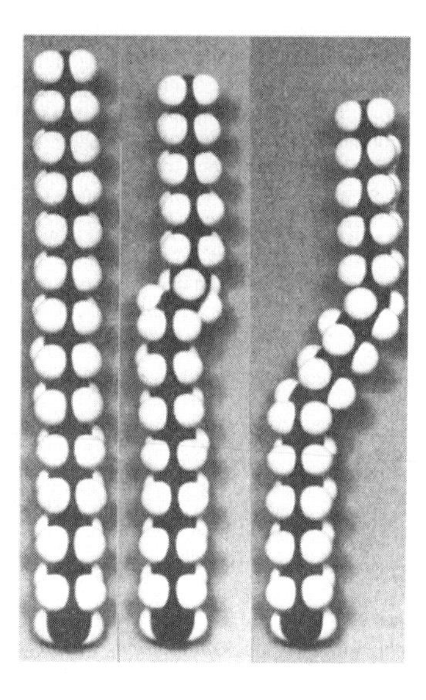

Abb. 113. Gitterdefekte beim Polyethylen. Von links nach rechts: all-*trans*-Konformation, Kinke und Jog [101].

(b) Versetzungen

Die grundlegenden Versetzungstypen sind die Schrauben- und die Stufenversetzung, die auch gemischt auftreten können (Abb. 114 a–c). Sie werden durch die Versetzungslinie $\overline{AB}$ und den Burgers-Vektor b charakterisiert. Ist der Burgers-Vektor parallel zur Versetzungslinie, spricht man von Schraubenversetzung; ist er senkrecht dazu, spricht man von Stufenversetzung. Bei Winkeln zwischen 0 und 90° spricht man von gemischter Versetzung.

Wachstumsspiralen auf Polymerkristallen (Abb. 102) lassen sich als Schraubenversetzung mit einem Burgers-Vektor der Größe der Lamellendicke (~ 10 nm) auffassen. Die typischen Defekte in Polymerkristallen haben zum Modell des „Parakristalls" geführt, bei dem eine Variation der Elementarzelldimension von Zelle zu Zelle auftreten kann.

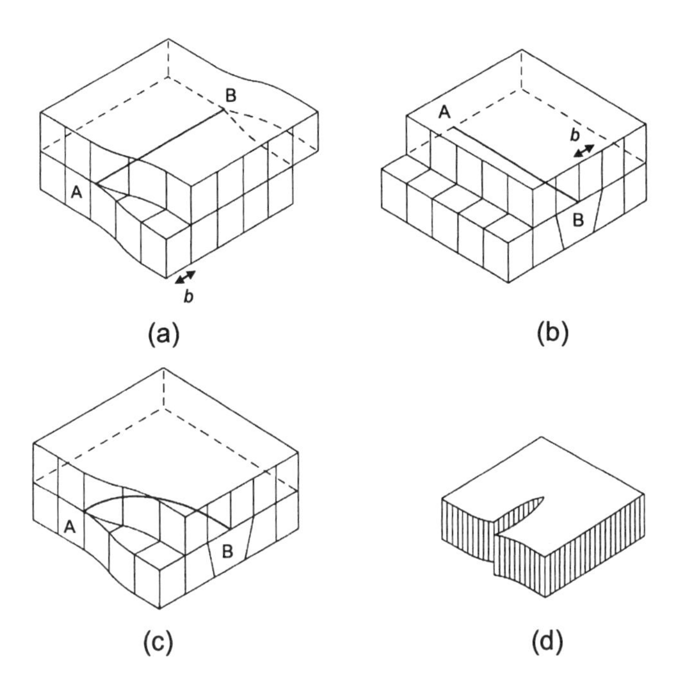

Abb. 114. Schematische Darstellung von Versetzungen in Kristallen. (a) Schraubenversetzung; (b) Stufenversetzung; (c) gemischte Schrauben- und Stufenversetzung. Die Versetzungslinie $\overline{AB}$ und der Burgers-Vektor b sind eingezeichnet. (d) Schraubenversetzung in lamellarem Polymerkristall. Die Polymerketten verlaufen entlang der eingezeichneten Striche [102].

4.1.9 Kinetik der Kristallisation

Kristallisation erfolgt in den zwei Stufen **Nucleation** und **Wachstum**. Nucleation kann homogen oder heterogen erfolgen. In der Regel erfolgt sie heterogen, das heißt an Staubpartikeln oder der Gefäßwand. Bei geringer Unterkühlung bilden sich nur wenige Nuclei, bei starker Unterkühlung viele. Kristallwachstum erfolgt nach

$$r = v\,t$$

mit r = Sphärolithradius und v = Wachstumsrate. v hängt von T ab und nimmt mit der Unterkühlung ΔT zu. Für ein gegebenes Polymer steigt v außerdem mit abnehmendem Molekulargewicht an (Abb. 115).

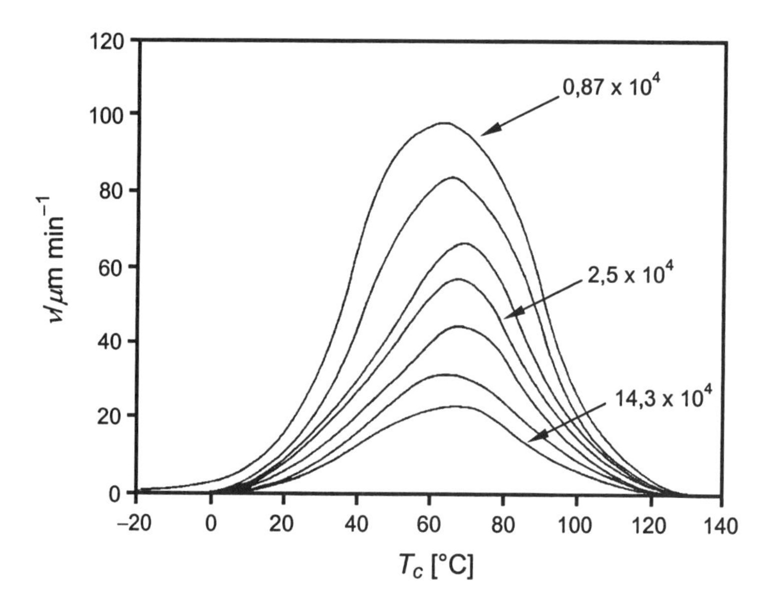

Abb. 115. Abhängigkeit der Kristallwachstumsrate v von der Kristallisationstemperatur T_c für Poly(tetramethyl-p-phenylen)siloxan unterschiedlicher Molmasse (in g/mol) [103].

Wird eine Polymerschmelze der Masse m_0 unter die Kristallisationstemperatur abgekühlt, so tritt homogene Nucleation auf und N Nuclei wachsen pro Einheitsvolumen und Einheitszeit. Die Gesamtzahl an Nuclei dN_{ges}, die im Zeitintervall dt entsteht, ist dann

$$\mathrm{d}N_{ges} = N \cdot \frac{m_0}{\rho_L}\,\mathrm{d}t$$

mit m_0 = Masse der Polymerschmelze,
N = Zahl der Nuclei pro Einheitsvolumen und -zeit,
ρ_L = Dichte der Polymerschmelze.

Nach der Zeit t sind N_{ges} Sphärolithe mit dem Radius r entstanden. Jeder Sphärolith besitzt das Volumen

$$V_s = \frac{4\pi r^3}{3} = \frac{4\pi v^3 t^3}{3}.$$

Ist die Dichte des sphärolithisch kristallisierten Polymers ρ_s, so folgt für die Masse m_s' jedes Sphärolithen

$$m_s' = V_s \rho_s.$$

Die Gesamtmasse des sphärolithischen Materials $\mathrm{d}m_s$, das im Zeitintervall $\mathrm{d}t$ gewachsen ist, ist dann

$$\mathrm{d}m_s = V_s \rho_s \frac{N m_0}{\rho_L}\mathrm{d}t.$$

Die Gesamtmasse m_s an sphärolithischem Material, die nach der Zeit t aus allen Nuclei entstanden ist, ist dann

$$m_s = \int_o^t \frac{4\pi v^3 \rho_s N m_0 t^3}{3\rho_L}\mathrm{d}t$$

und nach Integration

$$\frac{m_s}{m_0} = \frac{\pi N v^3 \rho_s t^4}{3\rho_L}.$$

Alternativ kann diese Masse auch über die nach der Zeit t übrige Flüssigmasse

$$m_L = m_0 - m_s$$

ausgedrückt werden:

$$\frac{m_L}{m_0} = 1 - \frac{\pi N v^3 \rho_s t^4}{3\rho_L}.$$

Obwohl stark vereinfacht und nur im Frühstadium der Kristallisation gültig, zeigt diese Betrachtung den wichtigsten Aspekt des sphärolithischen Kristallwachstums, die t^4-Abhängigkeit des Massenbruchs der Kristalle und die t^3-Abhängigkeit des Sphärolithwachstums nach Bildung der Nuclei. Bei längerer Kristallisation tritt Berührung der Sphärolithe ein und die Gleichung muss modifiziert werden. Es gilt dann allgemein

$$\frac{m_L}{m_0} = \exp\left(-z\,t^4\right).$$

Diese Gleichung ist eine **Avrami-Gleichung**, die allgemein die Form

$$\frac{m_L}{m_0} = \exp\left(-z\,t^n\right)$$

besitzt. Mit dieser Gleichung lassen sich auch andere Nucleations- und Wachstumsvorgänge ausdrücken. n ist der **Avrami-Exponent**. Er ist bei sporadischer Keimbildung für Stäbchen 2, Lamellen 3 und Kugeln 4.

Experimentell lässt sich die Kristallisation am einfachsten durch Messung der Volumenänderungen verfolgen.

Mit dem Ausgangsvolumen V_0, dem Endvolumen V_∞ und dem Volumen V_t zur Zeit t folgt

$$V_t = \frac{m_L}{\rho_L} + \frac{m_s}{\rho_s} = \frac{m_0}{\rho_s} + m_L\left(\frac{1}{\rho_L} - \frac{1}{\rho_s}\right),$$

und da

$$V_0 = \frac{m_0}{\rho_L}$$

sowie

$$V_\infty = \frac{m_0}{\rho_s}$$

ist, wird

$$V_t = V_\infty + m_L \left(\frac{V_0}{m_0} - \frac{V_\infty}{m_0} \right).$$

Umstellung und Kombination mit der Avrami-Gleichung liefern

$$\frac{m_L}{m_0} = \frac{V_t - V_\infty}{V_0 - V_\infty} = \exp\left(-z\,t^n\right).$$

V_t, V_0 und V_∞ lassen sich dann durch die entsprechenden Höhen h_t, h_0 und h_∞ in einem Dilatometer messen. Durch Auftragung von

$$\log\left\{-\ln\left[\frac{(V_\infty - V_t)}{(V_\infty - V_0)}\right]\right\}$$

gegen log t werden Geraden erhalten, aus deren Steigung der Avrami-Exponent bestimmt werden kann (Abb. 116).

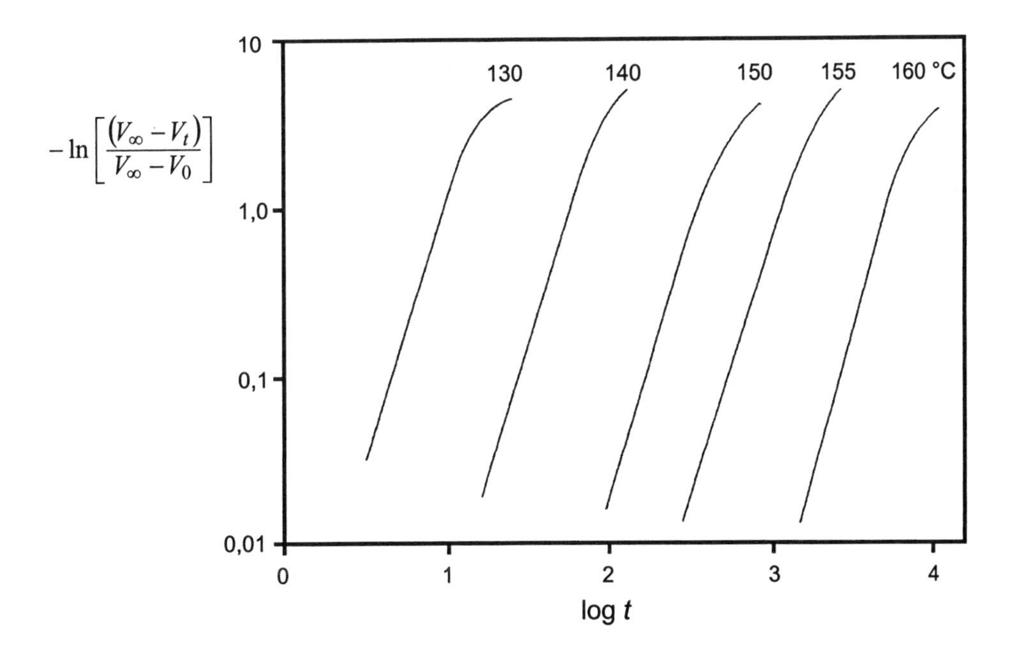

Abb. 116. Avrami-Plot für die Schmelzkristallisation von Polypropylen bei verschiedenen Temperaturen [104].

4.1.10 Molekulare Mechanismen der Kristallisation

Eine Theorie zur Beschreibung der Polymerkristallisation muss in der Lage sein, die folgenden charakteristischen experimentellen Beobachtungen zu erklären:

(a) Polymerkristalle sind dünne Kristalllamellen.

(b) Es existiert ein einheitlicher Zusammenhang zwischen Lamellendicke und Kristallisationstemperatur, wobei die Lamellendicke proportional zum Kehrwert der Unterkühlung, ΔT^{-1}, ist.

(c) Bei Kristallisation aus verdünnter Lösung und zum Teil auch aus der Schmelze tritt Kettenfaltung auf.

(d) Die Wachstumsrate der Polymerkristalle hängt von der Kristallisationstemperatur und der Molmasse des Polymers ab.

Die am weitesten akzeptierte Theorie ist die kinetische Beschreibung nach Hoffmann und Lauritzen [105]. Nach dieser Theorie wird der Kristallisationsprozess in die zwei Stufen **Nucleation** und **Wachstum** aufgeteilt. Der Hauptparameter zur Beschreibung ist die freie Enthalpie $G = H - TS$. Bei der Kristallisation ändert sich G um $\Delta G = \Delta H - T\Delta S$. Bei der Nucleation entsteht ein winziger Kristallit aus wenigen Molekülen, ein sogenannter Embryo. Dabei wird eine Oberfläche mit einer bestimmten Oberflächenenergie gebildet. Das Verhältnis der Oberfläche zum Volumen ist groß und ΔG daher positiv. Beim folgenden Wachstum wird im Wesentlichen Volumen kreiert, das Oberfläche-Volumen-Verhältnis wird kleiner und ΔG negativ (Abb. 117). Erreicht der Nucleus die

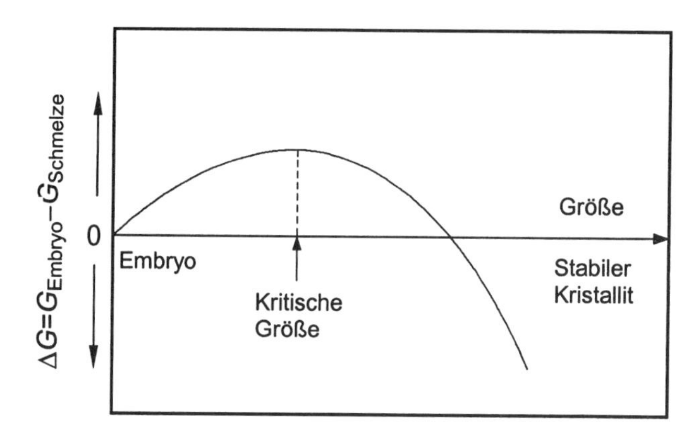

Abb. 117. Änderung von ΔG während der Keimbildung bei der Kristallisation von Polymeren [106].

kritische Größe, so wird er weiterwachsen, weil dabei G erniedrigt wird. Thermische Fluktuationen bei der Schmelztemperatur gestatten, das Peakmaximum zu überschreiten.

Das Wachstum der Polymerkristalle lässt sich als Sekundärnucleierung an eine schon existierende Kristalloberfläche behandeln. Zunächst wird eine Polymerkette an eine Oberfläche angelagert. Dann lagern sich weitere Segmente unter Kettenfaltung an (Abb. 118). Die Anlagerung von n Kettenstücken der Länge l (= Dicke der Kristalllamelle) bewirkt eine Erhöhung der freien Oberflächenenthalpie

$$\Delta G_n\,(\text{Oberfl.}) = 2\,bl\,\gamma_s + 2n\,ab\,\gamma_e$$

mit ab = Querschnittsfläche einer Kette,
γ_s = laterale Oberflächenenergie,
γ_e = Faltoberflächenenergie,

und eine Erniedrigung der freien Enthalpie des Kristalls

$$\Delta G_n\,(\text{Kristall}) = -n\,ab\;l\;\Delta G_v$$

mit ΔG_v = Änderung der freien Enthalpie bei der Kristallisation pro Einheitsvolumen. Die gesamte Änderung der freien Enthalpie ΔG_n ist dann

$$\Delta G_n = \Delta G_n\,(\text{Oberfl.}) + \Delta G_n\,(\text{Kristall})$$

und durch Einsetzen v

$$\Delta G_n = 2bl\gamma_s + 2\,nab\gamma_e - n\,abl\Delta G_v\,.$$

Diese Gleichung besagt, dass ΔG_n für ein bestimmtes n maximal sein wird, wenn l klein ist, und abnehmen wird, wenn l zunimmt. Man kann weiter folgern, dass es eine kritische Länge l^0 geben wird, bei der $\Delta G_n = 0$ und der Sekundärkeim stabil wird. Da andererseits n groß ist, kann der Term $2\,b\,l\,\gamma_s$ vernachlässigt werden. Aus diesen Überlegungen gilt näherungsweise, dass

$$l^0 \sim \frac{2\gamma_e}{\Delta G_v}$$

ist. Mit Argumenten der Thermodynamik gilt ferner

$$\Delta G_v = \Delta H_v - T_m^0 \Delta S_v ,$$

wobei T_m^0 die Gleichgewichtsschmelztemperatur ist, bei der Schmelze und Kristallisation gleich wahrscheinlich sind und ΔH_v sowie ΔS_v die Enthalpie- sowie Entropieänderung bei der Kristallisation pro Einheitsvolumen darstellen. Bei T_m^0 ist $\Delta G_v = 0$, d. h.

$$\Delta S_v = \Delta H_v / T_m^0$$

und

$$\Delta G_v = \Delta H_v - \frac{T \Delta H_v}{T_m^0}.$$

Mit der Unterkühlung $\Delta T = T_m^0 - T$ folgt dann

$$\Delta G_v = \frac{\Delta T \Delta H_v}{T_m^0}.$$

Einsetzen in die Beziehung für l^0 liefert

$$l^0 \sim \frac{2 \gamma_e T_m^0}{\Delta H_v \, \Delta T}$$

in guter Übereinstimmung mit dem Experiment.

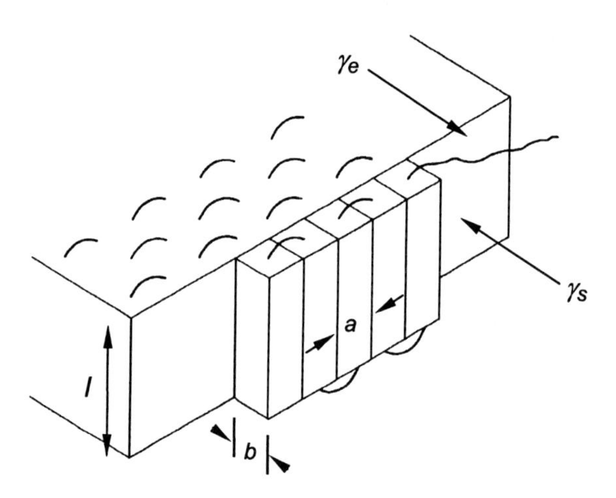

Abb. 118. Modell des Wachstums lamellarer Polymerkristalle durch Anlagerung von Polymerketten. Die verschiedenen Parameter sind im Text definiert [107].

4.2 Thermisches Verhalten

4.2.1 Schmelzbereich und Gleichgewichtsschmelzpunkt

Das Schmelzverhalten von Polymeren unterscheidet sich von niedermolekularen Substanzen in folgenden Punkten:

(a) Es existiert kein scharfer Schmelzpunkt, sondern ein Schmelzbereich.

(b) Das Schmelzen hängt von der Probenvorgeschichte und insbesondere von der Kristallisationstemperatur ab.

(c) Das Schmelzverhalten hängt von der Aufheizrate ab.

Daher wurde das Konzept des **Gleichgewichtsschmelzpunktes** T_m^0 eingeführt. T_m^0 entspricht dem Schmelzpunkt eines unendlich ausgedehnten Kristalls und wird wie folgt bestimmt (Abb. 119):

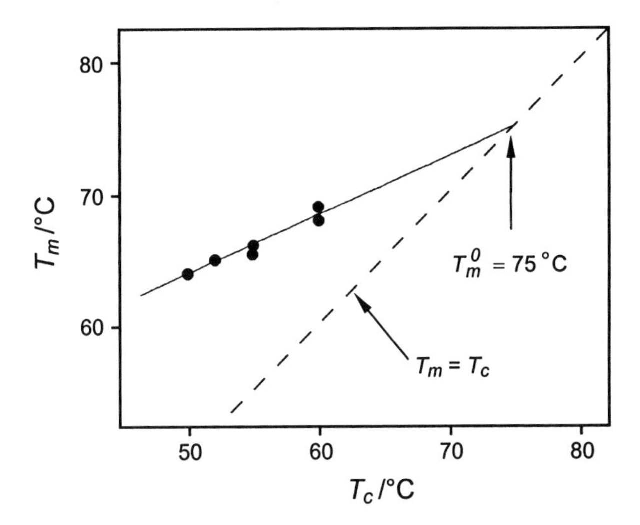

Abb. 119. Auftragung der Schmelztemperatur T_m gegen die Kristallisationstemperatur T_c zur Bestimmung des Gleichgewichtsschmelzpunktes T_m^0. Die Werte stammen von Poly(dl-propylenoxid) [103].

T_m für ein gegebenes Polymer ist stets höher als die Kristallisationstemperatur T_c. Trägt man T_m gegen T_c auf, wird ein linearer Zusammenhang gefunden. In dieses Diagramm wird nun eine Linie für $T_m = T_c$ eingetragen, die das untere Limit des Schmelzverhaltens angibt (T_m kann niemals unter T_c liegen). Extrapolation der experimentellen Linie auf die Linie $T_m = T_c$ liefert T_m^0.

4.2.2 Schmelztemperatur und Kristalldicke

Es wird beobachtet, dass die Schmelztemperatur T_m von Polymerkristallen von ihrer Dicke l abhängt. Dies lässt sich erklären, indem man die Thermodynamik der Schmelze eines rechtwinkligen Kristalls der lateralen Dimensionen x und y betrachtet. Wir beschreiben zunächst die Abnahme der freien Oberflächenenthalpie beim Schmelzen. Hat der Kristall eine laterale Oberflächenenergie γ_s und eine Oberflächenenergie γ_e der unteren und oberen Deckfläche, so nimmt die freie Oberflächenenthalpie beim Schmelzen um $2\,xl\,\gamma_s + 2\,yl\,\gamma_s + 2\,xy\,\gamma_e$ ab. Dies wird kompensiert durch die Zunahme der freien Enthalpie ΔG_V pro Einheitsvolumen, da Moleküle in die Schmelze gelangen. Insgesamt ändert sich die freie Enthalpie beim Schmelzen lamellarer Kristalle um

$$\Delta G = xyl\Delta G_v - 2l(x+y)\gamma_s - 2\,xy\gamma_e$$

mit $\Delta G_v = \Delta H_v \Delta T / T_m^0$. Für lamellare Kristalle können die Seitenflächen gegenüber den Deckflächen vernachlässigt werden, sodass am Schmelzpunkt bei $\Delta G = 0$ gilt:

$$\Delta T = \frac{2\gamma_e T_m^0}{l\Delta H_v},$$

und mit $\Delta T = T_m^0 - T_m$ folgt

$$\Delta T_m = T_m^0 = \frac{2\gamma_e T_m^0}{l\Delta H_v}$$

mit ΔH_v = Schmelzenthalpie pro Einheitsvolumen des Kristalls.

Mithilfe dieser Gleichung lassen sich T_m^0 und γ_e bestimmen, wenn T_m als Funktion von l gemessen wird. Durch **Tempern** knapp unter T_m kann die Kristallinität von Polymeren durch Zunahme von l erhöht werden. Die treibende Kraft ist eine Verminderung der freien Enthalpie durch Anwachsen der Kristalldicke auf Kosten seiner Ausdehnung.

4.2.3 Experimentelle Charakterisierung des thermischen Verhaltens

Zur Messung des thermischen Verhaltens von Polymeren sind verschiedene Arten von Kalorimetern geeignet. Im Prinzip misst man die Temperaturänderung eines Stoffes bei Zufuhr genau bekannter Wärmemengen, das heißt, man misst die spezifische Wärme c_p des Polymers. Die wichtigsten Messgeräte sind das adiabatische Kalorimeter, die Differenzialthermoanalyse und die Differenzialkalometrie (DSC).

(a) Adiabatisches Kalorimeter

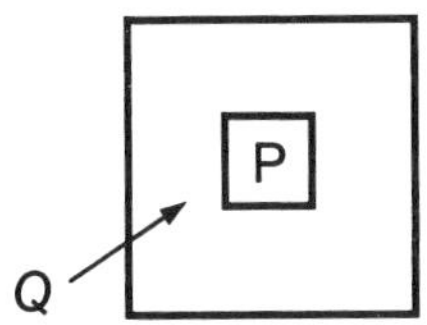

Die Probe P befindet sich in einem nach außen wärmeisolierten Behälter. Man führt Wärme durch elektrischen Strom zu und bestimmt die Temperaturänderung ΔT der Probe mit einem Thermometer. Es gilt:

$$c_p = \frac{Q}{m \times \Delta T} = \frac{iU}{m \Delta T} \left[\text{Jg}^{-1}\ \text{K}^{-1}\right].$$

Zunächst ist ein Blindversuch ohne Probe nötig. Der Nachteil dieser Methode ist die lange Messzeit, da das System beim Heizen im thermischen Gleichgewicht vorliegen muss.

(b) Differenzialthermoanalyse (DTA)

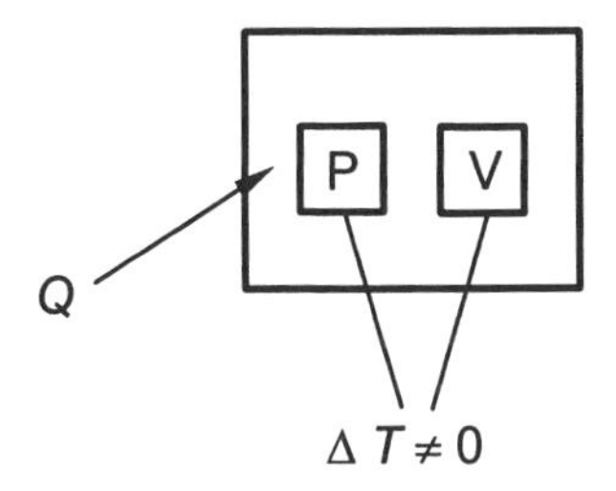

Probe P und Vergleichsprobe V bekannter spezifischer Wärme befinden sich in einem Metallblock, dessen Temperatur linear mit der Zeit erhöht wird. Die entstehende Temperaturdifferenz zwischen P und V ist der spezifischen Wärme c_p der Probe proportional. Will man c_p quantitativ bestimmen, ist eine zusätzliche Eichung nötig.

(c) Differenzialkalorimetrie (DSC)

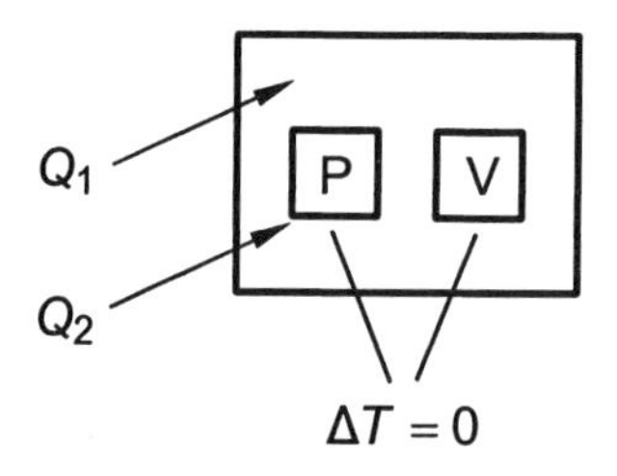

Probe P und Vergleichssubstanz V befinden sich in einem Behälter, der mit konstanter Geschwindigkeit durch Zuführung der Wärmemenge Q_1 aufgeheizt wird. Kommt es zu einer Temperaturdifferenz zwischen P und V, wird diese sofort durch Zuführung von zusätzlicher Wärme Q_2 kompensiert. Q_2 ist dem Unterschied der spezifischen Wärme von P und V proportional. Schmelzpunkte ergeben einen endothermen Peak. Glasübergänge zeigen sich an einer Stufe. Ein typisches DSC-Diagramm ist in Abb. 120 gezeigt. Die Fläche unter dem Schmelzpeak ist der Schmelzenthalpie ΔH_m proportional. ΔH_m kann nach Eichung des Geräts mit einer Substanz bekannter Schmelzwärme (z. B. mit Zinn) bestimmt werden.

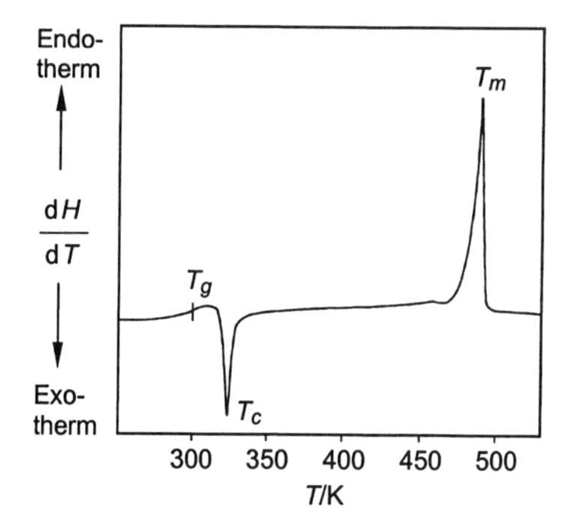

Abb. 120. DSC-Diagramm von in flüssigem Stickstoff abgeschrecktem Polyamid-612; T_g = Glastemperatur, T_c = Rekristallisation, T_m = Schmelztemperatur. (Mit freundlicher Genehmigung von Dr. M. Holota, Institut für Physikalische Chemie der Universität zu Köln.)

4.2.4 Faktoren, die den Schmelzpunkt beeinflussen

Im Folgenden sind wichtige Faktoren, die den Schmelzpunkt eines Polymers beeinflussen, aufgelistet:

(a) **Sterische Effekte durch voluminöse Seitengruppen.** Große Seitengruppen reduzieren die Kettenbeweglichkeit und erhöhen T_m:

Polymer	T_m [K]
$-[CH_2-CH(CH_2CH_3)]_n-$	399
$-[CH_2-CH(CH(CH_3)_2)]_n-$	418
$-[CH_2-CH(C(CH_3)_3)]_n-$	> 593
aber:	
$-[CH_2-CH((CH_2)CH_3)]_n-$	< 390

Die n-Butylgruppe ist kein voluminöser Substituent, sondern wirkt als Kurzkettenverzweigung der Hauptkette und senkt daher T_m.

(b) **Kettensteifigkeit.** Die Gegenwart von Ether- und Carbonylgruppen in der Kette senkt T_m, während Phenylengruppen T_m heben (es muss mehr Energie zugeführt werden, um diese Gruppen in Bewegung zu versetzen):

Polymer	T_m [K]
$[CH_2-CH_2-O]_n$	340
$[CH_2-CH_2]_n$	410
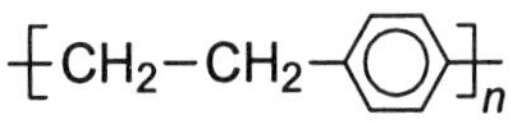 $[CH_2-CH_2-C_6H_4]_n$	670
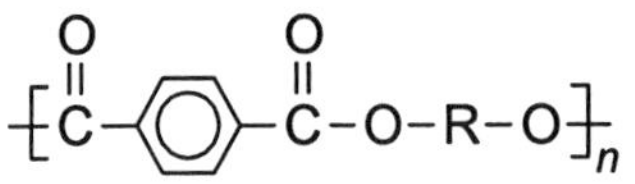 $[CO-C_6H_4-CO-O-R-O]_n$	
R = $-CH_2-CH_2-$	538
R = $-CH_2-CH_2-CH_2-$	493
R = $-CH_2-CH(CH_3)-$	nichtkristallin

Auch die geometrische Isomerie kann die Kettensteifigkeit beeinflussen:

Polymer		T_m [K]
cis-Polyisopren	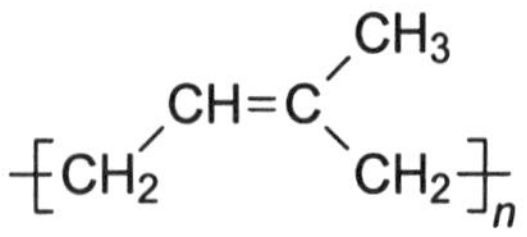 $[CH_2-CH=C(CH_3)-CH_2]_n$	262
trans-Polyisopren	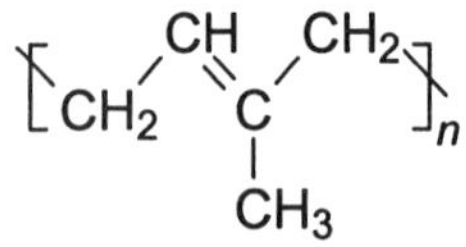 $[CH_2-CH=C(CH_3)-CH_2]_n$	421

(c) **Polare Gruppen.** Sie erhöhen den Schmelzpunkt durch Einführung zusätzlicher intermolekularer Wechselwirkungen, wie zum Beispiel Dipol-Dipol-Wechselwirkungen oder H-Brückenbindungen:

Polymer	T_m [K]
$\left[CH_2-CH_2 \right]_n$	410
$\left[CH_2-CH(CN) \right]_n$	590

Abb. 121 zeigt den Einfluss der H-Brückenbildung von –CO–NH-Gruppen auf den Schmelzpunkt. Werden diese Gruppen durch –CO–N(CH_2OH)-Gruppen ersetzt, sinkt der Schmelzpunkt drastisch ab.

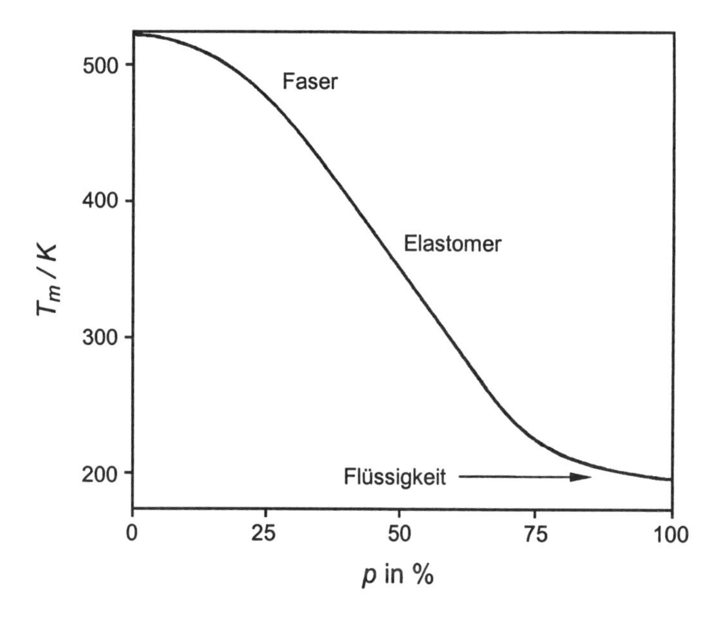

Abb. 121. Änderung der Eigenschaften und der Schmelztemperatur T_m von Nylon 66 mit abnehmendem Prozentsatz p von –CO–NH–-Gruppen durch Ersatz gegen –CO–N(CH_2OH)–-Gruppen [108].

(d) **Molekulargewicht.** Die Kettenenden stellen Defekte dar, die nicht in die Kristalle eingebaut werden. Bei geringem Molekulargewicht ist die Zahl der Kettenenden groß und somit auch die Defektkonzentration hoch. Dies senkt den Kristallisationsgrad:

Polymer	$\overline{M}_n$	T_m [K]
Polypropylen	2 000	387
	30.000	443

(e) **Verzweigungen.** Kettenstücke mit Verzweigungen kristallisieren nicht. Eine hohe Konzentration an Verzweigungen hat eine Verringerung des Kristallisationsgrades und eine Verkleinerung der Kristallite zur Folge, T_m sinkt:

Polymer	T_m [K]
Polyethylen (LDPE)	≤ 400
Polyethylen (HDPE)	410–420

4.2.5 Die Glastemperatur

Beim Abkühlen von Polymeren gehen die amorphen Bereiche bei der Glastemperatur T_g vom gummi- in den glasartigen Zustand über. Bei T_g wird die Rotationsbewegung der Monomersegmente in der Kette (Kurbelwellenbewegung, Abb. 122) eingefroren. Der Glaszustand tritt hauptsächlich bei nicht oder nur wenig kristallisationsfähigen Polymeren auf. Polymere mit guter Kristallisationsfähigkeit können überhaupt nur dann in den Glaszustand überführt werden, wenn sie rasch abgekühlt, das heißt abgeschreckt werden.

Die Glasumwandlung lässt sich thermodynamisch als **Umwandlung 2. Ordnung** beschreiben. Bei Umwandlungen 1. Ordnung treten abrupte Änderungen fundamentaler thermodynamischer Eigenschaften wie Enthalpie H oder Volumen V auf. Bei Umwandlungen 2. Ordnung ändern sich nur die ersten Ableitungen dieser Eigenschaften. Umwandlungen zweiter Ordnung zeigen sich daher nur in abrupten Änderungen von Eigenschaften wie Wärmekapazität c_p oder dem thermischen Expansionskoeffizienten α:

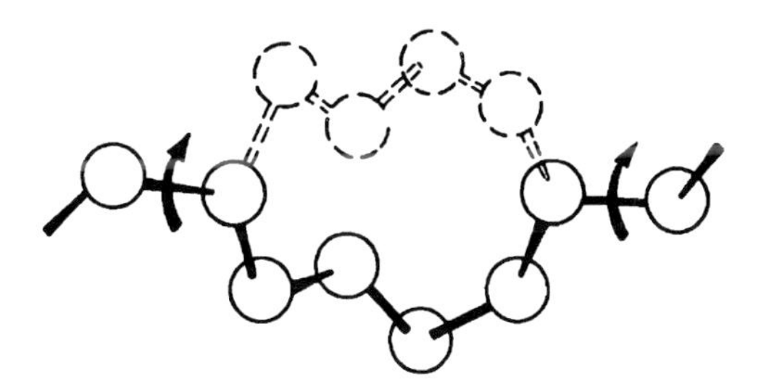

Abb. 122. Kurbelwellenbewegung in einer Polymerkette [109].

$$c_p = \left(\frac{\delta H}{\delta T}\right)_p , \quad \alpha = \frac{1}{V}\left(\frac{\delta V}{\delta T}\right)_p .$$

Die Glastemperatur lässt sich daher mithilfe der DSC messen, die c_p als Funktion der Temperatur aufzeichnet (Abschnitt 4.2.3), sowie durch Messung der Volumenänderung des Polymers beim Aufheizen oder Abkühlen (Abb. 123).

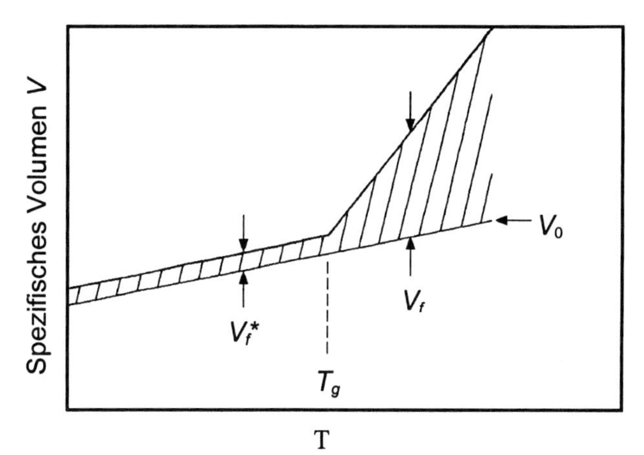

Abb. 123. Schematische Darstellung der Änderung des spezifischen Volumens eines Polymers mit der Temperatur. Das freie Volumen ist als schraffierte Fläche dargestellt. Die verschiedenen Größen sind im Text erläutert [110].

T_g lässt sich auch über das **Konzept des freien Volumens** beschreiben. Das freie Volumen V_f beschreibt den leeren Raum zwischen den Polymerketten, die das Volumen V_0 einnehmen. Das Gesamtvolumen V eines Polymers ist also gegeben durch

$$V = V_0 + V_f.$$

Kühlt man eine Polymerschmelze ab, verringert sich V_f, bis bei T_g das Polymer als Glas erstarrt. V_f ist in Abb. 123 als schraffierte Fläche dargestellt. Unterhalb T_g bleibt V_f konstant und wird als eingefrorenes freies Volumen V_f^* bezeichnet. Oberhalb T_g expandiert die Schmelze und V_f ist gegeben durch

$$V_f = V_f^* + \left(T - T_g\right)\left(\frac{\delta V}{\delta T}\right).$$

Führt man noch die freien Volumenbrüche $f = V_f / V$ bzw. $f_g = V_f^* / V$ ein, so folgt

$$f = f_g + \left(T - T_g\right)\alpha_f,$$

wobei α_f der thermische Ausdehnungskoeffizient des freien Volumens ist.

4.2.6 Faktoren, die die Glastemperatur beeinflussen

Folgende Faktoren beeinflussen die Glastemperatur:

(a) **Substituenteneffekte. Voluminöse Substituenten** behindern die Bindungsrotation der Hauptkette und führen zu einer Erhöhung der Glastemperatur. Polystyrol hat daher eine um knapp 200 ° höhere Glastemperatur als Polyethylen:

Polymer	T_g [K]
$\text{-[}CH_2-CH_2\text{]}_n\text{-}$	188
$\text{-[}CH_2-CH(C_6H_5)\text{]}_n\text{-}$	373
$\text{-[}CH_2-CH(C_{10}H_7)\text{]}_n\text{-}$	408

Polare Substituenten behindern ebenfalls die Bindungsrotation und erhöhen T_g. Die Glastemperatur von Polyacrylnitril ist deshalb um circa 130 ° höher als die von Polypropylen:

Polymer	T_g [K]
$-[CH_2-CH(CH_3)]_n-$	253
$-[CH_2-CH(Cl)]_n-$	354
$-[CH_2-CH(CN)]_n-$	378

Flexible Substituenten begünstigen dagegen die Bindungsrotation und erniedrigen T_g:

Polymer	T_g [K]
$-[CH_2-CH(CH_3)]_n-$	253
$-[CH_2-CH((CH_2)_3-CH_3)]_n-$	223
$-[CH_2-CH(COOCH_3)]_n-$	279
$-[CH_2-CH(COO-(CH_2)_3-CH_3)]_n-$	218

(b) Vernetzungen. Sie behindern die Bindungsrotation. T_g steigt.

(c) **Verzweigungen**. Sie senken die Packungsdichte und begünstigen die Bindungsrotation. T_g sinkt.

(d) **Kettenbeweglichkeit.** Rotationsbewegungen der Hauptkette werden begünstigt, wenn die Energiedifferenzen zwischen den *gauche*- und *trans*-Konformationen nur gering sind. Niedrige Glastemperaturen findet man daher bei Polymeren mit sehr beweglichen Gruppen in der Hauptkette wie zum Beispiel Polydimethylsiloxan und Polyethylen, während Phenylengruppen in der Hauptgruppe zu sehr hohen Glastemperaturen führen:

Polymer	T_g [K]
$-[Si(CH_3)_2-O]_n-$	150
$-[CH_2-CH_2]_n-$	188
$-[C_6H_4-O-C_6H_4-SO_2]_n-$	523
$-[C_6H_4-CH_2-CH_2]_n-$	553

(e) **Niedrige Molmassen.** Sie erhöhen die Kettenbeweglichkeit und erniedrigen T_g (Abb. 124). Es gilt die empirische Regel

$$T_g = T_g^{\infty} - \frac{K}{M}$$

mit der Glastemperatur bei unendlichem Molekulargewicht, T_g^{∞}, und dem konstanten Faktor K.

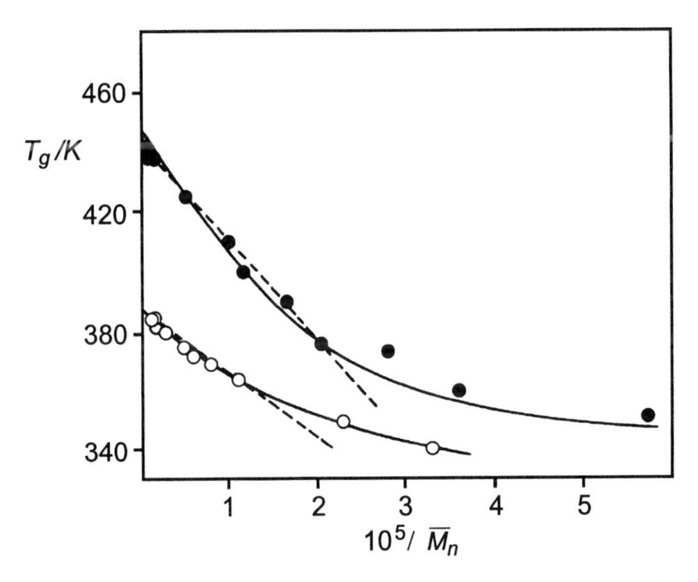

Abb. 124. Glastemperatur T_g als Funktion des Molekulargewichts $\overline{M}_n$ für Poly(α-methylstyrol) (•) und PMMA (o) [111].

(f) Weichmacher. Durch Zusatz von Weichmachern lässt sich T_g erniedrigen und so der Bereich zwischen T_g und T_m vergrößern (Abb. 125).

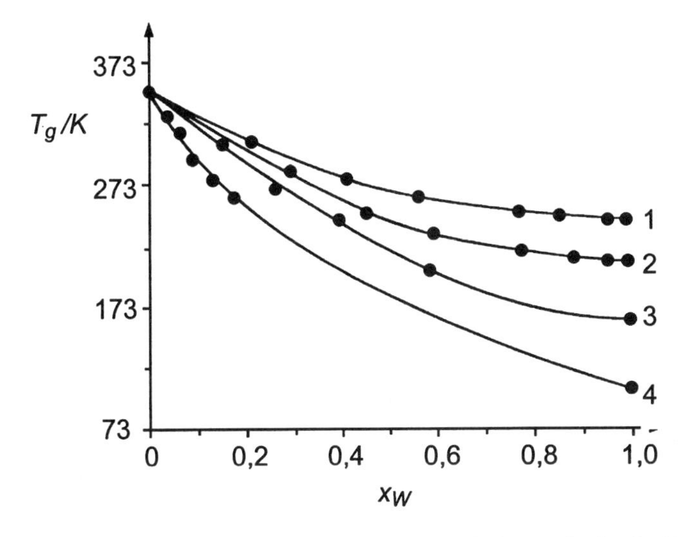

Abb. 125. Erniedrigung der Glastemperatur von Polystyrol durch Weichmacherzusätze (x_W = Molenbruch des Weichmachers). 1) β-Naphthylsalicylat, 2) Tricresylphosphat, 3) Methylsalicylat, 4) Methylacetat [112].

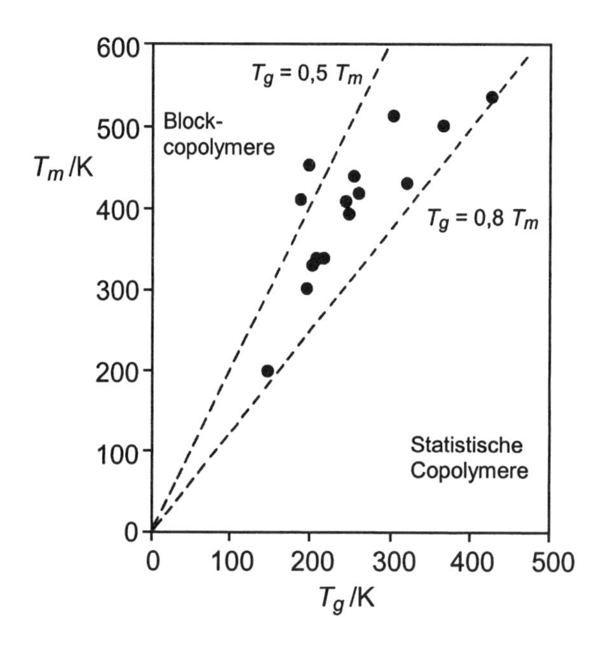

Abb. 126. Auftragung der Schmelztemperatur T_m gegen die Glastemperatur T_g für gebräuchliche Polymere wie Polyethylen, Polypropylen, Polystyrol, Polyethylenoxid usw. [113].

Generell gilt, dass Faktoren, die T_m steigern, auch T_g steigern. Es gilt die empirische Regel

$$T_g = 0{,}5\,T_m \quad \text{bis} \quad 0{,}8\,T_m \qquad \text{(Abb. 126).}$$

Will man größere oder kleinere Temperaturbereiche zwischen T_g und T_m erzeugen, muss man entweder Blockcopolymere oder statistische Copolymere herstellen.

4.3 Mechanische Eigenschaften

4.3.1 Phänomene

Polymere lassen sich einteilen in Stoffe unterschiedlichen mechanischen Verhaltens:

(a) **Stoffe mit energieelastischem Verhalten.** Es wird bei harten Polymeren, das heißt glasig erstarrten Polymeren, teilkristallinen Polymeren unterhalb T_m, Fasern und Verbundwerkstoffen gefunden (Modulwerte 10^3–10^5 MPa). Bei Krafteinwirkung erfolgt eine Dehnung, die bis zu Werten von 1–2 % reversibel ist.

(b) **Stoffe mit entropieelastischem Verhalten.** Es wird bei nicht zu stark vernetzten Polymeren oberhalb T_g gefunden (Modulwerte 0,1–10 MPa). Bei Krafteinwirkung erfolgt eine Dehnung, die bis zu sehr großen Werten (50–100 %) reversibel ist.

(c) **Stoffe mit viskoelastischem Verhalten.** Es wird bei Polymerschmelzen und festen Polymeren außerhalb des elastischen Verformungsbereichs gefunden. Stoffe verhalten sich viskoelastisch, wenn sie bei plötzlicher Krafteinwirkung elastisch, bei längerer Ein-wirkung unter irreversibler Verformung reagieren.

4.3.2 Energieelastizität

4.3.2.1 Hooke'sches Gesetz und Moduln

Ideal elastische Körper verformen sich bei Einwirkung einer Kraft (Dehnung, Stauchung, Kompression, Biegung, Verdrillung, Scherung) um einen bestimmten Betrag, der von der Dauer der Einwirkung unabhängig ist. Nach dem **Hooke'schen Gesetz** ist die Zugspannung σ

$$\sigma = \frac{f}{A_0}$$

(f = Kraft, A_0 = ursprüngliche Fläche) der Dehnung ε

$$\varepsilon = \frac{l - l_0}{l_0} = \frac{\Delta l}{l_0}$$

(l_0, l = Längen des Prüfkörpers vor und nach der Beanspruchung) direkt proportional:

$$\sigma = E\varepsilon$$

sowie

$$E = \frac{f\, l_0}{A_0 \times \Delta l}.$$

E wird Elastizitätsmodul, *E*-Modul oder Young-Modul genannt. Je nach einwirkender Kraft treten verschiedene Verformungen auf, für die verschiedene Moduln gelten. Die Moduln sind in Tab. 21 aufgelistet.

Tab. 21. Einwirkende Kraft, Verformung und zugehöriger Modul.

Kraft	**Verformung**	**Modul**
Zugspannung σ	Dehnung ε	Elastizitätsmodul E
Scherspannung S	Scherung γ (Verdrehung, Verdrilling, Torsion)	Schermodul G
Druckspannung	Stauchung	Kompressionsmodul K (falls allseitig)
Biegespannung	Biegung	E-Modul (Mittelwert von Zug und Druck)

Die Moduln sind über die Poisson-Zahl μ verknüpft, die das Verhältnis von relativer Querkontraktion $\Delta d/d$ (d = Durchmesser des Prüfkörpers) zu axialer Dehnung $\Delta l/l_0$ angibt:

$$\mu = \frac{\Delta d\, l_0}{d \cdot \Delta l}.$$

μ-Werte liegen zwischen 0 (für ideal energieelastische Festkörper) und 0,5 (für Flüssigkeiten). Für die Beziehung zwischen μ und den verschiedenen Moduln ergibt sich

$$E = 2G(1+\mu) = 3K(1-2\mu).$$

Für Polymere werden in der Regel μ-Werte erhalten, die denen von Flüssigkeiten nahe sind (Tab. 22).

4.3.2.2 Theoretischer und realer *E*-Modul

Der theoretische Elastizitätsmodul E_{th} hängt außer von der Bindungslänge l, dem Bindungswinkel θ und der molekularen Querschnittsfläche der Kette A_m noch von den Kraftkonstanten für die Deformation der Bindungslängen, K_l, und der Bindungswinkel, K_θ, ab:

Tab. 22. Poissonzahl μ und Moduln G, K und E verschiedener Polymere [114].

Polymer	μ	G[GPa]	K[GPa]	E[GPa]
Naturkautschuk	0,50	0,0035	2	0,0011
LDPE	0,49	0,07	3,3	0,20
Polyamid 66	0,44	0,7	5,1	1,9
Epoxidharz	0,40	0,9	6,4	2,5
PMMA	0,40	1,1	5,1	3,2
PSt	0,38	1,15	5,5	3,4
Zum Vergleich:				
Fasern, faserverstärkte Polymere			10–100	
Anorganische Gläser, Metalle			100–1000	

$$E_{\text{th}} = \frac{l \cos \tau}{A_m} \left[\frac{\cos^2 \tau}{K_l} + \frac{l^2 \sin^2 \tau}{4K_\theta} \right]^{-1}$$

mit $\tau = (180 - \theta)/2$ (= Komplementärwinkel des Bindungswinkels). Polymere mit etwa gleicher Querschnittsfläche können daher sehr unterschiedliche E-Moduln besitzen. Die theoretischen E-Moduln entsprechen in der Regel den aus Röntgenmessungen an kristallinen Proben ermittelten scheinbaren Gittermoduln E_{krist}:

$$E_{\text{krist}} = \frac{\text{angelegte Kraft/Querschnittsfläche}}{\text{gemessene Dehnung des Kristalls}} .$$

Die realen E-Moduln E_σ liegen dagegen deutlich tiefer. Gründe liegen (a) in der Teilkristallinität der meisten Polymere, die starke Effekte durch Visko- und Entropieelastizität zur Folge hat, (b) in der mangelnden Orientierung der Kristallite und (c) in Einflüssen durch die Umgebung, wie zum Beispiel durch Weichmacher und Wasser. Die verschiedenen Modulwerte sind für einige Polymere in Tab. 23 aufgelistet.

Tab. 23. *E*-Moduln verschiedener Polymere bei Raumtemperatur [114].

Polymer	E_{th}	E_{krist}	E_{σ} jew. in [GPa]
PE (x_c = 98 %)	186–347	250	200
PE (x_c= 52 %)			0,7
PET	122–146	140	13
PP	50	35	6
PA 66	196		5
$POM_{trigonal}$	48	54	23

4.3.3 Entropie- oder Gummielastizität

Amorphe Polymere sind unterhalb der Glastemperatur spröde und glasartig und besitzen hohe *E*-Modulwerte von ungefähr 10^9 Nm^{-2} (Abb. 127). Im Bereich der Glastemperatur sind sie viskoeleastisch und oberhalb der Glastemperatur gummiartig. Sind sie vernetzt, so zeigen sie oberhalb der Glastemperatur ein **elastomeres** Verhalten, das heißt, sie lassen sich auf das Fünf- bis Zehnfache ihrer ursprünglichen Länge dehnen und ziehen sich nach Wegnahme der Spannung auf ihre ursprüngliche Länge zusammen. Ihre *E*-Moduln bleiben bei weiterer Temperaturerhöhung konstant bei circa 10^6 Nm^{-2}. Sind die Polymeren nicht vernetzt, tritt oberhalb T_g eine irreversible Dehnung ein und der *E*-Modul sinkt auf 0 (Abb. 127).

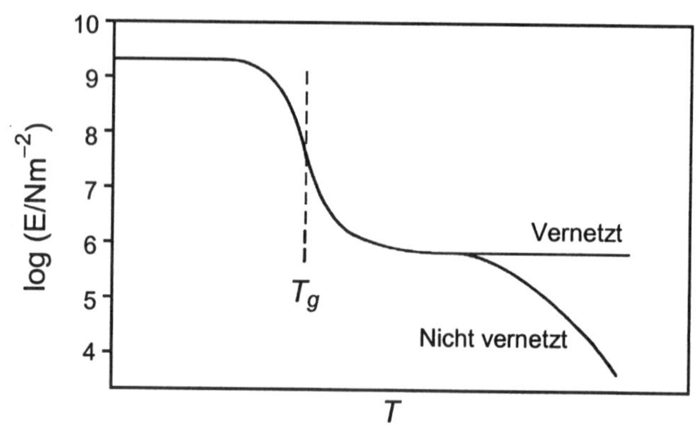

Abb. 127. Typische Änderung des *E*-Moduls mit der Temperatur für ein lineares und ein vernetztes Polymer. Durch die Vernetzung wird der *E*-Modul im Gummizustand *T*-unabhängig [115].

4.3.3.1 Thermodynamik der Gummielastizität

Mit der gummielastischen Verformung sind ungewöhnliche thermische Eigenschaften verbunden:

(a) Gummi erwärmt sich beim Dehnen und kühlt sich beim Kontrahieren wieder ab.
(b) Gummi unter konstanter Spannung kontrahiert, wenn er erwärmt wird.
(c) Ungedehnter Gummi zeigt normales thermisches Expansionsverhalten beim Erwärmen.

Mithilfe der **Thermodynamik** lassen sich die Beziehungen zwischen Kraft, Länge und Temperatur eines gummielastischen Probenkörpers durch die Parameter innere Energie und Entropie beschreiben. Zur Vereinfachung sei angenommen, dass sich die Deformation bei nahezu konstantem Volumen abspielt.

Der 1. Hauptsatz der Thermodynamik setzt die Änderung der inneren Energie $\mathrm{d}U$ eines Systems in Bezug zur aufgenommenen Wärme δQ und zur geleisteten Arbeit δW (δQ und δW sind unexakte Differenziale, weil Q und W keine wegunabhängigen Funktionen des Systems sind):

$$\mathrm{d}U = \delta Q + \delta W.$$

Wird die elastische Probe durch die Kraft f um $\mathrm{d}l$ gedehnt, so wird die Arbeit $f\,\mathrm{d}l$ am System geleistet. Da das Volumen nahezu konstant bleibt, kann die Volumenarbeit $p\mathrm{d}V$ vernachlässigt werden, und die gesamte Arbeit, die am System während der Expansion geleistet wird, ist

$$\delta W = f\,\mathrm{d}l.$$

Die Elastomerdeformation ist reversibel, sodass für δQ nach dem 2. Hauptsatz der Thermodynamik

$$\delta Q = T\mathrm{d}S$$

gilt ($\mathrm{d}S$ = Entropieänderung, T = Temperatur in K). Durch Kombination der drei Gleichungen folgt

$$f\,\mathrm{d}l = \mathrm{d}U - T\mathrm{d}S.$$

Die meisten Experimente werden unter konstantem Druck durchgeführt, sodass die thermodynamische Funktion zur Beschreibung des Gleichgewichtszustands die Gibbs'sche freie Enthalpie G ist. Da sich aber Elastomere bei konstantem Volumen ausdehnen, kann auch die Helmholtz'sche freie Energie F verwendet werden:

$$F = U - TS$$

sowie

$$\mathrm{d}F = \mathrm{d}U - T\mathrm{d}S$$

für Änderungen bei $T = \text{const}$. Hieraus folgt

$$f\,\mathrm{d}l = \mathrm{d}F$$

und

$$f = \left(\frac{\delta F}{\delta l}\right)_T .$$

Durch Kombination der Gleichungen folgt weiterhin

$$f = \left(\frac{\delta U}{\delta l}\right)_T - T\left(\frac{\delta S}{\delta l}\right)_T .$$

Der erste Term bezieht sich auf die Änderung der inneren Energie beim Dehnen und der zweite auf die Entropieänderung beim Dehnen. Die Beziehung wird allgemein zur Beschreibung der Antwort von Festkörpern auf eine angelegte Kraft verwendet. **Meistens dominiert der *U*-Term, aber bei Gummis dominiert der *S*-Term.** Dies lässt sich folgendermaßen zeigen:

$$\mathrm{d}F = \mathrm{d}U - T\mathrm{d}S - S\mathrm{d}T$$

sowie

$$\mathrm{d}F = f\,\mathrm{d}l - S\mathrm{d}T.$$

Die partielle Differenzierung bei konstanter Temperatur beziehungsweise bei konstanter Länge liefert

$$\left(\frac{\delta F}{\delta l}\right)_T = f$$

und

$$\left(\frac{\delta F}{\delta T}\right)_l = -S.$$

Mithilfe der Standardbeziehung für die partielle Differenzierung

$$\frac{\delta\left(\frac{\delta F}{\delta T}\right)_l}{\delta l} = \frac{\delta\left(\frac{\delta F}{\delta l}\right)_T}{\delta T}$$

folgt

$$-\left(\frac{\delta S}{\delta l}\right)_T = +\left(\frac{\delta f}{\delta T}\right)_l$$

und mit

$$f = \left(\frac{\delta U}{\delta l}\right)_T - T\left(\frac{\delta S}{\delta l}\right)_T$$

folgt

$$f = \left(\frac{\delta U}{\delta l}\right)_T + T\left(\frac{\delta f}{\delta T}\right)_l .$$

Die letzten beiden Beziehungen setzen S und U in Bezug zu den experimentellen Parametern f, l und T und erlauben daher, S und U experimentell zu bestimmen. Dies geschieht, indem die Spannung gemessen wird, die nötig ist, um bei abnehmender Temperatur ein Stück Gummi stets auf konstanter Länge zu halten. Abb. 128 zeigt, dass die Spannung linear mit der Temperatur abnimmt, bis T_g erreicht wird. Bei T_g nimmt die Spannung rasch wieder zu, weil das Material glasig erstarrt und sich nicht mehr elastomer verhält.

Abb. 128 ist sehr wichtig. Die Steigung der Kurve gibt die Entropieänderung pro Längenänderung bei der jeweiligen Temperatur an. Da die Kurve linear ist, kann geschlossen werden, dass ($\delta S/\delta l$) temperaturunabhängig ist. Der Achsenabschnitt gibt die Änderung der inneren Energie pro Längenänderung an. Da dieser sehr klein ist, kann angenommen werden, dass sich U während der Gummiverformung nur wenig ändert, das heißt, **die Deformation wird fast ausschließlich durch die Entropieänderung kontrolliert.**

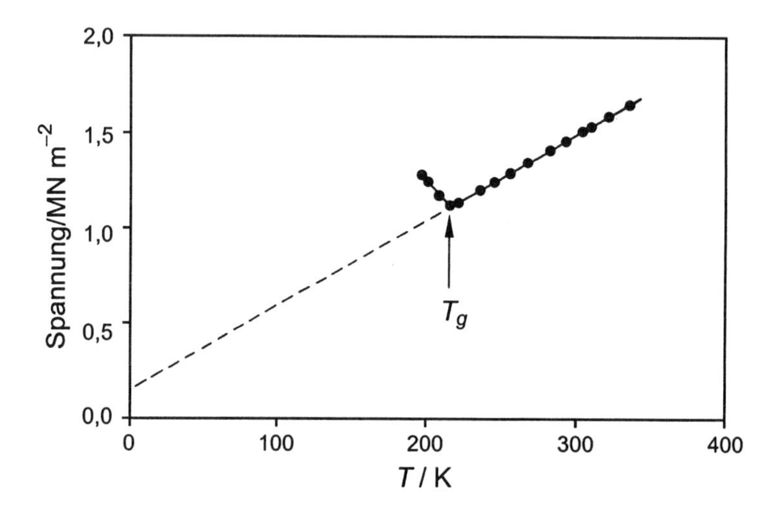

Abb. 128. Zugspannung eines Gummis, der bei einer konstanten Dehnung von 350 % gehalten wird, als Funktion der Temperatur [116].

Ein anderer thermoelastischer Effekt ist die Erwärmung eines Gummis beim raschen Dehnen. Die *T*-Zunahme bei adiabatischer (isoentropischer) Längenzunahme lässt sich beschreiben durch die Standardbeziehung

$$\left(\frac{\delta T}{\delta l}\right)_S = \left(\frac{\delta T}{\delta S}\right)_l \left(\frac{\delta S}{\delta l}\right)_T .$$

Für $\left(\frac{\delta T}{\delta S}\right)_l$ gilt

$$\left(\frac{\delta T}{\delta l}\right)_l = \left(\frac{\delta T}{\delta S}\right)_l \left(\frac{\delta S}{\delta l}\right)_l ,$$

wobei man für

$$\left(\frac{\delta T}{\delta S}\right)_l = \frac{1}{c_l} \qquad \text{und für} \qquad \left(\frac{\delta H}{\delta S}\right) = T$$

setzen kann (c_l = Wärmekapazität des Gummis bei konstanter Länge).

Für $\left(\frac{\delta T}{\delta l}\right)_S$ folgt somit

$$\left(\frac{\delta T}{\delta l}\right)_S = -\frac{T}{c_l}\left(\frac{\delta S}{\delta l}\right)_T .$$

Mit $(\delta S/\delta l)_T = -(\delta f/\delta T)_l$ (s. o.) folgt dann

$$\left(\frac{\delta T}{\delta l}\right)_S = \frac{T}{c_l}\left(\frac{\delta f}{\delta T}\right)_l ,$$

das heißt, die Temperatur eines Gummis muss beim Dehnen zunehmen, wenn die Spannung bei der Temperaturerhöhung zunimmt. Der Gummi erwärmt sich beim Dehnen, weil Arbeit reversibel in Wärme umgewandelt wird.

4.3.3.2 Statistische Theorie der Gummielastizität

Die thermodynamische Betrachtung hat den Nachteil, dass sie die makromolekulare Natur des Gummis völlig unberücksichtigt lässt, obwohl die Gummielastizität offensichtlich auf der Gegenwart von Polymermolekülen beruht. Die statistische Betrachtung berücksichtigt die molekulare Struktur und ihre Änderung bei der Deformation:

4.3.3.2.1 Entropie der Einzelkette

Wir nehmen an, dass der Gummi aus einem Netzwerk von Polymerketten aufgebaut ist, die in einer zufälligen Knäuelkonformation vorliegen. Wird das Netzwerk gedehnt, werden die Moleküle entknäuelt und die Entropie verkleinert sich. Die hierzu nötige **Kraft ist der Entropieänderung proportional.**

Die Entropie eines Polymermoleküls lässt sich statistisch beschreiben. Wir betrachten eine Kette, deren eines Ende im Ursprung eines Koordinatensystems liegt, und deren anderes Ende sich im Abstand *r* befindet (Abb. 129).

Die Wahrscheinlichkeit $W(x, y, z)$, dieses Ende in einem Einheitsvolumen im Punkt (x, y, z) zu finden, ist

$$W(x,y,z) = (\beta/\pi^{1/2})^3 \exp(-\beta^2 r^2)$$

mit $\beta = \left(\frac{3}{\left(2nl^2\right)}\right)^{1/2}$ und n = Zahl der Verknüpfungen der Länge l in der Kette. β hat für jede Kette einen charakteristischen Wert.

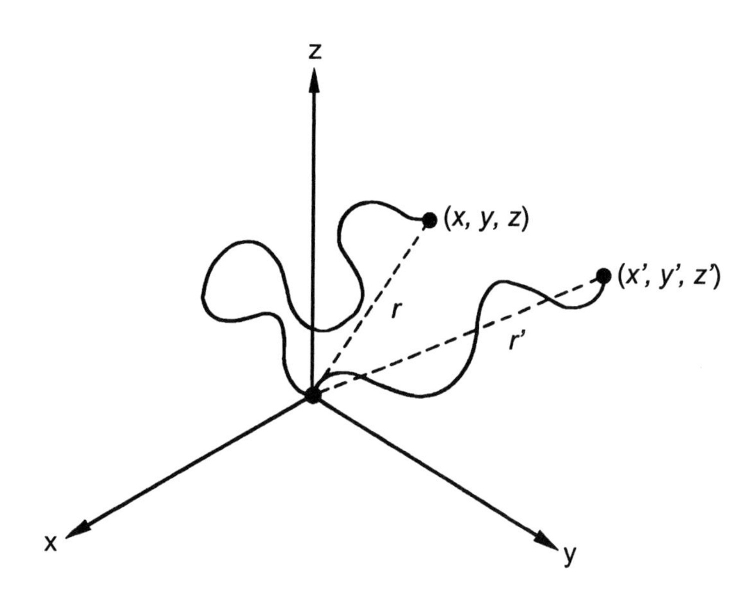

Abb. 129. Schematische Darstellung der Verschiebung einer Vernetzungsstelle in einem Gummi von (x, y, z) nach (x', y', z') während einer allgemeinen Deformation [117].

Die Entropie der Kette ist nach der Boltzmann-Beziehung aus der statistischen Thermodynamik gegeben durch

$$S = k \cdot \ln \Omega$$

mit k = Boltzmann-Konstante und Ω = Anzahl der möglichen Kettenkonformationen. Je mehr die Kette gestreckt wird, desto größer wird r und desto kleiner wird die Anzahl Ω der möglichen Konformationen. Mit Ω sinkt auch $W(x, y, z)$. Nimmt man an, dass Ω proportional zu $W(x, y, z)$ ist, folgt ein Ausdruck der Form

$$S = c - k\beta^2 r^2,$$

bei dem c eine Konstante darstellt.

4.3.3.2.2 Deformation des Polymernetzwerks

Es wird nun die Entropieänderung bei Deformation eines elastomeren Polymernetzwerks betrachtet. Wir nehmen an, dass Kettenstücke zwischen zwei Netzpunkten frei beweglich sind. Wir nehmen weiter an, dass sich r bei einer Deformation proportional zur Probendimension ändert. Das Dehnverhältnis λ sei definiert als

$$\lambda = \frac{\text{Länge der Probe nach der Dehnung}}{\text{Länge der Probe vor der Dehnung}} .$$

Betrachtet man eine einzelne Kette, dann wird der Endpunkt (x, y, z) verschoben nach (x', y', z') (Abb. 129). Diese Verschiebung lässt sich ausdrücken durch

$$x' = l_1 x, \quad y' = l_2 y, \quad z' = l_3 z.$$

Da r^2 der Summe $\left(x^2 + y^2 + z^2\right)$ entspricht, folgt für die Entropie

$$S = c - k\beta^2 \left(x^2 + y^2 + z^2\right) \qquad \text{(vor der Deformation)}$$

und

$$S' = c - k\beta^2 \left(\lambda_1^2 x^2 + \lambda_2^2 y^2 + \lambda_3^2 z^2\right) \qquad \text{(nach der Deformation).}$$

Die Änderung der Entropie einer Kette ΔS_i ist somit

$$\Delta S_i = S' - S = -k\beta^2 \left[\left(\lambda_1^2 - 1\right)x^2 + \left(\lambda_2^2 - 1\right)y^2 + \left(\lambda_3^2 - 1\right)z^2\right].$$

Das Polymer enthält ein Netzwerk von vielen dieser Ketten mit unterschiedlichen Zahlenwerten von r. Die Zahl der Ketten pro Einheitsvolumen sei N und die Zahl der Ketten mit Endpunkt (x, y, z) im Volumenelement $(\mathrm{d}x, \mathrm{d}y, \mathrm{d}z)$ sei $\mathrm{d}N$. Es gilt dann

$$\mathrm{d}N = N \times W(x, y, z)\, \mathrm{d}x\, \mathrm{d}y\, \mathrm{d}z$$

bzw.

$$\mathrm{d}N = N\left(\beta / \pi^{1/2}\right)^3 \exp\left[-\beta^2\left(x^2 y^2 z^2\right)\right] \mathrm{d}x\, \mathrm{d}y\, \mathrm{d}z .$$

Die Entropieänderung dieser Ketten bei Deformation ist $\Delta S_i\, \mathrm{d}N$. Die gesamte Entropieänderung pro Einheitsvolumen der Probe ist dann

$$\Delta S = \int \Delta S_i \,\mathrm{d}N$$

sowie

$$\Delta S = \int_{-\infty}^{+\infty}\int_{-\infty}^{+\infty}\int_{-\infty}^{+\infty} -\frac{Nk\beta^5}{\pi^{3/2}}\left(\lambda_1{}^2 - 1\right)x^2 + \left(\lambda_2{}^2 - 1\right)y^2$$

$$+\left(\lambda_3{}^2 - 1\right)z^2 \times \exp\left[-\beta^2\left(x^2 + y^2 + z^2\right)\right]\mathrm{d}x\,\mathrm{d}y\,\mathrm{d}z.$$

Unter Berücksichtigung der mathematischen Beziehungen

$$\int_{-\infty}^{\infty}\exp\left(-\beta^2 x^2\right)x^2\,\mathrm{d}x = \pi^{1/2}/2\beta^3 \quad \text{und} \quad \int_{-\infty}^{\infty}\exp\left(-\beta^2 x^2\right)\mathrm{d}x = \pi^{1/2}/\beta$$

folgt

$$\Delta S = -\frac{1}{2}Nk\left(\lambda_1{}^2 + \lambda_2{}^2 + \lambda_3{}^2 - 3\right),$$

das heißt, ΔS hängt ab von der **Zahl der Ketten zwischen den Netzpunkten** im Einheitsvolumen und dem **Dehnverhältnis**. Da U im Idealfall konstant bleibt und sich das Volumen bei der Deformation nicht ändert, ist die Änderung der freien Energie pro Einheitsvolumen

$$\Delta F = -T\Delta S = \frac{1}{2}\,NkT\left(\lambda_1^2 + \lambda_2^2 + \lambda_3^2 - 3\right).$$

Dies entspricht der isothermen, reversiblen Deformationsarbeit w pro Einheitsvolumen

$$w = \frac{1}{2}\,NkT\left(\lambda_1^2 + \lambda_2^2 + \lambda_3^2 - 3\right).$$

4.3.3.2.3 Sinn und Grenzen der Theorie

- Die Theorie erlaubt, das makroskopische Dehnverhalten auf die molekulare Struktur zurückzuführen.
- Problematisch sind
  - (a) die Annahme einer Gauß-Verteilung der r-Werte und
  - (b) die genaue Zahl der Ketten N, da Schlaufen und freie Kettenenden nicht berücksichtigt werden.

Nimmt man an, dass alle Kettenstücke an Netzpunkten verankert sind, so ist die Dichte ρ durch

$$\rho = \frac{N\overline{M}_c}{N_A}$$

gegeben, wobei $\overline{M}_c$ das Zahlenmittel des Molekulargewichts der Kettenstücke zwischen zwei Netzpunkten und N_A die Avogadro-Zahl bedeuten. Es folgt

$$N = \frac{\rho N_A}{\overline{M}_c} = \frac{\rho \cdot R}{\overline{M}_c k}$$

sowie

$$w = \frac{\rho RT}{2\overline{M}_c}\left(\lambda_1^{\ 2} + \lambda_2^{\ 2} + \lambda_3^{\ 2} - 3\right),$$

und mit $G = \rho RT / \overline{M}_c$ ergibt sich

$$w = \frac{1}{2} G\left(\lambda_1^{\ 2} + \lambda_2^{\ 2} + \lambda_3^{\ 2} - 3\right).$$

G stellt eine Beziehung zwischen der Deformationsarbeit (Spannung) und dem Dehnverhältnis her und wird als ***G*-Modul** bezeichnet. G nimmt zu, wenn $\overline{M}_c$ abnimmt und T zunimmt (!).

4.3.3.3 Zug-Dehnungs-Verhalten von Elastomeren

Da sich Gummi unter konstantem Volumen dehnt, muss

$$\lambda_1 \lambda_2 \lambda_3 = 1$$

sein. Wird **uniaxial** gedehnt, ist $\lambda_1 = \lambda$. Es gilt aber auch $\lambda_2 \lambda_3 = \lambda_1^{-1}$, sodass $\lambda_2 = \lambda_3 = \frac{1}{\lambda^{1/2}}$ sein muss. Für die Deformationsarbeit w pro Einheitsvolumen folgt daher

$$w = \frac{1}{2} G\left[\lambda^2 + (2/\lambda) - 3\right].$$

Ist der ursprüngliche Probenquerschnitt A_0 und die Länge l_0, beträgt die bei der Dehnung um δl an der Probe geleistete Arbeit

$$\delta W = f\,\delta l.$$

Es folgt

$$\delta w = \frac{\delta W}{A_0\, l_0} = \left(\frac{f}{A_0}\right)\left(\frac{\delta l}{l_0}\right).$$

(f/A_0) ist die Kraft pro ursprüngliche Querschnittsfläche, auch als **nominale Spannung** σ_n bezeichnet, und $(\delta l/l_0)$ ist ungefähr $\delta\lambda$. Hieraus lässt sich die Beziehung

$$\sigma_n = \frac{\delta w}{\delta \lambda} = G\left(\lambda - 1/\lambda^2\right)$$

entwickeln. Diese Beziehung kann experimentell überprüft werden. Abb. 130a zeigt, dass die theoretische Kurve bei kleinen λ-Werten gut mit der Messkurve übereinstimmt, bei großen aber abweicht. Dies ist auf die fragliche Gauß-Verteilung und Kristallisationseffekte zurückzuführen. Bei der Kompression ist die Übereinstimmung besser (Abb. 130b).

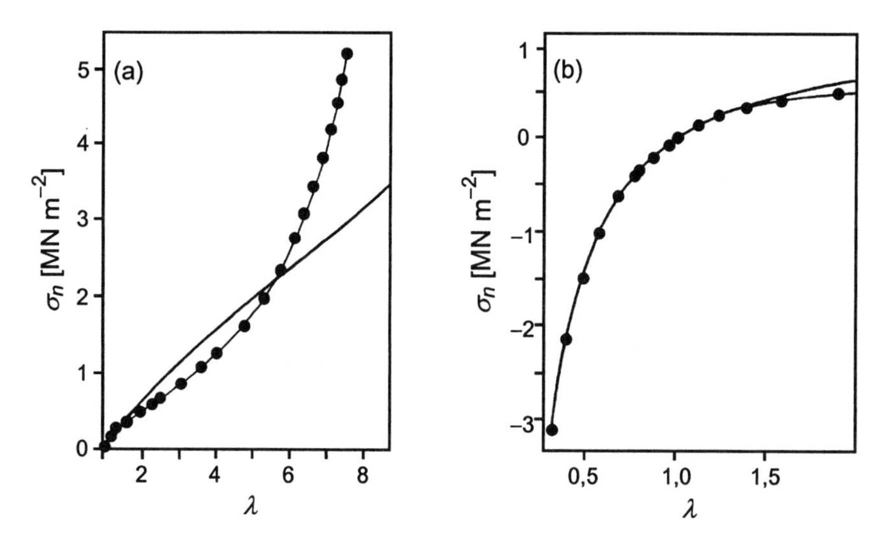

Abb. 130. Beziehung zwischen nominaler Spannung σ_n und Dehnverhältnis λ für einen Gummi. Die theoretischen Kurven für einen G-Modul von 0,4 MNm^{-2} sind als dicke Linien eingezeichnet. (a) Dehnung, (b) Kompression [116].

4.3.4 Viskoelastizität

4.3.4.1 Zeitabhängiges mechanisches Verhalten

Vollelastische Festkörper, wie zum Beispiel Metalle oder Keramik, zeigen ein Hooke'sches Verhalten, bei dem die Dehnung der angelegten Spannung direkt proportional ist:

$$\sigma = E\,\varepsilon \qquad \text{bzw.} \qquad \frac{\mathrm{d}\sigma}{\mathrm{d}t} = E \cdot \frac{\mathrm{d}\varepsilon}{\mathrm{d}t}.$$

Viskose Flüssigkeiten zeigen dagegen Newton'sches Verhalten. Dies bedeutet, dass nicht die Dehnung, sondern die Dehngeschwindigkeit der angelegten Spannung proportional ist:

$$\sigma = \eta \cdot \frac{\mathrm{d}\varepsilon}{\mathrm{d}t}.$$

Die beiden Extremfälle des mechanischen Verhaltens lassen sich durch Sprungfedern und Kolben in einem Stempel beschreiben, wie in Abb. 131 dargestellt.

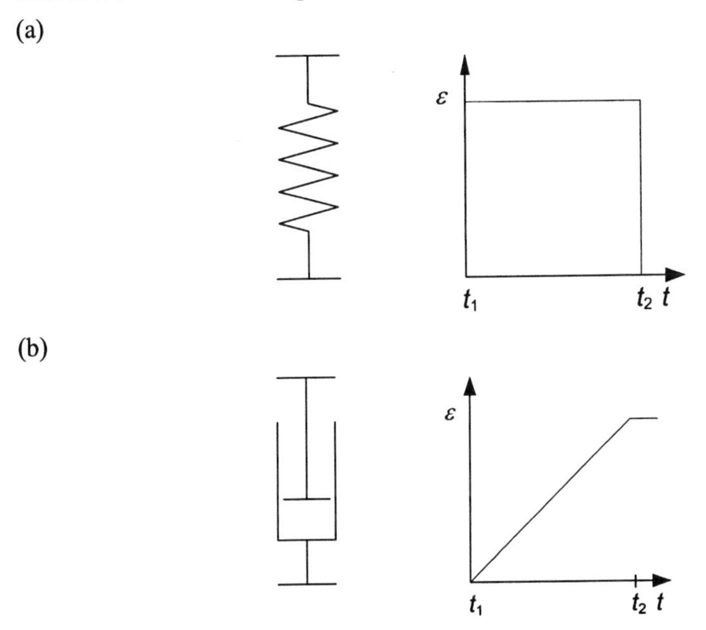

Abb. 131. Schematische Darstellung des (a) Hooke'schen und (b) Newton'schen Verhaltens. t_1 und t_2 bezeichnen Beginn und Ende der Belastung.

Viskoelastische Polymere liegen in ihrem Verhalten zwischen den beiden Extremfällen, das heißt, sie besitzen eine viskose und eine elastische Komponente. Das viskoelastische Verhalten von Polymeren kann untersucht werden durch

(a) **Spannungsrelaxationsmessungen** und

(b) **Messung des Kriech- und Fließverhaltens**.

Bei (a) wird eine Probe bei konstanter Dehnung ε gehalten und die hierzu erforderliche Spannung σ als Funktion von t gemessen (Abb. 132a). Man beobachtet ein exponentielles Abklingen von σ.

Bei (b) wird an eine Probe eine konstante Spannung σ angelegt und die hierbei erzielte Dehnung ε als Funktion von t gemessen (Abb. 132b). Das Polymer dehnt sich zunächst rasch aus, dann immer langsamer, es „kriecht".

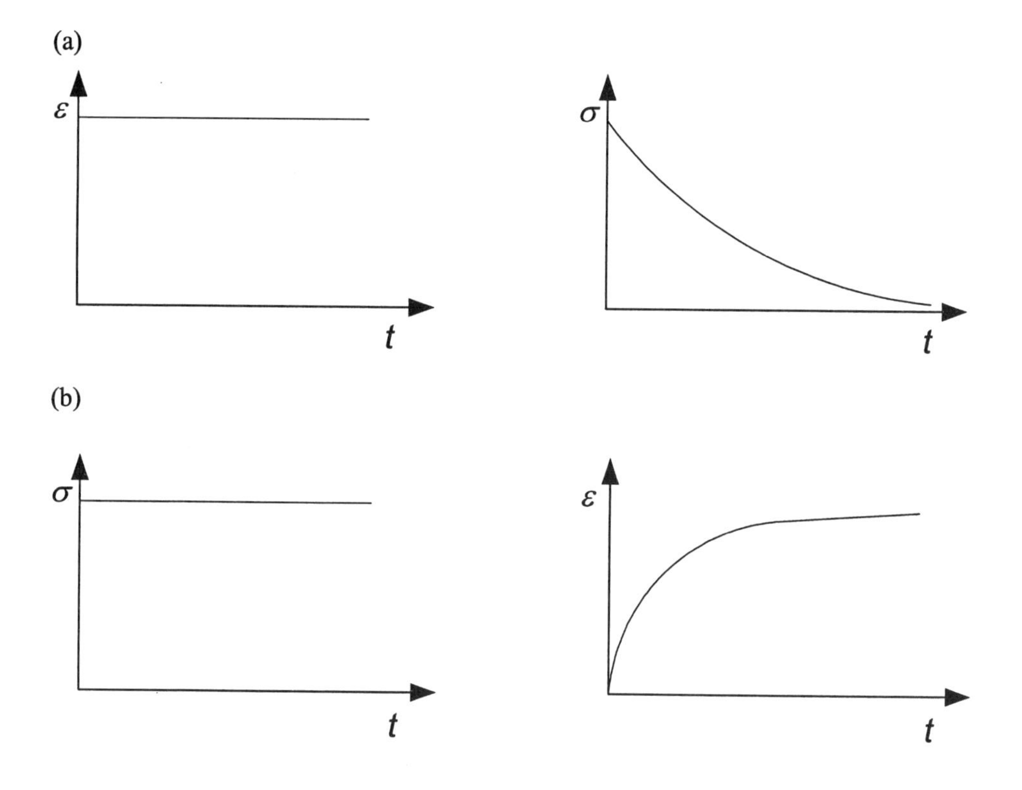

Abb. 132. Viskoelastisches Verhalten einer Probe bei (a) konstanter Dehnung und (b) konstanter Spannung.

4.3.4.2 Viskoelastische mechanische Modelle

Das viskoelastische Verhalten lässt sich durch Kombination des Hooke'schen und Newton'schen Verhaltens anhand des **Maxwell-Modells** (Abschnitt 4.3.4.2.1) und des **Voigt-Modells** (Abschnitt 4.3.4.2.2) beschreiben.

4.3.4.2.1 Maxwell-Modell

Dieses Modell wurde ursprünglich entwickelt, um das zeitabhängige mechanische Verhalten von Teer und Pech zu beschreiben. Es besteht aus Sprungfeder und Stempel im Kolben, die in Reihe angeordnet sind:

Wird eine Spannung σ angelegt, so beträgt die gesamte Dehnung $\varepsilon = \varepsilon_1 + \varepsilon_2$, wobei ε_1 und ε_2 die Dehnungen in Sprungfeder und Stempel im Kolben darstellen. Da beide in Reihe geschaltet sind, ist die Spannung in beiden Elementen gleich, das heißt

$$\sigma = \sigma_1 = \sigma_2 .$$

Hieraus folgt für die beiden Elemente

$$\frac{d\sigma}{dt} = E\frac{d\varepsilon_1}{dt} \quad \text{bzw.} \quad \sigma = \eta\frac{d\varepsilon_2}{dt} .$$

Mit $\frac{d\varepsilon}{dt} = \frac{d\varepsilon_1}{dt} + \frac{d\varepsilon_2}{dt}$ folgt

$$\frac{d\varepsilon}{dt} = \frac{1}{E}\frac{d\sigma}{dt} + \frac{\sigma}{\eta} .$$

Wird bei **konstanter Spannung** gemessen, ist $\sigma = \sigma_0$ und $d\sigma / dt = 0$. Es folgt

$$\frac{d\varepsilon}{dt} = \frac{\sigma_0}{\eta},$$

das heißt, das Maxwell-Modell sagt einen **Newton'schen Fluss** voraus (Abb. 133a). Dies entspricht aber nicht dem viskoelastischen Polymerverhalten, bei dem $d\varepsilon/dt$ mit der Zeit abnimmt.

Wird dagegen bei **konstanter Dehnung** $\varepsilon = \varepsilon_0$ gemessen, so ist $d\varepsilon/dt = 0$ und es folgt

$$0 = \frac{1}{E}\frac{d\sigma}{dt} + \frac{\sigma}{\eta} \quad \text{bzw.} \quad \frac{d\sigma}{\sigma} = -\frac{E}{\eta}\,dt.$$

Mit $\sigma = \sigma_0$ zur Zeit $t_0 = 0$ folgt nach Integration

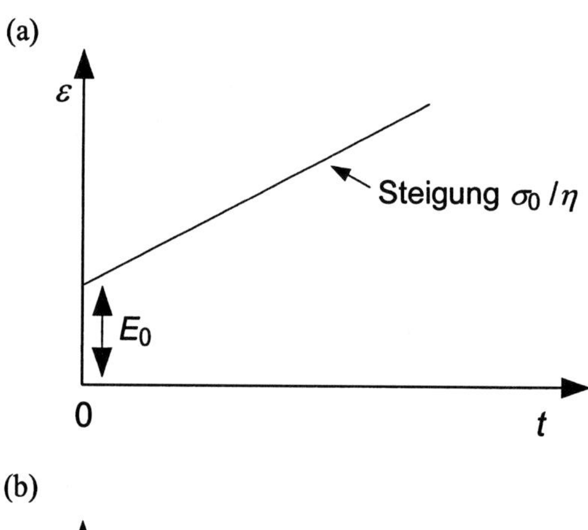

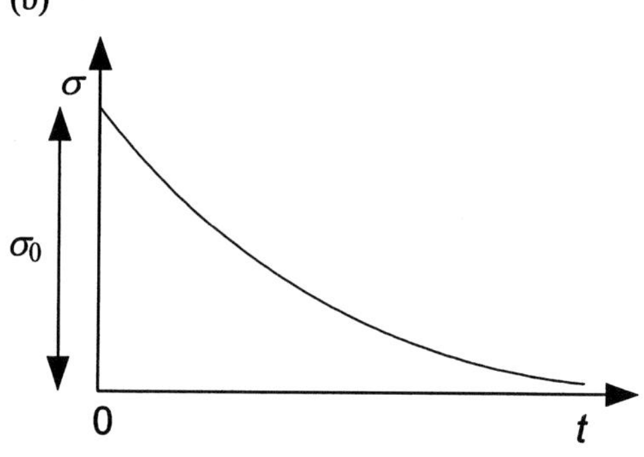

Abb. 133. Kriechverhalten (a) und Spannungsrelaxation (b) nach dem Maxwell-Modell. Nur bei der Spannungsrelaxation stimmt das Modell mit dem experimentellen Verhalten überein.

$$\sigma = \sigma_0 \exp\left(-\frac{Et}{\eta}\right),$$

wobei σ_o die ursprüngliche Spannung darstellt. η/E ist für ein gegebenes Maxwell-Modell konstant und wird gelegentlich als Relaxationszeit τ_o bezeichnet. Mit τ_o wird die Beziehung

$$\sigma = \sigma_0 \exp\left(-\frac{t}{\tau_0}\right)$$

erhalten, die eine exponentielle Spannungsabnahme voraussagt (Abb. 133b). Dies stimmt recht gut mit dem Experiment überein, das heißt, **das Maxwell-Modell beschreibt die Spannungsrelaxation, aber nicht das Kriechverhalten**.

4.3.4.2.2 Voigt-Modell

Das Voigt- (oder auch Kelvin-)Modell enthält die gleichen Elemente wie das Maxwell-Modell, aber parallel angeordnet:

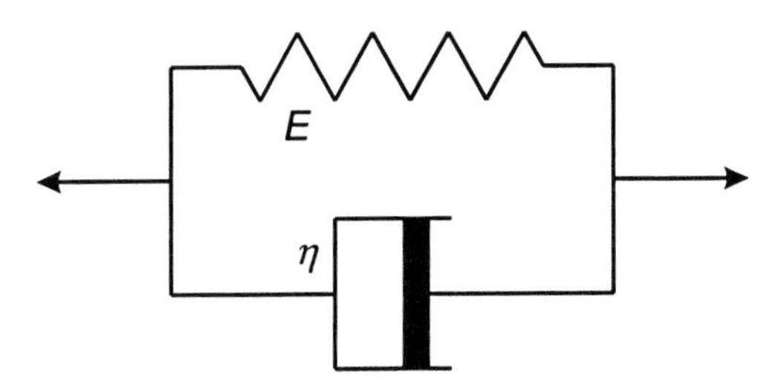

Bei diesem Modell gilt bei Beanspruchung $\varepsilon = \varepsilon_1 = \varepsilon_2$ und $\sigma = \sigma_1 + \sigma_2$. Für σ_1 und σ_2 ergeben sich

$$\sigma_1 = E\,\varepsilon \quad \text{und} \quad \sigma_2 = \eta\,\frac{d\varepsilon}{dt}.$$

Für σ folgt hieraus

$$\sigma = E\,\varepsilon + \eta\,\frac{d\varepsilon}{dt}$$

und

$$\frac{d\varepsilon}{dt} = \frac{\sigma}{\eta} - \frac{E\,\varepsilon}{\eta}.$$

Wird bei **konstanter Spannung** gemessen, ist $\sigma = \sigma_0$, und es gilt

$$\frac{d\varepsilon}{dt} + \frac{E\,\varepsilon}{\eta} = \frac{\sigma_0}{\eta}.$$

Diese einfache Differenzialgleichung hat die Lösung

$$\varepsilon = \frac{\sigma_0}{E}\left[1 - \exp\left(-\frac{Et}{\eta}\right)\right].$$

Nach Ersatz von η/E durch die Relaxationszeit τ_0 folgt

$$\varepsilon = \frac{\sigma_0}{E}\left[1 - \exp\left(-t/\tau_0\right)\right].$$

Diese Beziehung ist in Abb. 134 dargestellt. Sie stimmt gut mit dem experimentellen Verlauf überein. Die Spannungsrelaxation wird dagegen durch das Voigt-Modell nicht richtig beschrieben, das heißt, **das Voigt-Modell beschreibt das Kriechverhalten eines Polymers.**

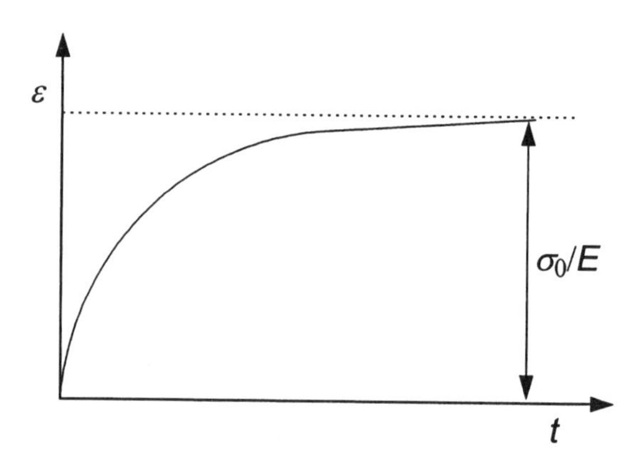

Abb. 134. Kriechverhalten nach dem Voigt-Modell.

Durch Kombination von beiden Modellen kann man nun versuchen, das viskoelastische Verhalten von Polymeren vollständig zu beschreiben. Ein Beispiel stellt das **Burgers-Modell** dar (Abb. 135):

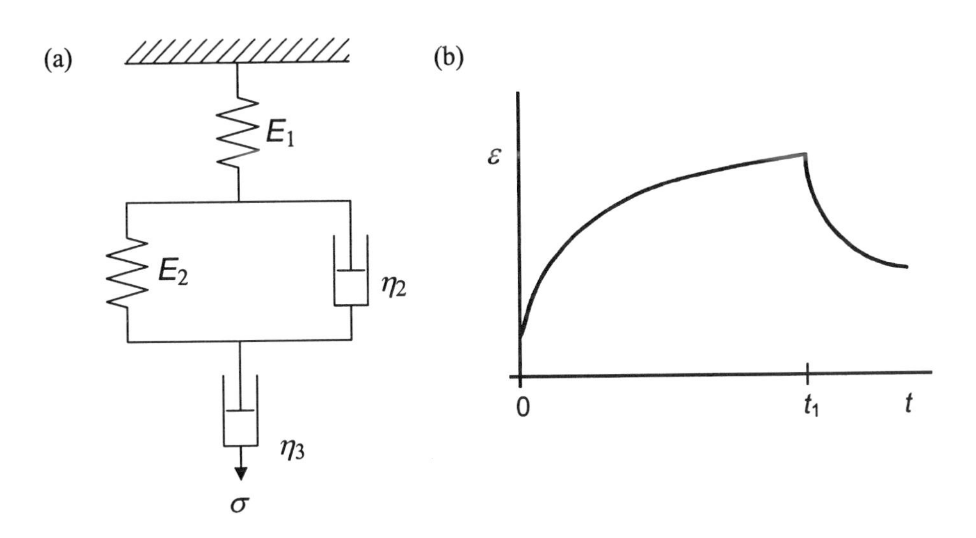

Abb. 135. Burgers-Modell (a) und Kriechverhalten nach dem Burgers-Modell (b).

4.3.4.3 Boltzmann'sches Superpositionsprinzip

Das Boltzmann'sche Superpositionsprinzip erlaubt es, den Spannungszustand eines viskoelastischen Körpers aus seiner Verformungsgeschichte zu bestimmen. Dies ist möglich unter der Annahme, dass sich die gesamte Deformation des viskoelastischen Körpers als eine algebraische Summe der Einzelbeanspruchungen beschreiben lässt. Zunächst sei die **Kriechnachgiebigkeit $J(t)$** definiert, die nur eine Funktion der Zeit ist. $J(t)$ erlaubt es, die Dehnung eines viskoelastischen Materials $\varepsilon(t)$ auf eine einwirkende Spannung σ zu beziehen:

$$\varepsilon(t) = J(t)\,\sigma\,.$$

Das Superpositionsprinzip lässt sich nun anhand der Verformung $\varepsilon(t)$ demonstrieren, die ein viskoelastischer Körper als Folge einer Reihe von Spannungsinkrementen $\Delta\sigma$ erfährt, die nach den Zeiten τ_1, τ_2 und τ_3 einwirken (Abb. 136).

Wird die Spannung $\Delta\sigma_1$ angelegt, so folgt für die Dehnung

$$\varepsilon_1(t) = \Delta\sigma_1 J(t - \tau_1).$$

Nachfolgende Spannungsinkremente tragen additiv zur Gesamtdehnung $\varepsilon(t)$ bei:

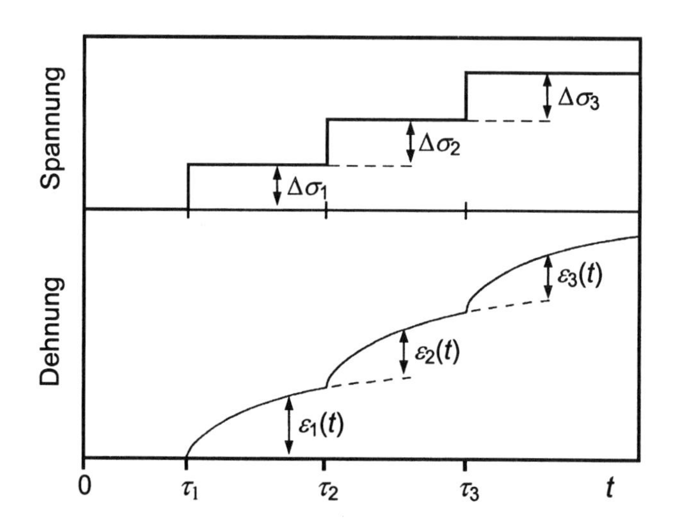

Abb. 136. Dehnung $\varepsilon(t)$ eines viskoelastischen Materials als Folge einer Reihe von Zugbeanspruchungen $\Delta\sigma$ [118].

$$\varepsilon(t) = \varepsilon_1(t) + \varepsilon_2(t) + \ldots$$

$$= \Delta\sigma_1 J(t - \tau_1) + \Delta\sigma_2 J(t - \tau_2) + \ldots$$

$$= \sum_{n=0}^{n} J(t - \tau_n)\Delta\sigma_n .$$

Die Summe lässt sich durch ein Integral ersetzen:

$$\varepsilon(t) = \int_{-\infty}^{t} J(t - \tau)\,\Delta\sigma(t).$$

Das einfachste Beispiel ist ein einzelnes Spannungsinkrement σ_0 zur Zeit $\tau = 0$:

$$(t - \tau) = J(t)$$

und

$$\varepsilon(t) = \sigma_0\, J(t).$$

Ein anderes Beispiel zeigt Abb. 137. σ_0 wird von $t = 0$ bis $t = t_1$ angelegt und danach weggenommen.

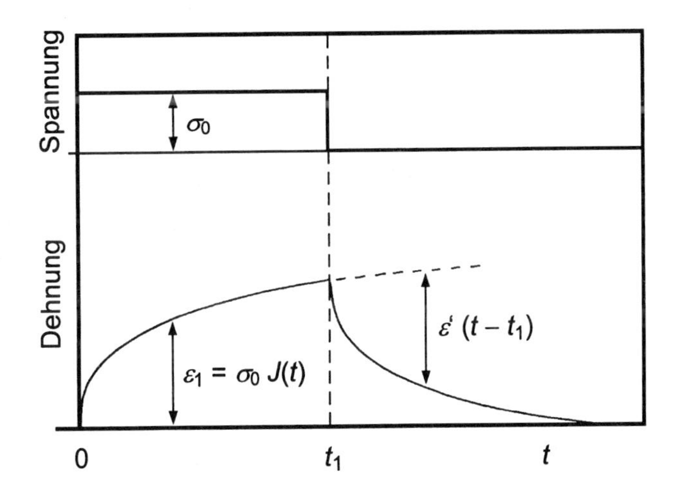

Abb. 137. Dehnung eines viskoelastischen Materials als Folge einer zeitweiligen Zugbeanspruchung σ_0 (zur Illustration des Boltzmann'schen Superpositionsprinzips) [119].

Die Dehnung ist dann

$$\varepsilon_1 = \sigma_0 J(t)$$

und nach dem Wegnehmen der Spannung

$$\varepsilon_2 = -\sigma_0 J(t-t_1).$$

Die Gesamtdehnung $\varepsilon(t)$ nach der Zeit t ($>t_1$) ist dann

$$\varepsilon(t) = \sigma_0 J(t) - \sigma_0 J(t-t_1)$$

Bezeichnet man mit $\varepsilon'(t-t_1)$ die Differenz zwischen der tatsächlichen Dehnung nach t_1 und der Dehnung, die bei anhaltender Spannung aufgetreten wäre, so gilt

$$\varepsilon'(t-t_1) = \sigma_0 J(t) - \varepsilon(t)$$

sowie

$$\varepsilon'(t-t_1) = \sigma_0 J(t-t_1),$$

was der Kriechdehnung bei Anliegen der positiven Spannung σ_0 für die Zeitdauer t_1 entspricht. Dies zeigt, dass die einzelnen Verformungsschritte **voneinander unabhängig** sind und die Verformung einer Probe sich aus den einzelnen Vorgängen addiert.

In der gleichen Weise wie die Kriechnachgiebigkeit $J(t)$ lässt sich auch die Spannungsrelaxation behandeln. Es gilt

$$\sigma(t) = E_r(t)\,\varepsilon,$$

wobei $E_r(t)$ der Spannungsrelaxationsmodul ist. Weiterhin gilt dann

$$\sigma(t) = \int_{-\infty}^{t} E_r(t-\tau)\,\mathrm{d}\varepsilon\,(t).$$

4.3.5 Elastizitätsmessungen

Im Folgenden werden verschiedene Elastizitätsmessungen näher beschrieben. Das klassische Experiment zur Ermittlung der Elastizität eines Polymers ist der Zugversuch (Abschnitt 4.3.5.1). Zeigt die Probe viskoelastisches Verhalten, kann diese durch Spannungsrelaxations- und Kriechmessungen näher charakterisiert werden (Abschnitt 4.3.5.2 bis 4.3.5.4). Will man den zugänglichen Messbereich der Relaxations- und Kriechmessungen noch erheblich vergrößern, muss man Schwingungsmessungen (dynamische Messungen) durchführen (Abschnitt 4.3.6).

4.3.5.1 Zugversuch

Beim Zugversuch wird eine Spannung an die Probe angelegt und die erzeugte Dehnung gemessen. Ein typisches Diagramm zeigt Abb. 138. Bei kleiner Spannung sind σ und ε direkt proportional, und das Hooke'sche Gesetz ist erfüllt. Aus der Steigung der Kurve wird der E-Modul erhalten. Ein sprödes (energieelastisches) Material bricht schon bei geringer Dehnung vor Erreichen des in Abb. 138 eingezeichneten Spannungsmaximums. Die Fläche unter der Kurve entspricht der Energie, die für den Sprödbruch benötigt wird.

Ein zähes (viskoelastisches, plastisches) Material durchläuft das Spannungsmaximum, die sogenannte **Streckgrenze**, ohne zu reißen. Bei weiterer Dehnung kommt es zu einer Einschnürung der Probe. Der Querschnitt der Probe sinkt so stark, dass die nominelle Spannung zunächst ebenfalls sinkt und dann konstant bleibt. Die Probe wird „kaltverstreckt".

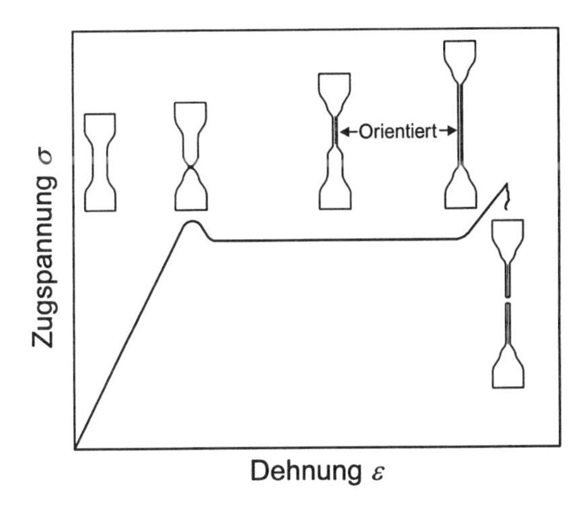

Abb. 138. Schematische Darstellung des Spannung-Dehnungs-Verhaltens eines teilkristallinen Polymers und entsprechende Änderungen der Probendimensionen [2, 3].

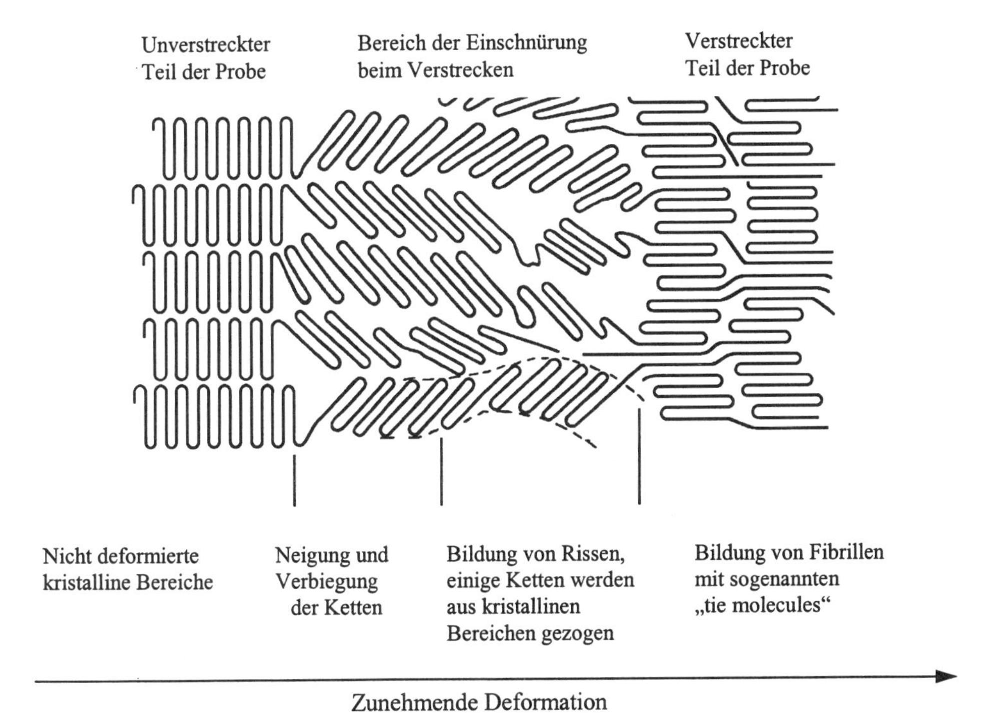

Abb. 139. Vorgeschlagener Mechanismus der Umorientierung kristalliner Bereiche während der Kaltverstreckung [120].

Bei dieser Kaltverstreckung werden die Polymerketten parallel ausgerichtet (Abb. 139). Nach vollständiger Verstreckung steigt die Spannung wieder an, und es kommt schließlich zum Bruch. Der Bruch ist auf Kettenriss und Abgleiten benachbarter Ketten zurückzuführen.

Entropieelastische, vernetzte Polymere (Elastomere) zeigen eine mit zunehmender Dehnung allmählich ansteigende Zugspannung, bis sie schließlich reißen. Typische Kurvenformen verschiedener Polymertypen zeigt Abb. 140.

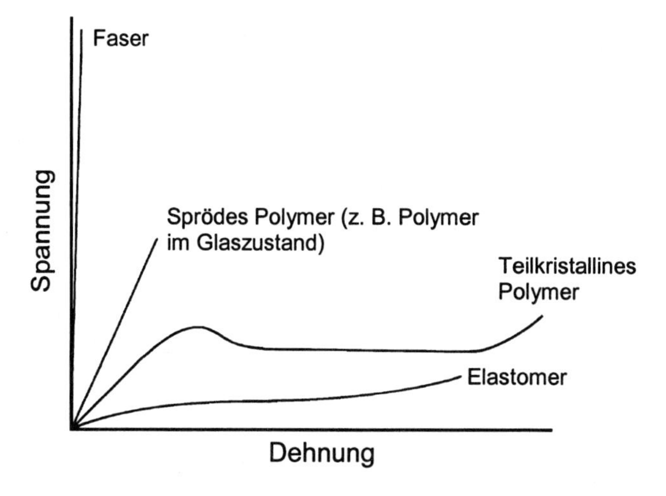

Abb. 140. Spannungs-Dehnungs-Diagramme verschiedener Polymertypen.

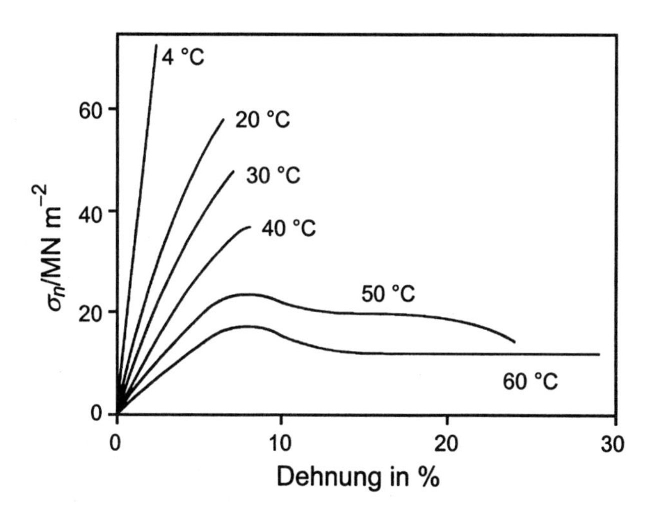

Abb. 141. Einfluss der Temperatur auf das Spannungs-Dehnungs-Verhalten von PMMA [121].

Die Form der Spannungs-Dehnungs-Kurve variiert mit der Temperatur und der Messgeschwindigkeit. Abb. 141 zeigt den Einfluss der Temperatur auf die σ-ε-Kurve von PMMA. Mit steigender Temperatur nehmen Steifigkeit und Streckspannung ab, während die Dehnung zunimmt. PMMA geht bei etwa 45 °C von hart und brüchig in weich und zäh über.

4.3.5.2 Spannungsrelaxations- und Kriechmessung

Bei der **Spannungsrelaxationsmessung** wird die Kraft als Funktion der Zeit gemessen, die nötig ist, um eine bestimmte, durch eine Spannung hervorgerufene Deformation des Probenkörpers aufrecht zu erhalten. Beim **Kriechtest** wird dagegen die Dehnung als Funktion der Zeit gemessen, die nötig ist, um den Probenkörper unter einer konstanten Spannung zu halten.

Eine Möglichkeit der Spannungsrelaxationsmessung ist in Abb. 142 skizziert. Die viskoelastische Probe wird von zwei Klammern gehalten. Die obere Klammer ist mit einer schwachen Feder verbunden, die untere an einem Stab befestigt. Wird nun der Stab rasch nach unten gezogen und in seiner neuen Position befestigt, so erfährt die Probe eine plötzliche Zugspannung, die zu einer bestimmten Dehnung führt und die Feder proportional zur angelegten Zugspannung deformiert. Um nun die Dehnung über länge-

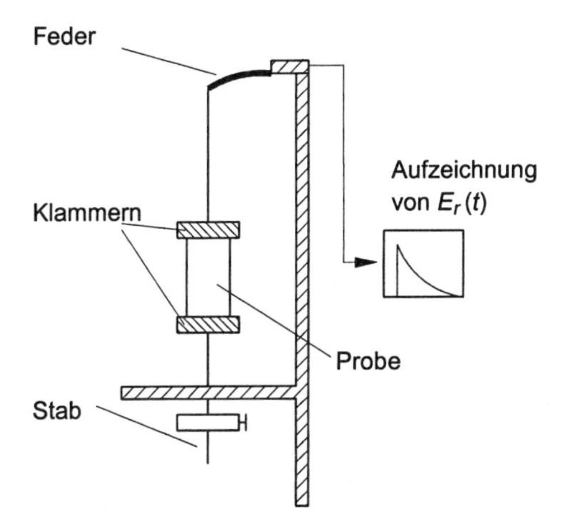

Abb. 142. Schematische Darstellung einer Apparatur zur Messung der Spannungsrelaxation von Polymeren.

re Zeit konstant zu halten, muss aufgrund der Relaxation der Probe die Zugspannung ständig verringert werden. Dies führt zu einer allmählichen Rückkehr der Feder in ihre Ausgangslage. Die Auslenkung der Feder ist also ein Maß für die Spannungsrelaxation, die durch Auftragung des Relaxationsmoduls E_r (t) angegeben wird.

Beim Kriechversuch wird im Prinzip analog verfahren, doch wird hier die zunehmende Dehnung der Probe bei konstanter Zugspannung durch Auftragen der Kriechnachgiebigkeit $J(t)$ detektiert.

4.3.5.3 Zeit-Temperatur-Superposition

Die praktische Zeitskala für Spannungsrelaxationsmessungen reicht von etwa 10^1 bis 10^6 Sekunden, obwohl für eine vollständige Charakterisierung der Probe eine weit grö-

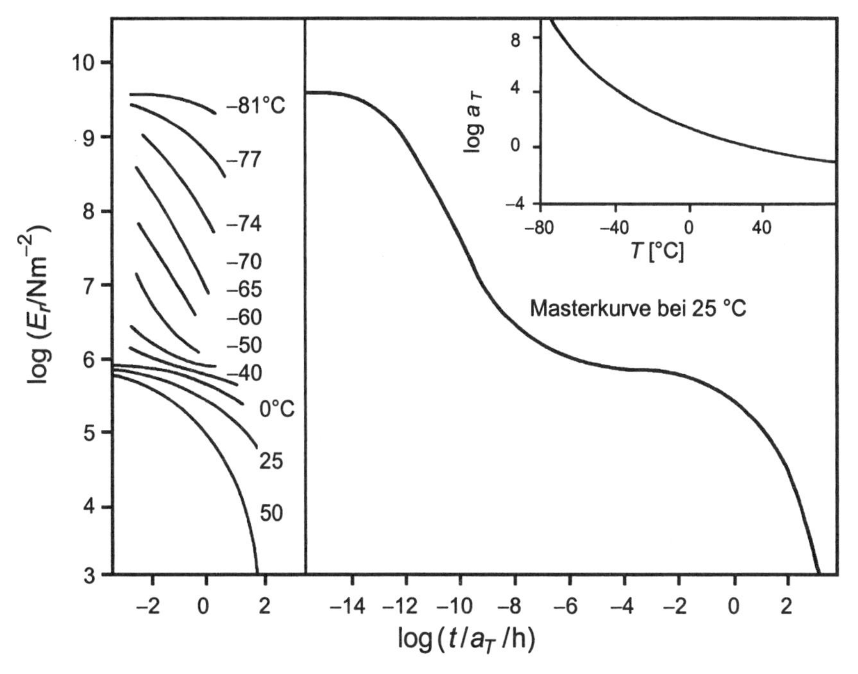

Abb. 143. Erläuterung des Zeit-Temperatur-Superpositionsprinzips anhand von Spannungsrelaxationsdaten E_r für Polyisobuten. Die bei verschiedenen Temperaturen gemessenen E_r (t)-Kurven (links) werden mithilfe des Verschiebungsfaktors a_T so lange horizontal verschoben, bis sie alle auf einer Masterkurve liegen. Log a_T ist für verschiedene Temperaturen rechts oben angegeben. [122].

ßere Zeitskala nötig wäre. Für viskoelastische Materialien sind jedoch Zeit und Temperatur **äquivalent**. Misst man $E_r(t)$ bei verschiedenen Temperaturen, so lässt sich durch Parallelverschiebung der $E_r(t)$-Kurven entlang der Zeitachse eine **Masterkurve** erzeugen, die $E_r(t)$ über viele Größenordnungen beschreibt (Abb. 143).

Hierzu ist es zunächst nötig, eine bei T_0 gemessene Kurve willkürlich als Referenzkurve zu definieren. In Abb. 143 ist dies die 25 °C-Kurve. Die bei anderen Temperaturen gemessenen Kurven werden nun entlang der t-Achse horizontal verschoben. Der **Verschiebungsfaktor a_T** beträgt

$$\log a_T = \log t - \log t_0 = \log \frac{t}{t_0},$$

wobei t_0 den Zeitwert eines bestimmten Punktes auf der Referenzkurve markiert und t den Zeitwert eines Punktes mit gleichem E_r-Wert auf einer bei anderer Temperatur gemessenen Kurve.

4.3.5.4 WLF-Gleichung

Williams, Landel und Ferry beschrieben die T-Abhängigkeit von $\log a_T$ empirisch in Form der Beziehung

$$\log a_T = \frac{-c_1 (T - T_0)}{c_2 + (T - T_0)}$$

mit den Konstanten c_1 und c_2. Wählt man die Glastemperatur T_g als T_0, so gilt die sogenannte **WLF-Gleichung** [123]

$$\log a_T = \frac{-c_1^g (T - T_g)}{c_2^g + (T - T_g)}$$

mit den universellen Konstanten $c_1^g = 17{,}4$ K und $c_2^g = 51{,}6$ K. Die universellen Konstanten erlauben es, sehr rasch den richtigen Shift-Faktor zu ermitteln, wenn man die Glastemperatur des Polymers kennt. Die WLF-Masterkurve ist sehr gut geeignet, das mechanische Verhalten von Polymeren zu beschreiben.

Die WLF-Gleichung lässt sich auch theoretisch über das freie Volumen ableiten. Der freie Volumenbruch f eines Polymers ist gegeben als

$$f = f_g + \left(T - T_g\right)\alpha_f$$

mit f_g = freier Volumenbruch bei T_g und α_f = thermischer Ausdehnungskoeffizient des freien Volumens.

Wir nehmen nun an, dass sich unser Polymer analog dem Maxwell-Modell (Abschnitt 4.3.4.2.1) verhält. Für das Maxwell-Modell ist $\tau_0 = \eta/E$. E ist temperaturunabhängig, sodass nur η temperaturabhängig ist. Für den Shift-Faktor a_T kann man

$$a_T = \frac{\tau_0(T)}{\tau_0\left(T_g\right)} = \frac{\eta(T)}{\eta\left(T_g\right)}$$

schreiben, wenn T_g die Referenztemperatur ist. Die Viskosität lässt sich nun durch die semiempirische **Doolittle-Gleichung** [124] mit dem freien Volumen korrelieren:

$$\ln \eta = \ln A + B\left(V - V_f\right)/V_f$$

mit V = Gesamtvolumen und A, B = Konstanten. Hieraus folgt

$$\ln \eta\,(T) = \ln A + B\,(1/f) - 1$$

und bei T_g

$$\ln \eta\,(T_g) = \ln A + B\,(1/f_g) - 1 .$$

Einsetzen von $f = f_g + (T - T_g)\,\alpha_f$ und Subtraktion beider Gleichungen liefert

$$\ln \frac{\eta(T)}{\eta\left(T_g\right)} = B\left(\frac{1}{f_g + \alpha_f\left(T - T_g\right)} - \frac{1}{f_g}\right)$$

sowie

$$\log \frac{\eta(T)}{\eta\left(T_g\right)} = \log a_T = \frac{-\left(B/2{,}303\, f_g\right)\left(T - T_g\right)}{f_g/\alpha_f + \left(T - T_g\right)} .$$

Dies ist die theoretisch abgeleitete WLF-Gleichung. Sie besagt, dass f_g und α_f „universell", das heißt für alle Polymeren etwa gleich sind. Für amorphe Polymere ist $f_g \sim 0{,}025$ und $a_f \sim 4{,}8 \times 10^{-4}\ K^{-1}$.

4.3.6 Dynamische Messung

4.3.6.1 Grundlagen

Bei dynamischen Messungen wird der Prüfkörper periodisch, das heißt mit einer niederfrequenten Zugspannung beansprucht. Für σ gilt

$$\sigma = \sigma_0 \sin \omega t$$

mit der Kreisfrequenz $\omega = 2\pi\nu$ (in Hz). Bei einem energieelastischen Material gilt dann für die Dehnung ε ebenso

$$\varepsilon = \varepsilon_0 \sin \omega t\,.$$

Bei einem viskoelastischen Material erfolgt die Dehnung mit einer gewissen Verzögerung. Die Änderungen von σ und ε mit der Zeit t sind dann nicht genau in Phase. Es gilt

$$\varepsilon = \varepsilon_0 \sin \omega t$$

$$\sigma = \sigma_0 \sin(\omega t + \delta)$$

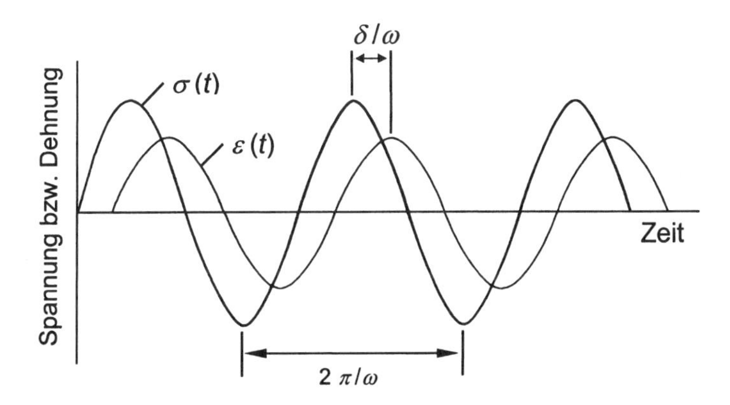

Abb. 144. Zeitabhängige Änderung von Zug und Dehnung eines viskoelastischen Materials bei der dynamischen Messung.

mit dem Phasenwinkel δ, der die relative Winkelverschiebung von Zug und Dehnung beschreibt (Abb. 144). Für σ lässt sich auch

$$\sigma = \sigma_0 \sin \omega t \cos \delta + \sigma_0 \cos \omega t \sin \delta$$

schreiben, das heißt, σ enthält die zwei Komponenten $\sigma_0 \cos \delta$ (in Phase mit der Dehnung) und $\sigma_0 \sin \delta$ ($\pi/2$ aus der Phase mit der Dehnung). Jeder dieser Komponenten lässt sich ein Modul zuordnen: E_1 (in Phase mit der Dehnung) $= (\sigma_0/\varepsilon_0) \cos \delta$ und E_2 ($\pi/2$ aus der Phase mit der Dehnung) $= (\sigma_0/\varepsilon_0) \sin \delta$.

Hieraus folgt für σ:

$$\sigma = \varepsilon_0 E_1 \sin \omega t + \varepsilon_0 E_2 \cos \omega t,$$

und der Phasenwinkel δ ist gegeben durch

$$\frac{\sin \delta}{\cos \delta} = \tan \delta = \frac{E_2}{E_1}.$$

Alternativ lassen sich die dynamisch-mechanischen Eigenschaften viskoelastischer Materialien auch durch komplexe Zahlen wiedergeben:

$$\varepsilon = \varepsilon_0 \exp i\omega t$$

$$\sigma = \sigma_0 \exp i(\omega t + \delta) \quad \text{mit} \quad i = (-1)^{1/2}.$$

Für den komplexen Modul gilt

$$E^* = \frac{\sigma}{\varepsilon} = \frac{\sigma_0}{\varepsilon_0} \exp i\delta = \frac{\sigma_0}{\varepsilon_0} (\cos \delta + i \sin \delta).$$

Mit den Definitionen für E_1 und E_2 folgt

$$E^* = E_1 + i\, E_2.$$

Der komplexe Modul E^* besteht aus einem realen Teil E_1 und einem imaginären Teil E_2. Der reale Teil wird auch als **Speichermodul** bezeichnet. Er misst die Steifigkeit und Formfestigkeit. Der imaginäre Teil wird als **Verlustmodul** bezeichnet. Er beschreibt den Verlust an nutzbarer mechanischer Energie durch Dissipation in Wärme. Das Verhältnis beider Moduln, tan δ, wird auch als **Verlustfaktor** bezeichnet.

4.3.6.2 Torsionsschwingungsmessung

Die Messung erfolgt an einem polymeren Stab, der auf einer Scheibe sitzt und durch Drehung der Scheibe um θ verdrillt wird (Abb. 145). Bei der Torsionsschwingungsmessung wird die Scheibe um θ gedreht und das System sich selbst überlassen. Es tritt eine gedämpfte Schwingung mit konstanter Frequenz ω und zeitlich abnehmender Amplitude auf. Um die Schermoduln G_1 und G_2 zu bestimmen, misst man zunächst die Dämpfung

$$\Lambda = \ln\left(\frac{\theta_n}{\theta_{n+1}}\right).$$

Mit Λ lassen sich G_1 und G_2 berechnen:

$$G_1 = \frac{2\,I\,\omega^2 l}{\pi r^4}\left(1 - \frac{\Lambda^2}{4\pi^2}\right)$$

und

$$G_2 = \frac{2\,I\,\omega^2 l}{\pi r^4}\,\frac{\Lambda}{\pi}$$

mit I = Trägheitsmoment der Scheibe, r = Stabradius und l = Stablänge.

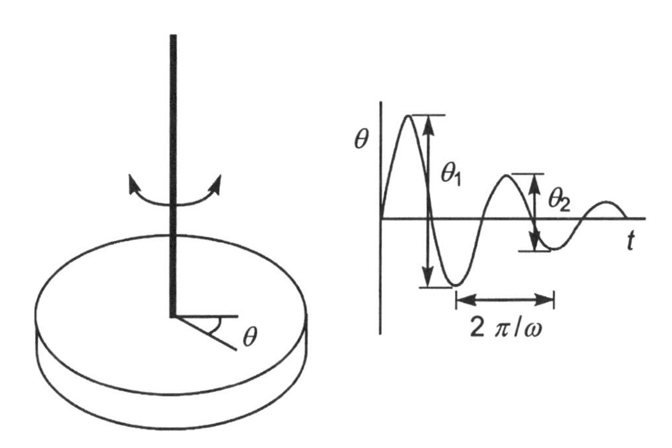

Abb. 145. Schematische Darstellung eines Torsionspendels sowie der Schwingungsdämpfung eines viskoelastischen Materials [125].

Der Verlustfaktor tan δ ergibt sich aus

$$\tan\delta = G_2/G_1 = \Lambda/\pi\left(1-\frac{\Lambda^2}{4\pi^2}\right).$$

Neben dem Torsionspendel wurden zahlreiche weitere dynamische Messgeräte entwickelt. Neben freien können auch **erzwungene Schwingungen** ausgewertet werden. Hierzu wird die Probe periodisch mit einer konstanten Amplitude (ε_0) verformt, und man misst mithilfe eines elektromechanischen Wandlers die Spannungsamplitude σ_0 und die Phasenverschiebung δ zwischen σ und ε. Diese Methode liefert die Zugspannungsmoduln E_1 und E_2.

4.3.6.3 Frequenzabhängigkeit des viskoelastischen Verhaltens

Ändert man die Frequenz, so findet man, dass auch E_1, E_2 und tan δ variieren. Wie bei der statischen Messung eine Zeit- und Temperaturabhängigkeit vorliegt, so liegt bei der dynamischen Messung eine Frequenz- und Temperaturabhängigkeit vor. Die Frequenzabhängigkeit lässt sich auf einfache Weise anhand des Maxwell-Modells beschreiben. Nach diesem Modell gilt

$$\frac{\mathrm{d}\varepsilon}{\mathrm{d}t} = \frac{1}{E}\frac{\mathrm{d}\sigma}{\mathrm{d}t} + \frac{\sigma}{\eta},$$

und mit $\tau_0 = \eta/E$ folgt

$$E\tau_0\frac{\mathrm{d}\varepsilon}{\mathrm{d}t} = \tau_0\frac{\mathrm{d}\sigma}{\mathrm{d}t} + \sigma.$$

Andererseits gilt bei sinusförmiger Änderung der Spannung

$$\varepsilon = \varepsilon_0 \exp i\,\omega t \quad \text{und} \quad \sigma = \sigma_0 \exp i\,(\omega t + \delta),$$

bzw.

$$\frac{\mathrm{d}\varepsilon}{\mathrm{d}t} = i\omega\,\varepsilon_o \exp i\omega t \quad \text{und} \quad \frac{\mathrm{d}\sigma}{\mathrm{d}t} = i\omega\,\sigma_0 \exp i(\omega t + \delta),$$

sodass bei Kombination die Beziehung

$$\frac{E\,\tau_0\,i\,\omega}{\left(\tau_0 i\omega + 1\right)} = \frac{\sigma_0 \exp\, i\left(\omega t + \delta\right)}{\varepsilon_0 \exp\, i\omega t} = \frac{\sigma}{\varepsilon}$$

erhalten wird. Mit $\sigma/\varepsilon = E^* = E_1 + i\,E_2$ folgt

$$E_1 + iE_2 = E\tau_0 i\omega/(\tau_0 i\omega + 1)$$

sowie $E_1 = \dfrac{E\tau_0^2\,\omega^2}{(\tau_0^2\,\omega^2 + 1)}$, $E_2 = \dfrac{E\,\tau_0\,\omega}{\left(\tau_0^2\,\omega^2 + 1\right)}$ und $\tan\delta = 1/\tau_0\,\omega$.

E_1, E_2 und tan δ sind also eine Funktion der Frequenz ω bei gegebener Relaxationszeit τ_0 (Abb. 146). Das experimentelle Verhalten von E_1 und E_2 stimmt mit dieser Rechnung gut überein, von tan δ weniger (hier müssen komplexere Modelle als das Maxwell-Modell zuhilfe genommen werden).

Das Auftreten von Peaks in E_2 und tan δ kann als „Resonanzverstärkung“ von bestimmten molekularen Bewegungen in der Polymerkette durch die angelegte Frequenz gedeutet werden. Besonders starke Resonanzen treten bei der Glasumwandlung und beim Aufschmelzen des Polymers auf. Die Glasumwandlung tritt ein, wenn die Testfrequenz der natürlichen Frequenz der Hauptkettenrotation entspricht. Bei zu hoher Frequenz ist nicht genügend Zeit für die Kette vorhanden, in Bewegung zu geraten, und das Polymer bleibt glasartig; bei zu kleiner Frequenz haben die Ketten genügend Zeit zur Bewegung, und das Material wird weich und gummiartig.

Neben dem Glasübergang und dem Aufschmelzen lassen sich auch andere Resonanzen erzeugen, die allerdings häufig nur kleine Peaks ergeben. Diese werden als „Sekundärumwandlungen“ bezeichnet. Ataktisches Polystyrol besitzt drei Sekundärumwandlungen:

β-Peak: Phenylgruppenrotation um die Hauptkette,
γ-Peak: Rotation von Kopf-Kopf-Verknüpfungen,
δ-Peak: Rotation von Phenylgruppen um die eigene Achse.

Der α-Peak ist stets der Peak mit der höchsten Umwandlungstemperatur. Bei einem amorphen Polymer ist dies die Glastemperatur.

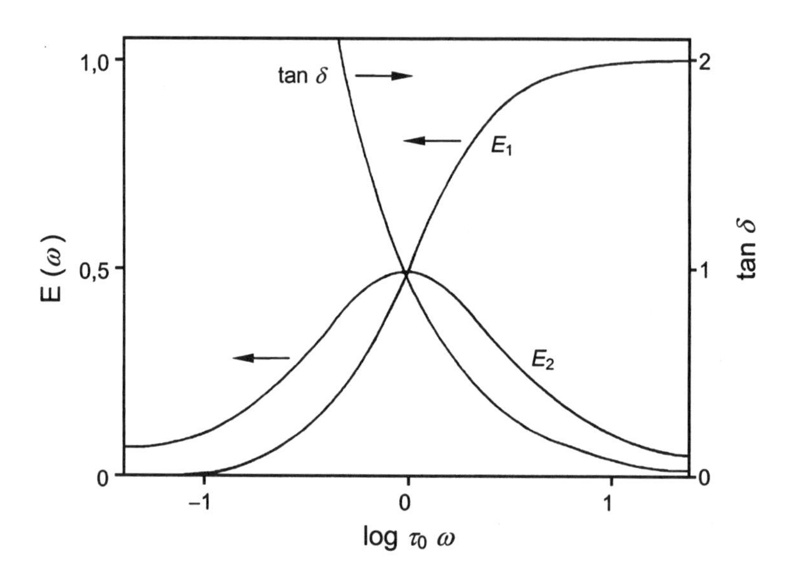

Abb. 146. Änderung von E_1, E_2 und tan δ mit der Frequenz ω für ein Maxwell-Modell mit $E = 1$ und konstanter Relaxationszeit τ_0 [126].

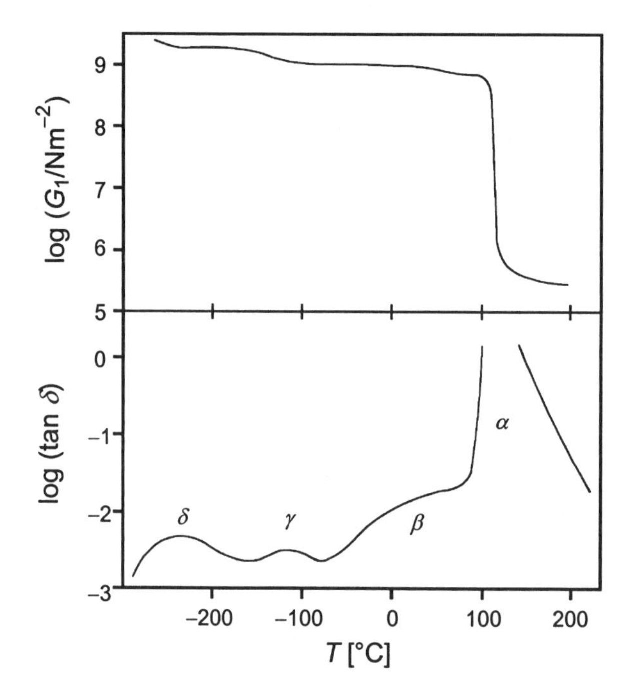

Abb. 147. Änderungen des Schermoduls G_1 und des Verlustfaktors tan δ mit der Temperatur für Polystyrol [127].

Die Frequenzen, bei denen die Umwandlungen auftreten, sind wiederum temperaturabhängig. Aus praktischen Gründen ist es daher oft einfacher, bei **konstanter Frequenz** und **variabler Temperatur** zu messen. Beispiele für Messkurven zeigen Abb. 147 (G_1 und tan δ als Funktion von T für Polystyrol) und Abb. 148 (tan δ als Funktion von T für HDPE und LDPE).

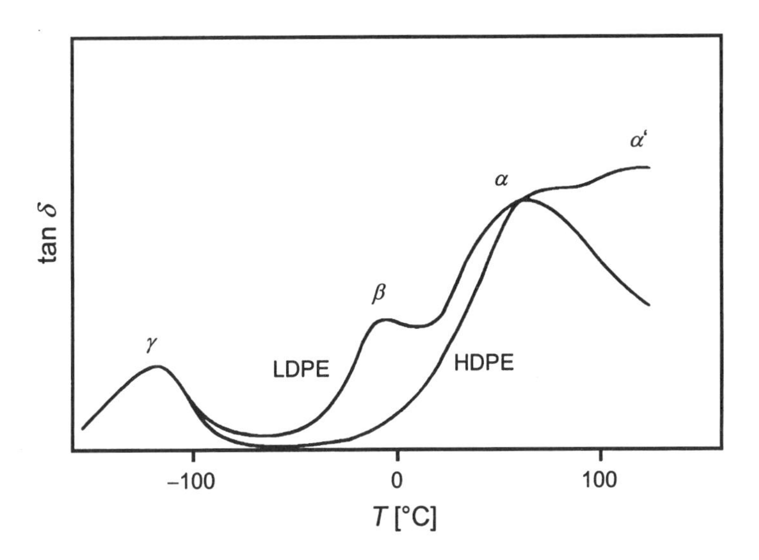

Abb. 148. Änderung von tan δ mit der Temperatur für HDPE und LDPE [118].

4.3.6.4 Frequenz-Temperatur-Superposition

Bei dynamischen Messungen lässt sich das viskoelastische Verhalten eines Polymers sowohl durch die Temperatur als auch durch die angelegte Frequenz beeinflussen. Zum Beispiel lässt sich ein unter bestimmten Bedingungen gummiartiges Polymer sowohl durch Erniedrigung der Temperatur als auch durch Erhöhung der Testfrequenz in den glasartigen Zustand überführen.

Experimentell wurde gefunden, dass Temperatur- und Frequenzabhängigkeit des E-Moduls den gleichen Kurvenverlauf zeigen und die Frequenzabhängigkeit ebenfalls durch eine **Masterkurve** darstellbar ist (Abb. 149). Der Verschiebungsfaktor a_T ist hier als

$$\log a_T = \log \omega_s - \log \omega = \log\left(\frac{\omega_s}{\omega}\right)$$

definiert, wobei ω_s die Frequenz eines Punktes auf der Referenzkurve und ω die Frequenz eines Punktes mit gleicher Schernachgiebigkeit auf einer bei anderer Temperatur gemessenen Kurve bedeuten.

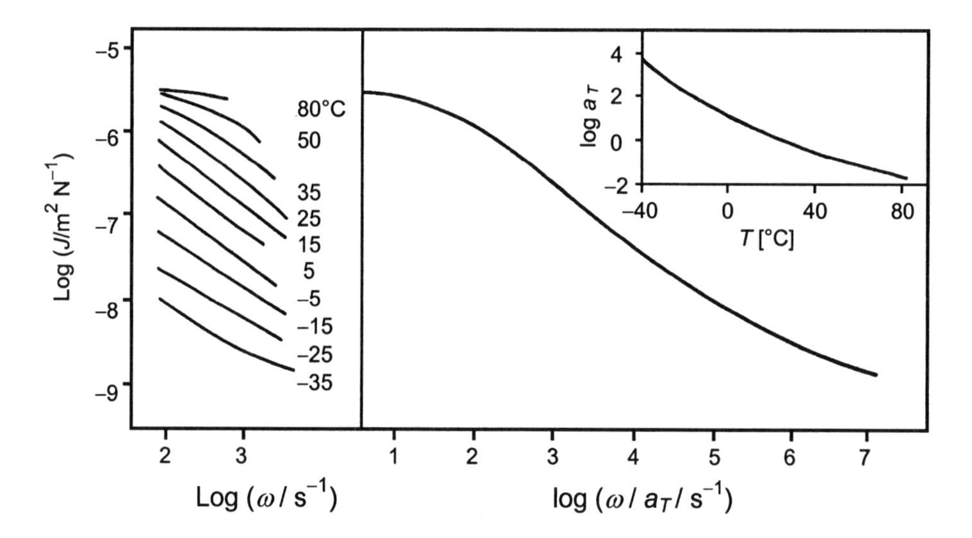

Abb. 149. Beispiel für das Zeit-Temperatur-Superpositionsprinzip anhand von Schernachgiebigkeitsdaten J für Polyisobuten. Die bei verschiedenen Temperaturen gemessenen J-ω -Kurven lassen sich mithilfe des Verschiebungsfaktors a_T so lange horizontal verschieben, bis sie alle auf einer Masterkurve liegen. Log a_T ist für verschiedene Temperaturen rechts oben angegeben [128].

5 Literatur

5.1 Referenzen

[1] Daten zum Teil aus F. Rodriguez; „Principles of Polymer Systems“, 2. Auflage, Mc Graw-Hill, Singapur **1983**, 12ff

[2] P. J. Flory; „Fundamental Principles of Condensation Polymerization“, Chem. Rev. **39** (1946) 137

[3] P. J. Flory; „Condensation Polymerization and Constitution of Condensation Polymers“, in „High Molecular Weight Organic Compounds“ (Frontiers in Chemistry , Vol. VI), Herausgeber: R. E. Burk, O. Grummitt, Interscience New York **1949**, 211ff

[4] P. J. Flory; J. Amer. Chem. Soc. **58** (1936) 1877

[5] P. J. Flory; J. Amer. Chem. Soc. **63** (1941) 3083

[6] R. J. Young; „Introduction to Polymers“, Chapman and Hall, London **1981**, 44

[7] Daten aus J. Brandrup, E. H. Immergut (Hrsg.); „Polymer Handbook“, 2. Auflage, Wiley-Interscience, New York **1975**

[8] F. S. Dainton, K. J. Ivin; Quarterly Rev. **12** (1958) 61

[9] J. M. Vanderhoff, E. B. Bradford, H. L. Tarkowski, J. B. Shaffer, R. M. Wiley; Adv. Chem. **34** (1962) 32

[10] J. M. G. Cowie; „Chemie und Physik der Polymeren“, Verlag Chemie, Weinheim **1976**, 74

[11] M. J. Bowden; „Polymers for Electronic and Photonic Applications“ in Adv. in Chemistry Series, Vol. 218, American Chemical Society, Washington DC **1988**, 22

[12] H. Hostalka, G. V. Schulz; Z. phys. Chem. NF **45** (1965) 286

[13] Daten von M. Swarc, M. Levy, R. Milkovich; J. Amer. Chem. Soc. **78** (1956) 2656

[14] L. L. Böhm, M. Chmelir, G. Löhr, B. J. Schmitt, G. V. Schulz; „Zustände und Reaktionen des Carbanions bei der anionischen Polymerisation des Styrols“, Adv. Polym. Sci. **9** (1972) 1

[15] G. Henrici-Olivé, S. Olivé; „Polymerisation“, Verlag Chemie, Weinheim **1969**, 107

[16] M. Hoffmann, H. Krömer, R. Kuhn; „Polymeranalytik I“, G. Thieme Verlag, Stuttgart **1977**, 49ff

[17] Daten von H. G. Elias; „Makromoleküle“, Hüthig & Wepf Verlag, Basel **1981**, 533

[18] G. Henrici-Olivé, S. Olivé; Adv. Polym. Sci. **6** (1969) 421

[19] P. Cossee; Tetrahedron Lett. **17** (1960) 12

[20] J. Arlman; Proc. Int. Congr. Catal., 3rd, **2** (1964) 957

[21] M. Kakugo, T. Miyatake, Y. Naito, K. Mizunuma; Macromolecules **21** (1988) 314

[22] H. Sinn, W. Kaminsky; „Ziegler-Natta Catalysis“ in Adv. Organomet. Chem. **18** (1980) 99

[23] H. Sinn, W. Kaminsky, H. J. Vollmer, R. Woldt; Angew. Chem. **92** (1980) 396

[24] W. Kaminsky, J. Polym. Sci. Part A: Polym. Chem. **42** (2004) 3911

[25] F. J. Karol in „Applied Polymer Science“, J. K. Craver, R. W. Tess (Hrsg.); American Chemical Society, Washington DC **1975**, 176ff

[26] N. Yermakov, V. Zakharov; Adv. Catal. **24** (1975) 173

[27] J. P. Hogan; J. Polym. Sci. Polym. Chem. Ed. **8** (1970) 2637

[28] Daten aus E. Forster und K. Lederer; „Kunststoffe“, G. Thieme Verlag Stuttgart **1987**, 36

[29] D. C. Pepper; Quarterly Rev. **8** (1954) 88

[30] B. Vollmert; „Grundriß der Makromolekularen Chemie“, Bd. I, E. Vollmert-Verlag, Karlsruhe **1982**, 158

[31] G. Kämpf, M. Hoffmann, H. Krömer; Ber. Bunsenges. Phys. Chem. **74** (1970) 851

[32] F. Rodriguez; „Principles of Polymer Systems“, 2. Auflage, Mc Graw-Hill, International Editions, Singapur **1983**, 403

[33] M. E. Piotti, Curr. Op. Solid State Mater. Sci. **4** (1999) 539

[34] B. M. Novak, W. Risse, R. H. Grubbs, Adv. Polym. Sci. **102** (1992) 48

[35] L. R. Gilliom, R. H. Grubbs, J. Am. Chem. Soc. **108** (1986) 733

[36] (a) V. V. Korshak, S. L. Sorin, V. P. Alekseeva; Pol. Sci. **52** (1961) 213; (b) V. V. Korshak, S. L. Sorin; Vysokomol. Soed. **6** (1964) 180

[37] (a) J. Kresta, A. Tkác, R. Prikryl, L. Malik; Makromol. Chem. **176** (1975) 157; (b) D. Aycock, V. Abolins, D. M. White; „Poly(phenylene ether)“ in „Encyclopedia of Polymer Science and Engineering“, 2. Auflage, Bd. 13,

Wiley, New York **1989**, 1ff

[38] O. W. Webster, W. R. Hertler, D. Y. Sogah, W. B. Farnham, T. V. Rajan-Babu; J. Amer. Chem. Soc. **105** (1983) 5706

[39] (a) O. W. Webster; „Group Transfer Polymerization“ in „Encyclopedia of Polymer Science and Engineering“, 2. Auflage, Bd. 7, J. Wiley, New York **1989**, 580ff; (b) W. R. Hertler; Macromol. Symp. **88** (1994) 55

[40] R. Faust, A. Fehervary, J. P. Kennedy, J. Macromol. Sci. Chem. **A 18** (1982/83) 1209

[41] J. P. Kennedy, J. Polym. Sci. Part A: Polym. Chem. **37** (1999) 2285

[42] T. Otsu, M. Yoshida, Macromol. Rapid Commun. **3** (1982) 127, und Würdigung dieser Arbeit durch K. Matyjaszewski, Macromol. Rapid Commun. **26** (2005) 135

[43] M. Kamigaito, T. Ando, M. Sawamoto, Chem. Rev. **101** (2001) 3689

[44] K. Matyjaszewski, J. Xia, Chem. Rev. **101** (2001) 2921

[45] C. J. Hawker, A. W. Bosman, E. Harth, Chem. Rev. **101** (2001) 3661

[46] Y. K. Chong, T. P. T. Le, G. Moad, E. Rizzardo, S. H. Thang, Macromolecules **32** (1999) 2071

[47] (a) H. Biedermann, Y. Osada; „Plasma Chemistry of Polymers“ in Adv. Polymer Sci. **95** (1990) 59; (b) H. Yasuda; „Plasma Polymerization“, Academic Press, Orlando **1985**

[48] H. Yasuda, Y. Iriyama; „Plasma Polymerization“ in „Comprehensive Polymer Science“ Bd. 5, Kap. 21; Pergamon, Oxford **1989**, 357ff

[49] G. Wegner; „Solid-State Polymerization Mechanisms“, Pure & Appl. Chem. **49** (1977) 443

[50] V. Enkelmann; „Structural Aspects of the Topochemical Polymerization of Diacetylenes“, Adv. Polymer Sci. **63** (1984) 91

[51] M. Hasegawa; „Topochemical photopolymerization of diolefin crystals“, Pure & Appl. Chem. **58** (1986) 1179

[52] (a) K. Takemoto, M. Miyata; „Polymerization of Vinyl and Diene Monomers in Canal Complexes“, J. Macromol. Sci.-Rev. Macromol. Chem. **C 18** (1980) 83; (b) M. Farina, G. Di Silvestro; „Polymerization in Clathrates“ in „Encyclopedia of Polymer Science and Engineering“, 2. Auflage, Bd. 12, Wiley, New York **1989**, 486ff

[53] B. Tieke; „Polymerization at Interfaces“ in „Polymerization in Organized Media“, C. M. Paleos (Hrsg.); Gordon and Breach, Philadelphia **1992**, 105ff

[54] D. Pawlowski, B. Tieke, Langmuir **19** (2003) 6498

[55] I. Sakurata; Pure & Appl. Chem. **16** (1968) 266

[56] J. Ulbricht; „Grundlagen der Synthese von Polymeren“, 2. Auflage, Hüthig & Wepf, Basel **1992**

[57] J. Heinze; „Electronically Conducting Polymers“ in Topics in Current Chem. **152** (1990) 1ff

[58] D. T. F. Pals, J. J. Hermans, Rec. Trav. Chim. **71** (1952) 433

[59] H. Staudinger, Organische Kolloidchemie, Vieweg & Sohn **1950**, 245 ff

[60] H. D. Dörfler, Grenzflächen und kolloid-disperse Systeme, Springer, Berlin **2002**, 405ff

[61] H. Finkelmann, Angew. Chem. **99** (1987) 840

[62] M. Ballauf, Angew. Chem. **101** (1989) 261

[63] J.-I. Suenaga, T. Okada, Mol. Cryst. Liq. Cryst. **169** (1989) 97

[64] M. Portugall, H. Ringsdorf, R. Zentel, Makromol. Chem. **183** (1982) 2311

[65] S. Ujiie, K. Iimura, Polym. J. **25** (1993) 347

[66] P. J. Flory, Adv. Polym. Sci. **59** (1984) 2

[67] D. Tanner, J. A. Fitzgerald, B. R. Phillips, Angew. Chem. Adv. Mater. **101** (1989) 665

[68] P. L. Nayak, J. Macromol. Sci.-Rev. Macromol. Chem. Phys. C 39 (1999) 481

[69] Zeichnung aus Folienserie 25 „Neue Werkstoffe“ des Fonds der Chemischen Industrie, Frankfurt/Main **1992**

[70] nach [32], 335

[71] J. Kahovec (Hrsg.), „Recycling of Polymers“, Macromol. Symp. **135** (1998)

[72] nach [6], 89

[73] Daten aus P. J. Flory; „Statistical Mechanics of Chain Molecules“, Interscience Div., Wiley, New York **1969** und R. J. Young; „Introduction to Polymers“, Chapman and Hall, London **1981**

[74] J. H. Hildebrand, R. L. Scott; „The Solubility of Nonelectrolytes“, 3. Auflage, Reinhold, New York **1959** (Neuauflage: Dover Publications, New York, 1964)

[75] nach N. C. Billingham; „Molar Mass Measurements in Polymer Science“, Kogan Page, London **1977**

[76] T. G. Fox, J. B. Kinsinger, H. F. Mason, E. M. Schuele; Polymer **3** (1962) 71

[77] Daten nach [6], 115
[78] nach [10], 167
[79] L. H. Sperling; „Physical Polymer Science“, Wiley-Interscience, New York **1986**, 72
[80] nach [6], 122
[81] nach [6], 126
[82] H. Mark; „Der feste Körper“, Hirzel Verlag, Leipzig **1938**, 103
[83] nach [79], 85
[84] L. Wild, R. Guliana; J. Polym. Sci. A 2, **5** (1967) 1087
[85] H.-G. Elias; „Makromoleküle“, 4. Auflage, Hüthig & Wepf-Verlag, Basel **1981**, 70
[86] F. A. Bovey, F. H. Winslow (Hrsg.); „Macromolecules, An Introduction to Polymer Science“, Academic Press, New York **1979**, S. 226
[87] nach [86], 214
[88] nach [86], 230
[89] nach [86], 216
[90] P. J. Flory; „Principles of Polymer Chemistry“, Cornell University Press, Ithaca, New York, **1953**
[91] M. Hoffmann, H. Krömer, R. Kuhn; „Polymeranalytik II“, G. Thieme Verlag, Stuttgart **1977**, 137
[92] nach [32], 44f
[93] (a) A. Keller; Philos. Mag. **2** (1957) 1171; (b) E. W. Fischer; Z. Naturforsch. **12a** (1957) 753; (c) P. H. Till jr.; J. Polym. Sci. **24** (1957) 301
[94] E. Forster, K. Lederer; „Kunststoffe“, G. Thieme Verlag, Stuttgart **1987**, 59
[95] nach [94], 55
[96] nach [86], 333
[97] nach [94], 62
[98] nach [85], 334
[99] B. Wunderlich; „Macromolecular Physics“, Bd. 1, Academic Press, New York **1973**, 196
[100] G. Lieser; „Gefüge-Ausbildung bei polymeren Festkörpern“, in „Sonderbände der Praktischen Metallographie“, Bd. 21: „Metallographie – Stähle, Verbundwerkstoffe, Schadensfälle“, Dr. Riederer-Verlag, Stuttgart **1990**, 219
[101] nach [85], 148

[102] nach [6], 182/184

[103] J. H. Magill; „Morphogenesis of Solid Polymers", in J. M. Schultz (Hrsg.), „Treatise on Materials Science and Technology", Bd. 10A, Academic Press, New York **1977**

[104] P. Parrini, G. Corrieri; Makromol. Chem. **62** (1963) 83

[105] (a) J. I. Lauritzen, J. D. Hoffmann; J. Res. Nat. Bur. St. (A) **64** (1960) 73; (b) D. Hoffmann, G. T. Davis, J. I. Lauritzen jr.; in N. B. Hannay (Hrsg.), „Treatise on Solid State Chemistry", Bd. 3, Kap. 7, Plenum Press, New York, **1976**, 497

[106] nach [6], 190

[107] J. D. Hoffmann; Polymer **23** (1982) 656

[108] nach [10], 288

[109] nach [10], 220

[110] nach [6], 202

[111] nach [10], 237

[112] nach [85], 950

[113] R. F. Boyer; Rubber Chem. Tech. **36** (1963) 1303

[114] Daten nach [85], 365f

[115] nach [6], 246

[116] L. R. G. Treloar; „The Physics of Rubber Elasticity', 3. Auflage, Clarendon Press, Oxford **1975**

[117] nach [6], 253

[118] I. M. Ward; „Mechanical Properties of Solid Polymers", Wiley-Intersience, London **1971**

[119] nach [6], 231

[120] A. Peterlin; J. Polym. Sci. **9C** (1965) 437

[121] S. Rabinowitz, P. Beardmore; Crit. Rev. Macromol. Sci. **1** (1972) 1

[122] E. Castiff, A. V. Tobolsky; J. Colloid Sci. **10** (1955) 375, und J. Polym. Sci. **19** (1956) 111

[123] M. L. Williams, R. F. Landel, J. D. Ferry; J. Amer. Chem. Soc. **77** (1955) 3701

[124] A. K. Doolittle; J. Appl. Phys. **22** (1951) 1471

[125] nach [6], 234

[126] nach [6], 238

[127] R. G. C. Arridge; „Mechanics of Polymers“, Clarendon Press, Oxford **1975**

[128] E. R. Fitzgerald, L. D. Grandine, J. D. Ferry; J. Appl. Phys. **24** (1953) 650

5.2 Literatur

5.2.1 Lehrbücher und Nachschlagewerke

D. Braun, H. Cherdron, M. Rehahn, H. Ritter, B. Voit, Polymer Synthesis: Theory and Practice, Springer, Berlin 2005

H. Domininghaus (Herausgeber: P. Eyerer, P. Elsner, T. Hirth), Die Kunststoffe und ihre Eigenschaften, 6. Auflage, Springer, Berlin 2005

F. J. Davis (Herausgeber), Polymer Chemistry – A Practical Approach, Oxford University Press, Oxford 2004

H. F. Mark (Herausgeber), Encyclopedia of Polymer Science and Technology, 3. Auflage, Wiley-VCH, Weinheim 2004

S. F. Sun, Physical Chemistry of Macromolecules, 2. Auflage, Wiley-VCH, Weinheim 2004

G. Odian, Principles of Polymerization, 4. Auflage, J. Wiley, New York 2004

H. G. Elias, An Introduction to Plastics, 2. Auflage, Wiley-VCH, Weinheim 2003

C. Harper, E. M. Petrie, Plastics Materials and Processes, A Concise Encyclopedia, J. Wiley, New York 2003

M. D. Lechner, K. Gehrke, E. H. Nordmeier, Makromolekulare Chemie, 3. Auflage, Birkhäuser, Heidelberg 2003

C. E. Carraher, Seymour/Carraher's Polymer Chemistry, 6. Auflage, Dekker, New York 2003

P. Munk, T. M. Aminabhavi, Introduction to Macromolecular Sciences, 2. Auflage, J. Wiley, New York 2002

H. G. Elias, Makromoleküle (4 Bände), 6. Auflage, Wiley-VCH, 2002

P. Bahadur, N. V. Sastry, Principles of Polymer Science, CRC Press, Boca Raton 2002

A. E. Tonelli, M. Srinivasarao, Polymers from the Inside Out – An Introduction to Macromolecules, J. Wiley, New York 2001

W. Sorenson, F. Sweeny, T. W. Campbell, Preparative Methods of Polymer Chemistry, 3. Auflage, J. Wiley, New York 2001

L. H. Sperling, Introduction to Physical Polymer Science, 3. Auflage, J. Wiley, New York 2001

D. Campbell, R. A. Pethrick, J. R. White, Polymer Characterization, CRC Press, Boca Raton 2000

D. Braun, H. Cherdron, H. Ritter, Praktikum der Makromolekularen Stoffe, Wiley-VCH, Weinheim 1999

T. Tanaka, Experimental Methods in Polymer Science, Elsevier, Amsterdam 1999

S. Sandler, W. Karo, J. Bonesteel, E. Pearce, Polymer Synthesis and Characterization, Elsevier, Amsterdam 1998

A. Rudin, The Elements of Polymer Science and Engineering, Elsevier, Amsterdam 1998

D. Schlüter (Herausgeber), Synthesis of Polymers, Wiley-VCH, Weinheim 1998

E. S. Wilks, Industrial Polymers Handbook – Products, Processes, Applications, Wiley-VCH, Weinheim 1998

5.2.2 Literatur zu einzelnen Abschnitten

Abschnitt 1.1

Geschichte: H. F. Mark, From Small Molecules to Large: A Century of Progress, American Chemical Society, Washington DC 1993

Nomenklatur: E. Marechal, E. S. Wilks, Generic Source-Based Nomenclature for Polymers, Pure Appl. Chem. 73, 1511 (2001), dt. Übersetzung: Angew. Chem. 116, 652 (2004)

Abschnitt 2.1

J. Scheirs, T. E. Long (Herausgeber), Modern Polyesters, Wiley, Chichester 2003

M. E. Rogers, T. E. Long, Synthetic Methods in Step-Growth Polymers, Wiley, Chichester 2003

S. Fakirov (Herausgeber), Handbook of Thermoplastic Polyesters, Wiley-VCH, Weinheim 2002

K. Uhlig, Polyurethan-Taschenbuch, C. Hanser Verlag, München 2001

A. Gardziella, L. A. Pilato, A. Knop, Phenolic Resins, Springer, Berlin 2000

Y. Osada, A. R. Khokhlov (Herausgeber), Polymer Gels and Networks, Dekker, New York 1999

Abschnitt 2.2

J. Scheirs, D. B. Priddy (Herausgeber), Modern Styrenic Polymers, Wiley, Chichester 2003
K. Matyjaszewski, T. P. Davis (Herausgeber), Handbook of Radical Polymerization, Wiley-Interscience, Hoboken 2002
J. Scheirs, W. Kaminsky (Herausgeber), Metallocene-based Polyolefins (2 Bände), Wiley, New York 2000

Abschnitt 2.3

R. P. Quirk, G. Holden, H. R. Kricheldorf, Thermoplastic Elastomers, C. Hanser Verlag, München 2004
N. Hadjichristidis, S. Pispas, G. A. Floudas, Block Copolymers, Wiley-VCH, Weinheim 2003
A. K. Bhowmick, H. L. Stephens (Herausgeber), Handbook of Elastomers, 2. Auflage, Dekker, New York 2000
F. B. Calleja, Z. Roslaniec, Block Copolymers, Dekker, New York 2000

Abschnitt 2.5

X.-J. Wang, Q.-F. Zhou, Liquid Crystalline Polymers, World Scientific Publishing, River Edge 2004
G. G. Wallace, G. M. Spinks, L. A. P. Kane-Maguire, P. R. Teasdale, Conductive Electroactive Polymers, CRC Press, Boca Raton 2003
S. K. Tripathy, J. Kumar, H. S. Nalwa (Herausgeber), Handbook of Polyelectrolytes and their Applications (3 Bände), American Scientific Publishers, Stevenson Ranch 2002
T. Radeva (Herausgeber), Physical Chemistry of Polyelectrolytes, Dekker, New York 2001
T.-S. Chang, Thermotropic Liquid Crystalline Polymers, CRC Press, Boca Raton 2001
W. Tänzer, Biologisch abbaubare Polymere, Wiley-VCH 1999
A. Eisenberg, J.-S. Kim, Introduction to Ionomers, Wiley, New York 1998

Abschnitt 2.6

J. Bart, Additives in Polymers, Wiley-VCH, Weinheim 2005
C. Bonten, R. Berlich, Aging and Chemical Resistance, C. Hanser Verlag, München 2001
H. Zweifel, Plastics Additives Handbook, C. Hanser Verlag, München 2000
J. J. Meister, Polymer Modification, Dekker, New York 2000
C. Klemm, B. Philipp, T. Heinze, U. Heinze, W. Wagenknecht, Comprehensive Cellulose Chemistry, Wiley-VCH, Weinheim 1998

Abschnitt 2.7

T. Meyer, J. Keurentjis (Herausgeber), Polymer Reaction Engineering, Wiley, Chichester 2005
F. Johannaber, W. Michaeli, Handbuch Spritzgießen, C. Hanser Verlag, München 2004
S. Stitz, W. Keller, Spritzgießtechnik, C. Hanser Verlag, München 2004
H. Greif, A. Limper, G. Fattmann, S. Seibel, Technologie der Extrusion, C. Hanser Verlag, München 2004
D. V. Rosato, Blow Molding Handbook, C. Hanser Verlag, München 2004
E. J. P. Beaumont, R. Nagel, R. Sherman, Successful Injection Molding, C. Hanser Verlag, München 2002
M. Thielen, Extrusion Blow Molding, C. Hanser Verlag, München 2001
M. Bichler, Kunststoffteile fehlerfrei Spritzgießen, Hüthig-Verlag, Heidelberg 1999
M. M. Chanda, S. K. Roy, Plastics Technology Handbook, 3. Auflage, Dekker, New York 1998

Abschnitt 3.1

I. Teraoka, Polymer Solutions, Wiley, Chichester 2002
K. Kamide, T. Dobashi, Physical Chemistry of Polymer Solutions, Elsevier, Amsterdam 2000

Abschnitte 3.4-3.6

T. Kitayama, K. Harada, NMR Spectroscopy of Polymers, Springer, Berlin 2004

W. M. Kulicke, C. Clasen, Viscosimetry of Polymers and Polyelectrolytes, Springer, Berlin 2004
B. H. Stuart, Polymer Analysis, Wiley-VCH, Weinheim 2002
A. Brandolini, D. D. Hills, NMR-Spectra of Polymers and Polymer Additives, Dekker, New York 2000
S. Mori, H. G. Barth, Size Exclusion Chromatography, Springer, Berlin 1999
G. Zerbi, H. W. Siesler, I. Noda, M. Tasumi, S. Krimm, Modern Polymer Spectroscopy, Wiley-VCH, Weinheim 1999
H. Pasch, B. Trathnigg, HPLC of Polymers, Springer, Berlin 1998

Abschnitte 4.1–4.3

I. M. Ward, J. Sweeney, An Introduction to the Mechanical Properties of Solid Polymers, 2. Auflage, Wiley-VCH 2004
R. Qian, Perspectives on the Macromolecular Condensed State, World Scientific Publishing, River Edge 2003
G. W. Ehrenstein, G. Riedel, D. Trawiel, Praxis der thermischen Analyse von Kunststoffen, C. Hanser Verlag, München 2003
Y.-H. Lin, Polymer Viscoelasticity, World Scientific Publishing, River Edge 2003
M. Rubinstein, R. H. Colby, Polymer Physics, Oxford University Press, Oxford 2003
W. Grellmann, S. Seidler, Deformation and Fracture Behaviour of Polymers, Springer, Berlin 2001
E. Riande, R. Diaz-Calleja, M. Prolongo, R. Masegosa, C. Salom, Polymer Viscoelasticity, Dekker, New York 1999

Register